Stephen A. Schwarzman
Worauf es ankommt

STEPHEN A. SCHWARZMAN

Worauf es ankommt

Die 25 Prinzipien des Erfolgs.
Einsichten auf dem Weg an die Spitze

Aus dem Englischen von Silvia Kinkel

ARISTON

Die Originalausgabe erschien 2019 unter dem Titel
What it takes: Lessons in the Pursuit of Excellence bei Avid Reader Press.

Der Verlag behält sich die Verwertung der urheberrechtlich
geschützten Inhalte dieses Werkes für Zwecke des Text-
und Data-Minings nach § 44 b UrhG ausdrücklich vor.
Jegliche unbefugte Nutzung ist hiermit ausgeschlossen.

Bibliografische Information der Deutschen Bibliothek
Die Deutsche Bibliothek verzeichnet diese Publikation in der Deutschen
Nationalbibliografie; detaillierte bibliografische Daten sind im Internet unter
www.dnb.de abrufbar.

Penguin Random House Verlagsgruppe FSC® N001967

2. Auflage

Aus dem Englischen von Silvia Kinkel
Copyright © 2019 by Stephen A. Schwarzman
© der deutschsprachigen Ausgabe 2021 Ariston Verlag in der
Penguin Random House Verlagsgruppe GmbH,
Neumarkter Straße 28, 81673 München
Alle Rechte vorbehalten

Redaktion: lüra – Klemt & Mues GbR
Bildredaktion: Annette Baur
Umschlaggestaltung: Nele Schütz Design/Margit Memminger, München
unter Verwendung einer Fotografie von Jamel Toppin und der
Originalvorlage von Alison Forner
Satz: Satzwerk Huber, Germering
Druck und Bindung: GGP Media GmbH, Pößneck
Printed in Germany

ISBN: 978-3-424-20235-9

INHALT

DIE BESTEN MANAGER WERDEN GEMACHT, NICHT GEBOREN

Im Frühling 1987 flog ich nach Boston zu einem Termin mit Vertretern einer Stiftung des Massachusetts Institute of Technology. Ich wollte Geld für den ersten Investmentfonds von Blackstone beschaffen und hatte mir 1 Milliarde Dollar als Ziel gesetzt. Das würde uns zum größten First-Time-Fonds dieser Art und drittgrößten der Welt machen. Es war ein ehrgeiziges Ziel, das kaum jemand für machbar hielt. Aber ich war immer davon überzeugt, dass es keine Rolle spielt, ob ich ein großes oder ein kleines Ziel erreichen will. Der einzige Unterschied besteht darin, dass größere Ziele gravierendere Auswirkungen nach sich ziehen. Da man nicht mehrere Ziele gleichzeitig mit ganzer Kraft verfolgen kann, muss das angestrebte Ziel die für den Erfolg erforderliche Konzentration auch wert sein.

Unzählige Absagen später bekam ich langsam Panik. Pete Peterson und ich hatten Blackstone 1985 mit einer sorgfältig ausgearbeiteten Strategie ins Leben gerufen, und unsere Erwartungen waren dementsprechend hoch. Aber das Geschäft hatte sich kein bisschen so entwickelt, wie wir es geplant hatten. Wir kamen von der Spitze der Wall Street, von der berühmten Investmentbank Lehman Brothers, bei der Pete CEO und Vorstandsvorsitzender gewesen war und ich mich auf Fusionen und Übernahmen spezialisiert und die weltweit aktivste M&A-Abteilung geleitet hatte.[*] Und nun wurden

---

[*] Anm. d. Übers: Im Englischen: Mergers and Acquisitions, kurz M&A. Im Folgenden wird die englische Kurzform verwendet.

wir möglicherweise zum Gespött der Finanzwelt. Denn wenn wir dieses Geld nicht beschaffen konnten, stellte das unser komplettes Geschäftsmodell infrage. Unsere ehemaligen Konkurrenten hofften, dass wir scheitern würden, und ich fürchtete, dass sie recht haben könnten.

Ich hatte unsere Verabredung am Massachusetts Institute of Technology am Vortag bestätigt und traf nun mit Pete in der Massachusetts Avenue ein, bereit, unsere Pläne vorzustellen und hoffentlich eine Zusage zu erhalten. Wir fanden eine Tür mit einer Milchglasscheibe, an der MIT-Stiftung stand, und klingelten. Keine Reaktion. Wir klingelten noch einmal und dann ein drittes und viertes Mal. Ich überprüfte meinen Kalender, um sicherzustellen, dass wir am richtigen Ort waren. Pete, mit einundsechzig Jahren einundzwanzig Jahre älter als ich, war Handelsminister der Regierung von Präsident Nixon gewesen, bevor er bei Lehman anheuerte. Nun stand er hier mit mir vor dieser Tür und wirkte nicht gerade erfreut.

Schließlich bemerkte uns ein Hausmeister, der gerade vorbeiging, und blieb stehen. Wir sagten ihm, dass wir einen Termin mit dem Stiftungsfonds hätten. »Oh. Heute ist Freitag. Die sind schon vor einer ganzen Weile gegangen«, antwortete er.

»Aber wir haben einen Termin um 15:00 Uhr«, erwiderte ich.

»Ich habe selbst gesehen, dass sie gegangen sind. Die sind erst Montagmorgen wieder da.«

Als Pete und ich mit gesenkten Köpfen und hängenden Schultern gehen wollten, begann es zu regnen. Auf solch ein Wetter waren wir gar nicht vorbereitet, hatten weder Regenmäntel noch einen Regenschirm dabei. Also warteten wir vor dem MIT-Verwaltungsgebäude und hofften, dass der Regen nachließ. Zwanzig Minuten später regnete es noch stärker.

Ich musste etwas tun. Während Pete dort stehen blieb, lief ich zur Straße, um ein Taxi heranzuwinken. Innerhalb weniger Minuten hatte der Regen meinen Anzug und mein Hemd aufgeweicht, und ich war nass bis auf die Haut. Meine Kleidung hing an mir herunter wie nasse Lappen, das Wasser lief mir in die Augen und übers Gesicht. Jedes Mal, wenn ich dachte, ich hätte endlich ein Taxi gefunden, schnappte es mir jemand vor der Nase weg. Verzweifelt und durchnässt entdeckte ich schließlich ein Taxi, das an einer roten Ampel wartete, und lief hinüber. Ich klopfte an die Heckscheibe und hielt eine durchnässte Zwanzig-Dollar-Note hoch, in der Hoffnung, den Fahrgast im Wagen damit zu überzeugen, uns mitfahren zu lassen. Er starrte mich durch die Scheibe an. Ich muss ziemlich seltsam ausgesehen haben, als ich in meinem tropfnassen Anzug an die Scheibe klopfte. Er schüttelte den Kopf. Meine beiden nächsten Versuche endeten genauso. Ich erhöhte mein Angebot auf dreißig Dollar, und schließlich akzeptierte jemand.

Das war das erfolgreichste Geschäft, das ich seit Wochen abgeschlossen hatte.

Ich winkte Pete, und er kam langsam zu mir herüber, wurde mit jedem Schritt nasser und mürrischer. Sein voller Haarschopf klebte ihm am Kopf, als ob er unter der Dusche stehen würde. Pete war es gewohnt, dass die Limousinen schon bereitstanden und die Fahrer ihm beim Einsteigen einen Regenschirm hielten. Aber vor eineinhalb Jahren hatten wir beide uns dazu entschlossen, zusammen ein Unternehmen aufzubauen. Und während er durch die Pfützen stapfte, konnte ich seiner Miene entnehmen, dass er es in diesem Moment bedauerte.

Es war noch gar nicht lange her, da konnten Pete und ich bei jedem beliebigen US-Unternehmen oder bei Regierungsvertretern irgendwo auf der Welt anrufen und fanden sofort jemanden, der uns Gehör schenkte. Keiner von uns hatte angenommen, dass es leicht sein würde, eine Firma zu gründen. Aber ebenso wenig hatten wir geahnt, dass wir an einem Freitagabend völlig durchnässt am Flughafen Logan sitzen würden, ohne einen einzigen Dollar für diesen ganzen Aufwand zu sehen.

Jeder Unternehmer kennt das Gefühl: Diesen Moment der Verzweiflung, wenn die einzige Gewissheit die tiefe Kluft zwischen dem ist, wo er gerade steht, und dem Erfolg, den er anstrebt. Ist man erst einmal erfolgreich, sieht man meistens nur noch den Erfolg. Scheitert man jedoch, sieht man nur den Misserfolg. Kaum jemand erkennt die Wendepunkte, die einen in eine völlig andere Richtung hätten führen können. Aber es sind diese Wendepunkte, die zu den wichtigsten Lektionen für privaten und beruflichen Erfolg werden.

_____

2010 traf ich mich in New York mit Drew Faust, der damaligen Präsidentin von Harvard. Wir sprachen über alles Mögliche, aber die meiste Zeit darüber, wie es ist, eine große Organisation zu leiten. Als sie Harvard 2018 verließ, fand sie die umfangreichen Notizen, die sie sich während unseres Treffens gemacht hatte, und schickte sie mir. Aus den vielen Punkten, die sie notiert hatte, stach einer hervor: »Die besten Manager werden gemacht, nicht geboren. Sie nehmen Informationen auf, analysieren ihre Erfahrungen, lernen aus ihren Fehlern und entwickeln sich weiter.«

Genau das habe ich getan.

Kurz nach meinem Treffen mit Drew führte ich ein Gespräch mit Hank Paulson, dem ehemaligen US-Finanzminister und CEO von Goldman Sachs. Er riet mir, meine alten Kalender durchzusehen, meine Überlegungen darüber, wie man eine Organisation aufbaut und leitet, auf Band zu sprechen und für den Fall, dass ich sie eines Tages veröffentlichen wollte, abtippen zu lassen. Er nahm an, dass meine Erfahrungen und Erkenntnisse für ein größeres Publikum von Interesse sein könnten. Ich befolgte seinen Ratschlag.

Heutzutage spreche ich regelmäßig vor Studenten, Managern, Investoren, Politikern und Mitarbeitern gemeinnütziger Organisationen. Die häufigsten Fragen, die sie mir stellen, beziehen sich darauf, wie wir Blackstone aufgebaut haben und jetzt leiten. Die Menschen sind fasziniert vom Prozess des Entwerfens, Gründens und Ausbauens einer Organisation und davon, wie man eine Firmenkultur erzeugt, die besondere Talente anzieht. Sie wollen auch wissen, was für eine Art Mensch man sein muss, damit man solch eine Herausforderung annimmt – welche Charakterzüge, Werte und Gewohnheiten man mitbringen muss.

Ich wollte nie eine Biografie schreiben, die jeden Moment meines Lebens minutiös abbildet. Für so wichtig habe ich mich nie gehalten. Also beschloss ich, stattdessen Ereignisse und Episoden auszuwählen, aus denen ich etwas Wichtiges über die Welt und meine Arbeit gelernt hatte. Dieses Buch ist eine Zusammenstellung entscheidender Wendepunkte, die mich zu dem gemacht haben, der ich heute bin, sowie der Lehren, die ich daraus zog und die hoffentlich auch für Sie von Nutzen sein werden.

————

Aufgewachsen bin ich in den bürgerlichen Vororten von Philadelphia, die geprägt waren von den Werten Amerikas der 1950er-Jahre: Integrität, Geradlinigkeit und harte Arbeit. Meine Eltern gaben mir niemals mehr Geld als mein Taschengeld, also mussten meine Brüder und ich selbst etwas verdienen. Ich half im Geschäft für Heimtextilien meiner Familie aus: Schwarzman's Curtains and Linens. Und ich verkaufte Schokoriegel und Glühbirnen von Tür zu Tür, lieferte Telefonbücher aus und gründete einen Rasenmähdienst mit zwei Teilzeitmitarbeitern – meinen jüngeren Zwillingsbrüdern. Die beiden bekamen für ihre Arbeit die Hälfte der Einnahmen, und ich behielt die andere Hälfte als Prämie für die Kundengewinnung. Das Geschäft lief drei volle Jahre lang, bis es zu einem Mitarbeiterstreik kam.

Heute drängen sich in meinem Terminkalender Verabredungen, die ich mir nie erträumt hätte: Treffen mit Staatsoberhäuptern, den wichtigsten Unternehmensmanagern, Medienpersönlichkeiten, Finanziers, Abgeordneten, Journalisten, Universitätspräsidenten und Leitern prestigeträchtiger kultureller Einrichtungen.

Wie ich es bis hierhin geschafft habe?

Ich hatte unglaublich gute Lehrer. Meine Eltern brachten mir Werte wie Aufrichtigkeit, Anstand, Leistungsbereitschaft und die Bedeutung von Großzügigkeit gegenüber anderen bei. Mein Leichtathletiktrainer an der Highschool, Jack Armstrong, half mir, eine hohe Schmerztoleranz zu entwickeln und zu verstehen, wie wichtig eine gute Vorbereitung ist, beides wesentliche Lektionen für jeden Unternehmer. Auf der Laufbahn mit Bobby Bryant, meinem besten Freund in der Highschool, erlebte ich Loyalität und was es bedeutet, Teil einer Mannschaft zu sein.

Auf dem College habe ich fleißig gelernt, Abenteuer gesucht und Projekte zur Verbesserung des Studentenlebens initiiert. Ich habe gelernt, Menschen zuzuhören, dem Aufmerksamkeit zu schenken, was sie wollen und brauchen, selbst wenn sie es nicht offen aussprechen, und furchtlos zu sein, wenn es darum geht, schwierige Probleme anzupacken. Dennoch sah ich meine Zukunft nie in der Wirtschaft. Ich belegte kein einziges wirtschaftswissenschaftliches Seminar – bis heute nicht. Als ich an der Wall Street bei der Investmentbank Donaldson, Lufkin & Jenrette anfing, wusste ich nicht einmal, was ein Wertpapier ist, und meine Mathematikkenntnisse waren bestenfalls bescheiden. Meine Brüder ließen nie eine Gelegenheit aus, ihre Überraschung kundzutun. »Du, Steve? Im Finanzwesen?«

Aber was mir an wirtschaftlichen Grundlagen fehlte, machte ich durch meine Fähigkeit wett, Muster zu erkennen und neue Lösungen und Paradigmen zu entwickeln – und mit dem bloßen Willen, meine Ideen zu verwirklichen. Der Finanzsektor erwies sich für mich als das Mittel, die Welt kennenzulernen, Beziehungen zu knüpfen, bedeutende Herausforderungen anzupacken und meinen Ehrgeiz zu kanalisieren. Er erlaubte mir auch, meine Fähigkeit zu verfeinern, komplizierte Probleme zu vereinfachen, indem ich mich nur auf die zwei oder drei Aspekte konzentriere, die das Ergebnis bestimmen.

Blackstone aufzubauen war die folgenreichste persönliche Herausforderung meines Lebens. Das Unternehmen hat einen langen

Weg zurückgelegt, seit Pete und ich im Regen vor dem MIT standen. Heute ist es das weltweit größte Unternehmen für das Management von Alternativen Kapitalanlagen. Herkömmliche Anlagen sind Bargeld, Aktien und Obligationen. Die umfassende Kategorie von »Alternativen« beinhaltet noch vieles andere. Wir entwickeln, kaufen, sanieren und verkaufen Unternehmen sowie Immobilien. Die Unternehmen, in die wir investieren, beschäftigen mehr als 500.000 Menschen, was Blackstone und sein Unternehmensportfolio zu einem der größten Arbeitgeber mit Basis in den Vereinigten Staaten macht und zu einem der größten Arbeitgeber der Welt. Wir finden die besten Hedgefondsmanager und geben ihnen Geld, um zu investieren. Wir verleihen auch Geld an Unternehmen und investieren in festverzinsliche Wertpapiere.

Unsere Kunden sind große institutionelle Anleger, Pensionsfonds, staatliche Investmentfonds, Universitätsstiftungen, Versicherungsgesellschaften und Privatanleger. Wir haben uns der langfristigen Wertschöpfung verpflichtet – für unsere Investoren, die Unternehmen und die Vermögenswerte, in die wir investieren, und für die Gemeinschaften, in denen wir arbeiten.

Es ist die bei Blackstone herrschende Kultur, durch die wir so erfolgreich sind. Wir glauben an die Leistungsgesellschaft, an Spitzenleistung, Aufgeschlossenheit und Integrität. Und wir arbeiten hart daran, nur Menschen einzustellen, die diese Überzeugung teilen. Wir konzentrieren uns darauf, das Risiko zu beherrschen und niemals Verluste zu machen. Wir sind überzeugte Anhänger von Innovationen und Wachstum – und wir hinterfragen uns unentwegt, um Ereignisse vorherzusehen, sodass wir uns weiterentwickeln und verändern können, bevor wir dazu gezwungen werden. In der Finanzwelt gibt es keine Patentlösungen. Ein gutes Geschäft von heute mit hohem Gewinn kann morgen ein schlechtes Geschäft mit geringem Gewinn sein. Aufgrund von Wettbewerb und Veränderungen wird Ihr Unternehmen nicht überleben, wenn Sie sich nur auf eine einzelne Geschäftssparte verlassen. Wir haben bei

Blackstone ein herausragendes Team versammelt, das angetrieben wird durch die gemeinsame Mission, bei allem, wozu wir uns entscheiden, weltweit die Besten zu sein. Ein Maßstab, mit dem sich leicht feststellen lässt, wo wir stehen.

Im selben Umfang wie Blackstones Bedeutung und Einflussbereich wuchsen auch die Möglichkeiten, die sich mir außerhalb der Firma boten. Ich hätte nie gedacht, dass die Lektionen, die ich als Unternehmer und Dealmaker lernte, in Kombination mit den Beziehungen, die ich in Industrie, Regierung, Wissenschaft und der Welt der Non-Profit-Organisationen aufgebaut habe, mir eines Tages ermöglichen würden, Vorsitzender des John F. Kennedy Center for the Performing Arts in Washington, D.C. zu werden oder ein prestigeträchtiges internationales Stipendienprogramm in China für Studierende im Aufbaustudium zu gründen: die Schwarzman Scholars. Ich habe das Glück, meine Philanthropie mit denselben Prinzipien verfolgen zu können, die ich im Geschäftsleben anwende: Komplexe Herausforderungen identifizieren und durch das Entwickeln kreativer, durchdachter Lösungen angehen. Ob es darum geht, das erste Kultur- und Studentenzentrum seiner Art auf dem Campus von Yale aufzubauen, oder ein College zu gründen, durch das sich das MIT als erste Universität der Welt mit künstlicher Intelligenz befasst, oder eine Initiative in Oxford zu konzipieren, um das Studium der Geisteswissenschaften im 21. Jahrhundert neu zu definieren. Heutzutage arbeite ich an Projekten, bei denen die eingesetzten Ressourcen Paradigmen auf eine Art verändern sollen, die Einfluss auf das Leben haben, nicht nur auf den Gewinn. Ich betrachte es als Privileg, mehr als 1 Milliarde Dollar spenden zu können, um Projekte zu unterstützen, die Veränderungen bewirken und ihren finanziellen Wert damit bei Weitem übersteigen und mich lange überleben werden.

Ich verbringe auch viel Zeit damit, mit Regierungsvertretern aus aller Welt zu telefonieren oder mich mit ihnen zu treffen, wenn sie vor großen Herausforderungen stehen und Lösungen brauchen. Ich bin immer noch jedes Mal überrascht, wenn sich hochrangige Führungspersönlichkeiten bei mir melden, die meinen Rat oder Standpunkt zu einem wichtigen Thema von nationaler oder internationaler Bedeutung hören wollen. Und ich gebe jedes Mal mein Bestes, um zu helfen.

Ich hoffe, dass die Lehren in diesem Buch auch für Sie von Nutzen sind, ob Sie nun Student, ein Teammitglied, Unternehmer oder Manager sind und versuchen, Ihre Organisation zu verbessern, oder einfach jemand, der nach Wegen sucht, das eigene Potenzial zu maximieren.

Für mich resultieren die größten Belohnungen im Leben daraus, etwas Neues, Unerwartetes und Wirkungsvolles zu schaffen. Ich bin ständig auf der Suche nach Spitzenleistung. Wenn Menschen mich fragen, wie ich es schaffe, erfolgreich zu sein, lautet meine Antwort im Grunde immer gleich: Ich sehe eine einzigartige Chance und gehe sie mit allem an, was ich habe.

Und ich gebe niemals auf.

HINDERNISSE BESEITIGEN

HOHE ZIELE SETZEN

Schwarzman's Curtains and Linens befand sich unter der Hochbahn in Frankford, einem hauptsächlich von der Mittelschicht bewohnten Stadtteil Philadelphias. Das Sortiment bestand aus Gardinen, Bettwäsche, Handtüchern und anderen Haushaltswaren. Der Laden florierte, die Produkte waren gut, die Preise angemessen und die Kunden loyal. Mein Vater, der das Geschäft von meinem Großvater geerbt hatte, war fachkundig und freundlich. Er war zufrieden damit, wie das Geschäft lief. Obwohl er intelligent war und hart arbeitete, legte er keinen Ehrgeiz an den Tag, sich aus seiner Komfortzone hinauszubewegen.

Im Alter von zehn Jahren fing ich an, im Geschäft mitzuarbeiten, für zehn Cent die Stunde. Ich fragte meinen Großvater schon bald nach einer Erhöhung des Stundenlohns auf 25 Cent. Er lehnte ab. »Wie kommst du auf die Idee, dass du 25 Cent pro Stunde wert bist?« Die Frage war berechtigt. Wenn eine Kundin mit Fenstermaßen hereinkam und wissen wollte, wie viel Stoff sie für Gardinen brauchte, hatte ich nicht die geringste Ahnung, wie man das ausrechnet, geschweige denn den Wunsch, es zu lernen. Während der Weihnachtszeit wurde mir die Aufgabe übertragen, an den Freitagabenden und Samstagen älteren Damen Stofftaschentücher zu verkaufen. Ich verbrachte Stunden damit, eine Schachtel nach der anderen mit fast identischen Taschentüchern zu öffnen, von denen keines mehr als einen Dollar kostete, und sie dann alle wieder zurückzulegen, sobald die Kundin ihre Wahl getroffen oder nach fünf bis zehn Minuten alle abgelehnt hatte. Es schien mir reine Zeitverschwendung. In meinen vier Jahren als Mitarbeiter entwickelte ich mich von einem mürrischen Kind zu einem streitlustigen Teenager. Ich war besonders über den Tribut aufgebracht, den dieser Job meinem sozialen Leben abverlangte. Anstatt mich bei Fußballspielen und Highschool-Veranstaltungen zu vergnügen, hing ich im Laden fest, abgeschnitten von der Welt, an der ich teilnehmen wollte. Zwar gelang es mir nie, etwas ansehnlich als Geschenk zu verpacken, aber dafür erkannte ich das Wachstumspotenzial dieses Geschäfts. Mein Vater gehörte zur Generation des Zweiten Weltkriegs, aber nun lebten wir in einem Zeitalter des außergewöhnlichen Friedens und Wohlstands. Häuser wurden gebaut, Vorstädte wuchsen, und die Geburtenzahl stieg. Das bedeutete mehr Schlafzimmer, mehr Badezimmer und mehr Bedarf an Heimtextilien. Was brachte da ein einziger Laden in Philadelphia? Wenn Amerika an Textilien dachte, sollte es an Schwarzman's Curtains and Linens denken. Ich stellte mir vor, wie sich die Kette unserer Filialen von Küste zu Küste erstreckte, so wie heutzutage Bed Bath & Beyond. Das war eine Vision, für die sich Taschentücher falten lohnte. Mein Vater lehnte ab.

»Okay«, lenkte ich ein. »Dann eben in ganz Pennsylvania.«

»Nein«, wiederholte er. »Ich glaube nicht, dass ich das will.«

»Und wie steht's mit Philadelphia? Das sollte nicht allzu schwierig sein.«

»Das interessiert mich einfach nicht.«

»Wie kannst du denn nicht interessiert daran sein?«, entfuhr es mir. »In unseren Laden kommen so viele Menschen. Wir könnten werden wie Sears.« – Die florierten zu jener Zeit und waren allgegenwärtig – »Warum willst du das nicht?«

»Die Angestellten werden in die Kasse greifen.«

»Dad, das werden sie nicht. Sears hat im ganzen Land Filialen. Die haben sich das bestimmt gut überlegt. Warum willst du nicht expandieren? Schwarzman's könnte riesig sein.«

»Steve«, entgegnete er, »ich bin ein sehr glücklicher Mann. Wir haben ein schönes Haus. Wir haben zwei Autos. Ich habe genug

Geld, um dich und deine Brüder aufs College zu schicken. Was brauche ich mehr?«

»Es geht nicht darum, was du brauchst. Es geht darum, es zu wollen.«

»Ich will es aber nicht. Ich brauche es nicht. Das würde mich nicht glücklich machen.«

Darüber konnte ich nur den Kopf schütteln. »Ich verstehe dich einfach nicht. Das ist doch eine todsichere Sache.«

Heute verstehe ich es. Manager zu sein kann man lernen. Man kann sogar lernen, Chef zu sein. Aber zum Unternehmer muss man geboren sein.

Meine Mutter, Arline, war rastlos und ehrgeizig, eine gute Ergänzung zu meinem Vater. Sie betrachtete uns als aufstrebende Familie in dieser Welt. Einmal beschloss sie sogar, segeln zu lernen – vermutlich sah sie uns als so etwas wie die Kennedys, mit wehendem Haar in der Meeresbrise von Hyannis Port –, also kaufte sie ein Sechs-Meter-Segelboot, lernte segeln und meldete uns bei Regatten an – Mom am Steuerruder, und Dad führte Befehle aus. Sie gewann viele Trophäen. Meine Zwillingsbrüder und ich haben ihren Kampfgeist und Siegeswillen stets bewundert. In anderen Zeiten wäre sie sicher CEO eines Großunternehmens geworden.

Wir wohnten in einer Doppelhaushälfte in Oxford Circle, einem nahezu ausschließlich jüdischen Bezirk von Philadelphia. Die Spielplätze meiner Kindheit waren geprägt von zerbrochenen Glasflaschen und rauchenden Teenagern. Gegenüber von uns wohnte einer meiner besten Freunde. Sein Vater wurde von der Mafia getötet. Meine Mutter sah mich nicht gern mit den Typen in schwarzen Lederjacken, die in den Bowling-Centern an der Castor Avenue herumhingen. Sie wollte bessere Schulen für uns. Kurz nachdem ich auf die weiterführende Schule gekommen war, entschied sie deshalb, mit uns in eine der wohlhabenderen Vorstädte zu ziehen.

In Huntingdon Valley waren Juden eine Seltenheit, sie machten etwa ein Prozent der Bevölkerung aus. Die meisten Menschen waren weiß, Mitglied einer Episkopalkirche oder katholisch, zufrieden mit ihrem Platz in der Welt. Hier musste man nicht ständig kämpfen. Niemand versuchte, mich zu verprügeln, oder bedrohte mich. Ich war gut in der Schule und führte bei der Landesmeisterschaft unser Leichtathletikteam an.

In den 1960er-Jahren waren die Vereinigten Staaten so etwas wie das wirtschaftliche und gesellschaftliche Zentrum der Welt. Das verstärkte Eingreifen der Vereinigten Staaten in den Vietnamkrieg setzte ein Umdenken in Gang, das sämtliche Bereiche erfasste – von Bürgerrechten über Sexualmoral bis hin zur Haltung gegenüber Kriegen. Ich war Teil der ersten Generation, die damit aufwuchs, ständig den Präsidenten im Fernsehen zu sehen. Unsere Staatschefs waren keine mythischen Gestalten, sondern für Menschen wie uns zugänglich.

Als ich die zehnte Klasse der Abington High School besuchte, griff die Veränderung auch dort um sich. Wie es das Gesetz in Pennsylvania vorschrieb, hörten wir jeden Morgen zum Schulbeginn Bibelverse und beteten das Vaterunser. Mich störte das nicht sonderlich, aber die Familie von Ellery Schempp schon. Als Unitarier sahen sie ihre Rechte laut des Ersten und Vierzehnten Zusatzartikels zur Verfassung verletzt. Der *Schempp* Fall ging bis zum Obersten Gerichtshof von Amerika, der mit 8 zu 1 Stimmen die Gesetzgebung von Pennsylvania für verfassungswidrig erklärte. Der Fall rückte die Abington High School ins Zentrum einer nationalen Debatte, in der viele Christen befürchteten, dass dieser Fall der Anfang vom Ende ihrer Religion in öffentlichen Schulen sei.

———

In der elften Klasse wurde ich zum Schülersprecher gewählt. In dieser Position erlebte ich zum ersten Mal, was es bedeutet, Dinge aktiv umzugestalten.

Mein Vater hatte meine Idee abgelehnt, sein Geschäft in das erste Bed Bath & Beyond zu verwandeln, aber nun hatte ich bei einer Sache die Fäden in der Hand. In den Sommerferien zwischen meinem Junior- und dem Abschlussjahr fuhren wir mit dem Auto nach Kalifornien. Ich saß auf dem Rücksitz, meine Mutter am Steuer. Die warme Luft wehte mir ins Gesicht, und ich malte mir aus, was ich in meiner neuen Position alles erreichen konnte. Ich wollte nicht nur ein weiterer Name auf einer langen Liste von Schülersprechern sein. Ich wollte etwas tun, was noch niemand getan oder auch nur in Erwägung gezogen hatte. Ich wollte eine Vision entwickeln, die so aufregend war, dass die ganze Schule geschlossen dafür eintrat, sie Wirklichkeit werden zu lassen. Während der Hin- und Rückfahrt von Küste zu Küste kritzelte ich Notizen auf Postkarten an meine Mitstreiter in der Schülervertretung. Was mir gerade in den Sinn kam, schickte ich bei jedem Halt an sie ab. Sie waren alle zu Hause, lungerten herum und erhielten diese Postkartenlawine, während ich nach der ultimativen Idee suchte.

Schließlich fand ich sie. Philadelphia war die Heimat von *American Bandstand*, einer Fernseh-Show für Teenager, moderiert von Dick Clark. Die Stadt hatte auch großartige Radiosender, wie WDAS, einen der führenden afroamerikanischen Sender im Land. Ich hörte wie besessen Musik, von James Brown bis Motown, die großen Doo-Wop-Bands der 1950er-Jahre, dann die Beatles und die Rolling Stones. Wenn ich durch die Flure der Schule spazierte, hörte ich überall Schülerrockgruppen, die in den Sanitärräumen und Treppenhäusern Songs einstudierten, wo auch immer die Akustik gut war. Einer ihrer Favoriten war »Tears on My Pillow« von Little Anthony and the Imperials. Das waren der Sound und das Lebensgefühl der Highschool. *Tears on my pillow, pain in my heart.*

Wie großartig wäre es, wenn wir es schafften, dass Little Anthony and the Imperials in die Schule kommen und in unserer Turnhalle auftreten würden? Sicher, sie lebten in Brooklyn, waren zu der Zeit eine der populärsten Gruppen im Land, und wir hatten kein Geld. Aber wieso nicht? Es wäre einzigartig. Es würde alle begeistern. Es musste einen Weg geben, und ich machte es zu meiner Aufgabe, ihn zu finden.

Fünfzig Jahre später habe ich die Einzelheiten nur noch verschwommen in Erinnerung. Aber es gab viele Anrufe, vor allem von der Art, wessen Vater wen kennt. Und am Ende traten Little Anthony and the Imperials an unserer Highschool auf. Ich kann immer noch die Musik hören, die Band auf der Bühne sehen und fühlen, wie viel Spaß alle hatten. Wenn du etwas nur stark genug willst, findest du einen Weg. Du kannst es aus dem Nichts erschaffen. Und ehe du dich versiehst, ist es da.

Aber es genügt nicht, sich etwas zu wünschen. Wenn du schwierige Ziele anstrebst, lässt es sich nicht vermeiden, dass du sie auch einmal verfehlst. Das ist einer der Nachteile von Ehrgeiz.

Jack Armstrong, mein Leichtathletiktrainer an der Abington, war mittelgroß, das graue Haar hinter den Ohren zurückgekämmt. Jeden Tag trug er dieselbe Kleidung, rotbraunes Sweatshirt und Windjacke, hing dieselbe Stoppuhr an einem Band um seinen Hals. Und jeden Tag kam er gut gelaunt und mit einer positiven Einstellung zur Arbeit. Er brüllte uns nie an, wurde nie sauer, hob und senkte die Stimme innerhalb einer schmalen Skala, veränderte minimal den Rhythmus, um seine Botschaft rüberzubringen. »Schaut mal, was diese Kerle gerade geschafft haben. Und ihr behauptet, dass ihr gut lauft!« Es gab nicht einen Tag, an dem ich mich nach dem Training nicht übergeben habe, völlig erschöpft von der Anstrengung.

Eines Tages ließ er die Sprinter eine Meile laufen, sehr viel weiter als unsere bevorzugte Distanz. Wir hätten ihm sagen können, was wir davon hielten, aber wir wussten, dass wir in den Händen eines Genies waren. Wir wollten, dass er mit uns zufrieden war. Selbst im Winter ließ er nicht locker. Er scheuchte uns Runde um Runde um den vom Wind gepeitschten Schulparkplatz, der auf einem Hügel lag. Wir hielten die Köpfe gesenkt, um nicht auf dem Eis auszurutschen. Er stand an die Wand gelehnt, im Mantel, mit Hut und Handschuhen, lächelte und feuerte uns an. Die Sportanlagen unserer Highschool waren nichts Besonderes, aber während die Konkurrenzmannschaften im Winter pausierten, trainierten wir unter härtesten Bedingungen. Als der Frühling kam, waren wir bereit. Wir verloren keinen einzigen Wettkampf.

Ob er zukünftige Olympioniken trainierte oder Jungs, die normalerweise auf der Ersatzbank saßen, Trainer Armstrong behandelte uns alle gleich. Er vermittelte uns die einfache und konsequente Botschaft,»Lauf so gut du kannst«, um die Anforderungen des Trainingsplans zu erfüllen, den er entwickelte. Er terrorisierte niemanden und trieb niemanden an. Er ließ uns selbst herausfinden, was wir wollten. In seiner gesamten Karriere haben seine Teams nur viermal verloren: 186 zu 4.

1963 waren wir Landesmeister des Staates Pennsylvania im Staffellauf über eine Meile und wurden eingeladen, bei einer besonderen Veranstaltung anzutreten, dem Rennen auf der Armory Track Leichtathletikbahn an der 168th Street in New York City. Während der Busfahrt saß ich, wie gewöhnlich, neben meinem besten Freund, Bobby Bryant, einem 1,80 Meter großen afroamerikanischen Superstar. Bobby war so nett und freundlich, dass er ewig brauchte, um die Schulcafeteria zu durchqueren, weil er an jedem Tisch stehen bleiben und mit den anderen Schülern scherzen musste. Die Schule war akademisch gesehen eine Herausforderung für ihn, aber auf der Laufbahn versprühte er Magie. Seine Familie hatte nicht viel Geld, deshalb kaufte ich ihm ein Paar Adidas Spikeschuhe – von dem Geld, das ich durch meine Jobs verdient hatte. Es war mehr als eine Freundschaftsgeste: Wenn Bobby mit solchen Schuhen lief, gewannen wir alle.

Sechs Mannschaften traten im Finale an. Ich war immer der Startläufer und habe nie den Stab als Zweiter übergeben. Als der Startschuss fiel, stürmte ich direkt an die Spitze. Aber als ich aus der ersten Kurve kam, spürte ich einen stechenden Schmerz im rechten Oberschenkel – eine Muskelfaser war gerissen. Ich hatte die Wahl: Ich konnte aufhören und eine für meinen Körper vernünftige Entscheidung treffen. Oder ich konnte weiterlaufen, uns so gut wie möglich im Rennen halten und uns die Chance geben zu gewinnen.

Ich steuerte in die Mitte der Laufbahn, zwang die Läufer hinter mir, um mich herumzulaufen. Ich biss über die restliche Entfernung die Zähne zusammen, verdrängte den Schmerz, aber die anderen zogen an mir vorbei. Ich übergab den Staffelstab unserem zweiten Läufer, mit achtzehn Metern Abstand zu dem, der ganz vorn lag. Ich humpelte in den Innenbereich, beugte mich nach vorne und übergab mich. Ich hatte alles gegeben, aber wie sollten wir jetzt noch gewinnen? Ich hatte mir den Sieg ausgemalt und wie besessen dafür gearbeitet. All diese harten und einsamen Runden während des Winters. Und jetzt war ich sicher, dass wir verlieren würden.

Aber als ich dort stand, die Hände auf die Knie gestützt, hörte ich, wie die Zuschauer immer ekstatischer wurden, die Schreie hallten von den Backsteinmauern zurück. Mein Teamkamerad, der als zweiter Läufer unterwegs war, holte auf. Dann schloss unser dritter Läufer die Lücke noch ein Stück weiter. Die Zuschauer auf der Tribüne zogen ihre Schuhe aus und hämmerten damit auf die Metallstangen am Rand der Laufbahn. Nach dem dritten Läufer war der Abstand auf elf Meter geschrumpft, immer noch eine riesige Entfernung. Für die Brooklyn High School wartete ihr bester Läufer, der beste Läufer der Stadt, darauf, den Staffelstab zu übernehmen. Oli Hunter war 1,90 Meter groß, mit rasiertem Schädel, breiten Schultern, einer schmalen Taille und äußerst langen Beinen, perfekt gebaut, um zu laufen. Er war noch nie bei einem Wettbewerb geschlagen worden. Unser Schlussläufer war Bobby.

Ich sah, wie Bobby auf dem ebenen, hölzernen Arenaboden voranstürmte, seine Augen glühten vor Intensität, er war ganz auf Hunters Rücken konzentriert. Bei jedem seiner langen Schritte holte er auf. Ich kannte Bobby besser als alle anderen, aber selbst ich hätte nicht sagen können, woher er diese Kombination aus Willen und Kraft nahm. Genau an der Ziellinie sprang er nach vorn und –

schaffte es! Die Menge drehte durch! Wie war das möglich? Das war eine übermenschliche Anstrengung. Später kam er zu mir ins Innenfeld. Er legte seine langen Arme um mich. »Ich habe es für dich getan, Steve. Ich konnte dich nicht enttäuschen.« Gemeinsam trainieren und laufen, dadurch machten wir einander besser.

Während meines Abschlussjahres wurde mir klar, dass Harvard die bekannteste Universität der Ivy League in Amerika war. Ich glaubte, dass ich aufgrund meiner Leistungen aufgenommen werden musste. Wie sich herausstellte, sah Harvard das anders. Sie setzten mich auf die Warteliste. Trainer Armstrong schlug vor, dass ich nach Princeton gehen sollte, um mich dem Leichtathletikteam anzuschließen, und stellte sogar den Kontakt her. Wie ein trotziger Teenager lehnte ich ab, weil ich dachte, dass Princeton mich nur wegen meiner Fähigkeiten als Leichtathlet wollte. Ich bekam einen Platz in Yale, war aber auf Harvard fixiert, denn es war Teil der Vision, die ich für mich hatte. Deshalb beschloss ich, den Leiter der Studienplatzvergabe von Harvard selbst anzurufen und von mir zu überzeugen. Ich fand seinen Namen sowie die Zentraltelefonnummer der Zulassungsabteilung heraus. Mit einem Stapel 25-Cent-Stücke bewaffnet ging ich zu dem Münzfernsprecher in der Schule. Ich wollte nicht, dass meine Eltern den Anruf mithörten; es war etwas, das ich allein tun musste. Ich zitterte fast vor Angst, als ich die Münzen eine nach der anderen in den Apparat warf.

»Hallo, ich bin Stephen Schwarzman von der Abington High School in Abington, Pennsylvania. Ich bin von Yale angenommen worden und stehe bei Ihnen auf der Warteliste, aber ich würde wirklich gern nach Harvard kommen.«

»Wie bist du überhaupt an diese Nummer gekommen?«, fuhr er mich an. »Normalerweise spreche ich nicht mit Studenten oder Eltern.«

»Ich habe nach Ihnen gefragt, und man hat mich durchgestellt.«

»Es tut mir leid, aber in diesem Jahr nehmen wir niemanden von der Warteliste. Das erste Semester ist voll.«

»Das wäre aber ein Fehler«, erwiderte ich. »Ich werde sehr erfolgreich sein, und Sie werden sehr froh sein, dass Sie mich in Harvard aufgenommen haben.«

»Ich bin überzeugt, dass du erfolgreich sein wirst, aber Yale ist auch schön. Da wird es dir sicher gefallen, und du wirst viel dort lernen.«

»Ganz bestimmt sogar«, ließ ich nicht locker. »Aber ich habe Sie angerufen, weil ich nach Harvard will.«

»Das kann ich verstehen, aber ich kann dir nicht helfen.«

Nachdem ich aufgelegt hatte, sackte ich in mir zusammen. Ich hatte meine Fähigkeit überschätzt, mich gut zu verkaufen. Also akzeptierte ich die Ablehnung und gab mich mit der zweiten Wahl zufrieden: Yale.

In der Abschlussrede, die ich als Schülersprecher hielt, skizzierte ich eine Bildungsphilosophie, die während meines gesamten Lebens bemerkenswert konsequent geblieben ist:

Ich glaube, dass Bildung uns lehren soll zu denken. Sobald wir diese Fähigkeit beherrschen, können wir einen Beruf erlernen, Kunst wertschätzen oder ein Buch lesen. Bildung ermöglicht uns, dieses von Gottes Hand gestaltete, sich ständig ändernde Drama zu würdigen, das Leben selbst. Bildung setzt sich fort, nachdem wir das Klassenzimmer verlassen haben. Unsere Beziehungen zu Freunden, Zugehörigkeit zu Vereinen, alles erweitert unser Wissen. Tatsächlich hören wir bis zu unserem Tod nie auf zu lernen. Meine Mitstreiter und ich hoffen, dass ihr den Zweck von Bildung erkennt und euch für den Rest eures Lebens an diese Grundsätze halten werdet: zu hinterfragen und zu denken.

Als mein Vater mich in diesem Jahr vom Sommerlager abholte, in dem ich als Betreuer gewesen war, sagte er mir, dass ich in eine Welt eintreten würde, über die er nichts wusste. Er kannte niemanden in Yale, nicht einmal jemanden, der dort gewesen war. Die einzige Unterstützung, die er mir in dieser neuen Welt geben konnte, bestand darin, mich zu lieben und mich wissen zu lassen, dass ich immer nach Hause kommen konnte. Davon abgesehen war ich auf mich gestellt.

———

In meinem ersten Studienjahr in Yale teilte ich mir mit zwei Kommilitonen eine Unterkunft, die aus zwei Schlafzimmern und einem Gemeinschaftsraum bestand. Glücklicherweise bekam ich das Einzelschlafzimmer. Einer meiner Mitbewohner war ein Privatschulabsolvent aus Baltimore, der eine Nazifahne an die Wand unseres Gemeinschaftsraums hängte. In einer Vitrine verwahrte er Naziorden und andere Utensilien aus dem Dritten Reich. Jeden Abend gingen wir zum Klang eines Albums mit dem Titel *Hitler's Marching Army* schlafen. Mein anderer Mitbewohner wechselte seine Unterwäsche praktisch das gesamte erste Semester nicht. Das College war eine ziemliche Veränderung für mich.

Die Mensa in Yale ist ein hoch aufragendes Ziegelgebäude mitten auf dem Campus. Es wurde 1901 für den zweihundertsten Jahrestag von Yale gebaut und wirkte wie eine Bahnhofshalle, in der Hunderte von Menschen beim Essen saßen. Teller, Besteck und Tabletts schepperten auf den Tischen, Stühle scharrten über den Boden. Als ich an meinem ersten Tag dorthin ging, blieb ich erst mal irritiert stehen und dachte: *Irgendetwas stimmt hier nicht.* Es klang so anders als in der Cafeteria an der Abington High School. Ich brauchte einen Moment, bis mir klar wurde, was es war. Es gab keine Frauen. An der Abington kannte ich jeden. In Yale gab es im Herbst 1965 zehntausend Studenten, davon viertausend im Erststudium. Ich kannte keinen einzigen. Zwei verrückte Zimmergenossen, keine Mädchen und niemand, den ich kannte. Die Einsamkeit war erdrückend. Alles und jeder waren einschüchternd.

Obwohl ich Trainer Armstrong gesagt hatte, dass ich nicht nach Princeton gehen wollte, um zu laufen, war ich ironischerweise wegen meiner Schnelligkeit als Sprinter nach Yale gekommen. Ich lief eine der schnellsten 100-Yard-Zeiten in Pennsylvania und war bei den Landesmeisterschaften für Abington Startläufer der 400- und 800-Meter-Staffeln, die an vierter Stelle in den Vereinigten Staaten standen. Ich hatte zwar auch gute Noten und beim Aufnahmetest (Schnitt beim SAT[*]) mit einer hohen Punktzahl abgeschnitten. Angenommen wurde ich jedoch, um das Laufteam zu verstärken.

Yale hatte damals einen berühmten Trainer, Bob Giegengack, der im Jahr zuvor das Olympiateam der USA trainiert hatte. Wer als Läufer neu dabei war, meldete sich zum Training, bekam eine Karte mit seinem Trainingsprogramm und lief dann allein. Es gab keinen Trainer Armstrong, der das Beste aus einem herausholte. Es gab keine Mannschaftskameraden, mit denen man lachen und scherzen konnte, und niemanden, für den man laufen würde, bis man sich übergeben musste. Hier konnte ich bestenfalls einen Sprinttitel der Ivy League erringen. Aber dafür müsste ich für einen unmotivierten Trainer und ein Team trainieren, das sich nicht die Bohne für mich interessierte. Also hängte ich die Lauferei an den Nagel, was sehr untypisch für mich ist. Ich war noch nicht sicher, worauf ich hinauswollte, aber Leichtathletik, die lange ein prägender Teil meines Lebens gewesen war, schien nicht länger das Mittel zu sein, dorthin zu gelangen.

In akademischer Hinsicht musste ich leider feststellen, dass ich schlecht vorbereitet war. Ich wählte ein ungewöhnliches Hauptfach, Kultur- und Verhaltenswissenschaften, eine akademische

---

[*] Anm. d. Übers.: Scholastic Assessment Test, deutsch etwa: Bewerbungstest an der Uni

Schöpfung der 1960er-Jahre, die Psychologie, Soziologie, Biologie und Anthropologie verknüpfte. Ich hatte mir dieses Fach ausgesucht, weil es faszinierend klang, ein umfassendes Studium des Menschen, das mir helfen würde, die Ziele und Motivationen von Menschen zu verstehen. Aber erst einmal hatte ich noch einiges an Grundlagen nachzuholen. Unser Kurs bestand aus lediglich acht Studenten und den vier Professoren, die uns unterrichteten. Ein Großteil meiner Kommilitonen kam von den besten Privatschulen im Land. Sie schienen sich nicht nur alle zu kennen, sie beherrschten auch die Materie. Meinen ersten Essay verfasste ich über *Bartleby, der Schreiber* von Melville. Die Note entsprach einer Vier. Für meinen zweiten Essay bekam ich eine Vier minus. Ich drohte durchzufallen. Mein Dozent, Alistair Wood, bat mich zu einer Unterredung in sein Mansardenbüro. Er war ein junger Mann, der sich wie ein älterer Professor kleidete, mit Tweedpullover, J.-Press-Sportsakko mit Ellbogen-Patches, einem klein karierten Hemd und einer grünen Strickkrawatte.

»Mr. Schwarzman, ich will mit Ihnen über Ihren Essay sprechen.«

»Da gibt es nicht viel zu besprechen«, sagte ich.

»Warum nicht?«

»Ich hatte nichts zu sagen und das dann auch noch schlecht formuliert.«

»Das hätte ich selbst nicht besser ausdrücken können. Dumm sind Sie also offenbar nicht. Dann muss ich Ihnen wohl beibringen, wie man schreibt, und danach werde ich Sie darin unterrichten, wie man denkt. Weil Sie nicht beides gleichzeitig lernen können, werde ich Ihnen die Antworten für die nächsten Essays geben, und wir werden uns auf das Schreiben konzentrieren. Anschließend konzentrieren wir uns dann auf das Denken.«

Er hatte mein Potenzial erkannt und stattete mich systematisch mit dem aus, was ich brauchte. Ich werde seine Geduld und Güte nie vergessen. Beim Unterrichten, das wurde mir klar, geht es um

mehr als das Vermitteln von Wissen. Man muss die Hindernisse beseitigen, die den Menschen im Weg stehen. In meinem Fall
war das Hindernis die Lücke zwischen meiner damaligen Bildung
und der meiner Kommilitonen. In diesem Jahr schaffte ich es vom
Schlusslicht des Kurses bis zur Bestenliste des Studiengangs.

––––––

Nach meinem ersten Studienjahr brauchte ich ein Abenteuer,
etwas anderes als den typischen Sommerjob. Ein Sommer auf See,
dachte ich, die Aufenthalte in exotischen Häfen könnten sich als
wohltuende Kur nach dem reinen Männer-Campus in Yale erweisen. Ich versuchte einen Job in den Docks von New York City zu
bekommen, aber die Gewerkschaft der Hafenarbeiter, damals von
der Mafia kontrolliert, stellte kein College Kid ein, es sei denn,
man hatte Beziehungen. Sie empfahlen mir, zur Gewerkschaft der
skandinavischen Matrosen in Brooklyn zu gehen. Die Bezahlung
wäre zwar nicht so gut, warnten sie mich vor, aber vielleicht würde ich da Arbeit finden. Kurz bevor das Gewerkschaftsbüro Feierabend machte, kam ich dort an und entdeckte eine Wand, voll mit
postkartengroßen Jobangeboten. Ich war für keines davon quali-
fiziert. Aber am Empfangsschalter sagte man mir, dass ich, wenn
ich der Gewerkschaft beitreten würde, einen Platz zum Schlafen
bekommen und am nächsten Morgen sehen könnte, ob es irgendetwas gab. Ich nahm das Angebot an und wurde nachts wach, weil
ein riesiger skandinavischer Matrose versuchte, zu mir ins Bett zu
steigen. Panisch rannte ich davon und schlief auf der Straße. Als die
Sonne aufging, ging ich zum Morgengottesdienst einer Baptisten-
kirche auf der anderen Straßenseite und wartete, bis das Gewerk-
schaftsgebäude wieder öffnete.

Das Brett mit den Aushängen war umsortiert worden, und ich
entdeckte eine Karte, auf der einfach stand »Ziel unbekannt«. Ich
fragte den Mann am Empfangsschalter, was das bedeuten konnte.
Er sagte mir, dass es von der Ladung abhing. Man würde erken-

nen, wohin die Reise geht, wenn man unter der Verrazzano-Narrows Bridge durchfuhr. Wenn das Schiff nach links abbog, ging es nach Kanada, nach rechts in die Karibik oder Lateinamerika und geradeaus nach Europa. Es gab nur einen Job, den des Maschinenraumputzers, also der unterste Rang an Bord, auf einem norwegischen Tanker. Ich nahm ihn an. Meine Arbeit bestand darin, den Maschinenraum frei von Schmieröl zu halten. Als wir unter der Verrazzano-Narrows Bridge durchfuhren, ging es nach rechts, mit Kurs auf Trinidad und Tobago.

Alles, was wir zu essen und zu trinken hatten, war Fisch, ein schrecklicher Käse und Ringnes Bier. Im Maschinenraum war es so heiß, dass ich ein Bier trinken und zusehen konnte, wie es aus meinen Poren wieder herauslief. Wenn ich nicht arbeitete, las ich die Arbeiten von Sigmund Freud, die ich in einer Holzkiste mitgebracht hatte. Jedes einzelne seiner Bücher. Die norwegische Mannschaft und ich hatten uns nicht viel zu sagen. Aber sie waren für mich da, als es darauf ankam. In einer Bar in Trinidad sprach ich mit dem falschen Mädchen, und bald flogen Stühle und Fäuste wie im Wilden Westen, aber meine Schiffskollegen eilten mir zu Hilfe.

Nachdem wir Richtung Norden nach Providence, Rhode Island geschippert waren, fuhr ich mit dem Bus zurück nach Brooklyn, um mir einen anderen Job zu suchen. Dieses Mal heuerte ich auf einem angenehmeren Schiff an, einem Frachter, der dänischen *Kirsten Skou*, elegant in Weiß gestrichen mit blauen Zierstreifen. Dort arbeitete ich als Hilfskoch, stand um 4:00 Uhr auf, backte Brot und machte Frühstück. Ich liebte es. Wir fuhren nach Kanada, luden Spirituosen und Bauholz und schipperten nach Kolumbien, um Bananen zu laden. Jedes Mal, wenn wir in einen Hafen einliefen, musste das Schiff mit Netzen entladen und beladen werden. Es gab damals keine Container, und der ganze Prozess nahm drei oder vier Tage in Anspruch, was mir Zeit gab, mich umzusehen. In Santa Marta verbrachte ich einen Abend in einer Bar am Strand, die mit Weihnachtslichtern beleuchtet war. Ich war das einzige Mal in meinem Leben so betrunken, dass ich die Besinnung verlor. Irgendjemand musste mich zu den Docks gefahren und dort abgelegt haben. Erst zwei Tage später wachte ich auf dem Schiff wieder auf, übersät mit blauen Flecken. Offenbar war ich verprügelt und ausgeraubt worden. Meine Schiffskameraden hatten mich gefunden und abwechselnd auf mich aufgepasst, bis ich aufwachte. Als ich das Bewusstsein wiedererlangte, waren wir auf See, und ich konnte kaum gehen. Wir hielten Kurs auf Cartagena und fuhren durch den Panamakanal weiter nach Buenaventura. Und dann musste ich zurück nach Yale.

Es war ein Schock, nach drei Monaten auf See zurück im trostlosen New Haven zu sein. Auf der Titelseite der *Yale Daily News* sah ich eine Anzeige mit dem Ratschlag, wenn man sich deprimiert fühlte, solle man sich an den Psychiater im DUH, dem Department of University Health, wenden. Ich beschloss, es auszuprobieren. Der Psychiater erfüllte das entsprechende Klischee, mit Pfeife und Fliege. Ich erzählte ihm von meinem Sommer, den Schiffen, den Mädchen, den Häfen, und dass ich nicht zurück an der Universität sein wollte.

»Natürlich wollen Sie das nicht«, sagte er. »Warum sollten Sie? Sie brauchen keine Therapie. Sie leiden quasi unter Entzug. Halten Sie durch. In ein paar Monaten geht es Ihnen wieder gut.«

Und er sollte recht behalten. Vielleicht lag es an Freud, den Bars oder den Mädchen, die ich unterwegs getroffen hatte. Vielleicht lag es auch daran, dass ich eine Herausforderung angenommen und überstanden hatte. Während meine Klassenkameraden den Sommer damit verbrachten, Tennisbälle zu schlagen und in Büros zu arbeiten, hatte ich in einem Maschinenraum geschwitzt und Prügel in kolumbianischen Bars eingesteckt. Aber jetzt war ich bereit, Yale zu meinen eigenen Bedingungen anzugehen.

———

Ich zog um ins Davenport College, eine der Wohnhochschulen von Yale, wo ein zukünftiger Präsident, George W. Bush, ein Studienjahr über mir war. Das Esszimmer war viel kleiner als die Mensa, statt nach dem Mittag- oder Abendessen auf mein Zimmer oder in die Bibliothek zu gehen, um zu lernen, schenkte ich mir eine Tasse Kaffee ein, saß mit anderen Studenten zusammen und unterhielt mich.

Um mir ein bisschen Taschengeld zu verdienen, besorgte ich mir eine Lizenz für den Verkauf von Schreibwaren und ging in der gesamten Universität von Tür zu Tür, um Studenten dazu zu bewegen, Schreibpapier mit persönlichem Briefkopf zu kaufen. Von dem Geld kaufte ich mir eine Stereoanlage. Ich hörte gern Musik.

Ich nahm die »Senior Societies« ins Visier, geheimnisvolle Klubs von Studenten im letzten Studienjahr, zu deren Mitgliedern die prominentesten Studenten auf dem Campus, die Kapitäne der Sportmannschaften, die Redakteure von Studentenzeitungen und Mitglieder der Whiffenpoofs, eines A-cappella-Chors, gehörten. Die Klubs trugen rätselhafte Namen, wie Skull and Bones, Scroll and Key, Wolf's Head, Book and Snake. Wurde man eingeladen, sich anzuschließen, musste man schwören, niemals zu erwähnen oder darüber zu sprechen, was hinter den verschlossenen Türen des Klubs geschah. Skull and Bones war der exklusivste. Bis zu meinem Abschlussjahr blieben mir noch zwei Jahre, um die Aufmerksamkeit der Mitglieder zu erlangen.

Ich setzte mich oft auf eine Bank im Hof des Branford College, des schönsten Colleges in Yale, wo ich dem Glockenspiel des Harkness Turms lauschte und dachte: *Was könnte ich tun, um die gesamte Studentenschaft zu begeistern. Irgendetwas noch nie Dagewesenes?* Eine meiner außergewöhnlicheren Leistungen war es gewesen, dass ich bei der Sportprüfung für neue Studenten mit 1,07 Meter aus dem Stand einen neuen Uni-Rekord im Hochspringen aufgestellt hatte. Aber ich konnte mehr tun, und meine Erfahrung an der Abington mit Little Anthony hatte mich eine Lektion gelehrt, von der ich mein Leben lang profitierte: Wenn du dir ein Ziel setzt, macht es keinen Unterschied, ob du etwas Großes oder Kleines erreichen willst. Beides erfordert Zeit und Energie, also achte darauf, dass das Ziel es auch wert ist und sich die Anstrengung überhaupt lohnt.

Was den Studenten in Yale offenkundig am meisten fehlte, war die Anwesenheit von Frauen. Es gab Tausende von Männern in den neogotischen Gebäuden, die auf den Anblick von Frauen verzichten mussten, ganz zu schweigen von ihrer Gesellschaft. Dieses offensichtliche Problem galt es zu lösen, aber bislang hatte es noch niemand versucht. Also beschloss ich, etwas daran zu ändern.

Als ich sechzehn Jahre alt war, hatten meine Eltern mich ins Ballett mitgenommen, um Rudolf Nurejew zu sehen, der mit Margot Fonteyn tanzte. Ich war gefesselt von ihrer Grazie und Anmut. Später, immer noch ein Teenager, verrenkte ich mir das Schultergelenk und konnte mich einen Monat lang kaum bewegen. Ich hörte mir klassische Musik an, zehn Stunden am Tag, von gregorianischen Gesängen bis zu den großen Ballettwerken von Tschaikowsky. Als ich nach Yale kam, fiel Mary Jane Bancroft, der Frau meines Hochschuldekans Horace Taft, dem Enkel von Präsident Taft, mein Interesse an Ballett auf. Sie lieh mir Bücher und brachte mir viel darüber bei. *Wie wäre es*, fragte ich mich, *wenn ich mein Interesse an Ballett mit meinen sozialen Bestrebungen verbinden und ein Ballettensemble dazu bringen würde, in Yale vor den Studenten aufzutreten? Das würde mir Aufmerksamkeit verschaffen.*

Dafür brauchte ich eine Organisation, also erfand ich die Davenport Ballet Society. Dann rief ich in den reinen Frauencolleges der Umgebung, den »Seven Sisters«, die Professorinnen der jeweiligen Fachbereiche Tanz und Ballett an, um ihre Studentinnen einzuladen, beim Tanzfestival der Davenport Ballet Society aufzutreten. Fünf von ihnen sagten zu. Schließlich rief ich Walter Terry an, einen bedeutenden Tanzkritiker, und überredete ihn, von

New York anzureisen, um über die Veranstaltung zu schreiben. So brachte ich Tänzerinnen, Kritiker und ein Publikum zusammen. Meine Vermutung über die Männer in Yale bestätigte sich: Sie waren begeistert, und ich begann, mich auf dem Campus zu profilieren.

Wenn wir die besten Tänzer von anderen Colleges gewinnen konnten, warum nicht auf die Profis abzielen? Die beste Balletttruppe der Welt war damals das New York City Ballet, mit George Balanchine als künstlerischem Leiter. Ich nahm den Zug nach New York und drückte mich am Bühneneingang herum, bis der Mann vom Sicherheitsdienst eine Pause machte. Dann huschte ich in die Büros hinter der Bühne und fragte mich durch, bis ich Balanchine gefunden hatte.

»Was zum Teufel tun Sie hier hinten?«, wollte er wissen.

»Ich bin von der Ballettgesellschaft der Yale University, und wir wollen das New York City Ballet einladen, nach New Haven zu kommen, um dort aufzutreten.« Ich hatte mir einige Gedanken gemacht, was ihm dieser Auftritt bringen konnte. »Die Studenten haben kein Geld, aber sie lieben Ballett und werden eines Tages nicht nur Ihr Publikum, sondern auch Ihre Förderer sein.« Ich redete weiter, bis er einwilligte.

»Allerdings«, sagte er, »können wir nicht mit der ganzen Truppe anreisen. Wäre es okay, wenn wir mit einer kleinen Gruppe kommen?« Natürlich war ich einverstanden. Also kam eine Ballettgruppe von New York City nach New Haven, um bei uns aufzutreten. Ein weiterer großer Erfolg. Nachdem ich nun den Kontakt zum New York City Ballet hatte, suchte ich Balanchine erneut auf. »Wir sind nur ein Haufen armer Studenten, ein paar Hundert College Kids, die Ballett lieben. Warum lassen Sie uns nicht kostenlos in eine Aufführung kommen? Wir können uns die Karten nicht leisten.«

»Das geht nicht«, sagte er. »Wir leben ja davon, Karten zu verkaufen. Aber wir haben Kostümproben, und wenn Ihre Studenten zur Kostümprobe vom *Nussknacker* kommen wollen, können wir das einrichten.« Das taten sie. Ich kümmerte mich auf unserer Seite um alles und lud auch die Frauencolleges ein. Wir füllten das Haus bei einer Kostümprobe von *Der Nussknacker*, die Männer aus Yale, die Frauen der Seven Sisters. Von da an war ich ein Studentenballettimpresario, so eine Art Sol Hurok von Yale. Und allmählich eilte mir der Ruf voraus, das Unmögliche möglich zu machen.

––––––

Etwa zur gleichen Zeit erfuhr ich, dass die Bemühungen von Yale, mehr Studenten aus sozial schwächeren Schichten zu gewinnen, nicht richtig griffen, wie es damals auch bei den meisten anderen Universitäten in der Ivy League der Fall war. Ich ging mit einer Idee zum Leiter der Studienplatzvergabe. Trotz der besten Absichten hatte Yale dort nicht genügend Mitarbeiter, um alle Gegenden Amerikas zu erreichen, in denen gute Kandidaten zu finden waren. Solange man nur im unmittelbaren Hochschulbiotop von New Haven agierte, konnte man nur einer begrenzten Zahl von Schulabgängern nahebringen, was Yale zu bieten hatte. Viele Kandidaten mit Potenzial bewarben sich erst gar nicht, weil sie dachten, nicht dorthin zu passen, ganz zu schweigen davon, es sich leisten zu können. Meine Idee war, kleine Gruppen von Studenten loszuschicken, die Kandidaten einluden, Yale zu besuchen. Die Kosten dafür würden ihnen erstattet werden. Statt dass die Hochschule zu ihnen kam, würden sie zu uns kommen. Wenn wir sie erst auf dem Campus hätten, könnten wir ihnen Yales großzügiges Programm für Studienfinanzierung und -förderung erklären. Niemand musste wegen Geldmangel von vornherein darauf verzichten.

Dem Dekan gefiel meine Idee. Wir entschieden uns, in meiner Heimatstadt, Philadelphia, anzufangen. Es sollte ein Pilotprojekt sein, der erste Versuch dieser Art einer bedeutenden Universität. Bei meinem ersten Besuch in der South Philadelphia High School traf ich einen Jungen, der in Kairo zur Welt gekommen war und wegen seines jüdischen Glaubens ausgewiesen wurde. Er zog um nach Frankreich, dann nach Italien und lebte nun seit fünf Jahren in den Vereinigten Staaten. Die Ergebnisse seiner Standard-Aufnahmetests waren hervorragend. Er sprach Arabisch, Französisch, Italienisch sowie Englisch und konnte Neuhebräisch lesen. Er wohnte in einem Minderheitenviertel. Er war also genau der richtige Kandidat, hatte aber noch nie etwas von Yale gehört.

Ich machte mir Sorgen, dass diese Kandidaten, größtenteils die zweite Generation von Einwanderern aus Europa oder Afroamerikaner, bei ihrem ersten Besuch in Yale von einem Haufen egozentrischer Snobs vergrault werden könnten, also gestalteten wir den Tag so praxisnah wie möglich. Die achtzig Studenten, die zu Besuch kamen, wurden in Gruppen von zwei oder drei Personen aufgeteilt, je nach ihren Interessen, und einem Studenten zugeteilt. Sie besuchten dann die Labore oder den hochschulinternen Radiosender. Anschließend konnten sie sich in der Stelle für die Studienplatzvergabe über Finanzierungsmöglichkeiten ihres Studiums informieren.

Die Highschools waren misstrauisch, dass ihre Studenten quasi einen »Freifahrtschein« bekommen sollten. Wir machten den Studenten jedoch klar, dass dem nicht so war. Sie mussten um Studienplätze konkurrieren und sich auch bei anderen Unis bewerben. Entscheidend war, ihnen zu verdeutlichen, dass Yale für sie im Bereich des Möglichen lag. Der Junge aus Kairo wurde schließlich angenommen und schrieb sich in Yale ein. Und noch lange, nachdem ich meinen Abschluss gemacht hatte, war dieses Programm weiterhin erfolgreich.

————

In meinem Abschlussjahr beschloss ich, das größte Problem von allen für die Männer in Yale anzugehen: die 268 Jahre alten Parietal-Regeln, denen zufolge es Frauen verboten war, über Nacht im Wohnheim zu bleiben. Ich war mit einer Studentin aus dem örtlichen College zusammen, weshalb ich ein persönliches Interesse an der Lösung dieses Problems hatte.

Die übliche Vorgehensweise hätte darin bestanden, einen Gesprächstermin mit einem Mitarbeiter der Universitätsverwaltung zu vereinbaren. Aber mir war klar, wie das ablaufen würde. Er würde in Blazer und Fliege vor mir sitzen und mir erklären, dass Frauen eine Ablenkung darstellten, weil sie die jungen Männer vom Studieren abhielten, weil sie die Atmosphäre in den Wohnheimen veränderten, etc. Es gab eine lange Liste von Gründen, die ein junger Mann wie ich nicht nachvollziehen konnte. Dann würde er mich mit einem Lächeln verabschieden, und alles würde so bleiben wie seit fast zweihundertsiebzig Jahren. Ich musste also einen anderen Weg finden, deshalb setzte ich bei den Studenten an. Ich listete die wahrscheinlichen Einwände seitens der Universität auf und erstellte daraus einen langen Fragebogen. Glauben Sie, dass eine Änderung der Parietal-Regeln Sie vom Studieren abhalten würde? Wäre es eine Ablenkung, mehr Frauen an der Universität zu haben? Und so weiter.

––––––

Ich rekrutierte elf Studenten, die sich während der Essenszeiten vor die elf Hochschulmensen stellten und den Fragebogen an die gesamte Studentenschaft verteilten. Wir hatten eine Rücklaufquote von nahezu 100 Prozent. Dann ging ich zu einem Freund, Reed Hundt, dem stellvertretenden Chefredakteur der *Yale Daily News*. (Er wurde später unter Präsident Clinton Vorsitzender der Federal Communications Commission.) »Reed, ich habe hier eine Umfrage über die Abschaffung der Parietal-Regeln«, erzählte ich ihm. »Das ist Dynamit.«

Drei Tage später waren die Parietal-Regeln Geschichte, und ich zierte die Titelseite der Hochschulzeitung: »Schwarzmans Initiative: Umfrage beendet Parietal-Regeln.« Die Universität wollte sich dem nicht widersetzen. Es war meine erste Lektion über die Macht der Medien. Skull and Bones sprachen mich später darauf an, ob ich bei ihnen Mitglied werden wollte, und mir wurde die Verantwortung für den Class Day im nächsten Juni übertragen. Ich würde das öffentliche Gesicht der Abschlussfeier von Yale sein.

Seit meiner ersten, einsamen Mahlzeit in der Mensa hatte ich eine lange Reise hinter mir.

ALLES HÄNGT IRGENDWIE ZUSAMMEN

Kurz vor meinem Abschluss wurde ich in einem Vorstellungs-gespräch gefragt, wie ich mir meine berufliche Zukunft vor-stellte. Meine Antwort entsprach nicht gerade den Konventionen.

»Ich möchte eine Art Telefonzentrale sein«, antwortete ich. »Informationen aus unzähligen Quellen entgegennehmen, sortie-ren und anschließend wieder in die Welt hinausschicken.«

Mein Gegenüber sah mich an, als wäre ich geisteskrank. Aber ich war mir diesbezüglich sicher, nach einem Treffen gegen Ende mei-nes Abschlussjahres umso mehr: Auf der Suche nach Ideen, was ich als Nächstes tun könnte, schrieb ich einen Brief an Averell Harri-man und fragte ihn um Rat. Er war Mitglied der Studentenverbin-dung Skull & Bones in der Abschlussklasse von 1913 gewesen, ehe-maliger Gouverneur von New York und einer der sechs »Weisen«, der als Diplomat großen Einfluss auf die amerikanische Außenpoli-tik hatte.

Er schrieb zurück und lud mich zu einem Treffen um 15.00 Uhr bei sich zu Hause ein, das er später zu einem gemeinsamen Mittag-essen änderte.

Ich zog los und kaufte mir bei dem edlen Herrenausstatter J. Press J. Press meinen ersten Anzug, grau mit weißen Nadelstrei-fen. Harrimans Haus befand sich in New York an der 16 East Eighty-First Street, einen halben Block vom Metropolitan Muse-um entfernt. Ein Hausangestellter mit weißem Jackett und schwar-zer Fliege öffnete die Tür und führte mich in ein Wohnzimmer, an dessen Wänden Gemälde der Impressionisten hingen. Im Neben-raum hörte ich die Stimme von Robert Wagner, dem ehemaligen

Bürgermeister von New York. Schließlich war ich an der Reihe. Harriman saß in einem Sessel. Er war fast achtzig, erhob sich jedoch, um mich zu begrüßen, und bat mich, zu seiner Rechten Platz zu nehmen, da er auf dem linken Ohr nicht mehr so gut hörte. Auf dem Kaminsims stand eine Büste von Robert Kennedy, dem Bruder des ermordeten Präsidenten John F. Kennedy. Robert war ein Freund von Harriman gewesen, bis er im vorhergehenden Jahr ebenso wie sein älterer Bruder einem Attentat zum Opfer fiel. Nachdem wir ein paar Minuten über meine Möglichkeiten gesprochen hatten, in die Politik zu gehen, fragte Harriman: »Junger Mann, sind Sie vermögend?«

»Nein, Sir, bin ich nicht.«

»Nun«, sagte er, »das macht einen großen Unterschied. Falls Sie wirklich an Politik interessiert sind, kann ich Ihnen nur raten, erst mal so viel Geld zu verdienen, wie Sie nur können. Dann sind Sie unabhängig, falls Sie je entscheiden, in die Politik zu gehen. Wäre mein Vater nicht E. H. Harriman von der Union Pacific Railroad gewesen, würden Sie jetzt nicht hier sitzen und sich mit mir unterhalten.«

Er erzählte mir seine Lebensgeschichte, eine endlose Reihe von Abenteuern: Zuerst war er in Groton im Internat gewesen, hatte dann in Yale studiert, wo er sich dank seines Erbes dem Polospielen und Alkohol widmen konnte. Nach seinem Abschluss machte er Karriere als Unternehmer. Mit der Unterstützung und den Beziehungen seines Vaters reiste er nach der Revolution von 1917 nach Russland und sorgte für eine Welle von US-Investitionen in der neuen Sowjetunion. Er lernte Lenin, Trotzki und Stalin kennen. Zurück in den Vereinigten Staaten, nachdem die Bolschewiken den größten Teil der US-finanzierten Vermögenswerte beschlagnahmt hatten, kam ihm die Idee eines Wintersportresorts in Idaho nach dem Vorbild von St. Moritz in der Schweiz. Er nannte es Sun Valley. Während des Zweiten Weltkriegs schickte ihn Präsident Franklin Roosevelt, ein Freund seines Vaters, als Botschafter zurück nach

Moskau. 1955 wurde er Gouverneur des Staates New York und kehrte später unter Präsident Kennedy, einem weiteren Freund der Familie, ins Außenministerium zurück. Als ich ihn Anfang des Jahres 1969 kennenlernte, war er Amerikas Verhandlungsführer bei den Pariser Friedensgesprächen mit Nordvietnam zur Beendigung des Vietnamkrieges. Während Harriman redete, klingelte unaufhörlich das Telefon – die Unterhändler in Paris fragten ihn um Rat.

Ich war völlig gebannt und verlor jegliches Zeitgefühl, bis Harriman sagte: »Lassen Sie uns zu Mittag essen. Stört es Sie, von einem Tablett zu essen?« Ich war nie zuvor in einem so vornehmen Haus wie diesem gewesen. Aber mit Essen vom Tablett kannte ich mich aus.

Nachdem ich gegangen war, rannte ich zu einer öffentlichen Telefonzelle, um meinen Eltern alles zu erzählen. Ich hatte Harriman aufgesucht, weil ich einen Rat wollte, was ich mit meinem Leben anfangen sollte. Er hatte mir gesagt, ich könne alles erreichen, was ich mir vornahm. Und dass wir an einem gewissen Punkt im Leben herausfinden müssten, wer wir sind. Je früher uns das gelingt, desto besser, damit wir die Möglichkeiten verfolgen können, die für uns richtig sind, und keinen falschen, von anderen erzeugten Träumen nachjagen. Aber wenn ich meine durchaus beachtenswerte Fantasie Realität werden lassen wolle, eine ständig mit Informationen gefütterte Telefonzentrale zu werden, dann bräuchte ich Geld.

———

Zu meinem ersten Vorstellungsgespräch an der Wall Street kam ich eine Stunde zu früh, weil ich mich auf keinen Fall verspäten wollte. Ich saß in einem Chock Full o'Nuts Coffeeshop bei einer Tasse Kaffee, der einen Tasse, die ich mir leisten konnte, und schaute alle paar Minuten auf meine Armbanduhr. Um Punkt 9:00 Uhr betrat ich die Zentrale von Donaldson, Lufkin & Jenrette im 35. Stock, 140 Broadway. Ich setzte mich in den Empfangsbereich und sah zu, wie elegante junge Frauen mit schwarzen Haarreifen und schicken Schuhen sowie junge Männer hemdsärmelig und mit Krawatte, die kaum älter waren als ich, geschäftig und zielstrebig herumliefen. Die Energie an diesem Ort war elektrisierend.

Nach einer halben Stunde führte mich eine Assistentin zu Bill Donaldson, dem D in DLJ. Ich war überrascht, einen so jungen Mann in einem Schaukelstuhl sitzen zu sehen, aber das galt in der Post-JFK-Ära als schick. Unser Treffen war von Larry Noble eingefädelt worden, Bills Studienfreund aus Yale, der nun in der Studienplatzvergabestelle von Yale arbeitete. Ich war Larry und seiner jungen Familie auf einem 15-Jahres-Treffen in Yale begegnet und hatte seinem kleinen Sohn spontan ein Exemplar von *Babar the Elephant* gekauft. In dem Moment hatte ich keine Ahnung, wer Larry war, aber meine Geste uneigennütziger Großzügigkeit führte zu einer Freundschaft und nun zu diesem Vorstellungsgespräch.

»Verraten Sie mir eines«, sagte Bill. »Warum wollen Sie unbedingt bei DLJ arbeiten?«

»Ehrlich gesagt, weiß ich nicht viel über die Geschäfte von DLJ«, antwortete ich. »Aber anscheinend arbeiten bei Ihnen all diese großartigen jungen Menschen. Also möchte ich das tun, was auch immer sie tun.«

Bill lächelte und antwortete: »Dieser Grund ist genauso gut wie jeder andere.«

Nachdem wir uns ein bisschen unterhalten hatten, schlug er vor: »Warum sehen Sie sich nicht ein bisschen um und lernen ein paar meiner Partner kennen?« Das tat ich, aber als ich anschließend wieder in Bills Büro zurückkehrte, sagte ich ihm, dass die sich nicht für mich zu interessieren schienen. »Hören Sie«, antwortete er lachend. »Ich rufe Sie in zwei oder drei Tagen an.« Das tat er und bot mir einen Job an. Das Einstiegsgehalt betrug 10.000 Dollar im Jahr.

»Das klingt hervorragend«, sagte ich. »Es gibt da nur ein Problem.«

»Und das wäre?«

»Ich brauche 10.500 Dollar.«

»Wie bitte?«, fragte er. »Wie meinen Sie das?«

»Ich brauche 10.500 Dollar, weil ich gehört habe, dass ein anderer Yale-Absolvent 10.000 Dollar bekommt, und ich möchte in meinem Semester der mit dem höchsten Einstiegsgehalt sein.«

»Das ist mir egal«, gab Bill zurück. »Eigentlich bräuchte ich Ihnen auch gar nichts zu zahlen. Es bleibt bei 10.000 Dollar!«

»Dann nehme ich den Job nicht an.«

»Sie nehmen ihn nicht an?«

»Nein. Ich brauche 10.500 Dollar. Für Sie ist das keine große Sache, aber für mich schon, eine sehr große sogar.«

Donaldson lachte. »Sie wollen mich doch auf den Arm nehmen.«

»Nein«, antwortete ich. »Absolut nicht.«

»Dann will ich mal darüber nachdenken.« Zwei Tage später rief er mich an. »Okay. 10.500 Dollar.« Und damit stieg ich ins Wertpapiergeschäft ein.

———

Direkt an meinem ersten Arbeitstag bekam ich ein Büro mit fantastischem Blick auf Manhattan und eine eigene Sekretärin. Kurz darauf legte mir jemand den Geschäftsbericht von Genesco auf den Schreibtisch, einem Fachhändler für Markenschuhe und -accessoires. Meine Aufgabe war, die Firma zu analysieren, und es war das erste Mal, dass ich so einen Bericht zu Gesicht bekam. Beim Durchblättern sah ich, dass Genesco eine Bilanz und eine Gewinn- und Verlustrechnung beigefügt hatte. Die Bilanz enthielt Fußnoten, die auf Vorzugsaktien und wandelbare Vorzugsaktien verwiesen, auf nachrangige Verbindlichkeiten und wandelbare nachrangige Verbindlichkeiten, vorrangige Schulden und Bankschulden. Wenn ich das heute lesen würde, wäre mir wahrscheinlich auf den ersten Blick klar, dass das Unternehmen in finanziellen Schwierigkeiten steckte. Aber damals hätte der Bericht genauso gut in Suaheli verfasst sein können. Aber damals gab es kein Internet und auch niemanden, der mir angeboten hätte, diese Informationen für mich zu übersetzen. Bis heute braucht man nur den Namen *Genesco* zu erwähnen, und sofort bricht mir der Angstschweiß aus, dass jeden Moment jemand hereinkommen, mir eine Frage stellen und mich bloßstellen könnte. Das hier war eine Welt, in der hohe Geldbeträge auf dem Spiel standen, und dennoch machte sich niemand die Mühe, Neulinge einzuarbeiten. Davon auszugehen, dass man als Anfänger schon clever genug ist, um alles allein herauszufinden, fand ich geradezu aberwitzig

Meine nächste Aufgabe bestand darin, eine Restaurantkette unter die Lupe zu nehmen, die von Restaurant Associates eröffnet werden sollte, dem Betreiber verschiedener Luxusrestaurants in New York. Das Zum Zums, so der Name der neuen Kette, versprach den New Yorkern Knackwürste im deutschen Stil. Als ich in der Zentrale von Restaurants Associates eintraf, meinem ersten Kundentermin vor Ort, befragte ich zunächst den Geschäftsführer und andere Führungskräfte. Sie wirkten nicht gerade übertrieben freundlich, und ich erfuhr auch nicht sonderlich viel. Mit der U-Bahn fuhr ich zurück zu meinem Büro. Meine Sekretärin, die dank meiner Inkompetenz normalerweise nicht viel zu tun hatte, erwartete mich mit einer Nachricht: »Mr. Jenrette möchte Sie sofort sprechen.« Dick Jenrette, einer der nettesten und intelligentesten Männer der Finanzbranche, sollte mir im Lauf der Zeit ein enger Freund und Vertrauter werden. Aber an jenem Nachmittag war er für mich nur der Präsident von DLJ, und ich kannte ihn kaum.

»Was haben Sie denn mit den Leuten von Restaurant Associates angestellt?«, fragte er. »Die sind stinksauer auf uns.«

»Warum sollten sie?«, fragte ich überrascht.

»Angeblich wollten Sie Insider-Informationen von ihnen haben.«

»Ich habe lediglich nach den nötigen Fakten gefragt, um die Situation der Firma einschätzen zu können. Wie viele Filialen sie haben, wie viel Gewinn jede der Filialen abwirft, wie hoch die Betriebskosten sind. Die Art Informationen eben, damit ich mir erst mal ein Bild machen kann.«

»Steve, diese Art Information dürfen die Ihnen gar nicht geben.«

»Wie soll ich dann eine Prognose erstellen? Wieso kann ich diese Informationen nicht bekommen?«

»Weil die Börsenaufsicht feste Regeln hat, was Sie bekommen können und was nicht. Zumindest die letzten beiden Punkte wären Insider-Informationen. Wenn das Unternehmen Ihnen diese Informationen gibt, muss es sie auch jedem anderen zugänglich machen. Tun Sie das nie wieder.«

Niemand hatte sich vorher die Mühe gemacht, mir diese Regel zu erklären.

Nach meinem Zum-Zums-Debakel sollte ich mir National Student Marketing genauer ansehen, ein Unternehmen, das versuchte, Studenten alles Mögliche zu verkaufen. Sie boten eine Lebensversicherung an, die kein Zwanzigjähriger, den ich kannte, jemals abschließen würde, und vermieteten Kühlschränke, die sich die Studenten in ihrem Wohnheim ins Zimmer stellen konnten. Ich hatte gerade erst meinen Uniabschluss gemacht und wusste, wie Studenten Geräte behandeln. Nicht gerade pfleglich. Dieses Unternehmen ging davon aus, dass die Kühlschränke sechs Jahre hielten. Aber alle Studenten, die ich kannte, hätten ihn nach zwei Jahren schon plattgemacht. Als ich die Firmenzentrale besuchte, konnte mir der erste Manager, mit dem ich sprach, nicht einmal den Namen des Kollegen im Nachbarbüro nennen. Auf mich wirkte dieser Mitarbeiter, als hätte er sich gedanklich bereits von seinem Job verabschiedet. Ich brauchte keine Insider-Informationen, um zu erkennen, dass diese Firma schnurstracks auf die Pleite zusteuerte. Ich schrieb meinen Bericht und legte ihn der Akte bei. Was ich damals jedoch nicht wusste, war, dass DLJ gerade eine Privatplatzierung von National Student Marketing plante.

Wie ich es vorhergesehen hatte, war das Unternehmen ein paar Jahre später bankrott. DLJ wurde wegen des Verkaufs von Aktien eines Unternehmens verklagt, über dessen desaströse Lage sie informiert worden waren, und ich musste mich vor einer Horde Anwälte verteidigen. DLJ stellte mich als Idioten hin, der keine Ahnung gehabt hatte, was er eigentlich tat – was erklären sollte, warum niemand auf mich gehört hatte. Die Klägerseite stellte mich als verkanntes Genie dar, das etwas erkannt hatte, was all den hoch bezahlten Managern bei DLJ entgangen war. Die Klägerseite gewann.

––––––

Während meiner Zeit bei DLJ zog ich als Untermieter von einer mit Kakerlaken verseuchten Absteige in die nächste, natürlich immer in Häusern ohne Fahrstuhl. Eine Zeit lang wohnte ich in einem Zimmer an der Second Avenue zwischen Forty-Ninth und Fiftieth Street über der Midtown Shade Company. Die Straße stieg an dieser Stelle leicht an, weshalb ich die ganze Nacht hörte, wie Lkws einen Gang runterschalteten. Meistens kochte ich mir, wenn ich abends nach Hause kam, auf meiner Kochplatte Spaghetti mit Tomatensoße. Eine Küche hatte ich nicht. Das Bad war am Ende des Flurs. Eines Abends verabredete ich mich mit einem Mädchen zum Essen. Als ich sie abholte, trug sie einen Nerzmantel. Im Restaurant starrte ich die ganze Zeit auf die Speisekarte, während sie bestellte, und hoffte, sie würde nicht merken, dass ich mir Vorspeise und Dessert nur für sie leisten konnte und nicht auch noch für mich. Mein Geld reichte so gerade, um sie nach dem Essen mit dem Taxi nach Hause zu bringen. Nachdem wir uns verabschiedet hatten, ging ich fünfzig Blocks zu Fuß nach Hause und fragte mich, wann sich mein Leben wohl ändern würde.

Die Kollegen in meinem Alter bei DLJ waren Söhne und Töchter berühmter New Yorker. Ich kannte keinen von ihnen. Und das würde sich auch nicht ändern, solange ich in einer Bruchbude hauste und in bei einem Unternehmen, das mit Wertpapieren handelte, in den unteren Rängen beschäftigt war. Wenn die anderen bei DLJ nicht so gut erzogen gewesen wären, hätten sie mich vermutlich zum Leeren der Mülleimer eingeteilt. Aber zumindest erhaschte ich einen Blick auf das, was New York zu bieten hatte. Laura Eastman, eine DLJ-Kollegin, die ein paar Jahre älter war als ich, hatte offenbar Mitleid mit mir und lud mich ein paar Mal zum Abendessen ins Apartment ihrer Familie und zum Squashspielen im Untergeschoss ihres Hauses an der Ecke Seventy-Ninth und Park ein. Lauras Schwester, Linda, heiratete übrigens kurz darauf Paul McCartney, und ihr Vater, Lee, wurde dessen Anwalt. Die Wohnung der Eastmans war das erste Park Avenue Apartment, das ich je betreten hatte. Etwas Derartiges hatte ich nie zuvor gesehen. Eingerichtet hatte es Billy Baldwin, damals der Star-Innenarchitekt des Landes. Im Eingangsbereich gab es eine kleine Bibliothek, mit beigefarbener Grastapete und Gemälden von Willem de Kooning. Als ich Laura auf die Bilder ansprach, sagte sie, der Künstler lebe und arbeite in East Hampton, ganz in der Nähe des Strandhauses ihres Dads. De Kooning habe ihren Vater wegen eines juristischen Rats aufgesucht und mit Bildern anstelle von Geld bezahlt. Da er scheinbar eine Menge Ratschläge brauchte, besaßen die Eastmans mittlerweile eine ganze Reihe seiner Gemälde. So etwas war den Schwarzmans in Abington nie passiert. Lee machte während dieser Familien-Dinner immer großen Eindruck auf mich. Er war lebensbejahend, charismatisch, fesselnd und verfügte über einen scharfen Verstand. Er lebte das New Yorker Leben, das ich anstrebte, wenn ich jemals erfolgreich sein würde.

Der Vietnamkrieg unterbrach meine Bestrebungen. Ich hatte mich bei der Army Reserve als Reservist verpflichtet, statt auf die Ergebnisse der Rekrutierungslotterie zu warten, die mich mit großer Sicherheit an die Front geschickt hätte. Der Dienst erforderte eine sechsmonatige Ausbildung im aktiven Dienst und dann fünf Jahre lang sechzehn Stunden im Monat bei einer lokalen Einheit. Sechs Monate, nachdem ich bei DLJ angefangen hatte, wurde ich zur Grundausbildung eingezogen. Bill Donaldson war so nett, mit mir ein Austrittsgespräch zu führen. Ich war ihm gegenüber ehrlich und sagte ihm, dass ich bezüglich meiner Zeit bei DLJ nicht so ganz zufrieden war. Ich sei mehr oder weniger nutzlos gewesen. Niemand hatte sich die Mühe gemacht, mir etwas beizubringen, und ich war orientierungslos umhergetrieben. Im Gegensatz zu meiner Zeit bei Yale hatte ich keine Möglichkeit gefunden, irgendetwas zu erreichen.

»Warum in aller Welt haben Sie mich überhaupt eingestellt?«, fragte ich. Wir saßen in der kleinen Mitarbeiter-Cafeteria, aßen von Plastiktabletts. »Das war doch Geldverschwendung. Ich habe rein gar nichts zustande gebracht.«

»Ich hatte so eine Ahnung.«

»Echt? Was denn für eine Ahnung?«

»Dass Sie diese Firma eines Tages leiten würden.«

Im ersten Moment war ich sprachlos. »Wie bitte?«

»Ja«, sagte er. »Ich habe für solche Dinge einen sechsten Sinn.«

Ich verabschiedete mich zu meinem Reservistendienst und war davon überzeugt, dass an der Wall Street alle verrückt waren.

––––––

Im Januar 1970 war Fort Polk in Louisiana ein Übungs- und Ausbildungszentrum, in dem die Soldaten vorbereitet wurden, die nach Vietnam geschickt werden sollten. In den Kasernen war es feucht und kalt, und wenn wir während der Manöver auf dem Boden schlafen mussten, war es eisig. Die Rekruten in meiner Kompanie stammten aus winzigen Orten in West Virginia und Kentucky, einige waren nahezu Analphabeten und die meisten für den Kampf an der Front eingezogen worden und hatten sich verpflichtet. Nach Yale und DLJ war das ein Schock. Unser Ausbilder war in Vietnam eine sogenannte Tunnelratte gewesen. Seine Aufgabe hatte darin bestanden, durch die vom Vietcong und den Nordvietnamesen gegrabenen Tunnel zu kriechen und diese mit Sprengfallen zu versehen. Lediglich mit einer Taschenlampe und einer Pistole Kaliber .45 ausgerüstet, wusste er nie, was ihn hinter einer dunklen Ecke erwartete, oder mit welchen Fallen die Tunnel gesichert waren. Er war der mutigste Mann, den ich je kennengelernt hatte. Er arbeitete jetzt als Ausbilder, weil er eine Metallplatte im Kopf hatte und nicht mehr kämpfen konnte. Für den Krieg hatte er nichts mehr übrig außer Verachtung.

»Dieser Krieg ist absolut sinnlos«, sagte er zu uns. »Komplett. Total. Du verbringst deine Zeit mit dem Versuch, einen Hügel einzunehmen. Es gelingt dir. Und fünf Tage später gibst du ihn wieder auf, und die bösen Jungs holen ihn sich sofort zurück. Das ist der hirnrissigste Scheißdreck, an dem ich je in meinem Leben teilgenommen habe. Wir wissen nicht, wer die Guten sind und wer die Bösen. Niemand spricht deren Sprache. Am Tag sind sie dein Freund, und in der Nacht versuchen sie, uns zu töten. Unsere Offiziere sind fast alle Idioten.« Er riet uns sogar, ernsthaft in Erwägung zu ziehen, unseren Vorgesetzten zu töten, wenn es uns selbst vor einem sinnlosen Tod bewahrte.

Er war ein guter, mutiger Mann, dessen Leben durch Entscheidungen verändert worden war, die auf höchster Regierungsebene getroffen wurden. Sein Zorn und Frust warfen einen Schatten auf unsere Zeit dort. Vietnam, so wurde mir schnell klar, war mehr als nur ein Strategiespiel für Politiker, Diplomaten und Generäle oder eine ideologische Piñata für radikalisierte Studenten. Vietnam hatte Auswirkungen auf das Leben Tausender Amerikaner. Später in meinem Leben, als ich mich in der Position befand, um Einfluss auf Entscheidungen von nationaler oder sogar weltweiter Tragweite nehmen zu können, versuchte ich mir immer wieder klarzumachen, welche Auswirkungen etwas auf jeden Einzelnen hätte, der dann die Konsequenzen würde tragen müssen.

Ich war körperlich nicht mehr so fit wie an der Highschool, aber den Spaß an hartem Training hatte ich nicht verloren. Ich genoss es, mich beim Rennen in voller Kampfausrüstung über weite Strecken abzuhärten. Ich lernte gern, wie man mit Waffen umgeht. Was mir nicht gefiel, war die Hirnlosigkeit. An einem Morgen standen wir anderthalb Stunden in Reih und Glied im strömenden Regen und warteten darauf, dass wir uns rühren und zum Frühstück hineingehen durften. Unser Sergeant hatte vergessen, dass wir noch da draußen standen, und niemand hatte den Mut, die Formation zu verlassen und es ihm zu sagen. An den Tagen, an denen wir dann aber doch Frühstück bekamen, war meistens nicht genug für alle da. Und dabei waren wir in Louisiana und nicht in Vietnam. Da müsste es doch eigentlich genug zu essen geben. Also fing ich an nachzuforschen.

Als wir in Fort Polk angekommen waren, hatte uns ein Colonel gesagt, dass wir mit ihm reden sollten, falls wir mitbekamen, dass etwas nicht in Ordnung war. Ich entschied, ihn beim Wort zu nehmen, und spazierte, von oben bis unten verdreckt von der Übung, in sein Büro. Seine Bürokraft fragte mich, was ich hier mache. Ich nannte meinen Namen und meine Dienstnummer. »Verzieh dich, verdammt noch mal!«, blaffte er mich an. Ich weigerte mich zu gehen. Er rief einen Lieutenant herbei. Ich erklärte den beiden, dass ich lediglich mit dem Colonel sprechen wolle.

»Für wen zum Teufel hältst du dich?«, fragte der Lieutenant. »Das hier ist die Army. Du tust, was man dir sagt, und bewegst deinen Arsch zurück zu deiner Kompanie.« Ein Captain kam herein, und wir durchliefen dasselbe Programm noch mal. Ich rechnete damit, dass jeden Moment der Captain meiner Kompanie hereingestürmt käme, mich am Nacken packen und in hohem Bogen rauswerfen würde. Aber schließlich saß ich dem Colonel gegenüber, einem hageren Mann mit grauhaarigem Stoppelhaarschnitt.

Ich erklärte ihm die Lebensmittelsituation und beschrieb ihm, was wir zum Frühstück, zum Mittagessen und zum Abendessen bekamen. Er wirkte überrascht. Er holte ein Blatt Papier heraus, auf dem eine detaillierte Bewertung unserer Kompanie aufgelistet war. Wir waren die schlechteste Kompanie der ganzen Truppe. Er sagte mir, ich solle zu meiner Einheit zurückgehen und kein Wort darüber verlieren. Zwei Tage später waren alle unsere Offiziere verschwunden. Wie sich herausstellte, hatten sie unseren Proviant gestohlen und verkauft. Der Colonel rief mich zu sich und bedankte sich dafür, dass ich die Militärstruktur durchbrochen hatte, um mir Gehör zu verschaffen. Genau aus diesem Grund bot er allen Neuen an, sich an ihn zu wenden, aber noch nie hatte ihn jemand aufgesucht.

Meine Zeit bei der Army verstärkte mein Misstrauen gegenüber Hierarchien und mein Zutrauen, dagegen anzugehen, wenn ich etwas sah, das nicht in Ordnung war. Die unterschiedlichen Schicksale von uns allen in Fort Polk erinnerten mich auch daran, wie wichtig es war, Glück zu haben. Wie erfolgreich, clever oder tapfer du auch bist, du kannst immer in eine schwierige Situation geraten. Die Leute denken oft, ihre Realität sei die einzige, aber es gibt so viele Realitäten, wie es Menschen gibt. Je mehr davon du siehst, desto wahrscheinlicher kannst du von ihnen lernen.

Eine andere Lebenslektion, die ich aus meiner Zeit bei der Army mitnahm, besteht darin, dass wir auch den Einsatz und die Opfer der Angehörigen unserer Streitkräfte nicht vergessen dürfen. Diese Überzeugung brachte mich 2016, also viele Jahre später, dazu, mich für die Navy SEAL Foundation zu engagieren, indem ich eine Initiative von Blackstone leitete, Mittel zur Unterstützung der Familien von SEALs zu beschaffen, die bei der Ausübung ihres Dienstes den Tod gefunden hatten. Ich machte es zu meiner persönlichen Mission, mich mit jedem Geschäftsbereich zusammenzusetzen, um dafür zu sorgen, dass alle Mitarbeiter verstanden, wie wichtig es ist, den Menschen etwas zurückzugeben, die dafür sorgen, dass wir unser Leben tagtäglich in Frieden verbringen können. Am Ende steuerte jeder US-Blackstone-Mitarbeiter etwas bei, und die Navy SEAL Foundation sammelte die Rekordsumme von 9,3 Millionen Dollar.

———

Ich verließ Louisiana im Juli, und Ende August saß ich in einem Hörsaal in Boston. Nach dem Abschluss in Yale hatte ich mich für ein Aufbaustudium beworben. Meine erste Wahl war Jura, vorzugsweise in Harvard, Yale oder Stanford. Aber die einzige juristische Fakultät, die mich annahm, war die der Universität von Pennsylvania, und ich war noch nicht bereit, wieder nach Philadelphia zurückzukehren. Erst dann kam ich auf die Idee, mich an der Harvard Business School zu bewerben. Business Schools galten zu jener Zeit nicht als erste Wahl cleverer Kids. Sie galten als Nachwuchspool für Jobs im mittleren Management bei Konzernen und nicht für Unternehmerpersönlichkeiten oder Intellektuelle. In den 1970ern einen MBA zu erwerben bedeutete, dass man anschließend bei militärisch-industriellen Konzerngiganten wie Dow, dem Hersteller von Napalm, oder Monsanto, dem Produzenten von Agent Orange, anfing, und beide Produkte wurden benutzt, um in Vietnam Menschen zu töten oder zum Krüppel zu machen. Aber als mir die HBS einen Platz anbot, beschloss ich, ihn anzunehmen. Vielleicht, so dachte ich, war dies der erste Schritt zu dem Vermögen, das zu verdienen mir Averell Harriman nahegelegt hatte.

Ich traf in Harvard mit dem gleichen Gefühl ein wie vormals in Yale: sozial isoliert und überzeugt davon, die brillanten Leute seien woanders. Im selben Jahr, als ich an der HBS anfing, begannen Bill und Hillary Clinton ihr Jurastudium an der Yale Law School. Die zukünftigen Staatslenker kämpften intellektuelle Schlachten in hypothetischen Gerichtsverfahren, während ich fiktive Unternehmen analysierte.

Mein erstes Seminar trug den Titel Managerial Economics. Im Wesentlichen ging es darum, Entscheidungsbäume aufzustellen, also Logikketten, bei denen man die Wahrscheinlichkeiten unterschiedlicher Szenarien aufgrund verschiedener Vorgehensweisen ermittelt und basierend auf den vorhergesagten Ergebnissen die beste Vorgehensweise zu berechnen versucht. Nach allem, was ich in meiner Grundausbildung bei der Army gesehen und getan hatte, fand ich das mehr als nur abstrakt. Bei unserer ersten Fallstudie ging es um eine Bergungsfirma, die nach versunkenen Schätzen sucht. Unsere Fragestellung lautete, wie viel Geld wohl in das Tauchen nach Gold investiert werden musste, in Anbetracht des zu erwartenden Wertes des Goldes, das möglicherweise in einer Galeone auf dem Grund des Meeres lag. Unser Professor, Jay Light, war nur wenig älter als wir und Dozent im ersten Jahr. Zu Beginn des Kurses meldete ich mich, und Jay nahm mich dran.

»Mr. Schwarzman, möchten Sie mit dieser Fallstudie anfangen?«

»Ehrlich gesagt«, erwiderte ich, »habe ich eine Frage.«

»Okay, und die wäre?«

»Ich habe die Aufgabenstellung gelesen«, sagte ich. »Aber das ist unsinnig. Wenn das der Inhalt dieses Kurses ist, dann bietet er für jemanden wie mich keinen praktischen Nutzen.«

Jay starrte mich an. »Verraten Sie mir, Mr. Schwarzman, warum das der Fall sein sollte?«

»Weil dieses Beispiel bezüglich eines zu erwartenden Wertes auf der Annahme beruht, dass man eine unendliche Anzahl von Tauchgängen hat, um das Gold zu finden. Ich habe in meinem Leben aber keine endlose Zahl von Tauchgängen. Wenn ich nach Gold tauche, brauche ich die 100-prozentige Wahrscheinlichkeit, es auch zu finden, andernfalls kann mich diese Unternehmung in den Ruin treiben. Dieses Fallbeispiel passt zu Großkonzernen, die praktisch keine Beschränkung bei der Zahl ihrer Tauchgänge haben. Aber die meisten Menschen sind nicht Exxon. Sie verfügen nur über begrenzte Ressourcen. Ich persönlich habe gar keine Ressourcen.«

»Hmmm«, antwortete Jay. »So habe ich das noch nie betrachtet. Lassen Sie mich ein bisschen darüber nachdenken, und wir machen inzwischen weiter.«*

Nach ein paar Wochen kam ich zu dem Schluss, dass an der Harvard Business School nur eine einzige Idee gelehrt wurde, getarnt

---

* Jay Light ertrug meine Fragen weiterhin. Trotz meiner Anstrengungen, seiner Karriere im Weg zu stehen, ging er seinen Weg und wurde Dekan der Harvard Business School und gehört seit vielen Jahren zum Aufsichtsrat von Blackstone. Was auch immer ich von seiner Fallstudie des versunkenen Schatzes hielt, ich war seither stets dankbar, seinen Rat einzuholen.

als verschiedene Kurse. Die Lektion bestand darin, dass in der Wirtschaft alles mit allem zusammenhängt. Damit ein Geschäft zum Erfolg wird, muss jedes Teil für sich allein und zusammen mit allen anderen Teilen funktionieren. Es ist ein geschlossenes, ganzheitliches System, organisiert von Managern. Wenn du Autos produzierst, brauchst du gute Marktforschung, um zu wissen, was die Leute kaufen wollen; gutes Design, gute Technik und Fertigung, damit du ein gutes Produkt herstellen kannst; wirkungsvolle Programme, um Arbeitskräfte zu rekrutieren und auszubilden; gutes Marketing, um den Wunsch danach zu wecken, was du herstellst; und einen guten Vertrieb, der weiß, wie man Geschäfte abschließt. Sollten Teile dieses Systems wegbrechen und du kannst sie nicht schnell genug reparieren, läufst du Gefahr, Geld zu verlieren und aus dem Geschäft gedrängt zu werden. Habe ich kapiert. Und was kommt dann? Drei weitere Fallstudien mit derselben Botschaft. Und danach? Drei weitere Fallstudien, die es noch einmal wiederholen.

Als sich die Weihnachtsferien näherten, war ich kurz davor hinzuschmeißen. Ich langweilte mich. In Boston war es kalt. Die Seminare waren mittelmäßig, wurden hauptsächlich von jungen Dozenten abgehalten, die noch dabei waren, ihre Unterrichtsmethoden zu finden. Wozu verschwendete ich hier mein Leben? Ich war so weit, dass ich in meinen alten Job zurückkehren wollte.

Bill Donaldson, der mich damals bei DLJ einstellte, hatte die Firma mittlerweile verlassen, um in Washington den Posten eines Staatssekretärs im Außenministerium anzutreten. Dick Jenrette war auf seine Stelle nachgerückt. Bei unserer letzten Begegnung hatte Dick mich dafür gerügt, dass ich Restaurant Associates unbeabsichtigt um Insider-Informationen gebeten hatte. Aber er war auf der HBS gewesen, also beschloss ich, ihn um Rat zu fragen.

»Lieber Dick«, schrieb ich. »Ich hasse es hier. Der Kern der Botschaft ist angekommen, und ich überlege, ob ich mich exmatrikulieren soll. Vielleicht könnte ich zurück zu DLJ kommen oder woanders hingehen. Bitte sagen Sie mir doch, was Sie darüber denken.«

Zu meiner Überraschung nahm sich Dick die Zeit, mir eine sechs Seiten lange Antwort mit der Hand zu schreiben, die mein Leben veränderte. Sinngemäß sagte er: »Lieber Steve, ich weiß genau, was Sie denken. Ich war im Dezember meines ersten Jahres an der Harvard Business School ebenfalls kurz davor, die Brocken hinzuwerfen. Ich fand es intellektuell unbefriedigend und wollte an den Fachbereich Wirtschaft wechseln, um dort zu promovieren. Aber ich blieb. Es war die beste Entscheidung meines Lebens, und es ist genau das, was Sie auch tun sollten. Gehen Sie nicht dort weg. Bleiben Sie.«

Ich nahm seinen Rat an und bin ihm bis heute dankbar. Wann immer mich junge Leute anrufen oder anschreiben und mich um Rat bitten, denke ich zurück an Dicks Brief. Wie Jay Light wurde auch Dick Jenrette ein langjähriges Aufsichtsratsmitglied bei Blackstone. Ich entschied, an der HBS zu bleiben, und alles, was ich bei DLJ nicht gelernt hatte, begann ich nun zu lernen, von den Grundlagen der Unternehmensfinanzierung bis zu Rechnungswesen, Operatives Geschäft und Management. Ich schloss mein erstes Jahr mit Bestnote ab und wurde von der Fakultät ausgewählt, dem Century Club beizutreten, einer Organisation, der die besten drei Studenten von jeweils 72 angehören. Ich wurde von den anderen Mitgliedern zum Präsidenten des Klubs gewählt, und genau wie an der Highschool und in Yale begab ich mich daran, diese Lebensphase für jeden einzigartig und besser zu machen. Ich rief ein Programm ins Leben, bei dem wir erfolgreiche junge Männer zu uns einluden, die gerade einmal ein paar Jahre älter waren als wir, um vor den Klubmitgliedern zu sprechen. Meine ersten beiden Gäste waren John Kerry, ein Vietnamveteran, der sich gegen den Krieg aussprach und schließlich Senator, Außenminister und Präsidentschaftskandidat der Demokraten wurde; sowie Michael Tilson Thomas, damals Zweiter Dirigent des Boston Symphony Orchestra, der später das London sowie das San Francisco Symphony

Orchester leiten sollte. Während meines zweiten Studienjahres lernte ich Ellen Philips kennen, die als wissenschaftliche Hilfskraft an der HBS arbeitete und die ich später heiratete.

Außerdem wollte ich dazu beitragen, das Studium an der HBS zu verbessern. Gestärkt durch meinen Erfolg bezüglich der Parietal-Regeln in Yale und des Verpflegungsproblems in Fort Polk, arrangierte ich ein Treffen mit dem Dekan der Harvard Business School, Larry Fouraker, und unterbreitete ihm Vorschläge, wie man die Uni verbessern könne. Fouraker war eine Kompromisslösung bei der Besetzung dieses Postens gewesen, ein schematisch arbeitender, unspektakulärer Verwalter, der den Großteil seiner Zeit fern von der Uni in Aufsichtsräten von Unternehmen verbrachte. Trotz ihres immer noch viel gepriesenen Rufes hatte die Uni große Probleme. Es dauerte fünf Monate, bis ich einen Termin bei Fouraker bekam.

»Sie haben Dozenten, die nicht unterrichten können. Studenten, die nicht lernen können, und ein überholtes Curriculum. Und die Verwaltung ist ineffizient.« Ich nannte ihm für alle Punkte Beispiele und Lösungsvorschläge.

»Mr. Schwarzman«, antwortete er, »waren Sie schon immer ein Außenseiter?«

Ich erzählte ihm, dass ich Schülersprecher an meiner Junior Highschool und auch an meiner Highschool gewesen war, den Vorsitz bei der Class Day Zeremonie der Yale-Abschlussfeier innegehabt hatte und nun Präsident des Century Clubs der Harvard Business School sei. Also, nein, wohl kaum ein Außenseiter. Aber möglicherweise war er ja einer. In Yale, einer Uni, die um ein Vielfaches größer war als die HBS, legte der Präsident, Kingman Brewster, großen Wert darauf, jeden, der um einen Termin gebeten hatte, innerhalb von vier Tagen zu empfangen. Für mich sei offensichtlich, so sagte ich Larry Fouraker, warum es mit der HBS den Bach hinunterginge. »Ich habe Ihnen gesagt, was los ist. Ich habe Ihnen sogar Vorschläge unterbreitet, was Sie dagegen tun können. Und Sie haben nicht das geringste Interesse daran«, sagte ich. »Tut mir echt leid, dass ich vorbeigekommen bin, weil ich versuchen wollte, Ihnen zu helfen.«

»Ich denke, das reicht jetzt«, sagte Fouraker.

Er betrachtete meine Argumentation als Affront. Ich hielt mich nicht für cleverer als der Dekan, aber aus dem tiefen Schützengraben des Studentenlebens hatte ich eine andere Perspektive. Trotz der Defizite dieser Uni hatte ich angefangen, mich um die Harvard Business School zu sorgen. Durch ihren Job hatte Ellen eine ähnlich düstere Sicht auf die Lehre und das Kaliber der Studenten bekommen, was ebenfalls in meine Vorschläge an den Dekan einfloss. Mein einziger Fehler bestand darin, dass ich dachte, er würde meine Ehrlichkeit wertschätzen. Aber er wollte nicht einmal ein Gespräch.

Falls ich je eine Organisation leiten sollte, so versprach ich mir, würde ich es für die Leute so einfach wie möglich gestalten, mich aufzusuchen und mir die Wahrheit zu sagen, so schwierig die Situation auch sein mochte. Solange man sein Anliegen ehrlich und vernünftig begründen kann, sollte sich niemand auf den Schlips getreten fühlen. Niemand, und sei er noch so clever, kann sämtliche Probleme lösen. Aber eine Armee cleverer Leute, die aufrichtig miteinander reden, kann es sehr wohl. Das war die einzige Lektion, die ich von Larry Fouraker lernte.

Meine Zeit an der HBS brachte mich zu der Überzeugung, dass die Finanzwelt, trotz meines schlechten Starts bei DLJ, das Richtige für mich war. Bei den Fallbeispielen, die wir analysierten, erkannte ich Muster, erspürte Probleme und schlug mögliche Lösungen vor, ohne mich in den Zahlen zu verlieren. Und meine Aktivitäten außerhalb des Lehrplans hatten mich gelehrt, dass ich gern mit Menschen zusammenarbeitete, um schwierige, scheinbar unlösbare Herausforderungen anzugehen. Als sich das Examen näherte, entschied ich, einen weiteren Versuch an der Wall Street zu starten, trotz meines schwachen Auftritts bei DLJ und meiner bis heute bestenfalls durchschnittlichen Mathefähigkeiten.

Investmentbanken taten damals zwei Dinge. Erstens Wertpapier-
emission und -handel, was bedeutete, Wertpapiere, wie Anleihen,
Aktien, Optionsscheine, Schatzbriefe, Finanzterminkontrakte,
Geldmarktpapiere und Einlagenzertifikate zu kaufen und zu verkaufen. Zweitens berieten sie Unternehmen zu Finanzierungsmöglichkeiten, zur Zusammensetzung von Fremd- und Eigenkapital
oder Fusionen und Übernahmen. Diese Aktivitäten zogen die
unterschiedlichsten Leute an. In den frühen 1970ern, bevor Com-
puter die Funktionsweise des Markts revolutionierten, ging es auf
dem Börsenparkett hektisch und laut zu, und es war voller unbere-
chenbarer Akteure. Die Beratungstätigkeit hingegen war geprägt
von ausführlicheren Überlegungen, beinhaltete langwierige Verhandlungen und das geduldige Aufbauen von Beziehungen. Ich
würde Führungskräfte großer Firmen dazu bringen müssen, auf
das, was ich ihnen sagte, zu vertrauen und dementsprechend zu
handeln. Ich müsste mit innovativen Ideen aufwarten, Überzeu-
gungsarbeit leisten, Geschäfte zum Abschluss bringen und mich
gegen die Konkurrenz durchsetzen. Das sah ganz nach einem Job
aus, in dem ich mich bewähren konnte.

Ich bewarb mich bei sechs Unternehmen. Während ich durch ihre
Büros spazierte, dachte ich zurück an meine Kultur- und Verhaltens-
studien in Yale, und mir schoss eine Idee für meine Abschlussarbeit in
meinem wichtigsten Kurs an der HBS durch den Kopf: Was sugge-
rierten die Büroräume dieser Banken bezüglich ihrer Kultur? Bei
Kuhn, Loeb & Co. überwog zunächst einmal die Firmengeschichte.
Direkt im Eingangsbereich hing ein riesiges Porträt von Jacob Schiff,
dem Gründer, sowie kleinere von sämtlichen Partnern. Die Partner
selbst saßen hinter geschlossenen Türen, abgetrennt von den übrigen
Mitarbeitern und deren Aktivitäten im Großraumbüro. Alles wirkte
dunkel und in sich geschlossen. Wohl kaum darauf ausgerichtet, sich
anzupassen und auf künftigen Wandel einzustellen.

Morgan Stanley befand sich im selben Gebäude wie DLJ, aber
ganz oben. Alles war lichtdurchflutet. Goldfarbene Teppiche und

antike Rollpults im Bereich der Partner erinnerten an die Geschichte, aber ansonsten war es modern und offen für Veränderungen. Dann gab es noch Lehman Brothers in der 1 William Street, ein massives, neobarockes Kalksteingebäude wie ein italienischer Palazzo mit einer Art Pavillon obendrauf. Jeder Flur war unterteilt in ein Gewirr kleiner Büros. Für mich fühlte es sich an wie ein feudaler Palast mit all den höfischen Intrigen, also völlig intransparent. Jeder, der hier arbeitete, musste kämpfen, um Erfolg zu haben. Lehman Brothers, so dachte ich, würde es so lange gut gehen, bis sie von internen Machtkämpfen zerrieben wurden.

Meine Abschlussarbeit schrieb sich wie von selbst. Sie enthielt keine Zahlen, keine Recherche. Mein Professor fand sie kreativ und gab mir eine super Note.

Meine Bewerbungsgespräche liefen weniger gut. First Boston hatte 1972 keinen einzigen jüdischen Mitarbeiter, und ich würde offenbar nicht der erste sein. Goldman Sachs sagten, sie mochten mich, hätten aber Sorge, dass ich zu eigensinnig sei, und ich bekam nie ein Angebot.

Morgan Stanley war zu jener Zeit die prestigeträchtigste Investmentbank der Welt. Sie arbeiteten für die wichtigsten Unternehmen und waren der Inbegriff des Establishments. Sie hatten einen jüdischen Mitarbeiter, Lewis Bernard, der einer der Partner war. Ansonsten gab es dort nur weiße angelsächsische Protestanten. Sie luden mich zu einer zweiten Vorstellungsgesprächsrunde ein und teilten mir einen »Betreuer« zu, der mich herumführte, damit ich die Partner kennenlernte. Mein Betreuer redete viel über die Bedeutung von Präzision beim Entwerfen von Prognosen. Präzision war der Kultur bei Morgan Stanley eindeutig wichtig, aber aufregend war es nicht gerade.

Schließlich wurde ich zu einem Gespräch mit Robert Baldwin eingeladen, dem Präsidenten des Unternehmens. Bob war Staatssekretär im Marineministerium gewesen. Eine Navy-Flagge und eine Flagge der Vereinigten Staaten standen in seinem Büro hinter dem Schreibtisch. Morgan Stanley würde in diesem Jahr nur sieben Mitarbeiter einstellen, und Bob bot mir die Chance, einer davon zu sein. Das war eine enorme Ehre, die jedoch mit einer entscheidenden Bedingung verknüpft war: Ich musste meine Persönlichkeit verändern. Bei Morgan Stanley herrschte eine konservative, hierarchische Kultur. Hier konnte ich nicht mein eigensinniges, proaktives Wesen ausleben. Bob sagte, ich besäße durchaus das Talent, um in dieser Firma zu arbeiten. Ich müsse mich lediglich anpassen.

Ich dankte ihm für das Angebot, sagte jedoch, dass ich es nicht annehmen könne. Ich würde lieber irgendwo arbeiten, wo ich mit meiner Persönlichkeit hineinpasste. Er solle das Jobangebot zurücknehmen und lieber jemandem geben, der besser hierher passte. Aber das wollte Bob nicht. »Wenn Morgan Stanley dir einen Job anbietet«, sagte er, »ist es an dir, was du damit machst.« Seine Firma würde zu dem Angebot stehen. Ich war beeindruckt. Im Laufe der darauffolgenden Dekade sollte Bob die Kultur bei Morgan Stanley verändern, sie modernisieren und viele der alten Traditionen ablegen. Aber das konnte er nur innerhalb bestimmter »Leitplanken« und unter bestimmten Bedingungen tun, um auch die Kultur zu respektieren, die er geerbt hatte. Ihm war klar, dass es schwer sein würde, mich zu zähmen, aber sein Gefühl sagte ihm, dass ich eine Hilfe dabei sein könnte, die Firma in die von ihm gewünschte Richtung zu lenken.

Lehman war für mich aber sehr viel interessanter. Das war keine MBA-Fabrik, sondern eine Firma voller interessanter Charaktere – ehemalige CIA-Agenten und Militärangehörige, Quereinsteiger aus der Ölbranche, Familienangehörige, Freunde, eine bunte Mischung. Jede Etage war anders gestaltet, und es gab nur flache Hierarchien zwischen den dreißig Partnern und den dreißig Mitarbeitern. Es schien ein aufregender und interessanter Arbeitsplatz zu sein.

Am Tag der Vorstellungsgespräche saßen die Bewerber an einem Tisch im Speiseraum der Partner, während die Partner im Hintergrund Platz nahmen. Der Vorstandsvorsitzende, Frederick Ehrman, trug einen für die Wall Street sehr untypischen Cowboy-Gürtel mit einer großen Silberschnalle und sagte uns, dass wir paarweise interviewt werden würden: im Rotationsverfahren immer zu zweit für jeweils fünfundvierzig Minuten von zwei Partnern. Diese Zweier-Strategie, dachte ich, könnte in einer Katastrophe münden, wenn sich zwei Bewerber duellierten, um sich gegenseitig zu übertrumpfen. Wenn ich während neun Interviews mein Wettkampf-Ich voll auslebte, würden wir den Tag mit Blut auf dem Teppich beenden, also überlegte ich mir, dass die beste Vorgehensweise darin bestand, großzügig und freundlich gegenüber meiner Mitstreiterin zu sein, einer Frau in meinem Alter. Wie sich zeigte, lag ich damit genau richtig: Das Unternehmen lehnte Menschen ab, die in den Vorstellungsgesprächen gegeneinander arbeiteten und konkurrierten. Denjenigen, die miteinander kooperierten, wurde ein Job angeboten.

Meine Entscheidung zog einen noch langfristigeren Nutzen nach sich. Denn meine damalige Interview-Partnerin, Betty Eveillard, blickt mittlerweile auf eine lange, erfolgreiche Karriere im Investmentbanking zurück. Und wir hatten beruflich oft miteinander zu tun. Jahrzehnte, nachdem wir diesen Tag mit »heimtückischen« Bewerbungsgesprächen hinter uns gebracht hatten, saßen wir zusammen im Vorstand der Frick Collection, einem Kunstmuseum an der Upper East Side von Manhattan, dessen Vorsitzende sie wurde. Das haben solche frühen Begegnungen und Freundschaften so an sich: Im Laufe deines Lebens tauchen sie immer wieder auf.

Bei DLJ war ich mir selbst überlassen worden, um mich durch den Nebel der Wall Street zu tasten. Doch sobald ich das Jobangebot von Lehman in der Tasche hatte, wurde mir ein Partner an die Seite gestellt, um mich anzuleiten: Steve DuBrul, ein »Produkt« der HBS und der CIA. Steve entsprach genau dem, was man sich unter einem Mitarbeiter in der Unternehmensfinanzierung vorstellte: groß, schlank, gut aussehend, das dunkle Haar auf einer Seite gescheitelt. Er war der Protegé des früheren Vorstandsvorsitzenden, Robert Lehman, gewesen. Er ging abends mit mir essen und erklärte mir, wie die Firma funktionierte.

Aber eine Woche, nachdem ich Lehmans Angebot angenommen hatte, rief mich Steve zu Hause an. »Ich möchte nicht, dass Sie sich deswegen Sorgen machen«, begann er, »aber ich werde Lehman verlassen. Ich gehe zu Lazard.«

»Moment mal«, sagte ich. »Sie sind doch der Typ, der mit mir etwas essen und trinken geht. Und Sie wollen einfach verschwinden? Wie sollte das für mich keine Auswirkungen haben?«

»Es hat nichts mit der Qualität von Lehman Brothers zu tun, und Sie werden hier wunderbar reinpassen. Sie werden sehr erfolgreich sein. Aber ich habe mein ganzes bisheriges Berufsleben hier verbracht. Für mich ist es an der Zeit weiterzuziehen. Ich wollte es Ihnen persönlich sagen, damit Sie verstehen, dass diese Entscheidung ausschließlich mit mir selbst zu tun hat und nichts mit der Firma. Für Sie kann Lehman durchaus weiterhin das Richtige sein.«

»Wenn Sie zu Lazard gehen«, warf ich ein, »sollte ich vielleicht mitkommen.«

»Ihre Loyalität sollte nicht mir gelten, sondern der Firma. Aber wenn Sie wollen, kann ich ein Vorstellungsgespräch für Sie arrangieren.« Ich nahm sein Angebot an und flog nach New York, um mich mit Felix Rohatyn zu treffen, dem berühmten Finanz- und Fusionsberater bei Lazard Frères. Rohatyn, ein schmächtiger Mann in einem zerknitterten Anzug, hatte in der Finanzwelt viel zu sagen. Als Junge war er zu Beginn des Zweiten Weltkriegs mit seiner Mutter aus Europa geflohen und nach New York gekommen. Direkt nach dem Studium war er bei Lazard eingestiegen und wurde zu New Yorks Top-Investmentbanker. Sein Meisterstück lieferte er 1975, als er mithalf, New York vor dem Bankrott zu bewahren. Wir unterhielten uns etwa eine Stunde lang in seinem Büro. Am Ende sagte er: »Steve, Sie sind ein interessanter Bursche. Wenn

Sie bei Lazard arbeiten möchten, biete ich Ihnen auf der Stelle einen Job an. Aber ich rate Ihnen, das Angebot nicht anzunehmen.«

»Warum nicht?«

»Weil es bei Lazard zwei Arten von Leuten gibt: Meister wie mich und Sklaven, wie Sie einer sein würden. Sie sollten erst mal bei Lehman Brothers bleiben, sich von denen ausbilden lassen und dann als Meister zu Lazard kommen.«

Ich flog zurück nach Boston, und Ellen fragte mich, wie es gelaufen sei. »Rohatyn hat mir einen Job angeboten. Und mir dann gesagt, dass ich ihn ablehnen soll. Die sind da echt schräg drauf.«

Also blieb ich bei Lehman, um zu lernen – saß wie eine Telefonzentrale mitten in der Wall Street, wo Informationen aus aller Welt zusammenlaufen.

SICH DIE SITUATION ZU EIGEN MACHEN: TIPPS FÜR VORSTELLUNGSGESPRÄCHE

Talente richtig einzuschätzen gehört zu den wichtigsten Fähigkeiten, die ein Unternehmer braucht. Seit meinen ersten Vorstellungsgesprächen an der Wall Street suche ich nach Möglichkeiten, genau das zu perfektionieren.

Die Finanzwelt ist voll von fähigen, ehrgeizigen Individuen, die ihre Spuren hinterlassen möchten. Wenn ich jemanden für Blackstone interviewe, versuche ich herauszufinden, ob der Betreffende zu unserer Firmenkultur passt. Dazu gehört immer auch der Flughafentest: Würde ich gemeinsam mit ihm oder ihr am Flughafen warten wollen, wenn sich unser Flug verspätet?

Nach Tausenden von Vorstellungsgesprächen habe ich meinen eigenen Fragestil entwickelt. Ich verlasse mich auf eine Kombination aus verbalen und nonverbalen Hinweisen, beobachte, wie ein Kandidat auf meine Versuche reagiert, auf ihn einzugehen. Ich folge keinem festen Ablaufplan, sondern möchte hinter die Fassade der Bewerber schauen, um einzuschätzen, wer sie sind und ob sie zu Blackstone passen.

Ich bereite mich auf Vorstellungsgespräche so vor, wie es vermutlich die meisten tun, indem ich die Lebensläufe der Bewerber lese. Ich achte auf Beständigkeit im Hinblick auf einen roten Faden und mache mir Notizen zu allem, was ungewöhnlich und auffällig ist. Manchmal reagieren die Kandidaten überrascht, dass ich mir ihren Lebenslauf so genau angesehen habe, aber meistens sind sie erleichtert, wenn ich sie auf ein vertrautes Thema oder bestimmte Interessen anspreche.

Ich möchte das Gespräch mit einem Thema beginnen, das sowohl die Bewerber als auch ich interessant finden. Was genau das sein wird, weiß ich erst, wenn ich mit einem Kandidaten im selben Raum bin. Dann verlasse ich mich auf meine Intuition.

Manchmal spreche ich direkt etwas Ungewöhnliches aus dem Lebenslauf an. Ein anderes Mal lasse ich mich davon leiten, was die Körpersprache der Kandidaten verrät, noch bevor sie ein einziges Wort gesagt haben. Wirkt er oder sie fröhlich oder traurig, munter oder müde, aufgeregt oder nervös? Je stärker ich die Kandidaten aus dem Interview-Modus heraus in ein normales Gespräch locken kann, desto leichter kann ich einschätzen, wie sie denken, reagieren und sich an Veränderungen anpassen können.

Manchmal frage ich die Kandidaten, ob er oder sie Spaß daran hatte, Mitarbeiter aus dem Unternehmen kennenzulernen, ob diese den Erwartungen gerecht geworden seien und inwiefern sich Blackstone von anderen Unternehmen unterscheidet, bei denen er oder sie gearbeitet oder sich beworben hat.

Manchmal habe ich auch gerade eine spannende Aufgabe beendet und erzählte den Kandidaten davon, um zu sehen, wie er oder sie darauf reagiert. Die meisten Bewerber rechnen nicht damit, so schnell in meine Welt hineingezogen zu werden, und ihre Reaktion kann sehr aufschlussreich sein. Macht die unerwartete Situation sie nervös oder verursacht sie ihnen Unbehagen? Sind sie in der Lage, eine gemeinsame Basis zu finden und Spaß an diesem Gespräch zu haben, auch wenn sie sich mit dem Thema nicht auskennen?

Alternativ frage ich nach etwas Spannendem oder Aktuellem. Wenn ihnen das Thema vertraut ist, möchte ich sehen, wie sie in die Diskussion einsteigen. Haben Sie einen eigenen Standpunkt? Ist ihre Einschätzung logisch und analytisch? Falls sie nicht wissen, wovon ich rede, geben sie das zu und finden einen Weg weiterzumachen, oder versuchen sie, ihre Unwissenheit zu kaschieren?

Bei all dem geht es mir in erster Linie darum, einzuschätzen, wie sie mit Unvorhersehbarem zurechtkommen. Die Finanzwelt, vor allem der Investmentbereich, ist sehr dynamisch und ständig in Bewegung. Man muss sich schnell an neue Informationen, Menschen und Situationen anpassen. Wenn es den Bewerbern nicht gelingt, sich während des Gesprächs auf die Situation einzustellen, möglicherweise umzuschwenken und den Kurs zu ändern, würde er bei Blackstone vermutlich nicht sonderlich gut zurechtkommen.

Unsere Mitarbeiter sind zwar alle sehr unterschiedlich, aber ein paar Eigenschaften haben alle gemeinsam: Selbstvertrauen, Wissbegierde, Aufmerksamkeit, die Fähigkeit, sich auf neue Situationen einzustellen, emotionale Stabilität auch unter Druck, eine Null-Fehler-Mentalität, die unerschütterliche Bereitschaft zur Integrität und dazu, bei allem, was sie tun, ihr Bestes zu geben. Nett zu sein – besonnen, rücksichtsvoll und anständig – schadet auch nicht. Ich würde niemals jemanden einstellen, der nicht nett ist, unabhängig von seinem oder ihrem Talent. Es ist mir auch wichtig, dass Blackstone frei bleibt von internem Machtgerangel. Wenn es also zu jemandes Natur gehört, um Positionen zu kämpfen, wollen wir den Betreffenden nicht.

Hier sind meine Regeln für ein erfolgreiches Vorstellungsgespräch:

1. *Seien Sie pünktlich.* Pünktlichkeit ist der erste Indikator dafür, wie viel Überlegung und Vorbereitung Sie in dieses Interview gesteckt haben.
2. *Seien Sie authentisch.* Bewerbungsgespräche sind eine gegenseitige Einschätzung, ein bisschen so wie Speed Dating; jeder sucht nach dem passenden Partner. Seien Sie entspannt und natürlich, dann stehen die Chancen gut, dass Sie um Ihrer selbst willen gemocht werden. Wenn Sie zeigen, wer Sie sind, und das Gespräch zu einem Jobangebot führt, so ist das prima. Falls nicht, dann war diese Organisation für Sie vermutlich auch nicht die richtige. Es ist besser, das zu wissen und weiterzuziehen.

3. *Seien Sie vorbereitet.* Informieren Sie sich über das Unternehmen. Interviewer sprechen gern über das, was in ihrer Umgebung vor sich geht. Außerdem ist das für Sie eine gute Möglichkeit, herauszuhören, wie begeistert ein Mitarbeiter von seinem Arbeitsplatz ist. Beschreiben Sie, was Sie an diesem Unternehmen anzieht und warum. Ein Interviewer möchte Ihre Beweggründe verstehen und erfahren, ob Sie mit der Kultur des Unternehmens harmonieren.

4. *Seien Sie ehrlich.* Fürchten Sie sich nicht davor, darüber zu sprechen, was Ihnen durch den Kopf geht. Konzentrieren Sie sich weniger darauf, den Interviewer zu beeindrucken, und mehr darauf, offen zu sein und ein ehrliches Gespräch zu führen.

5. *Seien Sie selbstbewusst.* Gehen Sie auf Augenhöhe in dieses Gespräch und nicht als Bittsteller. In den meisten Situationen suchen Arbeitgeber jemanden, der sich behaupten kann. Vorausgesetzt, er oder sie ist nicht arrogant.

6. *Seien Sie wissbegierig.* Die besten Vorstellungsgespräche sind interaktiv. Stellen Sie Fragen, holen Sie sich Rat, fragen Sie Ihren Interviewer, was ihm oder ihr an der Arbeit in diesem Unternehmen am besten gefällt. Finden Sie einen Weg, das Interesse des Interviewers zu wecken, und sorgen Sie stets dafür, dass das Gespräch ein Dialog ist. Interviewer geben gern ihr Wissen weiter.

7. *Vermeiden Sie es, über kontroverse politische Themen zu diskutieren, es sei denn, Sie werden darauf angesprochen.* In dem Fall sollten Sie ehrlich sein. Beschreiben Sie, woran Sie glauben und warum, aber ohne zu argumentieren.

8. *Erwähnen Sie Mitarbeiter, die Sie in einem Unternehmen bereits kennen, nur dann, wenn Sie diese sympathisch finden und respektieren.* Ihr Interviewer wird Sie danach beurteilen, welche Menschen Sie mögen.

DURCH TUN LERNT MAN AM MEISTEN

M eine erste Aufgabe bei Lehman bekam ich von Herman Kahn, einem hartgesottenen, langjährigen Partner, den ich zwar schon gesehen, aber bisher noch nicht persönlich kennengelernt hatte. Er wollte, dass ich eine »Fairness-Opinion-Analyse«[*] über einen Hersteller von Flugzeugsitzen erstellte. Unternehmen bitten Banken um Fairness Opinions, wenn sie bei einer Transaktion, wie etwa dem Kauf oder Verkauf von Aktien, eine objektive Einschätzung des zu zahlenden Preises wünschen. In diesem Fall war der Hersteller drei Jahre zuvor zu einem sehr hohen Preis verkauft worden, als man auf dem Markt für Flugzeugsitze gerade Spitzenpreise erzielte. Seither waren die Verkaufszahlen von Flugzeugen zurückgegangen und der Wert des Unternehmens drastisch gesunken. Kahn bat mich, festzustellen, ob der 1969 gezahlte Preis fair gewesen war.

Diese Analyse war nicht einfach. Heutzutage führen wir Recherchen und Berechnungen mit Computern und maßgeblichen Datenbeständen durch. Damals dauerte es Tage, bis man in Lehmans Archiv im Keller alte Ausgaben des *Wall Street Journal* und der *New York Times* durchgegangen war. Nach zehn Stunden kehrte ich mit Druckerschwärze beschmiert von dort unten zurück, um mit meinem Rechenschieber die Berechnungen anzustellen. Es war wie Erbsenzählen, eine sterbenslangweilige Arbeit, aber entscheidend, um mein Handwerk zu erlernen.

---

[*] Anm. d. Übers.: Dabei handelt es sich um Stellungnahmen eines unabhängigen Gutachters zur Beurteilung eines geplanten Unternehmens(ver)kaufs aus Sicht der Aktionäre

Ich schrieb einen 68-seitigen Bericht über die Entwicklung des Unternehmens und seinen sich verändernden Wert, basierend nicht nur auf dem Entwicklungsverlauf des Aktienkurses, sondern auch auf Zukunftsaussichten, Markttrends und allem anderen, was ich für relevant hielt. Zur Erläuterung fügte ich einen Anhang und Fußnoten bei. Dann brachte ich diese wunderschöne Arbeit zu Herman Kahn in die Etage der Partner. Er war nicht da, also legte ich meine Analyse mitten auf seinen Schreibtisch, wo er sie sehen würde, sobald er sich hinsetzte. Dann kehrte ich in mein Büro zurück und wartete. Ein paar Stunden später erhielt ich einen Anruf.

»Spreche ich mit Steve Schwarzman?« Herman Kahn war schwerhörig und sprach sehr laut. Seine Stimme klang nicht nur nasal, sondern auch verärgert.

»Ja, am Apparat.«

»Schwarzman! Hier ist Herman Kahn! Habe Ihr Memo bekommen! Auf Seite 56 ist ein Tippfehler!« Dann knallte er den Hörer auf.

Ich sah mir Seite 56 an. Der einzige Fehler, den ich finden konnte, war ein falsch gesetztes Komma. *Lieber Himmel*, dachte ich. *Das ist hier nicht die Harvard Business School. Diese Leute fackeln nicht lange. Hier gelten deren Regeln. Also sollte ich wohl lernen, nach diesen Regeln zu spielen.* Bezüglich des Projekts habe ich allerdings nie wieder etwas von Herman Kahn gehört.

————

Ein paar Monate später wurde eine Gruppe von uns, einschließlich des Deal-Teams, aber auch andere aus dem Unternehmen, in die Chefetage bestellt. Lehman war die federführende Emissionsbank beim Börsengang der Student Loan Marketing Association, dem Vorläufer von Sallie Mae. Wir sollten 100 Millionen Dollar beschaffen. Bisher hatten wir nur 10 Millionen Dollar. Lew Glucksman, der Cheftrader und die Nummer Zwei im Unternehmen, wollte den Grund wissen. Ich war von allen im Team derjenige, der am kürzesten im Unternehmen war, der Junior Associate eines etwas erfahreneren Associates, und lediglich verantwortlich für ein paar Zahlen. Lew blickte wütend in die Runde und fixierte dann mich.

»Wer zum Teufel sind Sie?«, brüllte er. »Und warum sitzen Sie nicht gerade?«

Ich spürte, wie meine Wangen brannten. Alle um mich herum schauten woanders hin. Nach diesem Meeting kehrte ich zitternd in mein Büro zurück. Später kamen nacheinander viele der Kollegen zu mir, um mich zu bedauern und mir zu versichern, dass ich nichts falsch gemacht hatte. Zwei Dinge kamen bei diesem Meeting heraus. Erstens sitze ich bis zum heutigen Tag bei wichtigen Meetings stets kerzengerade. Zweitens hatte ich mir Lew Glucksmans Aufmerksamkeit verschafft. Er muss sich nach mir erkundigt und das eine oder andere Gute gehört haben, denn kurz darauf rief er mich an und teilte mir mit, ich solle mich an die Arbeit machen, seinen ruinierten Börsengang in Ordnung zu bringen. Ich hatte noch nie Gelder beschafft und keine Ahnung, wie ich das anstellen sollte, aber ich war nicht mehr so dumm, es allein zu versuchen. Ich suchte mir Hilfe.

Steve Fenster, mein Senior Associate, war mein engster Freund bei Lehman geworden. Bevor er in die Finanzbranche ging, war er einer von Robert McNamaras sogenannten Whiz Kids gewesen, eine Gruppe brillanter junger Männer, die in den 1960ern das Verteidigungsministerium modernisieren sollten. Er verfügte über eine bohrende, provokative Intelligenz und das seltene Talent, sich dieselben Fakten wie alle anderen anzuschauen und etwas zu entdecken, das außer ihm niemand sah. Wir unterhielten uns fast jeden Abend, und er erklärte mir, wie Börsengänge und Fusionen funktionierten – Kreditstrukturen, Schuldtitel sowie Mergers and Acquisitions, also Fusionen und Übernahmen, die Maschinerie eines Finanzunternehmens.

Steve war auch einer der Sonderlinge im Unternehmen. Er trug jeden Tag einen dunklen Anzug, eine quer gestreifte Seidenrips-Krawatte und Budapester-Schuhe mit Lochmuster. Nur im Urlaub trug er Loafer. Einmal musste er direkt aus dem Urlaub kommend zu einem Kundentermin und stellte fest, dass er aus Versehen zwei linke Budapester eingepackt hatte. Die Vorstellung, in Loafern zu einem Geschäftstermin zu gehen, fand er inakzeptabel, also zog er stattdessen zwei linke Schuhe an. Dem Kunden fiel das auf. Aber Steve war so brillant, dass sich niemand daran störte.

»So schwierig ist es gar nicht«, sagte er über meine neueste Aufgabe und versuchte mich zu beruhigen. »Du erstellst ein Modell, das erklärt, warum das eine gute Investition ist. Entscheidend ist, was dabei herausspringt.« Dieses Unternehmen verlieh Geld und berechnete dafür mehr, als es selbst an Zinsen zahlte, um sich das Geld an anderer Stelle zu leihen. Ich musste lediglich ausrechnen, wie viele Darlehen sie vergeben konnten, um das Gewinnpotenzial des Unternehmens zu bestimmen. »Dann gehst du zu ein paar Finanzinstituten und zeigst ihnen, warum es für sie interessant ist, sich in diese Sache einzukaufen.« Ich musste also potenzielle Investoren identifizieren und Institute, die daran interessiert sein könnten, und dann eine Verkaufspräsentation auf die Beine stellen, die sie davon überzeugte, dass sie die Student Loan Marketing Association in ihr Investmentportfolio aufnehmen sollten.

Da dieses Unternehmen Darlehen an Studenten vergab, dachte ich mir, dass Universitäten ein guter Ausgangspunkt seien. Harvard besaß die größte Universitätsstiftung, und da ich dort erst kürzlich einen Abschluss gemacht hatte, rief ich an und bekam einen Termin beim Schatzmeister von Harvard, George Putnam. Putnam war der Leiter von Putnam Investments, einer riesigen Firma für Investmentfonds, die er in den späten 1930ern gegründet hatte. Für einen Investmentbanker im ersten Jahr mit seinem kleinen Informationsprospekt, der um eine Investition bettelte, war das Treffen mit Putnam in etwa so, als hätte man als Ministrant eine Audienz beim Papst.

Ich klappte die Broschüre auf und begann, meinen Text abzu-
spulen.

»Mr. Schwarzman«, unterbrach mich Putnam. »Könnten Sie das
bitte wieder zuklappen.« Nervös folgte ich seiner Anweisung. »Mr.
Schwarzman, haben Sie je von der UJA gehört?« UJA stand für die
United Jewish Appeal, drei Buchstaben, von denen ich nie erwartet
hatte, dass sie George Putnam über die Lippen kommen würden.

»Ja, ich habe von der UJA gehört.«

»Haben Sie je vom Card Calling gehört?« Card Calling war eine
gängige Praxis bei den Fundraising Dinners der UJA. Der Vorsitzende rief die Namen aller potenziellen Spender auf, nannte den
jeweiligen Betrag, den sie im Vorjahr gespendet hatten, und alle
hörten genau hin und konnten sich denken, was jeder Einzelne dieses Jahr spenden würde. Auf diese Weise wurde eine Erwartungs-
haltung geschaffen und Gruppendruck erzeugt.

»Lassen Sie uns dieses Treffen noch einmal von vorn beginnen.
Sie sagen zu mir: ›Mr. Putnam, Sie sind der Schatzmeister von Har-
vard, und ich eröffne das größte – denn es wird ja wohl das größte –
Unternehmen für Studentendarlehen der Vereinigten Staaten. Und
ich habe Sie mit 20 Millionen Dollar eingeplant.‹ Und jetzt sagen
Sie das.« Ich sagte es.

»Das ist eine super Idee, Mr. Schwarzman«, gab er daraufhin
zurück. »Ich bin mit 20 dabei.« Er hatte sich längst über das
Unternehmen informiert, bevor ich überhaupt einen Fuß in sein
Büro gesetzt hatte, und wollte sich keinen langatmigen Vortrag von
mir über die Vorzüge des Unternehmens anhören. Ich sollte ihn
lediglich dazu bringen, rasch über die Höhe seiner Investition zu
entscheiden. »Und nun nehmen Sie Ihre Broschüre, setzen sich in
den Zug, fahren nach New Haven und treffen sich mit Mr. Soundso
von Yale und sagen ›Mr. Soundso, ich sammle Geld für die Student
Loan Marketing Association, die zum größten Anbieter von Studentendarlehen in den Vereinigten Staaten werden wird. Ich habe
Yale mit 15 Millionen eingeplant.‹ Versuchen Sie das mal und

schauen Sie, was passiert. Anschließend fahren Sie mit dem Zug nach Princeton. Fragen Sie dort nach 10 Millionen Dollar.«

Am Ende meiner Uni-Verkaufspräsentationen hatte ich den größten Teil der 100 Millionen Dollar zusammen, mit denen Lehman Sallie Mae zum Start verhalf, dem mittlerweile größten Unternehmen zur Vergabe von Studentenkrediten in den USA. Putnam lehrte mich etwas in puncto Geld beschaffen, das ich bei Blackstone, wo ich Fonds nach Fonds zusammentrug, stets beibehielt. Investoren sind stets auf der Suche nach guten Investments. Je leichter du es ihnen machst, desto besser ist das für alle.

––––––

Steve Fenster und George Putnam waren gute Lehrer. Aber ich lernte auch, indem ich eigene Fehler machte. Gegen Ende meines ersten Jahres saß ich mit Eric Gleacher zusammen im Flugzeug. Er war ein kluger, sachlicher Ex-Marine, ein paar Jahre älter als ich und gerade Partner geworden. Wir waren unterwegs nach St. Louis, um uns einen Lebensmittelhersteller anzusehen, der seine Kette von Mini-Märkten ausgliedern wollte.

Ich hatte die Zahlen vorbereitet, die verschiedenen Optionen durchgerechnet. Eric würde die Präsentation übernehmen. Im Vergleich zu den riesigen Teams der Investmentbanken von heute waren die Banken damals sehr viel kleiner. Dieses Überprüfen und nochmalige Überprüfen der Präsentationen im Vorfeld gab es nicht. Sobald wir im Flugzeug saßen, reichte ich Eric meine Berechnungen. Kaum hatte er die erste Seite umgeblättert, da runzelte er die Stirn. Die nächste Seite betrachtete er noch zweifelnder. Nach der dritten Seite sagte er: »Steve, ich glaube, dir ist ein Fehler unterlaufen.« Eine meiner Ausgangszahlen stimmte nicht, und dadurch waren meine Berechnungen auf der Hälfte der Seiten falsch. »So ein Mist«, sagte Eric. »Aber wir können die Präsentation trotzdem halten. Nimm einfach die fehlerhaften Seiten raus, und ich gehe den Rest durch. Das kriegen wir schon hin.«

Herman Kahn war ausgeflippt wegen eines Tippfehlers. Jetzt hatte ich eine ganze Präsentation verhunzt. Eric tauchte hinter seiner Tageszeitung ab, während ich in allen Kopien der Präsentation die fehlerhaften Seiten herausriss. Wir landeten in St. Louis und fuhren mit dem Taxi zu der Firma. Eric schwieg immer noch. Wir nahmen zum Meeting mit den Vorstandsmitgliedern Platz, und Eric teilte unsere Unterlagen aus. Zuerst sprach er ein paar einleitende Worte, dann begann er mit der Präsentation.

»Wie Sie an der Analyse erkennen können … gibt es da anscheinend einen statistischen Fehler.« Während er das sagte, beugte er sich über den Tisch und sammelte die Präsentationsmappen alle wieder ein. »Ich kann Ihnen das aber auch ohne die Zahlen erläutern.«

Ich war wegen meines Fehlers so neben der Spur gewesen, dass ich aus Versehen die korrekten Seiten, statt der fehlerhaften, herausgerissen hatte. Ich wäre am liebsten im Erdboden versunken. Wir verließen die Firma, stiegen ins Taxi und fuhren zurück zum Flughafen. Kein Wort. Kurz bevor unser Flug aufgerufen wurde, wandte sich Eric mir zu und sagte: »Solltest du mir so etwas je wieder antun, feuere ich dich auf der Stelle.«

So schmerzhaft es auch war, Lehman war genau die Schule, die ich brauchte. Wie jedes andere Handwerk, so muss auch das Finanzwesen erlernt werden. Wie Malcolm Gladwell in seinem Buch *Überflieger: Warum manche Menschen erfolgreich sind – und andere nicht* hervorhob, mussten die Beatles von 1960 bis 1962 nach Hamburg gehen und dort regelmäßig auftreten, um sich von einer Garagenband in die Beatles zu verwandeln, und Bill Gates verbrachte als Teenager viele Stunden an den Computern der University of Washington in der Nähe seines Zuhauses, bevor er die Software für die ersten PCs schreiben konnte. Genauso müssen Leute im Finanzbereich Dinge immer wieder üben, bevor sie hoffen können, sie wirklich zu beherrschen. Bei Lehman beobachtete ich jeden Schritt des Arbeitsprozesses und wurde in allen Details geschult, von denen jedes einzelne, wenn man es falsch macht, alles zum Einstürzen bringen kann.

Es gibt Quereinsteiger, die aus anderen Berufen in den Finanzbereich wechseln, zum Beispiel aus dem Rechtswesen oder den Medien, aber die besten, mit denen ich je zusammengearbeitet habe, sind darin groß geworden. Sie haben gelernt, indem sie die Grundlagenanalyse betrieben haben. Sie haben ihre Karriere auf stabile Sockel gebaut, weil sie erkannt haben, dass die kleinsten Dinge wichtig sind, und Blamagen aufgrund ihrer Anfangsfehler einstecken mussten.

––––––

Während meines zweiten Jahres bei Lehman kam ein neuer Vorstandsvorsitzender und CEO: Pete Peterson. Er war CEO bei Bell & Howell gewesen, einem Hersteller filmtechnischer Geräte, und bis vor Kurzem Handelsminister unter Präsident Nixon. Er verfügte über hervorragende Kontakte auf CEO-Ebene und genoss hohes Ansehen, sowohl in der Wirtschaft als auch bei der Regierung. Als er zu Lehman kam, befand sich die Firma in finanziellen Schwierigkeiten, kämpfte ums Überleben. Außerdem nahmen die internen Machtkämpfe überhand, von denen ich in meiner Abschlussarbeit an der Harvard Business School vorhergesagt hatte, dass sie die Firma zerstören würden.

Einen Verbündeten hatte Pete in George Ball, einem der Partner, der unter den Präsidenten Kennedy und Johnson als stellvertretender Außenminister und schließlich als Botschafter der Vereinigten Staaten tätig gewesen war. Die beiden nutzten ihre internationalen Kontakte und überzeugten die Banca Commerciale Italiana, eine der größten Banken Italiens mit einer Niederlassung in New York, Lehman Brothers Kapital zur Verfügung zu stellen, damit die Bank überleben konnte. Sobald Lehman nicht mehr am seidenen Faden hing, schickte Pete an alle im Unternehmen ein Memo und bat um Ideen. Nach einem Jahr in dieser Firma glaubte ich genug zu wissen, um einen Strategieplan für Geldmanagement und Investmentbanking erstellen zu können. Eine Woche, nachdem ich ihn abgeschickt hatte, rief mich Pete zu sich. Am Ende unseres Treffens sagte er: »Sie scheinen ein fähiger junger Mann zu sein. Sie und ich sollten zusammenarbeiten.«

Es hieß, dass Pete ein kluger Kopf sei, aber keine Erfahrung im Bereich Finanzen oder Investmentbanking habe. Er stellte fünfmal so viele Fragen wie jeder andere, und die Leute fanden es anstrengend, mit ihm zusammenzuarbeiten. Durch seine endlose Fragerei stieß er zum Kern der Probleme in der Firma vor, aber es war ein aufreibender Prozess.

Wenn er tatsächlich nicht so genau wusste, was er eigentlich tat, und ich mich quasi immer noch in der Ausbildung befand, war das in etwa so, als würde der Einäugige den Blinden führen. Ich schlug vor, mit der Zusammenarbeit zu warten, bis ich besser vorbereitet war. Pete wusste meine Aufrichtigkeit zu schätzen. Aber etwa zwei Jahre danach rief er mich wieder zu sich: Er wollte mich in seinem Team. Wir passten gut zusammen. Ich konnte seine Defizite in Bezug auf Dinge ausgleichen, mit denen er sich weniger auskannte, war aber jung genug, um ihm nicht ins Gehege zu kommen.

Eines Tages lud er mich zum Mittagessen mit Reg Jones ein, dem CEO von General Electric. Pete und Reg gehörten beide zum Aufsichtsrat von General Foods und waren Freunde geworden. Reg wollte, dass Pete einen jungen Manager kennenlernte, den er bei GE herangezogen hatte.

»Das ist Jack Welch«, stellte Jones ihn vor.

»Hi, Steve. Freut mich.« Er hatte eine hohe, etwas schrille Stimme mit starkem Bostoner Akzent.

»Reg ist hier, weil Jack der nächste CEO von General Electric sein wird – aber das ist noch geheim«, sagte Pete. »Er möchte, dass wir Jack das Finanzgeschäft beibringen. Das wäre dann Ihre Aufgabe.«

»Okay«, sagte ich zögernd.

»Ja, ja, ja«, sagte Welch. »Das ist gut.« Dieser Typ mit der schrillen Stimme und seinem »ja, ja, ja« sollte der CEO von General Electric werden? Entweder war er der cleverste Bursche auf diesem Planeten, oder Reginald Jones beging einen Riesenfehler.

Als Jack dann zu uns kam, um das Finanzgeschäft zu erlernen, brauchte ich nur eine Minute, um zu erkennen, dass Reginald Jones ganz und gar nicht falsch lag: Er hatte einen Home Run erzielt. Wenn Jack Welch dich mit Fragen löchert, ist das in etwa so, als würdest du dein Gehirn an einen Staubsauger anschließen, der alles aus dir heraussaugt, was du weißt. Jemanden wie ihn hatte ich noch nie getroffen. Er hörte niemals auf, Fragen zu stellen – sintflutartig, unermüdlich – und verstand sofort die Zusammenhänge zwischen einer Idee und einer anderen, selbst wenn beide für ihn völlig neu waren. Er war wie Tarzan, der sich in atemberaubender Geschwindigkeit durch die Bäume schwingt und bei keiner Liane danebengreift. Er lernte schneller, als ich ihm überhaupt etwas beibringen konnte.

Jack kennenzulernen und ihn in Aktion zu sehen stärkte meine wachsende Überzeugung, dass Informationen das wichtigste Kapital im Geschäftsleben sind. Je mehr du weißt, desto mehr Perspektiven hast du und desto mehr Verbindungen kannst du ziehen, die es dir ermöglichen, Probleme vorherzusehen.

1981 wurde Jack CEO von General Electric. Das war der Beginn seiner Karriere als einer der größten CEOs in der Geschichte Amerikas. Dass Pete uns einander vorstellte, führte zu einer langen Freundschaft. Noch Jahrzehnte später bewundere ich Jack. Ihm zu begegnen war eines der Geschenke, die mir zuteilwurden, weil ich so früh in meiner Karriere bei einer bedeutenden Firma war. Die Welt der Wall Street und der großen Unternehmen ist klein. Wenn du an einer der bekannten Unis oder in einem der großen Unternehmen angefangen hast und deine Wege sich dort mit denen der besten Leute deiner Generation kreuzen, wirst du ihnen immer wieder begegnen. Viele der Freundschaften, die ich in Yale, an der Harvard

Business School, in der Army Reserve und in jenen Anfangsjahren an der Wall Street schloss, halten immer noch. Das Vertrauen und die Vertrautheit dieser frühen Begegnungen haben mein Leben auf eine Art bereichert, die ich niemals hätte vorhersehen können.

JEDER DEAL IST EINE KRISE

Der Job eines Investmentbankers besteht darin, mit Veränderungen und oft auch extremen Stresssituationen umzugehen. Du schlägst eine Übernahme oder den Verkauf eines Unternehmensbereiches vor, ermittelst ein Zielobjekt oder einen Käufer. Du schlägst vor, dass ein Unternehmen mehr Schulden macht, um eine Expansion zu finanzieren oder Aktien zurückzukaufen, wenn der Kurs gerade niedrig ist. Dein Erfolg wird daran gemessen, wie du solche Veränderungen anstößt und managst.

Ende 1978 war ich seit sechs Jahren Associate bei Lehman. Mein Verantwortungsbereich war gewachsen, und ich wurde als Partner in Erwägung gezogen. Eines Freitags, als ich mich geschäftlich in Chicago aufhielt, bekam ich einen Anruf von Ken Barnebey, dem CEO von Tropicana, dem Orangensaftunternehmen. Zuvor in jenem Jahr hatte ich ihn in seiner Firmenzentrale in Bradenton, Florida, aufgesucht, um ihm verschiedene Finanzkonzepte vorzustellen. Es war ein lockeres Kennenlerntreffen gewesen. Aber natürlich hatte ich gehofft, dass eines Tages etwas daraus entstehen würde.

»Wir befinden uns in einer ziemlich heiklen Situation, über die ich gern mit Ihnen sprechen würde«, sagte er. »Wir wurden von einem Unternehmen angesprochen, das uns kaufen will, und wir überlegen, was wir jetzt tun sollen.« Wenn es keinen Interessenkonflikt gäbe, wollte er, dass ich um 20.30 Uhr ein Gespräch mit seinem Vorstand führte. Ich rief unser New Yorker Büro an. Mein Kollege Teddy Roosevelt hörte sich um und versicherte, dass es keinen Interessenkonflikt gäbe. Wenn nämlich eine andere Abteilung von Lehman an einer Transaktion gearbeitet hätte, in die Tropicana einbezogen gewesen wäre, hätte ich mich nicht einmischen können. Ich rief Ken zurück, und er nannte mir die Angebotskonditionen. Über den Preis war man sich im Grunde einig, aber der Käufer bot verschiedene Kombinationen von Cash und Wertpapieren an. Mein Job bestand darin, diese verschiedenen Kombinationen im Interesse des Vorstands zu bewerten und eine Empfehlung abzugeben, mit welcher man am besten dastehen würde.

Chicago steckte mitten in einem Schneesturm. Alle Flüge zum Sarasota-Bradenton-Flughafen wurden verschoben. Als ich endlich in ein Flugzeug steigen konnte, war es schon spät und die Maschine fast leer. Während wir verschiedene Stürme durchflogen, hatte ich zum besseren Verständnis der vorgeschlagenen Transaktion lediglich eine Kopie des *Stock Guide* zur Verfügung, der die grundlegenden Finanzen börsennotierter Unternehmen enthielt. Ich sah unter Tropicana nach und schaute mir die Erträge sowie ein paar andere Kennzahlen an. Ich konnte sehen, wie viel Geld sie verdienten, die Umsatzrentabilität in Prozent und die Höhe von Fremd- und Eigenkapital in der Bilanz – die grundlegenden Messgrößen für die finanzielle Gesundheit eines Unternehmens. Ich konnte mir zum Vergleich auch andere Lebensmittelunternehmen anschauen. Aber seit dem Börsencrash von 1973 hatte es in diesem Bereich nur wenig Fusionsaktivitäten gegeben, weshalb ich keine neueren, vergleichbaren Transaktionen fand, die mir einen Anhaltspunkt hätten geben können.

Wir landeten um vier Uhr morgens, und es dauerte weitere anderthalb Stunden, um ein Taxi zu finden, das mich ins Hotel brachte. Dort angekommen legte ich mich ein paar Minuten hin und duschte anschließend. Ich hatte vorgehabt, direkt nach dem Meeting zurück nach New York zu fliegen, deswegen hatte ich keine Ersatzkleidung dabei. Ich zog also dieselben Sachen wieder an und versuchte, einen klaren Kopf zu bekommen. Um 7:30 Uhr betrat ich die Büroräume von Tropicana.

»Wir sind in Eile, weil wir dem Geschäft im Grunde schon zugestimmt haben«, sagte Ken. »Beatrice [das Käuferunternehmen]
auch. Wenn Montagmorgen die Börse öffnet, müssen wir es
bekannt geben, was bedeutet, dass wir jetzt alles unter Dach und
Fach bringen müssen. Beatrice bietet uns drei verschiedene Kombinationen an. Eine besteht aus Stamm- und nicht wandelbaren Vorzugsaktien. Eine besteht aus Stamm- und wandelbaren Vorzugsaktien. Eine dritte aus Stammaktien und Cash. Wir brauchen Ihren
Rat, welche Variante wir nehmen sollen, falls überhaupt eine. Uns
bleibt noch eine Stunde, bevor der Vorstand hier zusammen-
kommt.«

Ich hatte nicht geschlafen, keinen Partner dabei, nicht einmal
einen anderen Associate und nie zuvor eine Fusion durchgeführt.
Du steckst bis zum Hals im Schlamassel, sagte ich mir. *Was machst du
jetzt?*

Als ich im Finanzsektor anfing, war ich schlecht vorbereitet auf
den Stress, den diese Arbeit mit sich bringt. Jeder Punkt bei jeder
Verhandlung war ein Kampf mit einem Gewinner und einem Verlierer. Die Menschen in diesem Geschäft waren nicht daran interessiert, den Kuchen aufzuteilen, sodass jeder ein Stück bekommt. Sie
wollten den ganzen Kuchen für sich. Wenn ich derjenige war, der
die Entscheidungen traf, während die Diskussionen lauter wurden
und sich die Gemüter erhitzten, spürte ich, dass mein Herz schneller schlug und mein Atem flacher wurde. Ich wurde weniger effizient und hatte weniger Kontrolle über die Informationsverarbeitung
in meinem Gehirn.

Die Lösung, so stellte ich fest, bestand darin, mich auf meine
Atmung zu konzentrieren, sie zu verlangsamen und die Schultern
zu entspannen, bis meine Atemzüge ruhig und tief wurden. Die
Wirkung war erstaunlich. Meine Gedanken wurden klarer. Ich
wurde objektiver und rationaler, konnte die Situation besser einschätzen und erkennen, was ich tun musste, um das Beste herauszuholen.

An jenem Morgen in Florida verlangsamte ich meine Atmung, bis ich alles nachvollziehen und die anstehenden Probleme ergründen könnte, als gäbe es gar keinen Stress.

Auf meinem noch relativ kurzen Berufsweg hatte ich gelernt, dass Geschäftsabschlüsse letztlich auf ein paar entscheidende Punkte hinauslaufen, die beiden Seiten am wichtigsten sind. Wenn du alles andere aus dem Weg schaffen und dich auf diese Punkte konzentrieren kannst, wirst du ein effizienter Verhandlungsführer. Du darfst dich nicht von all den Stimmen, dem Papierkram und den Deadlines überwältigen lassen. Was Ken und der Vorstand jetzt von mir brauchten, war klares, strukturiertes Denken.

Der Aktienkapitalanteil jeder Kombination wäre steuerfrei, wenn die Aktionäre von Tropicana eine Bezahlung von mehr als 50 Prozent in Beatrice-Aktien akzeptierten. Das Einfachste wäre also eine Kombination aus Stammaktien und Cash: Beatrice würde Tropicanas Aktionären 51 Prozent des Kaufpreises von 488 Millionen Dollar in eigenen Aktien auszahlen und den Rest in Form von Cash. Der Reiz der anderen beiden Varianten hing davon ab, wie man die Zukunft von Beatrice und Tropicana nach dem Zusammenschluss einschätzte. War man zuversichtlich, dann konnte man sich für die Vorzugsaktien entscheiden, die zwar keine Stimmrechte mit sich bringen, aber eine garantierte Dividende, bevor Dividenden an die Halter von Stammaktien ausgeschüttet werden. Und wenn man bei dem Geschäft ein wirklich gutes Gefühl hätte, würde man sich für die wandelbaren Vorzugsaktien entscheiden, die zwar mit einer niedrigeren Dividende einhergehen, aber auch mit dem Recht, sie jederzeit gegen Stammaktien eintauschen zu können. Würde der Aktienkurs fallen, bliebe einem trotzdem die Dividende. Sollte der Kurs steigen, wären dem nach oben keine Grenzen gesetzt. All das konnte ich auf keinen Fall allein entscheiden. Erschöpft und übernächtigt wie ich war, brauchte ich Rat – und Rückendeckung, falls dieser Deal danebenging. Ich rief Pete an.

»In einer Stunde treffe ich den Vorstand von Tropicana. Was soll ich machen?« Er riet mir, Lew Glucksman anzurufen, und danach Bob Rubin, einen der erfahrenen Banking Partner. Ich rief Lew an und weckte ihn. »Lew, hier die Daten und Schätzungen, basierend auf dem *Stock Guide*.«

»Ich halte den Preis für fair«, sagte er und empfahl mir eine der drei Möglichkeiten.

Dann rief ich Bob Rubin an. »Bob, ich sitze hier bei Tropicana, habe mit Lew gesprochen und mit Pete. Die Situation ist folgende. Was soll ich machen?«

»Der Preis klingt für mich okay«, antwortete Rubin. »Was die drei Varianten anbelangt, das ist Geschmackssache.«

Als die fünf Vorstandsmitglieder eintrafen, fühlte ich mich zumindest ein bisschen sicherer. Dann entdeckte ich im Zimmer die Stenografin und die beiden Tonbandgeräte. Alles was ich sagte, würde aufgezeichnet werden. Der Vorsitzende, Anthony Rossi, sah aus und klang wie Marlon Brando in *Der Pate*, in der Szene, in der er mit seinem Enkel zwischen den Tomatenpflanzen spielt, kurz bevor er umkippt und stirbt. »Kommen Sie, Mr. Schwarzman«, sagte er und zeigte auf den Stuhl neben seinem. »Nehmen Sie hier Platz, neben mir.«

Rossi war als junger Mann aus Sizilien emigriert. Als er in Florida ankam, hatte er einen Gemüseladen eröffnet, war dann ins Zitrusgeschäft eingestiegen und hatte Tropicana gegründet. Er leitete die Firma mit so strenger Hand, dass er nicht einmal Fenster in den Büros erlaubte, damit die Mitarbeiter sich auch ja nicht ablenken ließen. Er war der Einzige mit einem Fenster, damit er sehen konnte, wie die Lkws die Orangen anlieferten, und sicher sein konnte, dass ihn niemand beklaute. Dieses Geschäft war die Vollendung seines Lebenswerks. Er war Baptist und plante, mit einem Großteil des Geldes, das bei der Transaktion herauskam, eine religiöse Stiftung zu gründen. Er war kein Banker, aber geschäftstüchtig genug, um eine große Firma aufzubauen. Ich schuldete es ihm, offen und eindeutig zu sein.

»Sagen Sie, Mr. Schwarzman«, begann er, »wozu raten Sie uns?«

Ein weiterer Trick, den ich zum Umgang mit Stress gelernt hatte, bestand darin, mir einen Moment Zeit zu nehmen, um mich herunterzufahren. Die Leute räumten mir diesen Augenblick stets gern ein. Es schien sie sogar zu beruhigen. Sie waren dann noch begieriger, zu hören, was ich zu sagen hatte, sobald ich erst einmal dazu bereit war. Also nahm ich mir den Moment und begann erst dann.

»Der erste Punkt ist, dass Sie die Firma nicht verkaufen müssen.« Es war wichtig, dass Rossi das hörte. Dass er das Gefühl hatte, immer noch die Kontrolle zu haben. »Aber wenn Sie sich dazu entschieden haben, müssen Sie als Erstes herausfinden, ob der Preis attraktiv ist. So wie ich es verstanden habe, sind Sie mit dem Angebot zufrieden, was auch meiner Meinung entspricht.«

Ich sagte dem Vorstand, dass sie bei Beatrice ein gutes Gefühl haben konnten, in Anbetracht der finanziellen Stabilität des Unternehmens, und führte die Details der verschiedenen Optionen aus, die Aspekte Steuern und Timing, wobei ich mich auf Lews und Bobs Erkenntnisse stützte. Ich erklärte Rossi, inwiefern die wandelbaren Vorzugsaktien ihm ein stabiles Einkommen garantierten und die Möglichkeit eines weiteren Aufwärtspotenzials böten, wenn der Aktienkurs stieg. Nachdem wir anderthalb Stunden diskutiert hatten, entschied sich der Vorstand für die Kombination aus wandelbaren Vorzugsaktien und Cash und bat mich, die Vertragskonditionen mit Lazard, den Bankern von Beatrice, festzuzurren.

Nachdem ich den Raum verlassen hatte, rief ich Ellen an. Sie hatte mich schon am Vorabend zurückerwartet.

»Liebes, es tut mir so leid ...«

»Wo steckst du?«

»Bradenton, Florida. Ich habe gerade einen Wahnsinns-Deal abgeschlossen.« Ich konnte es selbst kaum glauben.

»Wie bitte? Wir geben heute Abend eine Dinnerparty.«

»Ich schaffe es nicht zum Abendessen. Ich stehe gerade unter enormem Druck und muss das hier zu Ende bringen. Ich erzähle dir später alles.«

Lou Perlmutter war einer von Lazards Tonangebern, ein Senior Partner und Experte für M&A. Er hätte sich meine Unerfahrenheit leicht zunutze machen können.

»Steve, dieser Deal ist schon so gut wie perfekt«, sagte er zu mir. »Ich schlage Ihnen unseren Standard-Mittelweg vor. Sagen Sie einfach Ja, denn ich möchte die Sache nicht zu Tode verhandeln. Das richtet nur Schaden an.«

Lou wusste, dass Beatrice nicht das einzige Unternehmen war, das sich für Tropicana interessierte. Andere warteten nur auf ihre Chance. Er wollte keine langwierigen Verhandlungen mit Tropicanas finanziell unerfahrenem Vorstand und einem jungen Banker wie mir, der dafür zuständig war. Alles, was er von mir brauchte, war, dass ich den Vorstand so schnell wie möglich überzeugte, damit er den Vertrag aufsetzen und nach Hause gehen konnte. Lou wusste, wenn er mich zu irgendetwas drängte, würde ich das herausfinden, oder jemand bei Lehman würde es, und der Deal würde sich verzögern. Deshalb gestaltete er die Sache so einfach wie möglich. Wir arbeiteten den Rest des Tages zusammen.

Als ich nach Hause zurückflog, verzögerte der Schneesturm, der am Vortag in Chicago gewütet hatte, den Flugverkehr in New York. Gegen 4:30 Uhr war ich endlich zu Hause, völlig erschöpft, und versuchte zu begreifen, was gerade passiert war. 488 Millionen Dollar! Das war in diesem Jahr weltweit der zweitgrößte M&A-Deal. Ich hatte seit 48 Stunden nicht mehr geschlafen, aber trotzdem war mir noch nicht danach, zu Bett zu gehen. Ich legte ein paar Holzscheite in den Kamin im Wohnzimmer und machte Feuer. Ich trinke so gut wie nie, aber an jenem frühen Morgen schenkte ich mir ein Glas Courvoisier ein und legte das Bee-Gees-Album *Saturday Night Fever* auf. Dann lehnte ich mich in meinem Sessel zurück und stellte mir vor, wie John Travolta über die Tanzfläche der Diskothek stolzierte. 488 Millionen Dollar. Was hatte ich da gerade getan?

Um 7:00 Uhr klingelte das Telefon. Felix Rohatyn war dran. Er hatte mit Lou Perlmutter gesprochen. Mein Kopf war voll von Courvoisier, Erschöpfung und *Saturday Night Fever*, als Felix loslegte. »Habe gerade von dem Tropicana Deal erfahren«, sagte er. »Erstens möchte ich Ihnen gratulieren. Das ist fantastisch. Zweitens, Sie sind erst dreißig Jahre alt und haben ein solches Riesending durchgezogen. Und zwar allein, wie ich hörte, ohne Partner oder sonst jemanden. Das ist ein entscheidender Durchbruch in Ihrer Karriere. Eine Menge Leute werden Sie hassen. Aber machen Sie sich deshalb keine Sorgen. Sie sind anders als die. Lassen Sie sich davon nicht beirren!

Drittens haben Sie nun die Verantwortung, öffentlich Stellung zu beziehen. Sie müssen sich zu Wort melden, wenn Sie sehen, dass etwas schiefläuft, das korrigiert werden kann. Haben Sie keine Angst, das zu tun, denn manche Menschen sind gegenüber der Gesellschaft dazu verpflichtet. Ich bin einer davon. Und Sie jetzt auch.«

Felix hatte eine bestimmte Vision, was Banker beitragen können. Aber ich konnte nur daran denken, wer mich jetzt wohl hassen würde.

Kurz nach diesem Gespräch klingelte das Telefon erneut. Dieses Mal war Peter Solomon dran, Lehmans Vizevorsitzender.

»Für wen zum Teufel halten Sie sich eigentlich? Sie haben Tropicana verkauft? Ich arbeite gerade an einem Deal, weil Philip Morris das Unternehmen kaufen will! Wir wollten Ihnen ein Übernahmeangebot machen. Philip Morris ist unser größter Klient. Und Sie haben sich dem in den Weg gestellt? Ich werde am Montag mit dem Vorstand sprechen. Wir werden Sie feuern! Ab Montag sind Sie Geschichte!«

»Ich weiß, dass Teddy Roosevelt mit Ihnen gesprochen hat«, sagte ich. »Sie haben ihm gegenüber nichts von Tropicana erwähnt.«

»Montagmorgen, Steve. Montagmorgen sind Sie hier weg!«
Hörer aufgeknallt.

Ich kannte jedoch die Wahrheit und rief Pete an. Ich versicherte
ihm, dass Teddy mit Peter ausdrücklich darüber gesprochen hatte,
ob es Interessenkonflikte gab, und Peter mit keinem Wort erwähnt
hatte, dass Philip Morris an Tropicana interessiert war.

»Das ist lächerlich«, sagte Pete. »Mach dir deswegen keine Sorgen.«

Am Montagmorgen tobte Solomon beim Vorstandsmeeting
wegen seines gescheiterten Deals mit Philip Morris. Alle im Büro
machten sich Gedanken wegen meiner Zukunft. Ich war umzingelt
von Schakalen. Aber Gott sei Dank gab es Pete. Er ließ sich nicht
darauf ein.

GELD IST IN KRISEN DIE FALSCHE MEDIZIN

Der Tropicana-Deal sicherte mir meine Beförderung zum Partner, und das feierte ich, indem ich mein Büro umgestaltete. Ich würde hier täglich zwölf Stunden verbringen, deshalb sollte es ein Kokon gegen den psychischen Stress in meinem Job sein, gemütlich, wie ein schönes Wohnzimmer oder eine Bibliothek in einem englischen Landhaus. Einen Teil der Wände ließ ich rostrot streichen, die übrigen erhielten eine Grastapete in der Art, wie ich sie in Lee Eastmans Haus gesehen hatte. Dazu ein schokobrauner Teppich, Chintz-Sessel und ein imposanter Schreibtisch aus den 1890ern. Es war erlesen. Niemand in dieser Firma hatte so etwas je getan. Denn so dachten die anderen nicht über ihren Job. Aber ich betrachtete das hier nicht als meinen Arbeitsplatz. Das hier war mein zweites Zuhause, und ich wollte, dass es schön, bequem und optisch ansprechend war.

Als ich 1969 bei DLJ anfing, drückte ich mir die Nase an der Scheibe vor einem Leben platt, das ich nur erahnen konnte. Fast ein Jahrzehnt später führte ich dieses Leben. Eines Tages im Jahr 1979, ich hatte gerade ein Geschäft abgeschlossen, steckte ein anderer Partner den Kopf durch meine Tür und fragte, ob Ellen und ich ihn nach Ägypten begleiten würden. Am nächsten Tag. Zu einem Abendessen neben den Pyramiden. Einer unserer Klienten sponserte die Veranstaltung, und Lehman hatte einen Tisch reserviert und musste ihn nun füllen. Am darauffolgenden Tag saßen wir mit etwa hundert anderen Gästen an Bord einer Pan-Am-Maschine. Während wir in Paris auftankten, ging die Bordklappe auf, und fünfzig der schönsten Frauen, die ich je gesehen hatte, stiegen ein – Models, die für uns bei einer Modenschau auftreten sollten. In Kairo gingen wir ohne Kontrolle einfach durch den Zoll, und eine Motorrad-Eskorte machte uns den Weg frei zu unserem Hotel direkt neben der Sphinx. An jenem Abend besuchten wir die Modenschau des Designers Pierre Balmain. Am darauffolgenden Nachmittag waren wir zum Tee bei Anwar Sadat, dem ägyptischen Präsidenten, und seiner Frau Jehan. Sadat hatte 1978 den Friedensnobelpreis für das Aushandeln eines Friedensvertrags mit Israel bekommen. Am letzten Abend gab es ein Dinner für fünfhundert Personen im Sand vor den Pyramiden und der Sphinx. Ich saß an dem Tisch direkt neben Präsident Sadat. Der Abend endete damit, dass Frank Sinatra *New York, New York* sang. Es war eines der unvergesslichsten Erlebnisse meines Lebens.

Auf dem Rückflug litten fast alle, einschließlich mir, an Amöbenruhr. Das nahm diesem außergewöhnlichen Ereignis jedoch nichts von seinem Glanz. Diese Reise war genau jene Art erstaunlicher Erfahrung, die ich eines Tages zu machen gehofft hatte. Nun wollte ich noch mehr.

1980 porträtierte mich die *New York Times* auf der Titelseite mit einem großen Foto als Lehmans »Merger Maker« – dem Macher von Fusionen. Die Reporterin bezeichnete mich als jemanden »mit dem nötigen Biss, um es zu schaffen, einer unglaublichen Hartnäckigkeit (er ist bei einem Querfeldeinlauf bis ins Ziel gelaufen, obwohl er zwischendurch stürzte und sich das Handgelenk brach) und einer ansteckenden Vitalität, die andere dazu bringt, gern mit ihm zu arbeiten«. Der Querfeldeinlauf war in der neunten Klasse gewesen, und ich musste anschließend ins Krankenhaus gebracht werden. Die Reporterin fuhr fort: »Mr. Schwarzman sagt, dass er Probleme angeht, indem er sich fragt: ›Was würde ich anstelle der anderen wollen?‹ Deshalb, so sagt er, habe er ein so gutes Verhältnis zu anderen Menschen. Er studiert das Verhalten anderer, hört genau zu, was sie sagen, und geht davon aus, dass Dinge aus einem bestimmten Grund gesagt werden. Diese Kunst des Zuhörens verleiht ihm ein ungewöhnlich ausgeprägtes Talent, sich an Dinge erinnern zu können.«

Dieses Bild von mir war damals ziemlich treffend. Anderen zuzuhören schien mir naheliegend. Aber offenbar zeichnete es mich auch an der Wall Street aus. Ich versuchte nicht, einfach nur das zu verkaufen, was ich gerade anzubieten hatte. Ich hörte zu. Ich wartete, um mir anzuhören, was die Menschen wollten, was ihnen durch den Kopf ging, und begab mich dann daran, genau das Realität werden zu lassen. Bei Besprechungen machte ich mir nur selten Notizen. Ich konzentrierte mich ganz auf das, was mein Gegenüber sagte, und wie er oder sie es sagte. Wenn ich kann, versuche ich eine Verbindung zu finden, eine gemeinsame Grundlage, ein gemeinsames Interesse oder eine Erfahrung, die man miteinander teilt und die eine berufliche Begegnung in eine privatere verwandelt. Das klingt naheliegend, findet sich in der Praxis aber offenbar sehr selten.

Durch konzentriertes Zuhören kann ich mich an Ereignisse und Gespräche sehr detailliert erinnern. Als hätten sie sich für immer in mein Gedächtnis eingebrannt und wären dort abrufbar. Viele Menschen scheitern, weil sie nur aus Eigennutz handeln. Was ist für mich dabei drin? Diese Menschen werden nie bis zur interessantesten und lohnendsten Arbeit vorstoßen. Genau zuzuhören und zu beobachten, wie Menschen reden, bringt mich der Beantwortung der Frage sehr viel näher, die ich mir stets stelle: Wie kann ich behilflich sein? Wenn ich jemandem helfen und in einer Situation freundschaftlich zur Seite stehen kann, folgt alles andere wie von selbst.

Es gibt nichts Interessanteres für Menschen als ihre eigenen Probleme. Wenn Sie herausfinden können, worin diese bestehen, und Lösungen dafür finden, wollen die Menschen mit Ihnen reden, ganz gleich, welchen Rang oder Status Sie innehaben. Je schwieriger das Problem und je weiter entfernt die Lösung, desto wertvoller ist Ihr Rat. Es sind jene Situationen, in denen alle den Blick abwenden und gehen, wenn sich das Spielfeld leert und die größten Chancen warten.

Die frühen 1980er waren nicht nur für mich gut. Fünf Jahre in Folge erzielte Lehman Rekordeinnahmen. Unsere Eigenkapital-rendite übertraf die all unserer Konkurrenten. Ich stieg zum Leiter der M&A-Abteilung auf, beriet einige unserer größten Klienten. In den Büros von Lehman in der Water Street hatte der Tag nie genug Stunden. Bezogen auf die Menge der Deals waren wir in dem Bereich nach Goldman Sachs die zweitgrößten, aber beim Geschäfts-volumen lagen wir vor ihnen und der gesamten übrigen Wall Street.

Mittlerweile war Pete seit zehn Jahren Lehmans CEO und Vor-standsvorsitzender. Er hatte Lehman vom Abgrund zurückgerissen. Seine Begeisterung für den Finanzsektor hielt sich zwar in Gren-zen, aber seine Stärke bestand in seinen breit gefächerten Kontakten zu Wirtschaft und Politik. Er bekam einfach jeden ans Telefon. Pete war einundzwanzig Jahre älter als ich, aber wir hatten eine enge berufliche Beziehung entwickelt. Wir ergänzten einander. Er konn-te Leute zusammenbringen und Beziehungen pflegen; ich konnte Deals generieren und managen. Er wägte stets ab, war tolerant und reflektiert. Ich ging falls nötig auch schon mal auf Konfrontation. Ich brachte viele Deals unter Dach und Fach, die Pete eingefädelt hatte. Die Leute im Umfeld der Firma betrachteten uns als Team. Wir vertrauten einander bedingungslos. Aber Pete neigte dazu, den Menschen im »Palast Lehman«, in dem die Fehden tobten, zu ver-trauen, und das brachte ihn schließlich in Schwierigkeiten.

———

Anfang der 1980er fuhren Lehmans Trader große Profite in einem »Bullenmarkt«, also bei steigenden Kursen, ein. Cheftrader war Lew Glucksman, der mir eine Hilfe während des Tropicana-Deals gewesen war. Aber im Allgemeinen war er so unbeständig wie die Märkte selbst. Selbstbeherrschung gehörte nicht zu seinem emotio-nalen Repertoire. Er streifte in einem zerknitterten Anzug oder hemdsärmelig durch die Flure, einen Hemdzipfel heraushängend, eine nicht brennende Zigarre zwischen die Zähne geklemmt. Einmal wurde er so wütend, dass er ein Telefon aus der Wand riss und gegen einen Spiegel warf. Ein anderes Mal war er so aufgekratzt, dass er sich das Hemd aufriss, wobei sämtliche Knöpfe abflogen, und mit nacktem Oberkörper herumstampfte.

1983 ging er zu Pete und wollte befördert werden. Pete stimmte zu und ernannte ihn zum Präsidenten des Unternehmens. Pete dachte, das sei nur recht und billig. Aber er verstand Männer wie Lew Glucksman nicht. Ein paar Monate später kam Lew erneut in Petes Büro marschiert und sagte, das sei nur die erste Banane gewesen. Jetzt wolle er die ganze Staude. Er wollte Co-CEO werden. Pete wollte nicht darüber streiten, also willigte er ein. Acht Wochen später stand Lew wieder in der Tür. »Ich muss CEO sein und will, dass du gehst.« Er hatte mit anderen Trading-Partnern einen Putsch organisiert. Pete erzählte mir erst von Lews Ultimatum, nachdem er klein beigegeben hatte. Ich war entsetzt.

»Wieso hast du nicht gekämpft?«, fragte ich. »Du hättest deine Leute ins Spiel bringen und den Kerl rausdrücken können. Du hast bei den Partnern eine Menge Unterstützung. Wieso hast du nicht wenigstens mit mir geredet?«

»Mir war klar, was du mir raten würdest«, antwortete er. »Du hättest ihn zum Abschuss freigegeben. Ich kenne dich. Aber ich bin nicht wie du. Ich bin jetzt schon seit zehn Jahren hier. Ich habe diese Firma wieder auf Kurs gebracht. Wir standen am Abgrund. Und jetzt verdienen wir ein Vermögen. Wieso sollte ich das zerstören wollen? Das ist den Kampf nicht wert. Davon abgesehen habe ich keine Ahnung vom Trading. Wenn ich Glucksman rausgedrängt hätte«, fuhr er fort, »was wäre dann aus der Trading-Abteilung geworden?«

»Du musst nichts über den Wertpapierhandel wissen«, erwiderte ich. »Du stellst den besten Typen von Goldman oder JPMorgan ein.«

»Es würde diese Firma zerreißen.«

»Wenn dich jemand herausfordert, musst du bereit sein, den Laden in Stücke zu reißen. Und dann flickst du ihn wieder zusammen.«

»Nein, nein«, widersprach Pete. »Das ist deine Vorgehensweise. Nicht meine. Ich kämpfe hier seit zehn Jahren gegen andere. Ich bin es leid.« Und dann ging er. Pete war siebenundfünfzig Jahre alt und hatte sich einer Operation wegen eines Hirntumors unterzogen, der sich als bösartig erwies. Die Firma würde von ihm verlangen, seine Aktien allmählich abzustoßen, sobald er sechzig wurde. Wenn er mit einer guten Abfindung aussteigen konnte, war das möglicherweise für ihn und seine Familie die beste Option.

Ich wusste, dass sich die Dinge für die Firma nicht gut entwickeln würden. Nur wenige Monate nach Petes Ausscheiden steckte Lehman in großen Schwierigkeiten. Lew und ein paar seiner Verbündeten im Londoner Büro hatten einen großen Handel mit kurzfristigen Anleihen durchgezogen – Kredite für Firmen ohne Sicherheiten. Falls der Kreditnehmer zahlungsunfähig wird, kann der Eigentümer der Anleihe keinen Anspruch auf irgendwelche Aktiva* geltend machen. Diese Anleihen können viel Geld einbringen, wenn sie fremdfinanziert sind. Und sie sind für gewöhnlich kurzfristig (dreißig, sechzig oder neunzig Tage), was bedeutet, dass sich das Risiko in Grenzen hält. Normalerweise kann man sicher sein, dass sie bei einem so kurzen Zeitraum auch zurückgezahlt werden.

Lew und sein Team waren in einem steigenden Markt gierig geworden und kauften Schuldtitel, die erst nach fünf Jahren fällig wurden. Das brachte höhere Zinsen, und die Titel waren dadurch wertvoller. Der Markt wandte sich gegen sie, und der Wert der Papiere stürzte ab. Ihre Verluste bei diesem Handel addierten sich

---

* Anm. d. Übers.: Aktiva: Posten in der Bilanz, die unter anderem Vermögenswerte wie Konten, Barvermögen, und auch Maschinen, Anlagen, Immobilien, etc. beinhalten

zu einem größeren Betrag, als die Firma insgesamt an Eigenkapital besaß. Lehman stand wieder am Rand des Zusammenbruchs.

Lew hatte diese Handelsgeschäfte heimlich abgewickelt, aber die Nachricht verbreitete sich, erst in London, dann in New York. Mir hatte ein guter Freund im Londoner Büro, Steve Bershad, gesteckt, was vor sich ging. Steve war nach London geschickt worden, um den Geschäftsbereich Unternehmensfinanzierung aufzubauen. Was er im Trading-Bereich gesehen hatte, irritierte ihn dermaßen, dass er Wirtschaftsprüfer hinzuzog, die sich die Sache ansehen sollten. »Die Firma ist bankrott«, sagte mir Steve am Telefon. »Wir haben kein Kapital.«

Lew berief ein Meeting aller Partner ein. Mehr als siebzig von uns saßen in dem Konferenzraum im zweiunddreißigsten Stock, als er sagte: »Ich weiß, dass es Gerüchte gibt wegen ein paar Positionen in London. An diesen Gerüchten ist nichts dran. Wir haben keine Probleme. Und ich werde auf der Stelle jeden feuern, der das behauptet!«

Anstatt das Problem offenzulegen und um Hilfe zu bitten, hatte sich Lew zu einer Lüge entschieden. Ich erwartete, dass einer der Senior-Partner aus dem Vorstand anzweifeln würde, was er gesagt hatte. Stattdessen hörten alle schweigend zu und verließen miteinander flüsternd das Meeting, sichtlich beunruhigt und verwirrt. Lews Führung hatte sich als schädlich erwiesen, und sofort fragten sich alle, wie sie ihre Anteile an der Firma in Sicherheit bringen konnten, bevor sie zahlungsunfähig war. Sheldon Gordon war der Leiter von Lehmans Investmentbanking-Abteilung und Vizevorstandsvorsitzender des Unternehmens. Er hatte an der Seite von Lew als Trader gearbeitet. Die Leute betrachteten ihn als einen seiner engsten Verbündeten. Aber ich wusste, dass er klug und anständig war, und hatte gehört, dass er mit anderen Vorstandsmitgliedern zusammen nach Auswegen suchte. Ich ging zu ihm.

»Ihnen ist klar, dass die Sache hochgehen wird«, sagte ich zu ihm. »Viele Leute wissen, dass Lew lügt. Ich weiß, dass die Firma pleite ist, Sie wissen es, und sobald die Welt da draußen es erfährt, bricht alles zusammen. Die Partner werden nichts gegen ihn unternehmen, weil sie fürchten, dass er sie feuert. Wenn wir das Geschäft nicht verkaufen und jemand davon erfährt, denken Sie nicht, dass wir dann erledigt sind?«

»Doch«, stimmte er zu. »Dann sind wir fertig.«

»Wollen Sie die Firma verkaufen?« Als Leiter des Bereiches M&A glaubte ich, eine größere Firma finden zu können, die einsprang und uns rettete. Trotz all unserer Probleme war Lehman immer noch ein gutes Unternehmen, eine Weltmarke mit talentierten Leuten.

»Absolut«, sagte Shel. »Wenn das hier an die Öffentlichkeit dringt, sind wir tot und beerdigt. Aber Sie müssen die Sache in wenigen Tagen über die Bühne bringen. Uns bleibt keine Zeit mehr.« Noch während er sprach, dachte ich bereits über potenzielle Käufer nach.

Der erste Name auf meiner Liste war Peter Cohen, CEO von Shearson, der Investmentsparte von American Express. Er war in meinem Alter, einer der jüngsten CEOs an der Wall Street. American Express verfügte über das Geld, um Lehman zu kaufen, und ich wusste, dass Cohen darauf aus war, mit Shearson stärker in den Bereich des Investmentbankings zu expandieren. Außerdem war er mein Nachbar in den Hamptons. Wir kannten einander gesellschaftlich. Es wäre nicht schwierig, still und heimlich ein Angebot zu machen. Ich rief ihn noch spät an diesem Freitag an. Am darauffolgenden Morgen suchte ich ihn auf. Wir trafen uns in seiner Einfahrt.

»Wir hatten große Verluste im Bereich Trading«, erklärte ich. »Wir wollen die Firma eigentlich nicht verkaufen, sollten es aber besser. Falls Sie interessiert sind, ist dies ein einmaliges Angebot – wenn Sie innerhalb der nächsten Tage handeln können.« Über das Wochenende sprach er mit dem CEO von American Express, Jim Robinson. Am Montag rief er mich an und sagte, er wolle den Deal durchziehen. Er bot 360 Millionen Dollar. Salomon Brothers war zwei Jahre zuvor für 440 Millionen Dollar verkauft worden, aber Salomon hatte ein sehr viel größeres Trading-Geschäft und stand auch nicht kurz vor der Pleite. In Anbetracht der kurzen Zeit war es das beste Angebot, das wir bekommen konnten.

Shel informierte die Partner. Er sagte ihnen, sie alle würden großzügige Abfindungen erhalten. Wenn sie jedoch noch länger warteten, würden sie vielleicht gar nichts bekommen. Die anderen Partner besprachen sich unter Ausschluss von Lew. Alle bis auf einen, der zu Lews engsten Verbündeten gehörte, stimmten dem Verkauf zu. Zwei Tage später wurde der Deal auf der Titelseite der *New York Times* bekannt gegeben. Es mussten noch ein paar Details ausgehandelt werden, und nach wie vor bestand das Risiko, dass der Deal platzte. Aber auf diese Weise kontrollierten wir die Nachrichten und nahmen American Express öffentlich an den Haken, für den Fall, dass sie es sich anders überlegten. Am Tag der Bekanntgabe verlangten Investoren und Journalisten lautstark nach Informationen. Lehman Brothers, 1850 gegründet, war seit 125 Jahren eine Institution an der Wall Street. Der Verkauf war ein Schock.

Erst spät an diesem Nachmittag fiel mir auf, dass ich noch gar nicht mit Lew gesprochen hatte. Shel und die anderen Partner hatten ihn ausgetrickst. Die Firma wurde verkauft, und er war als CEO auf ganzer Linie gescheitert. Ich ging hinunter in sein Büro, das einstmals das von Pete gewesen war. Es brannte kein Licht. Ich dachte, dass er wohl nach Hause gegangen sei, klopfte aber dennoch an die halb offen stehende Tür.

»Hallo? Jemand da?« Eine schwache Stimme antwortete, und ich konnte gerade genug erkennen, um Lew an einem Ende des Sofas an der hinteren Wand zu entdecken.

»Wieso sitzt du im Dunkeln?«, fragte ich.

Er sagte, er würde sich schämen. Er habe die Firma ruiniert, die er liebe. »Ich überlege, ob ich mir das Gehirn wegpusten soll.«

Ich fragte, ob ich mich setzen dürfe. Er winkte mich zu sich.

»Lew, das war nicht deine Absicht. Manchmal passieren Dinge, die wir so nicht gewollt haben.«

»Ich weiß«, sagte er. »Aber ich bin verantwortlich, also ist es meine Schuld, was auch immer meine Absicht war.«

»Du wolltest etwas Gutes tun, und es hat sich als falsch erwiesen. Und ja, es *hat* schreckliche Auswirkungen für die Firma. Aber die Leute müssen mit ihrem Leben weitermachen. Es würde nichts ändern, wenn du dich umbringst. Es wäre nur eine weitere Tragödie zusätzlich zu der anderen. Und so alt bist du noch nicht. Es gibt immer eine Zukunft. Du wirst dich auf irgendeine Weise neu erfinden.«

Wir redeten etwa eine halbe Stunde. Dann kehrte ich in mein Büro zurück. Ich war sechsunddreißig Jahre alt und hatte Lehman Brothers verkauft. Nun war ich frei, eine Firma zu verlassen, die ich mittlerweile unerträglich gefunden hatte. Ich fühlte mich erleichtert, beschwingt. Aber dann war da Lew Glucksman, der in seinem Büro saß und daran dachte, sich zu erschießen, und sich sorgte, welche Auswirkungen das auf seine Tochter haben würde. Er hatte gesagt, dass er die Firma liebte. Das Tragische daran war, dass er das zweifellos tat.

Ich wollte nur so schnell wie möglich weg von Lehman. Ich hatte Peter Cohen zu Beginn unserer Verhandlungen gesagt, dass ich das Vertrauen in Lehmans Partner verloren hatte, als sie sich nicht trauten, Lew zu feuern. Er hatte zugestimmt, dass ich gehen durfte. Während der Verhandlungen rief er mich dann an und bat mich vorbeizukommen. Er bestand darauf, dass alle Lehman-Partner eine Vereinbarung über ein Wettbewerbsverbot unterzeichneten, das ihnen für die nächsten drei Jahre untersagte, für ein Konkurrenzunternehmen zu arbeiten, falls sie die Firma verließen. Ich sagte ihm, ein Wettbewerbsverbot sei für mich irrelevant. Er wusste, dass ich gehen würde.

»Das Problem ist, dass der Vorstand von American Express gestern getagt hat«, sagte er. »Da Peterson gegangen ist und Glucksman praktisch auch weg ist, bist du derjenige, den der Vorstand am besten kennt. Sie sagten bei dem Meeting, dass wir Talent kaufen würden, aber wenn wir die Talente nicht halten können, gibt es keinen Grund, den Kauf durchzuziehen. Du stehst beispielhaft für das Talent. Deshalb fordern sie diese Wettbewerbsklausel. Das ist der Deal. Wenn du den Deal nicht durchziehen willst, ist das deine Entscheidung.«

»Der Deal wurde bereits bekannt gegeben«, sagte ich.

»Ist mir klar. Aber wenn du das Wettbewerbsverbot nicht unterschreibst, ziehen wir das Angebot zurück. Deine Firma wird pleitegehen. Mir ist beides recht. Deine Entscheidung.«

»Du willst mich wohl auf den Arm nehmen«, erwiderte ich. »Wir beide haben eine Vereinbarung.«

»Ich mache keine Scherze«, entgegnete er. Ich war der einzige Partner, der das Wettbewerbsverbot nicht unterzeichnet hatte. Nun hing der ganze Deal von mir ab. Falls ich mich weigerte, würde der Deal platzen, und Lehman wäre am Ende. Aber drei Jahre waren ein hoher Preis für jemanden, der unbedingt frei sein wollte. Ellen meinte, drei Jahre wären keine große Sache, und ich würde das schon schaffen. Die anderen Partner bedrängten mich zu kooperieren.

An dem Tag, als ich bei Lehman anfing, hatte einer der Partner mir gesagt: »Niemand bei Lehman wird dir je in den Rücken fallen. Sie werden frontal auf dich zukommen und dich von vorn erstechen.« Es war eine Arena, in der jeder für sich kämpfte. Das hatte ich an der Architektur abgelesen, und darüber hatte ich bei meiner Abschlussarbeit an der HBS geschrieben. Aber genau das hatte ich daran auch geliebt. Man konnte diese internen Machtkämpfe auch mit Galgenhumor betrachten. Als mein Freund Bruce Wasserstein bei First Boston den Bereich M&A leitete, sagte er einst zu Eric Gleacher und mir: »Ich verstehe nicht, warum ihr euch bei Lehman Brothers gegenseitig alle so hasst. Ich komme mit euch beiden klar.« »Wenn du bei Lehman Brothers wärst«, gab ich zurück, »würden wir dich auch hassen.«

Aber da Pete nun fort und die Firma verkauft war, wollte ich gehen. Ich wusste, dass ich immer irgendwie Geld verdienen konnte. Ich brauchte ein bisschen Freiraum zum Nachdenken. Ich buchte mir ein Zimmer im Ritz Carlton am Central Park South und machte lange Spaziergänge im Park. Ich dachte so lange nach, bis ich einen Kompromiss gefunden hatte. Ich rief Peter Cohen an und schlug ihm vor, dass ich ein Jahr bleiben würde, nicht drei, und anschließend meine eigene Firma gründete, statt bei einem seiner großen Wettbewerber anzufangen. Er war einverstanden. Letztlich wollte er diesen Deal genauso sehr wie ich.

Nachdem die Übernahme in trockenen Tüchern war, bat mich Jim Robinson, der CEO von American Express, zu sich.

»Ich hoffe, dass wir zielführend zusammenarbeiten werden«, sagte er. »Aber ich habe gehört, dass Sie nicht sonderlich glücklich über die Situation sind.«

»Wieso sollte ich glücklich sein?«, erwiderte ich. »Ich arbeite an einem Ort, an dem ich nicht sein möchte.« Er sagte, er habe nichts von meiner Vereinbarung mit Peter Cohen gewusst.

»Da haben wir Ihnen ja echt etwas angetan«, gestand er ein. »Warum kommen Sie nicht hierher und nehmen das Büro neben meinem? Dann liegt ihr Büro zwischen meinem und dem von Lou Gerstner.« Gerstner war der Leiter des Reise- und Kreditkartengeschäfts und wurde später Präsident von American Express, CEO von RJR Nabisco und dann von IBM. »Sie könnten bei ein paar Geschäften von American Express mitarbeiten und Gerstner etwas über Finanzen beibringen. Seine Stärke ist eher die Geschäftsführung.«

Das schien besser, als bei Lehman herumzusitzen. Ich hatte also zwei Büros und verbrachte von da an viel Zeit bei American Express neben Jim Robinson. Ich war dankbar, aber er merkte schnell, wie begierig ich darauf war, auszusteigen. Er schlug vor, dass ich für meine noch verbleibende Zeit des Wettbewerbsverbots einen Job in Washington annehmen sollte. Er arrangierte sogar ein Vorstellungsgespräch mit Jim Baker, Präsident Reagans Stabschef.

Die Möglichkeit, eine Zeit lang in der Hauptstadt zu verbringen, fand ich verlockend. Man kann nicht die Art von Arbeit verrichten, die ich ausgeübt hatte, ohne fasziniert zu sein von Washingtons Einfluss auf die Wirtschaft. Averell Harriman und Felix Rohatyn hatten mich davon überzeugt, wie reizvoll ein Leben an der Schnittstelle von Wirtschaft und Politik sein konnte, zwei Welten miteinander zu verbinden, die so oft aneinander vorbeiredeten.

Ich hatte Jim Baker 1982 bei einer Konferenz im Weißen Haus zum Thema Konjunkturförderung kennengelernt. Zu jener Zeit lagen die Kreditkosten sogar für die am besten bewerteten Unternehmen bei 16 Prozent. Wir waren etwa zwanzig Leute in dem Raum, und ich werde nie vergessen, wie besorgt die Burschen wirkten, vor Angst, dass die amerikanische Wirtschaft niemals wieder ein Wachstum erleben würde. Baker war jedoch beeindruckend, ruhig und effizient in der kämpferischen Welt von Washington.

Mein Gespräch mit ihm lief gut. Wir redeten darüber, dass ich die Nummer Vier des Mitarbeiterstabs des Weißen Hauses sein würde. Dann wurde Baker Finanzminister. Der einzige dort verfügbare Job war die Leitung der Abteilung für die Emission von Staatsanleihen. Die Stelle war seit zwei Jahren unbesetzt, deshalb sagte ich Jim, dass es sich eindeutig um einen verzichtbaren Job handle. Für mich war es jedenfalls nicht der richtige Zeitpunkt.

Sechs Monate musste ich noch ausharren, aber ich begann bereits, meinen Ausstieg zu verhandeln. Ich nahm an, dass es nicht einfach werden würde. Peter Cohen hatte gegenüber dem Vorstand nicht durchblicken lassen, wie er mich dazu gebracht hatte zu bleiben. Ich brauchte einen Anwalt an meiner Seite, aber in Anbetracht der Größe von Shearson American Express war es schwierig, jemanden zu finden, der mich als Klienten nahm. Schließlich fand ich einen tapferen Anwalt, Steve Volk, den Chefjuristen für M&A bei Shearman & Sterling. Er sollte später Vizevorsitzender der Citibank werden. Sein Sozius war Philippe Dauman, der spätere CEO und Vorsitzende von Viacom. Sie hörten sich meine Geschichte an und versprachen, für mich zu kämpfen.

Meine Ahnung bezüglich Cohen erwies sich als zutreffend. Trotz all seiner Versprechen hatte er nicht vor, mich gehen zu lassen. Er fürchtete, ich würde Kunden mitnehmen, und falls die anderen Partner von meiner Sondervereinbarung Wind bekamen, würden sie womöglich alle auch eine solche Vereinbarung verlangen. Unsere Verhandlungen waren langwierig und aufgeheizt, aber ich wollte da raus und mit meinem Leben weitermachen. Pete griff ein, um uns zu einer finanziellen Einigung zu verhelfen. Cohen und sein Team tauchten nicht auf, um die Vereinbarung zu unterzeichnen, und das nicht nur einmal, sondern zweimal. Sie ließen mich in dem leeren Konferenzraum mit den vorbereiteten Dokumenten auf dem Tisch sitzen. Als wir irgendwann endlich beide unterschrieben, waren die Verärgerung und die Feindseligkeit greifbar. Es war ein scheußliches Ende eines großartigen Laufes. Aber auch die Chance zu einem Neustart.

Bis dahin hatte ich eine Menge über mich gelernt. Von der Highschool, über Yale, die HBS und ein ums andere Mal bei Lehman hatte ich mir bewiesen, dass ich nahezu jede Situation überleben konnte. Ich entwickelte wertvolle Visionen und ließ sie wahr werden. Coach Armstrong hatte mir den Wert von Durchhaltevermögen beigebracht, immer ein bisschen mehr als nötig zu tun, sodass es zu einem Guthaben wird, auf das ich bei Bedarf zurückgreifen kann. Und ich hatte mir überlegt, wie ich dieses Guthaben investieren konnte, um meine Karriere voranzubringen.

Meine frühen Fehler an der Wall Street, die Tippfehler und Berechnungsfehler, die daraus entstandenen Peinlichkeiten, hatten mich gelehrt, wie wichtig es war, ganz genau hinzusehen, Risiken sorgfältig auszuschalten und um Hilfe zu bitten. Heutzutage kann man an der Wall Street viele der Berechnungen, die wir per Hand vornehmen mussten, mit einem Tastenklick durchführen. Aber indem ich auf diese Art lernte, erkannte ich die verschachtelten

Wege, in denen Deals strukturiert sein können, die Feinheiten, die es auszuhandeln gilt. Sein Handwerk derart zu beherrschen erfordert Erfahrung, Ausdauer und Schmerztoleranz. Und es bringt die größten Belohnungen hervor.

Der Tropicana-Deal hatte mir gezeigt, dass ich unter Druck sehr viel leistungsfähiger war, als ich angenommen hatte. Pete Peterson hatte mir verdeutlicht, wie wertvoll ein guter Mentor und Partner ist. Ich hatte ein paar wichtige Beziehungen mit wunderbaren Menschen geschmiedet – Kollegen im Unternehmen und Führungskräften wie Jack Welch, die im Laufe meiner Karriere immer wieder auftauchen sollten. Ich hatte die Wall Street in Bestform erlebt, die Höhen des Durchführens komplexer Geschäfte, das Gefühl, sich im Zentrum des Universums zu befinden, mit einigen der weltweit interessantesten Menschen Informationen auszutauschen.

Und mein Ausstieg bei Lehman hatte mir die schlechteste Seite der Wall Street gezeigt, wenn jeder nur für sich selbst kämpft. Mit anzusehen, dass die Lehman-Partner es nicht schafften, es mit Lew Glucksman aufzunehmen, hatte mir gezeigt, wie sehr Moral und Ethik unter Angst und Gier einknicken können. Ich hatte gesehen, dass einige Leute rachsüchtig und neidisch sind. Die Erfahrung, Lehman zu verkaufen und gegen meinen Willen bleiben zu müssen, hatte mich nicht nur den Wert eines guten Anwalts gelehrt, sondern auch, dass Geld in Krisen die falsche Medizin ist.

LOHNENDE VISIONEN VERFOLGEN

JE SCHWIERIGER DAS PROBLEM,
DESTO WENIGER WETTBEWERB

Nachdem wir nun bei Lehman raus waren und wieder zusammenarbeiten konnten, begannen Pete und ich uns ernsthaft darüber zu unterhalten, etwas Eigenes auf die Beine zu stellen. Unser erstes Gespräch führten wir in Petes Haus in den Hamptons zusammen mit unseren Frauen.

»Ich möchte wieder mit Großunternehmen arbeiten«, sagte Pete. Nach seinem Ausscheiden bei Lehman hatte er eine kleine Firma gegründet, die Deals in begrenztem Rahmen abwickelte.

»Ich möchte einfach wieder mit Pete arbeiten«, sagte ich. Mittlerweile war ich achtunddreißig, und mit dem Geld, das ich bei Lehman verdient hatte, konnte ich meine kleine Familie ernähren. Wir hatten zwei Kinder bekommen, Zibby und Teddy, beide waren gesund und besuchten gute Schulen. Wir hatten eine Wohnung in der Stadt und ein Haus am Strand. Beruflich war ich an einem Punkt angelangt, an dem ich meine eigene Firma wollte. Ich hatte das Gefühl, genug gelernt und mir ausreichend persönliche und berufliche Ressourcen zugelegt zu haben, um erfolgreich sein zu können. Ellen, die mitbekommen hatte, wie miserabel ich mich während des letzten Jahres bei Lehman gefühlt hatte, sagte: »Ich möchte, dass Steve glücklich ist.«

Joan, Petes Frau, war die Schöpferin der Kindersendung *Sesamstraße*. Sie hatte ein Ziel, das sogar Bibo hätte verstehen können: »Ich möchte einen Hubschrauber.«

»Okay«, stimmte ich zu. »Nun wissen wir, was jeder möchte. Lasst uns loslegen.«

———

Viele Großunternehmen im Silicon Valley, von Hewlett Packard bis Apple, wurden in einer Garage gegründet. In New York gründen wir Unternehmen beim Frühstück. Im April 1985 begannen Pete und ich, uns jeden Tag im Innenhofrestaurant des Mayfair Hotels an der Ecke East Sixty-Fifth Street und Park Avenue zu treffen. Wir kamen als Erste und gingen als Letzte, redeten stundenlang, dachten über unsere bisherigen Berufserfahrungen nach und überlegten, was wir gemeinsam auf die Beine stellen konnten.

Unser Hauptkapital waren unsere Fähigkeiten, unsere Erfahrung und unser Ruf. Pete mit seinem Summa-cum-laude-Abschluss und seiner Mitgliedschaft in der Ehrengesellschaft Phi Beta Kappa war ein prozessorientierter, analytischer Mensch. Er kannte jeden in New York, Washington und Amerikas Wirtschaftswelt und pflegte mit ihnen allen einen lockeren, entspannten Umgangston. Ich selbst schätzte mich als eher instinktiv handelnd ein, als leicht zu durchschauen und gut darin, die richtigen Leute zu finden. Ich war entscheidungsfreudig, zog Dinge schnell durch und hatte mir einen Namen als M&A-Spezialist gemacht. Unsere Persönlichkeiten und Fähigkeiten waren ganz verschieden, ergänzten sich jedoch. Wir waren zuversichtlich, dass wir als Partner gut miteinander klarkommen würden und die Leute unsere Dienste wollten. Auch wenn die meisten Start-ups scheitern, so waren wir sicher, dass unser Unternehmen Erfolg haben würde.

Als ich meinen Vater bei Schwarzman's Curtains and Linens beobachtet hatte und später all die Geschäfte und Unternehmer sah, die ich beriet, war ich zu einem wichtigen Schluss bezüglich der Gründung meines eigenen Unternehmens gekommen: Es ist genauso schwer, ein kleines Unternehmen zu gründen und zu führen wie ein großes. Du zahlst finanziell und psychisch den gleichen Tribut, wenn du es zum Leben erweckst. Es ist schwierig, das Geld aufzutreiben und die richtigen Leute zu finden. Wenn du dein Leben also einem Geschäft widmest, und nur auf diese Weise wird es funktionieren, solltest du dir eines mit dem Potenzial aussuchen, groß zu werden.

Zu Beginn meiner Laufbahn bei Lehman hatte ich einen der erfahrenen Banker gefragt, warum Banken mehr dafür zahlen mussten, sich Geld zu leihen, als ein Unternehmen gleicher Größe in anderen Branchen. »Finanzinstitute gehen innerhalb eines Tages bankrott«, antwortete er. »Bei einem Unternehmen aus einer anderen Branche kann es Jahre dauern, bis es seine Marktposition verliert und pleitegeht.« Ich hatte ja nun selbst miterlebt, wie Lehman genau das beinahe widerfahren wäre – wenn sich das Blatt plötzlich wendet, ein schlechter Trade, ein schlechtes Investment, das zum finanziellen Ruin führen kann. Wir würden diese Reise nicht in einem kleinen Ruderboot antreten. Wir wollten uns den Ruf erarbeiten, herausragend zu sein und nicht etwa tollkühn.

Von außen betrachtet strebten wir danach, ein Finanzinstitut aufzubauen, das stark genug war, viele Generationen von Eigentümern und Führungsspitzen zu überleben. Wir wollten nicht zu denen an der Wall Street gehören, die eine Firma gründen, ein bisschen Geld verdienen, dann zerstritten sind und weiterziehen. Wir wollten im selben Atemzug genannt werden wie die größten Namen unserer Branche.

Am besten kannten wir uns mit M&A aus. Zu jener Zeit waren Fusionen und Übernahmen noch immer eine Domäne großer Investmentbanken. Wir waren jedoch davon überzeugt, dass es ein Interesse an den Dienstleistungen einer neuen Art kleinerer, individuellerer Beratungsboutiquen gab. Wir verfügten über die Reputation und die Erfolgsbilanz. Übernahmen und Fusionen erforderten zwar viel persönlichen Einsatz, aber kein Kapital, und sie würden uns schon einmal Einkommen bringen, während wir darüber nachdachten, was wir noch anbieten könnten. Ich sorgte mich wegen der Zyklizität von Fusionen und Übernahmen, da diese ja innerhalb eines bestimmten Zeitraums abgewickelt werden, sodass uns dieser Bereich allein vielleicht nicht tragen würde. Schließlich wollten wir beständige Einkommensquellen. Falls die Wirtschaft ins Stocken geriet, würde das auch unsere Firma betreffen. Aber es war ein guter Ansatzpunkt, um anzufangen. Um groß zu werden und eine stabile, dauerhafte Institution aufzubauen, würden wir jedoch mehr als das tun müssen.

Während wir im Mayfair saßen und uns alle möglichen Ideen durch die Köpfe gehen ließen, kam immer wieder das potenzielle Geschäftsfeld fremdfinanzierter Übernahmen zur Sprache: Leveraged Buy-outs (LBOs). Bei Lehman hatte ich Kohlberg Kravis Roberts (KKR) und Forstmann Little, die beiden weltweit größten LBO-Firmen, beraten. Ich kannte Henry Kravis und spielte Tennis mit Brian Little. Drei Dinge waren mir an ihrem Business aufgefallen: Erstens kann man Kapitalanlagen sammeln und aus regelmäßigen Honoraren sowie Investitionserträgen sein Einkommen generieren, unabhängig davon, wie das wirtschaftliche Klima gerade beschaffen ist. Zweitens kann man die erworbenen Unternehmen wirklich verbessern. Drittens kann man damit ein Vermögen machen.

Ein klassischer LBO funktioniert so: Ein Investor entscheidet sich, eine Firma zu kaufen, indem er zunächst Eigenkapital einbringt, vergleichbar mit der Anzahlung auf ein Haus. Und den Rest leiht er sich, um die Hebelwirkung durch Fremdkapitalaufnahme, den Leverage, zu nutzen. Einmal erworben wird das Unternehmen, falls es an der Börse gelistet ist, aus dem Handel genommen und die Aktien in außerbörsliches, also privatwirtschaftliches, Kapital umgewandelt – dafür steht das »private« in »Private Equity«. Das Unternehmen zahlt die Tilgung und die Zinsen des Fremdkapitals aus dem eigenen Cashflow, während der Investor verschiedene Bereiche des Geschäftsbetriebs verbessert und versucht, dem Unternehmen zu Wachstum zu verhelfen. Der Investor bezieht eine Management Fee und einen Anteil des Profits, sobald sich die Investition rentiert. Die implementierten Verbesserungen reichen von der Effizienzsteigerung bei Produktion, Energieverbrauch und Materialbeschaffung bis hin zur Erweiterung der Produktpalette, der Erschließung neuer Märkte, der Modernisierung von Technologie oder sogar der Entwicklung besserer Führungsqualitäten des

Managementteams. Nach einigen Jahren, wenn sich all diese Bemühungen als erfolgreich erwiesen haben und das Unternehmen beträchtlich gewachsen ist, kann der Investor es für einen höheren Preis verkaufen, als er oder sie es ursprünglich erworben hat, oder es wieder an die Börse bringen und einen Gewinn auf seinen ursprünglichen Kapitaleinsatz erzielen. Bei dieser Vorgehensweise gibt es viele Varianten.

Der Schlüssel beim Investieren liegt darin, alle zur Verfügung stehenden Mittel zu nutzen. Mir gefiel die Idee von Leveraged Buyouts, weil sich in dem Bereich offenkundig mehr Instrumente anboten als bei jeder anderen Form der Investition. Hat man sich nach einer geeigneten Kapitalanlage umgesehen, die man erwerben möchte, geht man gewissenhaft vor, indem man Vertraulichkeitsvereinbarungen mit den Eigentümern unterschreibt und Zugang zu detaillierteren Informationen bezüglich dessen bekommt, was man zu kaufen beabsichtigt. Man arbeitet mit Investmentbankern zusammen, um eine Kapitalstruktur anzulegen, die einem die finanzielle Flexibilität verschafft, um zu investieren und auch zu überleben, falls sich die wirtschaftlichen Rahmenbedingungen zum Negativen verändern. Man setzt erfahrene Manager ein, denen man vertraut, um zu verbessern, was man gekauft hat. Und wenn alles gut läuft, steigert das aufgenommene Fremdkapital die Rendite auf den Wert des eingesetzten Eigenkapitals, wenn der Zeitpunkt des Verkaufs gekommen ist.

Diese Art des Investierens würde sehr viel aufwendiger sein als der Kauf von Aktien. Es würde jahrelange Bemühungen, ausgezeichnetes Management, harte Arbeit und Geduld sowie die Zusammenarbeit mit fähigen Expertenteams erfordern. Wenn du das jedoch immer wieder erfolgreich durchziehst, kannst du bedeutende Erträge generieren und einen Rekord aufstellen wie Coach Armstrong an der Abington High School, 186 Siege – 4 Niederlagen, und zudem das Vertrauen deiner Investoren gewinnen. Die Erträge, die solche Investitionen ihren Investoren einbringen –

Rentenfonds, akademischen und wohltätigen Institutionen, Regierungen und anderen Institutionen sowie Kleinanlegern –, hätten zudem den Nutzen, dazu beizutragen, die Rentenfonds von Millionen Lehrern, Feuerwehrmännern, Beschäftigten bei Unternehmen und vielen anderen zu sichern.

Im Gegensatz zu M&A würden LBOs keinen konstanten Strom neuer Klienten erfordern. Wenn wir Investoren überzeugen konnten, Geld in einen Fonds einzuzahlen, in dem es zehn Jahre fest angelegt blieb, hätten wir zehn Jahre lang Zeit, um die Management Fee zu verdienen, das von uns Gekaufte zu verbessern und sowohl für unsere Investoren als auch für uns selbst hohe Profite zu erwirtschaften. Sollte es zu einer Rezession kommen, könnten wir diese überleben und mit ein bisschen Glück sogar noch mehr Möglichkeiten finden, da die Leute in Panik verfallen und gute Kapitalanlagen zu niedrigen Preisen verkaufen würden.

Lange vorher, im Jahr 1979, hatte ich mich mit der Prognose zu KKRs spektakulärem Buy-out von Houdaille Industries beschäftigt, einem der ersten großen LBOs. Dieser Deal war für Buy-outs so aufschlussreich wie einst der Stein von Rosette zur Entzifferung von Hieroglyphen. KKR hatte nur 5 Prozent an Eigenkapital eingebracht, um Houdaille zu kaufen, einen Mischkonzern aus Maschinenbauunternehmen und Automobilzulieferern, und den Rest fremdfinanziert. Der Leverage-Effekt, also die Hebelwirkung, in dieser Größenordnung bedeutete, dass bei einem Wachstum des Unternehmens von nur 5 Prozent das Eigenkapital um 20 bis 30 Prozent wachsen würde. Ich hatte vorgehabt, ein ähnliches Geschäft mit den Ressourcen von Lehman durchzuführen, fand aber intern nicht genug Unterstützung.

Zwei Jahre später betreute ich als Banker den legendären Medien- und Elektronikkonzern RCA, als sich dieser entschied, Gibson Greetings zu verkaufen, damals Amerikas drittgrößtes Unternehmen für Grußkarten – ein Aktivposten, der nicht zu den anderen Geschäftszweigen von RCA passte. Wir kontaktierten siebzig potenzielle Käufer. Nur zwei waren interessiert. Der eine war Saxon Paper, was sich jedoch als Mogelpackung entpuppte. Der andere Interessent war Wesray, ein kleiner Investmentfonds, mitbegründet von William Simon, ehemals Finanzminister unter Nixon und danach Ford. Wesray bot 55 Millionen Dollar für Gibson, und wir vereinbarten einen Termin, um den Deal unter Dach und Fach zu bringen. Wesrays Investoren brachten nur 1 Million Dollar ihres eigenen Kapitals ein, versicherten jedoch, den Rest des Geldes am Tag der Vertragsunterzeichnung parat zu haben. Als das nicht der Fall war, räumten wir ihnen eine einmonatige Verlängerung ein. Immer noch kein Geld. Andere Interessenten gab es jedoch nicht. Die Leute von Wesray baten um eine letzte Chance. Später fand ich heraus, dass sie den Deal finanzieren wollten, indem sie den Verkauf von Gibsons Produktions- und Lagerräumen arrangierten, um diese anschließend wieder zu mieten. Dadurch hätten sie das benötigte Kapital gehabt. Aber sie bekamen es nicht hin. Das war's, dachte ich.

In der Zwischenzeit wuchsen Gibsons Erträge. Obwohl wir immer noch keinen geeigneten Käufer gefunden hatten, empfahl ich Julius Koppelman, dem Manager von RCA, der den Verkauf abwickeln sollte, den für Gibson verlangten Preis zu erhöhen. Er schlug eine Erhöhung um 5 Millionen Dollar vor. Ich sagte ihm, in Anbetracht der steigenden Profite würde das nicht einmal annähernd dem Wert von Gibson entsprechen, aber es blieb dabei. Denn RCA wollte unbedingt verkaufen und zwar schnell. Sie waren nicht daran interessiert, den höchsten Preis zu bekommen. Als mich RCA um eine Fairness-Opinion zu einem 60-Millionen-Dollar-Verkauf bat, weigerte ich mich, eine abzugeben – eine strittige und zu jener Zeit höchst untypische Haltung. Als der Deal sechs Monate später abgeschlossen wurde, verließ Koppelman RCA und ging als Berater zu Wesray. Nachdem Wesray Gibson gekauft hatte, ging ich zu Pete und Lew Glucksman, um ihnen zu sagen, was ich davon hielt. Wesray würde eines Tages eine Menge Geld verdienen, sagte ich, und uns würde man als inkompetent hinstellen. Wenn du anderer Meinung bist, musst du das unbedingt protokollieren, damit du nicht später beschuldigt werden kannst, wenn die Sache schiefläuft. Sechzehn Monate später ging Gibson an die Börse, wurde auf 290 Millionen Dollar geschätzt, und Lehman wurde von RCAs Investoren und der Presse heftig kritisiert, weil das Unternehmen unter Preis verkauft worden war. Wesray hatte mit diesem einen Deal mehr verdient als Lehman im ganzen Jahr.

Gibson wurde weithin bekannt als eines der ersten erfolgreichen, hoch profitablen Leveraged Buy-outs. Es war zudem die perfekte Fallstudie für die Art von Geschäften, die Pete und ich in unserer neuen Firma durchziehen wollten.

Die gute Nachricht damals war, dass nach Gibsons Börsengang LBOs bei Lehman an Aufmerksamkeit gewonnen hatten. Pete, damals CEO, war sofort dabei. Vor seiner nächsten Reise nach Chicago sollte ich ihm eine Liste möglicher Übernahmen zusammenstellen. Ich entschied mich für Stewart-Warner, einen Hersteller von Fahrzeugarmaturen und Anzeigetafeln für Sportstadien. Pete kannte natürlich den CEO, Bennett Archambault. Wir trafen uns mit ihm in seinem Klub, einem Ort alter Schule mit holzgetäfelten Wänden und ausgestopften Elchköpfen. Pete schlug ihm vor, sein Unternehmen von der Börse zu nehmen. Ich erklärte Archambault den Ablauf: wie wir Geld beschaffen konnten, um die Aktien zu kaufen, und wie wir die Zinsen bezahlen, den Wert erhöhen, das Unternehmen besser arbeiten lassen konnten, und was das über die Zeit bedeutete.

»Ich denke, du kannst dabei selbst eine Menge verdienen«, sagte Pete zu ihm. »Und deine Aktionäre kommen auch gut weg. Alle können profitieren.« Archambault hatte verstanden. Die bestehenden Anteilseigner würden für ihre Aktien einen Aufschlag bekommen. Als Chef eines privatwirtschaftlichen Unternehmens konnte er langfristig Verbesserungen vornehmen, anstatt sich um Quartalszahlen zu kümmern, um den Aktienmarkt zu beschwichtigen. Und am Ende würde ihm sehr viel mehr von dem Unternehmen gehören. »Eigentlich gibt es nichts, was dagegen spricht«, sagte er.

Zurück in meinem Büro bei Lehman handelte ich sofort. Ich stellte ein Team für den Deal zusammen und bat Dick Beattie von der Anwaltskanzlei Simpson Thacher, einen Fonds für Lehman einzurichten, über den LBOs abgewickelt werden konnten. Dick war in der Carter-Regierung als Berater tätig gewesen und dann zum Experten für juristische Finessen bei LBOs geworden. Wir waren zuversichtlich, die 175 Millionen Dollar beschaffen zu können, um Stewart-Warner zu einem Privatunternehmen zu machen. Pete und ich brachten den Deal durch den Überprüfungsprozess bei Lehman und legten ihn dem Vorstand vor. Dort wurde er abgelehnt.

Man befürchtete einen Interessenkonflikt. Der Vorstand konnte sich nicht vorstellen, wie wir unsere M&A-Klienten bei M&A beraten wollten, während wir selbst gleichzeitig Unternehmen kauften, für die sich unsere Klienten möglicherweise interessierten. Ich konnte die Begründung ihrer Argumentation nachvollziehen. Aber ich war sicher, dass man einen Kompromiss finden würde, um potenzielle Konflikte vernünftig anzugehen. Na schön, wir konnten also nicht jede Firma kaufen, die wir haben wollten. Aber es musste doch einen Weg geben, ein paar von ihnen zu erwerben. Die Chance in diesem Geschäftsfeld war einfach zu groß, als dass man sie hätte ignorieren sollen.

In den Jahren, nachdem der Vorstand unsere Idee abgelehnt hatte, verwandelte eine Welle von LBO-Geld die Art, wie man in Amerika Unternehmen kaufte und verkaufte. Mehr Käufer waren aufgetaucht, begierig nach Kapitalanlagen, die sie sich zuvor niemals hätten leisten können. Banken entwickelten neue Arten von Schulden, um höhere Erträge zu erzielen, oder neuartige Rückzahlungsbedingungen, damit die Kreditnehmer ihre Erwerbungen finanzieren konnten. Unternehmen entdeckten die Möglichkeit, Geschäftszweige, die sie nicht länger wollten, an Interessenten zu verkaufen, die mehr damit anfangen konnten. Um als Spezialisten für Fusionen und Übernahmen ernst genommen zu werden, mussten wir diesen dynamischen neuen Finanzbereich beherrschen.

Aber die noch größere Chance, so dachten Pete und ich, lag darin, selbst zu Investoren zu werden.

Als Banker im Bereich M&A wären wir nur Dienstleister, die von Gebühren abhingen. Als Investoren hätten wir einen deutlich größeren Anteil an den finanziellen Vorteilen, die unsere Arbeit einbringen würde. In Private-Equity-Firmen bestimmen die unbeschränkt haftenden Partner sämtliche Investments, führen sie aus und managen sie im Namen der beschränkt haftenden Teilhaber, den Investoren, die ihnen ihr Geld anvertrauen. Die unbeschränkt haftenden Partner bringen ebenfalls ihr Kapital ein, führen das Investment-Geschäft und werden in der Regel auf zweierlei Arten belohnt. Sie erhalten eine Management Fee, also einen prozentualen Anteil des von den Investoren zugesagten und eingesetzten Kapitals, und einen Anteil an den Profiten aus erfolgreichen Investments, die »Carried Interest«.

Der Reiz eines Private-Equity-Geschäftsmodells bestand für eine Reihe von Unternehmern darin, mit wesentlich weniger Leuten eine beträchtliche Größenordnung zu erreichen, als nötig wären, wenn man ein reines Dienstleistungsunternehmen betreibt. Damit ein Dienstleistungsgeschäft wächst, müssen immer mehr Menschen eingestellt werden, um mehr Kunden zu kontaktieren und die Arbeit zu tun. Bei Private-Equity-Geschäften kann dieselbe kleine Gruppe von Personen mehr Geldmittel beschaffen und sogar noch größere Investments managen. Dafür braucht man nicht Hunderte zusätzlicher Leute. Im Vergleich zu den meisten anderen Geschäften an der Wall Street sind Private-Equity-Unternehmen einfacher in ihrer Struktur, und die finanziellen Belohnungen verteilen sich auf weniger Hände. Aber um dieses Modell zum Funktionieren zu bringen, braucht man die entsprechenden Fähigkeiten und Informationen. Ich war davon überzeugt, dass wir beides hatten und noch mehr erlangen konnten.

Die dritte und abschließende Methode bei der Planung unseres Unternehmens bestand darin, uns ständig mit derselben Frage auf die Probe zu stellen: Warum nicht? Wenn wir die richtigen Leuten finden, um ein Unternehmen zu einem erstklassigen Investment zu machen, warum nicht? Wenn wir unsere Stärken, unser Netzwerk und unsere Ressourcen nutzen, um das Unternehmen zu einem Erfolg zu machen, warum nicht? Wir hatten den Eindruck, dass sich andere Firmen zu eng definierten, ihre Fähigkeit zu Innovation beschränkten. Sie waren Beratungsunternehmen oder Investmentfirmen oder Kreditfirmen oder Immobilienfirmen. Und allen ging es um finanzielle Chancen.

Pete und ich stellten uns die Leute, die diese neuen Geschäftsbereiche leiten sollten, als Kandidaten vor, die »10 von 10 möglichen Punkten« erreichten. Wir hatten beide lange genug Talente beurteilt, um 10-Punkte-Kandidaten zu erkennen, wenn wir sie sahen. 8-Punkte-Kandidaten erledigen nur das, was man ihnen aufträgt. 9-Punkte-Kandidaten sind großartig bei der Durchführung und Entwicklung guter Strategien. Mit 9ern kann man eine Firma aufbauen, die Gewinne macht. Aber 10er haben ein Gespür dafür, wo die Probleme liegen. Sie entwerfen Lösungen und lenken das Geschäft in neue Richtungen, ohne dazu aufgefordert werden zu müssen. 10er verwandeln grundsätzlich alles in einen Erfolg.

Wir stellten uns vor, dass die 10er, sobald wir unser Unternehmen erst einmal installiert hatten, mit ihren Ideen zu uns kommen und nach Investments und institutioneller Unterstützung fragen würden. Wir würden sie zu gleichberechtigten Partnern machen und ihnen die Möglichkeit geben, das zu tun, was sie am besten konnten. Wir würden sie fördern und im Laufe des Prozesses von ihnen lernen. Diese cleveren, fähigen 10er um uns zu haben würde uns bei allem, was wir täten, inspirieren, sodass wir uns selbst verbessern konnten. Es würde uns helfen, Möglichkeiten zu verfolgen, die wir uns bislang noch nicht einmal vorstellen konnten, und die Wissensbasis der Firma zu füttern und zu bereichern, obschon wir natürlich auch clever genug sein mussten, all diese Informationen zu verarbeiten und sie in großartige Entscheidungen umzusetzen.

Die Kultur, die wir brauchten, um diese 10er anzuziehen, würde zwangsläufig bestimmte Widersprüche beinhalten. Wir würden sämtliche Vorteile großer Firmen bieten müssen, aber auch die Seele eines kleinen Unternehmens, in dem sich die Leute frei fühlten, ihre Meinung zu äußern. Wir wollten hochprofessionelle Berater und Investoren sein, aber nicht bürokratisch oder so unaufgeschlossen gegenüber neuen Ideen, dass wir vergaßen zu fragen: »Warum nicht?«

Und vor allem wollten wir uns unsere Innovationsbereitschaft erhalten, schon während wir die täglichen Kämpfe beim Aufbau unserer neuen Firma ausfochten. Wenn wir die richtigen Leute anziehen und auf diesem dreibeinigen Geschäftsmodell, bestehend aus M&A-Dienstleistungen, LBOs und der Erschließung neuer Geschäftsfelder, die richtige Firmenkultur aufbauen konnten, die uns alle mit Informationen fütterte, würden wir sowohl für unsere Klienten, Partner und Kreditgeber als auch für uns selbst echte Werte erzeugen.

––––––

Geschäfte gelingen oder scheitern oft wegen des Timings. Ist man zu früh zur Stelle, sind die Kunden noch nicht bereit. Kommt man spät, muss man sich in eine lange Schlange von Konkurrenten einreihen. Als wir 1985 Blackstone gründeten, hatten wir aus zwei Richtungen Rückenwind. Der erste kam von der US-Wirtschaft. Es war das dritte Jahr des Aufschwungs unter Präsident Reagan. Die Zinsen waren niedrig, und einen Kredit aufzunehmen war einfach. Es gab eine Menge Kapital, das darauf wartete, investiert zu werden, und die Finanzbranche begegnete diesem Bedarf mit einem Angebot an neuen Strukturen und neuen Arten von Geschäften. LBOs und *High Yield Bonds** unterlagen raschen Veränderungen auf

––––––

* Anm. d. Übers.: High Yield Bonds sind festverzinsliche Wertpapiere schlechterer Kreditqualität. Aufgrund der schlechteren Bonität der Unternehmen müssen diese höhere Zinsen zahlen, wodurch der Kreditgeber den »high yield« erzielen kann (höhere Zinsen aufgrund höheren Risikos führt zu mehr Gewinn für den Kreditgeber).

den Kreditmärkten. Zudem erlebten wir das Auftauchen von Hedgefonds – Investitionsinstrumenten mit ausgeprägt technischer Herangehensweise zum Management von Risiken und Gewinnerwartungen in allen möglichen Anlageformen, von Währungen bis Aktien. Das Potenzial all dieser Investmentformen entstand gerade erst, und der Wettbewerb war noch nicht allzu heftig. Es war ein guter Zeitpunkt, um etwas Neues auszuprobieren.

Der zweite große Rückenwind war der Zusammenbruch der Wall Street. Seit ihrer Gründung im späten 18. Jahrhundert hatte die New Yorker Aktienbörse mit einem Festpreisprovisionsmodell gearbeitet, das dem Broker für jeden Trade einen festen Prozentsatz garantierte. Dieses System endete am 1. Mai 1975 auf Anordnung der US-Börsenaufsichtsbehörde, der Securities and Exchange Commission (SEC), die das als eine Art von Preisabsprache ansah. Bei dem alten System mussten die Börsenmakler an der Wall Street kaum miteinander konkurrieren und ganz sicher nicht innovieren. Jetzt, da Provisionen ausgehandelt wurden, spielten Preis und Service eine Rolle. Technologie forcierte den Prozess, bestrafte die kleinen, teuren Broker und belohnte jene, die besseren Service und niedrigere Preise anbieten konnten. In den zehn Jahren, seit die SEC die Regeln geändert hatte, waren die erfolgreichen Firmen immer größer geworden, während die, die auf der Stelle traten, schließlich eingingen.

Dieser Wandel veränderte die Kultur der Wall Street. Als ich 1972 bei Lehman anfing, waren 550 Mitarbeiter dort beschäftigt. Als ich Shearson-Lehman verließ, waren es 20.000 (beim Zusammenbruch im Jahr 2008 hatte Lehman 30.000 Mitarbeiter). Nicht alle gehörten gern zu solchen Giganten. Man verlor den persönlichen Kontakt, dieses Gefühl, für eine einzige zusammenhängende Einheit zu arbeiten. Zuvor noch Teil eines Teams, in dem man beweglich war, fand man sich nun in einer riesigen bürokratischen Maschinerie wieder. Als neuer Associate bei Lehman hatte Lew Glucksman mich sofort herausgepickt und angebrüllt, weil ich nicht gerade saß. Aber das führte immerhin dazu, dass ihm jemand sagte, ich hätte Potenzial, und er mir einen Auftrag zuteilte. In einer Firma mit 550 Mitarbeitern war so etwas noch möglich. Bei 20.000 Leuten ist es sehr viel schwieriger, gute, neue Talente zu entdecken. Anfang der 1970er hatten wir bei Lehman Leute von der CIA und dem Militär, aus den unterschiedlichsten Bereichen, die die Finanzwelt im Laufe ihrer Tätigkeit dort kennenlernten. Sie brachten eine breite Palette an Fähigkeiten, Perspektiven und Kontakten mit, die unsere Arbeit bereicherten. Aber Mitte der 1980er stellten die Banken ganz Heerscharen von MBAs ein, die mitten reinspringen und sofort mit der Arbeit beginnen konnten.

Pete und ich glaubten, dass diese Veränderungen der Firmenkultur in großen Unternehmen dazu führen würden, dass immer mehr gute Leute ausstiegen und damit auch viele Ideen verloren gingen. Wenn diese Leute auch nur ein bisschen so waren wie wir, würden sie nach Auswegen suchen. Wir sollten für sie bereit sein.

————

Monatelang grübelten wir darüber, wie wir uns nennen sollten. Mir gefiel »Peterson and Schwarzman«, aber Pete hatte bereits eine Reihe von Firmen gegründet, die seinen Namen beinhalteten, und er wollte ihn nicht noch einmal benutzen. Er bevorzugte etwas Neutrales, damit wir neue Partner hinzunehmen konnten und nicht darüber debattieren mussten, weitere Namen zu ergänzen. Wir wollten nicht eine dieser ungelenk wirkenden Anwaltskanzleien mit fünf Namen auf dem Briefkopf werden. Ich fragte alle, die ich kannte, nach Vorschlägen. Petes Frau Joan brachte uns zur Räson. »Als ich meine Firma gründete, fiel mir kein Name ein. Am Ende haben wir einen erfunden: ›Sesamstraße‹. Ein ziemlich dämlicher Name. Mittlerweile kennt man ihn in 180 Ländern auf der ganzen Welt. Wenn eure Firma erfolgreich ist, wird jeder den Namen kennen. Sucht also einfach etwas aus, arbeitet damit und hofft, dass ihr erfolgreich genug seid, um bekannt zu werden.«

Ellens Stiefvater fand schließlich die Lösung. Er war Oberrabbiner bei der Air Force und ein Talmud-Gelehrter. Er schlug vor, wir sollten uns der englischen Übersetzung unserer Namen bedienen. Das deutsche *Schwarz* bedeutet Black. Der ursprüngliche griechische Name von Petes Vater lautete »Petropoulos«. *Petros* bedeutet Stein oder Fels, im Englischen also Stone oder Rock. Wir könnten also Blackstone oder Blackrock nehmen. Ich bevorzugte Blackstone. Pete stimmte zufrieden zu.

Nach monatelangen Diskussionen hatten wir nun also einen Namen und den Plan, ein unverwechselbares Unternehmen zu werden, das sich aus drei Geschäftsbereichen zusammensetzte: M&A, Buy-outs und neue Geschäftsfelder. Unsere Firmenkultur sollte die besten Leute anziehen und für unsere Klienten außergewöhnliche Werte generieren. Wir kamen zum richtigen Zeitpunkt auf den Markt und besaßen das Potenzial, groß zu werden.

Wir brachten beide 200.000 Dollar an Kapital ein – genug, um anzufangen, aber nicht so viel, dass wir verschwenderisch damit hätten umgehen könnten. Wir bezogen 280 Quadratmeter an der 375 Park Avenue, im Seagram Gebäude nördlich der Grand Central Station. Das Gebäude war geprägt von einer offenen Bauweise, es war modern und architektonisch charakteristisch, entworfen von Ludwig Mies van der Rohe, dem Pionier der modernen Architektur. Es lag in Midtown, weit weg von der Wall Street, aber in der Nähe der Büros vieler Unternehmen. Im selben Gebäude befand sich auch das Four Seasons Restaurant, eine berühmte Netzwerk-Location. 1979 hatte der *Esquire* es als den Geburtsort des »Power Lunch« beschrieben. Es würde Pete also nicht schwerfallen, sich seiner vielen Unternehmenskontakte zu bedienen. Hätte ich uns in meiner Abschlussarbeit über die Architektur von Finanzunternehmen als Beispiel genommen, dann hätte ich darauf hingewiesen, dass wir nach Prestige strebten.

Wir kauften ein paar Möbel, stellten eine Sekretärin ein und klärten unsere Aufgabengebiete. Pete war schon zweimal CEO gewesen und sagte mir, dass er den Druck, ein Unternehmen zu leiten, nicht noch einmal brauche. Er bat mich, die Rolle des CEO zu übernehmen, aber mit dem Titel President. Eine meiner ersten Handlungen bestand darin, ein Logo und unsere Visitenkarten zu entwerfen. Ich beauftragte ein Designbüro, ließ mir verschiedene Entwürfe vorlegen und verbrachte unglaublich viel Zeit damit, mir alle anzusehen. Das Design, das wir schließlich auswählten, haben wir immer noch: einfach, schwarz-weiß, sauber und seriös. Ich fand, dass die Zeit und das Geld, das man in diese Dinge investiert, obwohl beides knapp ist, entscheidend waren, um die richtige Wahl zu treffen. Wenn du dich selbst präsentierst, muss das Gesamtbild Sinn ergeben, die gesamte, integrierte Herangehensweise, die anderen Menschen Hinweise und Stichworte dazu liefert, wer du bist. Eine falsche Ästhetik kann alles aus dem Lot bringen. Unsere Visitenkarten waren ein früher Schritt zur Etablierung dessen, wer wir sein wollten.

Am 29. Oktober 1985, sechs Monate nachdem wir mit dem Frühstücken bei Mayfair begonnen hatten, schalteten wir in der *New York Times* eine ganzseitige Anzeige und stellten uns der Welt vor:

WE ARE PLEASED TO ANNOUNCE

THE FORMATION OF

THE BLACKSTONE GROUP

A PRIVATE INVESTMENT BANKING FIRM

PETER G. PETERSON, CHAIRMAN
STEPHEN A. SCHWARZMAN, PRESIDENT

375 PARK AVENUE, NEW YORK, NY 10152
(212) 486-8500

Wir freuen uns, folgende Firmengründung
bekannt zu geben

DIE BLACKSTONE GRUPPE

PRIVATES INVESTMENT-UNTERNEHMEN

PETER G. PETERSON, CHAIRMAN
STEPHEN A. SCHWARZMAN, PRESIDENT

375 PARK AVENUE, NEW YORK, NEW YORK, NY 10152
(212) 486-8500

ANRUFEN, UND DANN IMMER
WIEDER ANRUFEN

Um das Geschäft ins Rollen zu bringen, schrieben wir jeden an, den wir kannten – mehr als vierhundert Briefe, die unsere neue Firma vorstellten. Wir schrieben über unsere Erfolgsbilanzen und erzählten von unseren gemeinsam durchgeführten Geschäften. Wir erläuterten unsere Pläne und baten um Aufträge. Dann lehnten wir uns zurück und warteten. Ich erwartete, dass das Telefon unablässig klingeln würde. Aber die wenigen Male, die es tatsächlich klingelte, waren es nur Anrufe, um uns zu gratulieren und Glück zu wünschen.

»Wie wäre es mit einem Geschäft?«, fragte ich dann.

»Nicht im Moment. Aber wir werden Sie in Zukunft berücksichtigen.«

Am Tag nach dem Erscheinen unserer Anzeige in der *New York Times* klopfte jemand an die Tür. Als ich öffnete, stand vor mir ein Typ in Lederhose, schwarzer Motorradjacke und lederner Schirmmütze. Wir rechneten eigentlich damit, von unseren vertrauten M&A-Klienten zu hören, stattdessen besuchte uns der Anführer der Gang *The Wild Ones*.

»Gibt es hier einen Steve Schwarzman?«, fragte er.

»Was liefern Sie denn aus?«

»Ich liefere gar nichts. Mein Name ist Sam Zell. Leah sagte mir, dass ich Sie treffen soll.« 1979 hatten wir Leah Zell bei Lehman eingestellt. Sie hatte in Harvard das Hauptfach Englisch belegt und gerade ihren Doktortitel erworben. Nachdem wir uns ein paar Minuten mit ihr unterhalten hatten, war klar, dass sie über einen außergewöhnlichen Verstand verfügte. Obwohl sie nichts über Finanzen wusste, hatte ich entschieden, ihr eine Chance zu geben. Sie erwies sich als hervorragende Analystin. Dieser Biker war ihr Bruder.

»Wieso dieses Outfit?«

»Ich habe mein Motorrad unten gelassen.«

»Wo unten?«

»In der Park Avenue angekettet«, antwortete er. »An einen Hydranten.«

Unser erster Tag. *Was für eine Zukunft*, dachte ich.

Er musste etwas Ähnliches gedacht haben, als er mich in meinem Anzug in dem kahlen Büro sitzen sah, die Telefone still.

»Bitte entschuldigen Sie, aber wir sind heute erst eingezogen. Deshalb haben wir kaum Möbel.«

»Ist schon okay«, versicherte Sam. Er setzte sich auf den Boden, lehnte sich gegen die Wand, an unseren zusammengerollten Teppich und begann zu erzählen. Er besaß Immobilien und wollte ein paar Firmen kaufen, hatte aber keine Ahnung von Finanzen. »Wieso bringen Sie es mir nicht bei?«, schlug er vor.

Später fand ich heraus, dass ich mich durch sein Outfit nicht hätte täuschen lassen dürfen. Sams Version von »mir gehören ein paar Immobilien« hieß im Klartext, dass er dabei war, eines der größten Immobilien-Portfolios in den Vereinigten Staaten aufzubauen. An jenem Tag erzählte er mir lediglich, dass er bankrotte Immobilien aus der Insolvenz aufkaufte und ein Imperium errichten wolle. Wir verbrachten zweieinhalb Stunden auf dem Fußboden und redeten. In den darauffolgenden Jahren sollten wir eine Menge Geschäfte zusammen abwickeln. Dieser eine unerwartete Besucher entpuppte sich als wertvoller für Blackstone als alle Klienten, die wir an jenen ersten Tagen erwartet hatten und die nie kamen.

Zeitgleich mit unserer Eröffnung wollte das *Wall Street Journal* eine Titelstory über unsere neue Firma bringen – Publicity, die unser Geschäft immens angekurbelt hätte. Am Tag vor der geplanten Veröffentlichung rief mich der Reporter an, um mir zu sagen, dass die Herausgeber den Artikel gestrichen hätten. Er entschuldigte sich. »Die Leute von Shearson haben davon Wind bekommen«, sagte er. »Sie haben bei uns angerufen und gesagt, dass Sie wegen zahlreicher Verfehlungen gefeuert wurden. Wir sehen uns außerstande, den Artikel zu veröffentlichen.«

Ich hätte wissen müssen, dass unser Start Shearson fuchsen würde. Ich hatte von Lehman weggewollt, weil die Moral dort unerträglich geworden war – die Gier, die Angst, die Feigheit, der Machthunger, die Unehrlichkeit. Aber mit diesem Gegenschlag hatte Shearson einen neuen Tiefpunkt erreicht. Ich saß in meinem leeren Büro, umgeben von Kisten mit Büromaterial. Wie können Menschen nur so rachsüchtig sein?

Trotz dieser Rückschläge waren wir immer noch zuversichtlich genug, zu glauben, dass unser guter Ruf, unsere Erfahrung und diese Hunderte von Briefen für eine Flut an Aufträgen sorgen würden. Wochen vergingen. Nichts. Pete hatte eine Sekretärin, die ein Gehalt bezog. Ich erledigte meine Anrufe selbst und nahm an der Eingangstür Lieferungen entgegen. Jeden Tag schaute ich mich in den Räumlichkeiten um, die wir gemietet hatten. Als würde ich einer Sanduhr zuschauen, so versickerte das Geld allmählich, während keine Aufträge hereinkamen. Es war noch nicht lange her, da hatten die Leute darum gekämpft, dass wir für sie arbeiteten. Pete und ich hatten uns nicht verändert, aber seit wir auf uns selbst gestellt waren, interessierte sich niemand mehr für uns. Während die Tage verstrichen, wuchsen meine Sorgen, dass wir nur ein weiteres gescheitertes Start-up waren.

Schließlich beauftragte uns Squibb Beech-Nut, ein Pharmaunternehmen, das wir bei Lehman betreut hatten, mit einem Beratungsauftrag über 50.000 Dollar. In meinem früheren Leben wäre das weniger gewesen als mein üblicher Satz für einen Deal. Aber nun war es eine Rettungsleine. Dann kam ein weiterer kleiner Auftrag herein, von Armco, einem mittelgroßen Stahlunternehmen im

Mittleren Westen und ebenfalls Klient bei Lehman. Wir konnten damit unsere Miete und andere laufende Kosten abdecken, waren aber längst nicht über den Berg. Anfang Sommer 1986 existierte unsere Firma seit neun Monaten. Pete war nicht da, meine Familie am Meer und ich allein in Manhattan und arbeitete an diesen beiden unbedeutenden Aufträgen.

An einem drückend heißen Abend ging ich allein zum Essen in ein japanisches Restaurant im ersten Stock eines Gebäudes an der Lexington Avenue. Während ich dort saß, fühlte ich mich plötzlich schwindelig, als würde ich jeden Moment umkippen. Ich kam mir vor, als würde ich auf ganzer Linie versagen, und wurde überschwemmt von Selbstmitleid. Die Wall Street liebt nichts mehr, als andere Leute scheitern zu sehen. Dabei zuzuschauen, wie Pete und ich, die wir bei Lehman so mächtig und unseres Erfolgs so sicher gewesen waren, auf die Nase fielen, verschaffte sicher vielen Leuten Genugtuung. Das durfte ich nicht zulassen. Ich musste einen Ausweg finden.

———

Mir wurde in dieser Situation etwas klar. Trotz allem, was wir erreicht hatten, war unsere Firma ein Start-up. Es würde keine Selbstläufer geben. Ich hätte nicht gedacht, dass die Routinearbeit, die Stunden, die ich in meiner Karriere damit verbracht hatte, mit Stift und Rechenschieber meine eigenen Finanzmodelle zu entwickeln und von meinen Kollegen das Finanzhandwerk zu erlernen, sich in gewisser Hinsicht als wertlos erwiesen.

Kurz nach meinem einsamen japanischen Abendessen rief uns Hays Watkins an, CEO der CSX Corporation, einer großen Eisenbahngesellschaft. 1978 hatte ich den Verkauf eines Zeitungsverlags abgewickelt, der CSX gehörte. Zum üblichen Verkaufsverfahren hätte eine englische Auktion gehört – bei der mit einem Mindestpreis begonnen wird und die Bieter die Angebote schrittweise erhöhen, bis nur noch ein Bieter übrig bleibt. Man muss also lediglich einen Dollar mehr als die anderen bieten. Das Problem bei dieser Art von Auktion ist, dass man nie erfährt, was der Meistbietende zu zahlen bereit gewesen wäre. Jemand kann einen Van Gogh für 50 Millionen Dollar kaufen, aber wenn es einen anderen Bieter gegeben hätte, wäre er vielleicht bis 75 Millionen gegangen.

Für den CSX-Zeitschriftenverlag hatte ich eine verdeckte Auktion über zwei Runden organisiert. In jeder Runde reichten die Bietenden ihre Angebote in geschlossenen Umschlägen ein, ohne zu wissen, wie hoch die Gebote der anderen waren. In der ersten Runde wurden die niedrigen Gebote aussortiert, Leute, die nur abstauben wollen. Die ernsthaft interessierten Käufer gehen dann noch einmal die Finanzdaten des Zielunternehmens durch und treffen sich mit dem Management. Anschließend geben sie ein zweites verdecktes Gebot ab. Die Magie bei dieser Auktionsart besteht darin, dass die Bieter, wenn sie das Objekt unbedingt haben wollen, nicht nur einen Dollar mehr als der zweithöchste Bieter zahlen. Sie werden so hoch gehen, wie sie nur können, um zu gewinnen. Diese Auktionsart war in der M&A-Welt nicht sehr verbreitet, als ich damit anfing. Seitdem ist sie jedoch zum Standard geworden. Watkins sagte, er erinnere sich an mich als Innovator und Problemlöser.

»Wir haben ein Projekt«, sagte Watkins, »mit dem wir gerade erst anfangen. Wir dachten, dass Sie die Sache vielleicht übernehmen könnten.« Dass wir die Sache vielleicht übernehmen könnten? Wir saßen hier herum und sorgten uns, dass wir möglicherweise pleitegingen. Aber es musste einen Haken geben, sonst wäre er nicht zu uns gekommen. Es gab schließlich eine Menge Berater. Watkins hatte ein schwieriges Problem, und er wollte eine innovative Lösung. Als Investmentbanker und später als Investor merkte ich, dass die Konkurrenz umso rarer wird, je schwieriger sich das Problem gestaltet. Wenn etwas einfach ist, gibt es jede Menge Leute, die bereit sind, eine Lösung zu suchen. Aber bei kniffligen Schwierigkeiten findest du niemanden. Wenn du dann noch dabei bist, findest du dich allein auf weiter Flur wieder. Menschen mit schwierigen Problemen werden sich an dich wenden und großzügig dafür zahlen, damit du ihnen hilfst. Du wirst dir den Ruf erarbeiten, tun zu können, wozu andere nicht in der Lage sind. Für zwei Unternehmer, die versuchten, den Durchbruch zu schaffen, war das Lösen schwieriger Probleme der beste Weg, unser Können unter Beweis zu stellen.

CSX wollte in das Seefrachtgeschäft expandieren und hatte der Sea-Land Corporation, einem Unternehmen für Containerschifffahrt, ein großzügiges Angebot unterbreitet. Das Management von Sea-Land war darauf erpicht, das Angebot anzunehmen, sie wurden jedoch von Harold Simmons daran gehindert, einem mürrischen texanischen Investor. Simmons hatte kein Interesse am Besitz von Sea-Land. Also hatte er Sea-Land-Aktien gekauft und wollte nun jeden Kauf seitens CSX verhindern, indem er einen unglaublich hohen Preis für diese Aktien verlangte. In der Finanzbranche bezeichnet man diese Vorgehensweise als »Greenmailing«.

Das ursprüngliche Angebot von CSX lag bei realistischen 655 Millionen Dollar. Bei Lehman hatte ich ein ganzes Team, das mich bei einem Deal dieser Größenordnung unterstützte. Nun musste ich es allein schaffen. Simmons besaß 39 Prozent der Sea-Land-Aktien. Wir konnten ihn nicht zwingen zu verkaufen, aber bei dem Preis, den CSX anbot, würde Simmons einen hübschen Profit machen. Leider war er in der starken Position, ausharren zu können. Ich telefonierte mit ihm, erklärte ihm, wie viel er bei dem derzeitigen Angebot bekommen würde. Ich habe immer noch seinen texanischen Akzent im Ohr: »Mr. Schwarzman, ich habe Ihnen schon ein paar Mal gesagt, dass ich meine Anteile nicht verkaufe. Ich mache es nicht!« Ich versuchte alles, um ihn zu überreden, bis ich schließlich zusammen mit unserem Anwalt sogar zu ihm flog.

Simmons war dünn, hoch aufgeschossen, mit pockennarbigem Gesicht. Er war Mitte fünfzig, sah jedoch wesentlich älter aus. Sein Büro ließ nicht erahnen, wie reich er war. Es war ein billiges Gebäude außerhalb von Houston. Die Kanten des Holzfurniers an den Innenwänden lösten sich bereits.

»Wir würden diese Firma wirklich gern kaufen, aber Sie stehen irgendwie im Weg«, sagte ich. »Wir hätten gern, dass Sie zur Seite treten. Wir möchten Ihre Aktien kaufen. Wie Sie wissen, bieten wir einen Aufpreis an.«

»Ich weiß, was Sie wollen«, erwiderte er. »Und ich habe Ihnen gesagt, meine Aktien stehen nicht zum Verkauf.«

»Mit dieser Antwort habe ich gerechnet«, entgegnete ich. »Deshalb habe ich eine besondere Vereinbarung für die Aktionäre erstellt, die auf unser Angebot nicht eingehen wollen.« Er war der einzige. »Wenn Sie kein Bargeld wollen, werde ich es in eine Sachdividende umwandeln – durch PIK-Vorzugsaktien [payment in kind, also Bezahlung in Sachleistungen und nicht in Form von Bargeld] ohne Fälligkeitsdatum.«

Dieses Angebot bedeutete, dass er entweder das Geld nehmen konnte oder wir seinen Besitz in eine erhebliche Belastung umwandeln würden – weil er alles versteuern müsste. Wenn er CSX als Geisel nahm, machte ich das Gleiche mit ihm, indem ich mithilfe des Angebots eine Fusion erzwang und ihn rausdrängte. Seine Vorzugsaktien würden an keiner Börse auftauchen, sodass es ihm nicht leichtfallen dürfte, sie zu verkaufen. Sie wären zudem in der Kapitalstruktur den Unternehmensschulden nachrangig, falls also etwas schiefging, würde er erst nach den Kreditoren bezahlt werden. Und ohne Fälligkeitstermin würde er nie in der Lage sein, seine Aktien loszuwerden, weil sie nie fällig wurden. Er würde auf Aktien sitzen, die bis in alle Ewigkeit wachsende Steuern verursachten. Dieser Vorschlag war grauenhaft und ziemlich unüblich.

Simmons sah erst mich an, dann seinen Anwalt. »Können die das?«, fragte er.

»Mmh, hmm«, murmelte der Anwalt nickend. »Das können sie.«

Simmons wandte sich mir zu. »Raus aus meinem Büro!« Mein Anwalt und ich gingen, stiegen in den Wagen und fuhren zurück zum Flughafen. Vom Münztelefon in der Lounge rief ich bei uns

im Büro an. Simmons hatte sich gerade dort gemeldet, um mir aus-
richten zu lassen, dass er seine Aktien verkaufen würde.

Wenn dieser Job einfach gewesen wäre, hätten wir ihn nie
bekommen. Er erforderte Kreativität und Psychologie, um Simmons' Schwachstelle zu finden und ihn mit unserer Lösung für das
CSX-Problem zu konfrontieren. Dieser Auftrag war für uns ein
Durchbruch. Es war das erste hohe Honorar, das wir mit unserem
Beratergeschäft einnahmen, und es machte den Namen Blackstone
zu einem M&A-Spezialisten.

Nachdem wir den Deal abgeschlossen hatten, erzählte mir Hays,
dass er Salomon Brothers dazuholen würde, zwecks Einschätzung,
ob der von ihm bezahlte Preis fair war. Seit meinem ersten Auftrag
von Herman Kahn hatte ich bei Lehman Dutzende Fairness-Opini-
ons erstellt. Ich sagte Hays, dass er Salomon nicht brauche. Wir
konnten das für ihn erledigen. Ich kannte Sea-Land und CSX, da ich
den Deal gerade abgewickelt hatte. Hays war einverstanden. Ich ver-
zichtete sogar auf die Gebühr. Blackstone wurde die erste größere
Beratungsfirma, die eine Fairness-Opinion erstellte.

———

Im Herbst 1986 näherten wir uns dem ersten Jahrestag und entschieden, dass es an der Zeit sei, unseren ersten Buy-out-Fonds aufzulegen. Wir würden Investoren überzeugen müssen, dass wir ihr
Geld nehmen, Unternehmen kaufen, verbessern und wieder verkaufen konnten, und ihnen ihr Geld mit einem ansehnlichen Profit
nach ein paar Jahren zurückgeben würden. Das war der zweite
Schritt unseres Business-Plans: Von Beratungs- und Transaktions-
dienstleistungen übergehen zu komplexeren, aber wie wir hofften,
dauerhafteren und profitableren Investmentgeschäften. Weder Pete
noch ich hatten je einen solchen Fonds gemanagt, ganz davon zu
schweigen, das Geld dafür zu beschaffen. Obwohl wir normalerweise immer einer Meinung waren, konnten wir uns nicht einigen,
welchen Betrag wir anstreben sollten.

Ich fand, dass wir 1 Milliarde Dollar für unseren ersten Fonds brauchten, was ihn zum damals größten, jemals aufgelegten First-Time-Fonds* machte. Pete hielt mich für einen Träumer.

»Wir haben bisher keinen einzigen Private-Equity-Deal durchgezogen«, sagte er. »Und keiner von uns hat je Investitionsgelder für einen eigenen Fonds beschafft.«

»Na und?«, entgegnete ich. »Ich habe mit den Typen, die so etwas machen, bei Lehman zusammengearbeitet.« Wenn die das konnten, so versicherte ich Pete, dann konnten wir das ebenfalls.

»Und es beunruhigt dich nicht, dass wir noch keinen Deal abgewickelt haben?«

»Nein, tut es nicht.«

»Mich schon«, beharrte Pete. »Ich denke, wir sollten mit einem 50-Millionen-Dollar-Fonds anfangen, Erfahrungen sammeln und dann etwas Größeres angehen.«

Ich sagte ihm, dass ich aus zwei Gründen dagegen sei. Erstens wollen Investoren, wenn sie Geld in einen Fonds zahlen, wissen, dass ihr Geld nicht das einzige ist. Wenn du also einen 50-Millionen-Dollar-Fonds auflegst, kann es gut sein, dass du diesen aus Stückelungen zu 5 bis 10 Millionen Dollar zusammensetzen musst. Und wenn du dir die ganze Mühe machen willst, 5 bis 10 Millionen Dollar zu beschaffen, kannst du dir genauso gut ein bisschen Lauferei sparen und nach 50 bis 100 Millionen Dollar fragen. Zweitens erwarten die Investoren von uns, dass wir ein diversifiziertes Portfolio aufbauen. Wenn lediglich 50 Millionen Dollar zur Verfügung standen, müssten wir eine Reihe kleinster Deals durchführen, um das zu schaffen. Da unsere Erfahrung aber aus der Arbeit mit Großunternehmen stammte, ergaben kleine Deals keinen Sinn.

Pete scheute sich immer noch. »Warum sollte uns jemand Geld geben, wenn wir noch nie etwas geleistet haben?«, fragte er.

»Weil wir es sind. Und weil es der richtige Zeitpunkt ist.«

---

* Im Gegensatz zum etablierten Folgefonds der erste Fonds einer Fondsgesellschaft

Als ich ins Berufsleben einstieg, war ich wie die meisten ehrgeizigen jungen Leute: Ich glaubte, der Erfolg entwickle sich in einer geraden Linie. Als Babyboomer war ich in einer Welt aufgewachsen, die nur Wachstum und Möglichkeiten kannte. Erfolg schien selbstverständlich. Aber sich durch die wirtschaftlichen Höhen und Tiefen der 1970er und 1980er zu arbeiten hatte mich verstehen lassen, dass Erfolg bedeutet, jene seltenen Gelegenheiten zu ergreifen, die man nicht vorhersagen kann, die sich dir aber bieten, vorausgesetzt du hältst danach Ausschau und bist offen für große Veränderungen.

Der Bedarf an LBO-Geschäften wuchs bei den Investoren, aber das Angebot war begrenzt, und die Leute, die so etwas abwickeln konnten, waren noch seltener. Es war das perfekte Szenario für zwei Unternehmer mit speziell unseren Fähigkeiten. Jahre zuvor bei Lehman konnten wir den Vorstand der Bank nicht für LBOs gewinnen. Wir waren ihrem konventionellen Denken voraus. Aber wenn wir jetzt noch länger warteten, riskierten wir, zu spät zu kommen. Andere würden sich das Geld unter den Nagel reißen, das begierig auf Buy-out-Geschäfte lauerte.

»Ich bin davon überzeugt, dass dies der richtige Moment für uns ist, um einen Fonds aufzulegen, und dass dieser Moment für uns vielleicht nie wiederkommt«, sagte ich zu Pete. »Wir müssen ihn ergreifen.«

Als Verkäufer hatte ich gelernt, dass es nicht genügt, deine Ware einmal anzupreisen. Nur weil du von etwas überzeugt bist, müssen das nicht auch alle anderen sein. Du musst deine Vision immer wieder verkaufen. Die meisten Menschen mögen keine Veränderung, und du musst sie mit Argumenten überzeugen und ein bisschen Charme. Wenn du an das glaubst, was du verkaufst, und sie ablehnen, solltest du davon ausgehen, dass sie das Produkt nicht vollständig verstanden haben und du ihnen eine zweite Gelegenheit geben musst. Nach zahlreichen Diskussionen lenkte Pete, auf seine Weise, ein.

»Wenn du so sehr davon überzeugt bist, dann bin ich dabei.«

DAHIN GEHEN, WO ANDERE NICHT SIND

Wir verfeinerten unser Angebot zu einem Emissionsprospekt – dem Dokument, in dem die Bedingungen, Risiken und Ziele einer Investition erläutert werden – und schickten
diesen an fünfhundert potenzielle Investoren: Pensionsfonds, Versicherungsgesellschaften, Stiftungen, Banken und andere Finanzinstitute und ein paar vermögende Familien. Wir tätigten Anrufe
und schrieben Follow-up-Briefe. Wieder blieben unsere Telefone
still. Wir begingen den Fehler, unsere noch nicht voll ausgereifte
Präsentation bei unseren vielversprechendsten Klienten auszuprobieren, den Leuten, die wir am besten kannten. Doch anstatt sich
nachsichtig zu zeigen, fiel es ihnen nur allzu leicht, uns einen Korb
zu geben. Wir erhielten lediglich zwei Einladungen zu Gesprächen.
Met Life wollte mit 50 Millionen einsteigen und New York Life
mit 25 Millionen Dollar, aber nur, wenn ihre Investition nicht
10 beziehungsweise 5 Prozent des Fonds überstieg. Wenn wir also
nicht mindestens 500 Millionen Dollar beschafften, war ihre Zusage
wertlos.

Pete schlug vor, mit weiteren Follow-up-Anrufen noch ein paar
Wochen zu warten und erst einmal an unserer Vorgehensweise zu
feilen. Dieses Mal fügte ich mich seinem Rat. Beim zweiten Anlauf
hatten wir ein besseres Gespür für unsere Verkaufspräsentation und
vereinbarten Treffen mit achtzehn potenziellen Investoren.

Die Equitable Insurance Company lud uns zu zwei Terminen
ein, im Abstand von zehn Tagen. Als man uns nach dem ersten
Meeting anrief, hofften wir, es ginge nur noch darum zu unterschreiben. Beim zweiten Meeting erkannte uns derjenige, mit dem

wir zehn Tage zuvor gesprochen hatten, nicht einmal mehr. »Blackstone?«, fragte er und erinnerte sich offenbar an rein gar nichts. Es
war nicht einmal ein Fehler bei der Terminplanung. Als Pete und
ich wieder gingen, waren wir nicht nur ernüchtert, sondern auch
verwirrt. Waren wir so bedeutungslos, dass sich die Menschen nicht
einmal an uns erinnerten?

Beim Investmentfonds von Delta Airlines war man interessiert
an einem Gespräch, aber es musste in ihrem Büro in Atlanta stattfinden. Am Abend vor unserem Termin um 9:00 Uhr früh hatte
Pete an einem Abendessen im Weißen Haus teilgenommen. Ich traf
ihn morgens am Hartsfield-Jackson Flughafen in Atlanta, und wir
fuhren mit dem Taxi zu unserem Termin. Pete hatte immer eine
große Aktentasche bei sich und dieses Mal auch noch einen Kleider-
sack mit einem Smoking. Als wir aus dem Taxi stiegen, waren wir
noch gut sechshundert Meter vom Delta-Gebäude entfernt, das
abseits der Straße lag. Es war heiß und schwül. Ich half Pete, seine
Taschen zu schleppen. Aber als wir ankamen, waren unsere Hem-
den durchgeschwitzt.

Eine Sekretärin brachte uns hinunter in das zweite Untergeschoss und nicht hinauf in die Führungsetage. Die Betonziegel-
wände waren giftgrün gestrichen. Pete und ich fühlten uns klebrig
und derangiert, gaben jedoch unser Bestes, uns ein bisschen herzu-
richten. In dem kleinen Besprechungsraum wurde uns Kaffee angeboten. Pete lehnte ab. Heißer Kaffee an einem heißen Tag klang
nicht sonderlich verlockend. *Wir sind im Süden*, dachte ich. *Wir sollten uns freundlich zeigen*, also nahm ich an. Unser Gastgeber ging hinüber zu einem kleinen Tisch, auf dem eine Kochplatte mit einer
metallenen Kaffeekanne stand, und schenkte mir davon in eine
braune Tasse mit einem weißen Plastikeinsatz etwas ein. »Das macht
25 Cents für die Kaffeekasse.« Ich griff in meine Tasche, um eine
Münze hervorzuholen.

Wir wollten von diesen Leuten 10 Millionen Dollar. Sie hatten die
Unterlagen gelesen und uns hierher eingeladen. Wir boten die Art

Fonds an, in die sie normalerweise investierten. Mit der üblichen Begeisterung hielten wir unsere Präsentation ab, betonten unsere Erfahrung, unsere Kontakte und die Möglichkeiten, die wir in diesen Märkten sahen. Nachdem wir fertig waren, fragte ich den Manager, der mir den Kaffee eingeschenkt hatte: »Ist das für Sie von Interesse?«

»Natürlich. Ich finde das sehr interessant, aber Delta investiert nicht in First-Time-Fonds.«

»Sie wussten doch, dass dies unser erster Fonds ist. Warum haben Sie uns den weiten Weg nach Atlanta kommen lassen?«

»Weil Sie beide berühmte Persönlichkeiten in der Finanzwelt sind und wir Sie kennenlernen wollten.«

Als wir gingen, war es draußen noch schwüler. Wir schleppten die Taschen in Richtung Straße. Nach der Hälfte des Weges sah mich Pete an und sagte: »Solltest du mir das jemals wieder antun, bringe ich dich um.«

Die Abfuhren erlebten wir als schrecklich und demütigend. Die Rückschläge schienen endlos. Wir hatten Termine mit Leuten, die uns belogen oder gar nicht erst erschienen, selbst wenn wir dafür durchs halbe Land gereist waren. Leute in leitenden Positionen, die wir gut kannten und die über Entscheidungsbefugnis verfügten, erteilten uns Absagen. Pete und ich sprachen über unsere Schwierigkeiten. Er war niemand, der scheiterte. Er hasste Scheitern. Andererseits war er sechzig Jahre alt und befand sich in einer anderen Position als ich, besaß eine andere Mentalität. Ich hatte den Antrieb und er die Geduld und Gelassenheit. Er richtete mich wieder auf und ließ mich weitermachen. Er versicherte mir: Wenn du an das glaubst, was du tust, musst du weitermachen, auch wenn es sich hoffnungslos anfühlt. Was es damals auch tat.

Pete stammte aus einer Immigrantenfamilie. Seine Eltern waren aus Griechenland in die Vereinigten Staaten gekommen und hatten in Kearney, Nebraska, ein Restaurant eröffnet, in dem Pete als Junge aushalf. Er ging aufs College, studierte, schloss sein Studium mit summa cum laude ab und machte dank seiner Intelligenz und seinen persönlichen Fähigkeiten seinen Weg in der Wirtschaftswelt. Er verstand, auf welcher Reise ich mich befand, warum es für mich notwendig war, diese Arbeit zu tun. Er hatte ebenfalls eine solche Reise hinter sich. Wir waren lediglich zu unterschiedlichen Zeiten unterwegs.

»Dieser Berg ist ziemlich hoch«, sagte er vor einem Meeting zu mir. »Das strapaziert unser Glück ganz schön.« Aber er stand es klaglos durch, und dann verabschiedeten wir uns wieder und zogen weiter zum Meeting mit dem nächsten Investor, wo wir die nächste Abfuhr erhalten würden.

Sechs Monate nach unserem Start hatten wir so ziemlich jeden potenziellen Klienten getroffen, der zu einem Termin mit uns bereit war, und nach den anfänglichen Zusagen von New York Life und Met Life nicht einen einzigen zusätzlichen Dollar beschafft. Wir näherten uns dem Ende unserer Liste von achtzehn Interessenten, als wir bei Prudential eintrafen. Prudential war die Nummer Eins der Geldgeber für Leveraged Buy-outs, quasi das Maß aller Dinge. Besonders gut kannten wir dort niemanden, deshalb hatten wir dieses Treffen als eines unserer letzten auf die Liste gesetzt. Bis dahin würden wir unsere Verkaufspräsentation perfektioniert haben. Garnett Keith, der Vizepräsident und Chief Investment Officer von Prudential, lud uns zum Mittagessen nach Newark, New Jersey, ein.

Als ich zu reden begann, biss Garnett erst einmal in sein Thunfischsandwich – Weißbrot, diagonal geschnitten. Während ich sprach, biss er noch einmal ab, kaute, schluckte, sagte kein Wort. Sein Kinn bewegte sich. Der Adamsapfel rollte auf und ab. Nachdem er drei Viertel des Sandwiches gegessen hatte, war ich mit meiner Präsentation durch. Garnett legte das letzte Viertel auf den Teller, hörte auf zu kauen und sagte: »Klingt interessant. Planen Sie mich mit 100 ein.«

Das kam so plötzlich und so zwanglos. Dabei hätte ich wohl alles getan, was nicht verboten war, für diese 100 Millionen Dollar. Wenn Prudential es für eine gute Idee hielt, bei uns zu investieren, dann würden andere folgen. Am liebsten hätte ich über den Tisch gegriffen und ihm das letzte Stück Sandwich vom Teller geschnappt, damit er sich ja nicht daran verschluckte und erstickte.

Wir waren auf dem richtigen Weg.

——

Nach Prudentials Zusage flog Pete nach Japan, wo er auf der Shimoda-Konferenz, einer Zusammenkunft von Japans Wirtschafts-Establishment, eine Rede hielt. Er schlug vor, ein paar Worte über Fundraising einzubauen. 1987 kauften japanische Industrieunternehmen in großer Zahl amerikanische Vermögenswerte. Also konnten wir uns vorstellen, dass sich als Nächstes japanische Brokerfirmen nach Möglichkeiten auf den amerikanischen Kapitalmärkten umsehen würden.

Es gab vier große japanische Investmentbanken: Nomura, Nikko, Daiwa und Yamaichi. Wir hatten zu keinem dieser Investmentspezialisten Kontakte und brauchten jemanden, der uns ins Spiel brachte. Ich ging zu Bruce Wasserstein und Joe Perella, zwei der Top-Investmentbanker bei First Boston. Sie verfügten über ausgezeichnete Beziehungen in Japan. Mit Joe war ich befreundet, seit wir an der Harvard Business School im selben Kurs gesessen hatten. Bruce und ich waren einander regelmäßig bei Geschäften über den Weg gelaufen, und an den Wochenenden in den Hamptons spielten wir zusammen Tennis. Die beiden brachten uns mit einem ihrer Banker zusammen, der den japanischen Markt kannte.

Aber als ich ihm meine Pläne darlegte, sagte er mir, dass es zwecklos sei, damit an die Japaner heranzutreten, weil sie nie in Fonds dieser Art investierten. Ich bat ihn, es zu versuchen. Er lehnte ab. Erst als ich drohte, ihn zu feuern, arrangierte er jeweils ein Treffen mit Nomura und mit Nikko Securities. Letztere waren gerade dabei, in New York eine Niederlassung zu eröffnen. Die Japaner bei Nikko sprachen kaum Englisch. Sie konnten überhaupt nicht folgen. Sie hatten keinen Schimmer von amerikanischen

Unternehmen oder dem Investment. Ich fragte sie, was sie hier tun würden. Sie erzählten mir, dass sie hofften, ein paar Fusionen und Übernahmen durchführen zu können. So respektvoll wie möglich erklärte ich ihnen, dass sie keine Chance auf Erfolg bei amerikanischen M&A-Geschäften hätten, wenn sie nicht vernünftig Englisch sprächen. Aber in dem Moment kam mir eine Idee. Wie wäre es mit einem Joint Venture? Sie konnten die japanischen Unternehmen nach Amerika bringen, und Blackstone würde mit ihnen arbeiten. Ein 50:50-Split der Einnahmen unter der Bedingung, dass sie auch in unseren ersten Fonds investierten.

Das war ein kreativer Weg für beide Seiten, um jeweils das zu bekommen, was wir wollten. Wir brauchten Geld für unseren Fonds; sie mussten ihren M&A-Bereich aufbauen. Menschen in schwierigen Situationen konzentrieren sich oft völlig auf ihre eigenen Probleme, während die Antwort möglicherweise darin liegt, die eines anderen ebenfalls zu beheben. Indem wir den Bedürfnissen von Nikko Aufmerksamkeit schenkten, nahm eine mögliche Lösung für uns beide Gestalt an.

»In Ihrer gegenwärtigen Situation«, sagte ich zu ihnen, »werden Sie mit Sicherheit kein Geld verdienen. Sie werden scheitern. Ich kann Ihnen zum Erfolg verhelfen. Dafür will ich lediglich, dass Sie in unseren Fonds investieren. Das ist alles, was mich interessiert. Sie werden damit viel Geld verdienen. Für Sie ist jedoch nicht die Investition das Entscheidende, sondern vielmehr das, was ich für Sie tun kann.« Vom Prinzip her gefiel ihnen die Idee, und wir kamen überein, uns in Japan zu treffen.

Eine Woche später flogen Pete, ein Vertreter der First Boston und ich zur Tokioter Zentrale von Nikko, um Yasuo Kanzaki zu treffen, der das internationale Geschäft leitete. Die Aussicht, dass Blackstone mit Nikko dabei zusammenarbeiten würde, japanische Klienten zu unterstützen, die an Firmenübernahmen in Amerika interessiert waren, freute ihn. »Ich weiß, dass wir mit unseren eigenen Leuten in Amerika nie Erfolg haben werden«, sagte er. Ich dankte ihm und sagte, dass wir zusätzlich zu dem Joint Venture auch wollten, dass er in unseren Fonds investierte. Ich erklärte ihm unsere Investmentstrategie und sagte ihm, ich wisse, dass meine Gangart ziemlich ungewöhnlich sei.

»Ich werde mit meinen Kollegen im Vorstand sprechen. Ich habe nur eine Bitte. Treffen Sie sich nicht mit Nomura, bevor wir eine Entscheidung getroffen haben.« Nomura war ihr Hauptkonkurrent, die größte Investmentbank in Japan. Nikko lag mit großem Abstand dahinter auf Platz Zwei. Wir willigten ein. Am darauffolgen Tag standen Pete und ich wegen der anstehenden Termine früh auf. Noch etwas benommen vom Jetlag schliefen wir beide während der Fahrt auf der Rückbank im Auto ein. Als wir anhielten, wachte ich auf, schaute aus dem Fenster und sah das Schild an dem Gebäude: Nomura.

»Was tun wir hier?«, fragte ich den First-Boston-Mann. »Wir haben Ihnen doch gestern gesagt, dass wir noch nicht zu Nomura gehen können.«

»Es steht aber auf der Agenda«, antwortete er.

»Dann sagen Sie uns, wie wir mit der Situation umgehen sollen. Wir haben Nikko versprochen, uns noch nicht mit Nomura zu treffen. Wir können kein Versprechen geben und es dann brechen.«

»Aber Sie können auch nicht Nomura vor den Kopf stoßen, die größte Investmentbank des Landes. Sie haben hier ebenfalls einen Termin mit dem Vizepräsidenten der Internationalen Abteilung.«

»Wir müssen aus dieser Zwickmühle raus«, sagte ich. »Was sind unsere Optionen?«

»Sie können absagen, aber das wäre schlechtes Benehmen. Sie können hingehen und ein Meeting haben, das kein Meeting ist, weil sie nichts präsentieren, sondern quasi nur einen Anstandsbesuch machen und hoffen, dass Nikko es nicht herausfindet. Oder Sie gehen rein und halten Ihre Präsentation.«

Keine dieser Möglichkeiten klang verlockend. Wir mussten aus dieser Klemme heraus. »Wir müssen den Typen bei Nikko anrufen, ihm sagen, was los ist, und uns von ihm einen Rat geben lassen. Wir sind mit den Gepflogenheiten hier nicht vertraut, und wir wollen ihn doch nicht kränken«, sagte ich zu Pete. Er stimmte zu und erledigte den Anruf. In unserem Wagen gab es eines dieser fest installierten riesigen Autotelefone, und wir pressten beide unsere Köpfe an den Hörer, sodass wir uns zwangsläufig beinahe küssen mussten, um zu hören, was Yasuo Kanzaki sagte. Wir erklärten, dass wir, quasi unabsichtlich, auf dem Parkplatz von Nomura gelandet seien. Er gab dieses Geräusch von sich, wie Japaner es oft tun, wenn ihnen etwas missfällt, dieses Einsaugen der Luft zwischen den Zähnen.

»Sie sind jetzt bei Nomura?«

»Es war ein Versehen«, sagte ich. »Es tut uns leid. Wir sind bisher nicht reingegangen und hätten gern Ihren Rat. Was sollen wir tun? Sollen wir den Termin einfach absagen? Ein Meeting durchführen, das eigentlich keines ist? Wir möchten nichts tun, was Sie verärgert.«

»Okay«, sagte Kanzaki. »Nikko ist sehr interessiert. Wie viel Geld wollen Sie für Ihren Fonds?«

Pete hielt den Hörer zu und flüsterte: »Fünfzig?«

»Hundert«, flüsterte ich zurück. »So viel bekommen wir auch von Prudential.«

»Wir brauchen 100 Millionen Dollar«, sagte Pete.

»Okay, kein Problem. 100 Millionen Dollar. Wir haben einen Deal. Jetzt können Sie zu Nomura gehen und ein Meeting haben, das keins ist.« Nachdem er aufgelegt hatte, sagte ich zu Pete: »Wir hätten 150 sagen sollen.«

An meinem sechzigsten Geburtstag bezog sich Pete auf dieses Erlebnis und sagte, dass eine meiner einzigartigen Qualitäten darin bestehe, dass meine »Ziele so anspruchsvoll und dynamisch sind, dass es mir manchmal selbst schwerfällt, ein Ja als Antwort zu akzeptieren«.

Bei Nomura fragten wir am Empfang nach Junko Nakagawa, dem Leiter der Internationalen Investmentabteilung. Es gab viel

Gemurmel und Verwirrung, bis sich schließlich jemand fand, der Englisch sprach. »Es tut mir so leid«, sagte er zu uns. »Sie sind nicht in der Zentrale von Nomura. Sie sind in einer Filiale.«

Wir waren eine halbe Stunde zu spät für ein Nicht-Meeting, das wir gar nicht wollten, in einem Land, in dem es als grob unhöflich gilt, sich zu verspäten. Wir eilten zur Nomura-Zentrale, fragten nach Mr. Nakagawa und entschuldigten uns.

Fünfzehn Minuten verstrichen. Sehr unjapanisch. Schließlich kam jemand. »Es tut mir leid«, sagte er. »Mr. Nakagawa ist heute nicht in Tokio. Beim Vereinbaren des Termins muss ein Fehler passiert sein. Aber ich bin der Generaldirektor. Das ist natürlich nicht vergleichbar, aber wir könnten eine Art Vorgespräch führen.« Und genau das machten wir: ein Nicht-Meeting-Vorgespräch, während wir an nichts anderes als die 100 Millionen Dollar von Nikko denken konnten.

Deren Zusage sollte unser Schicksal verändern. Denn Nikko war die Investmentbank der Mitsubishi Group, Japans größtem *zaibatsu* – einem Konzern mit einem ganzen Geflecht aus Tochterunternehmen. Sobald Nikko zugestimmt hatte, willigten auch die anderen Unternehmen des *zaibatsu* ein. Bei jeder Verkaufspräsentation sagten die Leute Ja. Ich liebte Japan. Nach Monaten der Ablehnung hörten wir nun gar nicht mehr auf zu verkaufen. Mit weiteren 325 Millionen Dollar in unserem Fonds flogen wir schließlich nach Hause zurück. Und unser Glück flog mit.

Über Monate hatte ich den Pensionsfonds von General Motors bearbeitet, den damals größten in Amerika. Fünfmal hatte ich mich auf unterschiedliche Weise an verschiedene Personen gewandt, aber jedes Mal dieselbe Antwort kassiert: Uns fehlte eine Erfolgsbilanz. Dann stellte mich einer der Partner von First Boston Tom Dobrowski von GMs Immobilienabteilung vor, den er von der Kirche kannte.

Als ich Tom traf, trug er Medaillen der Sonntagsschule, was ich bei einem Erwachsenen seltsam fand. Aber mein Kollege bei First

Boston lag richtig. Tom war klug, und wir verstanden uns auf Anhieb. Nachdem er sich Petes und meine Präsentation angehört hatte, sagt er: »Jesus, das ist echt interessant. Wir *sollten* vielleicht tatsächlich etwas mit euch machen.« GM steuerte 100 Millionen Dollar bei.

Es lief. Als wären die Ampeln auf unserer Route von Rot auf Grün umgesprungen. Ich rief meinen alten Freund Jack Welch an, der mittlerweile CEO von General Electric war.

»Ihr Burschen habt keine Ahnung, was ihr da tut, stimmt's?«, sagte Jack.

»Richtig«, stimmte ich zu. »Aber wir sind immer noch dieselben.«

»Ja, ja, ja. Ich mag euch einfach, Leute. Hört zu, ich bin mit 35 Millionen dabei. Wieso? Weil ihr großartig seid, ihr beide. Auf diese Weise könnt ihr den Namen GE nutzen, um vielleicht noch andere Klienten an Land zu ziehen. Vielleicht machen wir zusammen ein paar Geschäfte. Würde mich nicht überraschen.«

Als wir uns der 800-Millionen-Dollar-Marke näherten, gingen uns langsam die Möglichkeiten aus. Mein Ziel war eine Milliarde gewesen. Aber es war nun ein Jahr her, seit wir unsere ersten Emissionsprospekte herausgeschickt hatten, ein Jahr, das sich angefühlt hatte wie in dem Film *Pauline, lass das Küssen sein*, bei dem ein fast zum Herzstillstand führender Moment auf den anderen folgt. Wir hatten Ablehnung, Enttäuschung und Verzweiflung durchgestanden.

In der Finanzwelt gibt es das Sprichwort: Die Zeit schadet allen Deals. Je länger du wartest, desto scheußlichere Überraschungen können dir in die Quere kommen. Ich schließe Projekte gern schnell ab. Selbst wenn die Aufgaben nicht dringend sind, möchte ich sie erledigt haben, um unnötige Risiken zu vermeiden. Mit dem Fonds wollte ich genauso verfahren. Im September 1987 erreichten die Aktienmärkte Rekordhöhen, und ich wollte nicht auf dem falschen Fuß erwischt werden, falls sich dieser Trend umkehrte. Wir entschieden, den Fonds möglichst schnell zu schließen und die juristischen Einzelheiten unverzüglich zum Abschluss zu bringen.

Jeder unserer dreiunddreißig Investoren hatte ein Team von Anwälten, und jeder Anwalt wollte, dass alles richtig gemacht wurde. Als würde man gleichzeitig dreiunddreißig Kämpfe in dreiunddreißig fremden Ländern ausfechten. Aber wir arbeiteten hart, um alles bis Donnerstag, den 15. Oktober, unter Dach und Fach zu bringen. Caroline James, unsere einzige Associate, die den Abschluss managte, verließ uns kurz darauf, um Therapeutin zu werden. Allein durch die Arbeit mit mir an diesem Fall hatte sie vermutlich genügend Material für ein ganzes Berufsleben.

Nach dem Wochenende traf ich Montagmorgen, den 19. Oktober, im Büro ein. Unser Fonds war geschlossen und das Geld eingegangen. An jenem Tag fiel der Dow um 508 Punkte, der größte prozentuale Absturz an einem Tag in der Geschichte des Aktienmarktes, größer als der, den die Weltwirtschaftskrise 1929 auslöste. Hätten wir nur einen oder sogar zwei Tage länger gebraucht, um den Fonds zu schließen, wären wir in den Abwind dieses Schwarzen Montags geraten. Unsere Eile hatte uns gerettet. Wir waren bereit, mit dem Investieren zu beginnen.

KEINE GELEGENHEITEN VERPASSEN, DIE MAN SICH NICHT ENTGEHEN LASSEN DARF

Unser erster Leveraged Buy-out war genau die Art von großem, komplexem, aber potenziell lohnendem Deal, nach dem wir gesucht hatten. Die Art von Problem, die förmlich nach einer Lösung schrie und bei dem Berater mit konventionellen Vorgehensweisen bereits kapituliert hatten. Da wir zu jener Zeit weder die größten noch die besten in unserem Bereich waren, mussten wir genau solche Probleme finden, bei denen wir als Einzige einen Ausweg anboten.

USX begann als U.S. Steel – der Firma, die J.P. Morgan 1901 gegründet hatte, als er Carnegie Steel von Andrew Carnegie und dessen Partnern, unter anderem Henry Clay Frick, in dem zur damaligen Zeit größten Leveraged Buy-out der Geschichte erwarb. Bis 1987 galt der Name U.S. Steel über mehr als drei Viertel eines Jahrhunderts hinweg in Amerika als Ikone. Aber die Stahlproduktion war anfällig für die starken Schwankungen durch steigende oder fallende Rohstoffpreise und die fluktuierende Nachfrage seitens der Kunden. Das Unternehmen hatte sein Geschäftsfeld durch den Kauf von Marathon Oil auf die Energiebranche ausgeweitet und seinen Namen in USX geändert. Aber die Probleme vervielfachten sich. Ein Streik der Arbeiter legte die Fabriken lahm, und Carl Icahn, ein Corporate Raider – auch Heuschrecke oder Unternehmensplünderer genannt – in der Art von Harold Simmons, hatte genügend Anteile für eine Stimmrechtsbündelung gekauft oder um ein feindliches Übernahmeangebot abzugeben. Er hatte von dem Unternehmen verlangt, Veränderungen vorzunehmen, damit der Aktienpreis stieg. Das Management wollte die Aktien aber lieber zurückkaufen, als seiner Forderung nachzugeben. Um das nötige »Greenmailing-Geld« für den Rückkauf dieser Aktien zu beschaffen, planten sie, Eisenbahnzüge und Lastkähne zu verkaufen, die sie zum Transport der Rohmaterialien und des fertigen Stahls nutzten, und diese in eine eigene Firma zu verlagern. Und genau diese Firma sollten wir kaufen.

Pete und ich hatten uns bei Blackstone von Anfang an vorgenommen, niemals eine feindliche Übernahme durchzuziehen. Wir vertraten die Überzeugung, dass Unternehmen aus Menschen bestanden, die es verdienten, mit Respekt behandelt zu werden. Wenn du bei Übernahmen nichts anderes tust, als drastisch Kosten zu reduzieren und Geld herauszuholen, bis die Firma zusammenbricht, schadest du Mitarbeitern, Familien und ihren Gemeinden. Dein Ruf leidet darunter, und anständige Investoren werden abgeschreckt. Aber wenn du in die Verbesserung der von dir gekauften Unternehmen investierst, profitieren nicht nur die Mitarbeiter davon, sondern auch dein Ansehen steigt, und du fährst langfristig sehr viel höhere Erträge ein – »Freundliche Transaktionen in einer feindlichen Umgebung!«, wie wir es in einer Anzeige im *Wall Street Journal* formuliert hatten. USX war der Prüfstein.

Wäre Carl Icahn nicht aufgetaucht, hätte USX ja gar nicht versucht, seine Transportinfrastruktur zu verkaufen. Und das Unternehmen war auf dieses Netzwerk angewiesen, von Frachtern auf den Großen Seen im Norden bis hin zu Lastkähnen im Süden, verbunden mit Eisenbahnen, um Eisenerz, Kohle und Koks in die Fabriken zu befördern und fertige Stahlprodukte zu den Kunden. Sie brauchten zwar das Geld durch den Verkauf dieser Sparte, fürchteten jedoch einen Kontrollverlust.

In unseren Augen war die Transportinfrastruktur ein guter Vermögenswert, der lediglich eine schwierige Zeit durchmachte. Der Streik der Stahlarbeiter hatte die Eisenbahnen und Frachtkähne lahmgelegt. Das Unternehmen generierte keine Einnahmen. Aber der Streik würde irgendwann enden, und unserer Ansicht nach würden die Züge und Schiffe dann wieder beträchtlichen Profit erwirtschaften. Der Deal konnte beiden Seiten nutzen, vorausgesetzt, USX vertraute uns dahingehend, dass wir ihre Bedenken berücksichtigten. Vertrauen würde im Zentrum der Verhandlungen stehen.

Roger Altman, der gerade als Vizevorsitzender zu Blackstone gestoßen war, zog das Geschäft für uns an Land. Er war von seiner Position als Co-Chef der Investmentsparte bei Lehman in die Politik gewechselt, Staatssekretär im Finanzministerium der Carter-Regierung geworden und sollte später unter Präsident Clinton den Posten des Stellvertretenden Finanzministers innehaben. Als Pete, Roger und ich die USX-Zentrale in Pittsburgh aufsuchten, bestand unser Hauptziel darin, die Manager des Unternehmens davon zu überzeugen, dass wir gute Partner sein würden. Wir waren nicht wie Carl Icahn, sondern wohlwollende Käufer. Aber das von uns zu behaupten war eine Sache, unsere Absichten mittels der Bedingungen des Deals zu demonstrieren eine andere.

Wir schlugen eine Partnerschaft vor, bei der wir 51 Prozent des Transportgeschäftes übernehmen würden und USX den Rest behielt. Indem sie mehr als 50 Prozent verkauften, würde USX die Verantwortung für die Unternehmensschulden abtreten, was ihre Bilanzen sehr viel gesünder aussehen ließ und den Wert ihrer Aktie nach oben katapultieren würde. Um ihnen jedoch zu versichern, dass sie im Gegenzug nicht die Kontrolle über ihr entscheidendes Transportnetzwerk verloren, schlugen wir einen fünfköpfigen Vorstand vor, mit zwei Mitgliedern von ihrer Seite, zwei von unserer und einem Vermittler, auf den wir uns gemeinsam einigten, der an allen Vorstandsmeetings teilnahm und als ausschlaggebende Stimme diente. Unser Preis sagte ihnen zu: 650 Millionen Dollar.

Jetzt mussten wir nur noch das Geld auftreiben. Wir hatten zwar einen 850-Millionen-Dollar-Fonds zusammengetragen, wollten aber so viele Deals wie möglich über externe Quellen finanzieren. Je weniger Eigenkapital wir bei jedem einzelnen Deal einbrachten, desto mehr Deals konnten wir übernehmen. Die jeweils benötigte Differenz würden wir uns bei Banken leihen. Entweder nutzten wir unsere gesamten 850 Millionen Dollar zum Kauf eines Vermögenswertes und nahmen kein Geld auf, oder wir zahlten 10 Prozent an für Assets im Wert von insgesamt 8,5 Milliarden Dollar und liehen uns den Rest, um durch die Hebelwirkung eines solchen Leveraged Buy-outs Transaktionen in wesentlich größerem Rahmen durchzuziehen. Die zweite Möglichkeit, vorausgesetzt, wir handelten bei der Aufnahme von Fremdkapital verantwortungsbewusst, hatte das Potenzial zu höheren Erträgen. Diversifikation durch die Beteiligung an verschiedenen Unternehmen war auch als Absicherung erforderlich.

Ich rief die Banken an, die damals Leveraged Buy-outs finanzierten, bekam aber überall nur zu hören: »Wir wollen keinen Stahl. Wir mögen keine Streiks. Alle in der Stahlbranche gehen am Ende pleite. Stahl ist ein Rohrkrepierer. Also, nein.« Ich sagte ihnen, dass sie sich irrten. Wir hatten diese Investitionsmöglichkeit eingehend analysiert. Stahl war eine Handelsware, empfindlich gegenüber Preisschwankungen der nötigen Rohstoffe Eisen, Erz, Kohle und Nickel sowie gegenüber Angebot und Nachfrage des Marktes. Der Preis für den Transport von Stahl beruhte jedoch auf der Menge, und die Tarife wurden von der Interstate Commerce Commission festgelegt. Für jede transportierte Tonne wurde ein fester Betrag bezahlt. Sobald die Stahlproduktion wieder anlief, und sei es zu niedrigeren Preisen, würde auch das Transportgeschäft anziehen. »Nein«, beharrten die Banken. »Das gehört alles zum Stahlgeschäft.«

Stahl war für sie eine rote Flagge, ebenso wie die Streiks und unsere Unerfahrenheit. Nur zwei Banken zeigten zumindest schwaches Interesse: J.P. Morgan und die Chemical Bank. Ich wollte J.P. Morgan,[*] die zu jener Zeit renommierteste Geschäftsbank in

---

[*]   Anm. d. Übers.: JPMorgan Chase & Co entstand 2000, als die Chase Manhattan Bank und J.P. Morgan & Co. fusionierten.

den Vereinigten Staaten. Ihr Name würde unserem Ansehen Auf-
trieb geben und helfen, die Marke Blackstone aufzubauen. Plus,
zurückgehend auf den Gründer J.P. Morgan selbst, kannte die
Bank das Stahlgeschäft. Sie hatten ihr Vermögen mit Stahl gemacht.
Ich war begeistert darüber, dass sie einsteigen wollten, bis sie mir
ihre Bedingungen nannten: Sie verlangten einen ungewöhnlich
hohen Zinssatz und würden nicht mit ihrem eigenen Geld für den
Kredit bürgen. Wenn Banken Kredite an Firmen vergeben, dann
beschaffen sie sich in der Regel das Geld, indem sie es sich auch bei
anderen Banken besorgen. Sie bürgen aber auch für die Transaktion, geben also ihr Versprechen, den Rest abzusichern, falls Investoren nicht alle Wertpapiere kaufen. Wenn eine Bank nicht für eine
ihrer eigenen Transaktionen bürgt, signalisiert dieses Zögern in der
Regel mangelndes Vertrauen in das Geschäft.

Ich fragte nach. Sie sagten, wenn J.P. Morgan seinen Namen
unter das Geschäft setzte, sei das genauso gut wie eine Bürgschaft.
Aber wenn es genauso gut ist, erwiderte ich, warum übernahmen
sie die Bürgschaft dann nicht? Das würde uns das Geld garantieren.
Sie sagten mir, ich solle mir deswegen keine Sorgen machen. Sie
seien J.P. Morgan. Aber die Erklärung klang nicht glaubhaft. Zweifellos beunruhigte sie etwas, das sie mir jedoch nicht verraten wollten. Als ich weiter nachhakte, erwiderten sie: »Dann arbeiten
Sie eben nicht mit uns. Für uns macht das keinen Unterschied.
J.P. Morgan ändert die Vorgehensweise nicht. So machen wir eben
Geschäfte.«

Zur Chemical Bank hatte ich eigentlich nicht gewollt. Das war
nicht der renommierte Bank-Partner, den ich im Sinn hatte. Sie war
auch bekannt unter dem Namen »Comical Bank«. Denn zu der Zeit
war sie zwar die sechst- oder siebtgrößte Bank in den Vereinigten
Staaten und stets bemüht, aber nie wirklich erfolgreich. J.P. Morgan
hatte sich jedoch so unnachgiebig und herablassend verhalten, dass
mir keine Wahl blieb. Ebenso wie wir hatte auch Chemical noch
nie einen LBO durchgezogen. Und genauso wie wir, waren auch

sie daran interessiert. Sie erwiesen sich als das Gegenteil von J.P. Morgan: begeistert, unternehmerisch, aufgeschlossen und partnerschaftlich. Bei unserem ersten Treffen lernte ich sowohl Walt Shipley, den CEO, Bill Harrison, den Leiter der Abteilung für Unternehmenskredite, sowie einen Investmentbanker in meinem Alter, Jimmy Lee, kennen. Sie hatten sich unser Angebot angesehen, unseren Bedarf analysiert und ein hervorragendes Paket zusammengestellt. Der von ihnen eingeplante Zinssatz sollte gesenkt werden, sobald die Streiks beendet waren und das Transportgeschäft wieder anlief. Das ergab Sinn. Je gesünder das Geschäft wurde, desto weniger riskant war es für die Geldgeber, und unser Zinssatz war flexibel, um das widerzuspiegeln. Sie versprachen auch, die Bürgschaft für den gesamten Deal zu übernehmen. »Unsere Bürgschaft, unser Geld«, sagten sie.

Hin- und hergerissen kehrte ich zurück zu Pete. Mir gefiel das Team bei der Chemical Bank – ihre Kreativität und Energie. Ihr Versprechen, die gesamte Bürgschaft zu übernehmen, bedeutete, dass wir das gesamte benötigte Geld bekommen würden, sobald wir den Vertrag unterzeichneten. Null Risiko. Aber ich liebäugelte immer noch mit J.P. Morgan. Ich räumte ihnen eine letzte Chance ein, mit dem Angebot der Chemical Bank gleichzuziehen. Als sie den Termin verstreichen ließen, ging ich zurück zu Shipley, Harrison und Lee, den drei »drolligen« Bären. Wir schlossen den Deal ab.

Wir lösten den Transportbereich aus USX heraus und nannten ihn Transtar. Blackstone schoss 13,4 Millionen Dollar an Eigenkapital zu, USX brachte 125 Millionen Dollar als Kreditorenfinanzierung auf, lieh uns also Geld, damit wir ihnen die Sparte abnahmen, und Chemical brachte den Rest auf. Das Ganze entpuppte sich als phänomenaler Deal. Wie wir vorhergesagt hatten, erholte sich der Stahlmarkt. Das Transportgeschäft lief wieder an, und unsere Investition in Transtar erhöhte den Cashflow. Innerhalb von zwei Jahren hatte sich unser Eigenkapital fast vervierfacht. Bis 2003, als wir unsere letzten Anteile an dem Geschäft verkauften, hatten wir das Sechsundzwanzigfache unserer Investition hereingeholt, anders ausgedrückt: 130 Prozent pro Jahr.

In den folgenden fünfzehn Jahren finanzierten wir nahezu jeden Deal mit der Chemical Bank. Unsere Geschäfte wuchsen gemeinsam. Die einstige »Comical Bank« schluckte nach und nach Manufacturers Hanover, Bank One, Chase Manhattan und schließlich sogar J.P. Morgan, deren Namen sie übernahmen. Walt Shipley wurde CEO der Chase Manhattan, Bill Harrison CEO von JPMorgan Chase und Jimmy Lee ihr Chef des Investmentbanking und mein bester Freund in der Geschäftswelt. In all den Jahren unserer Zusammenarbeit haben wir zusammen keinen einzigen Dollar verloren. Pete war glücklich, ich war glücklich, die drei »drolligen« Bären waren glücklich. Wir hatten einen guten Start hingelegt. Jetzt mussten wir nur noch so weitermachen.

——

Im Frühling 1988 las ich in der Zeitung, dass einer der Top-Banker der First Boston, Larry Fink, ausgeschieden war. Als er noch in den Zwanzigern war, hatte Larry zusammen mit einer kleinen Gruppe Trader erkannt, wie man Hypotheken in Paketen zusammenfasst und sie wie Aktien und Anleihen verkauft. Nach US-Schatzbriefen waren Hypotheken die zweitgrößte Anlageklasse der Welt. Larry bei First Boston und Lew Ranieri bei Salomon Brothers kontrollierten etwa 90 Prozent des schnell wachsenden Marktes an hypothekenbesicherten Wertpapieren. Durch seinen Erfolg hatte Larry es bis in die Geschäftsleitung geschafft, und er war bereits als möglicher CEO im Gespräch. Er war erst fünfunddreißig. Ich hatte ihn über unseren gemeinsamen Freund Bruce Wasserstein kennengelernt und ihn als geradeheraus, intelligent und dynamisch erlebt.

Kurz nachdem ich von seinem Weggang erfahren hatte, erhielten wir einen Anruf von Ralph Schlosstein, der bei Lehman den kleinen Hypothekenbereich geleitet hatte. Er sagte, dass er und Larry sich zusammen selbstständig machen wollten. Ob sie mal bei uns vorbeikommen könnten? Am darauffolgenden Tag saßen sie in unserem Besprechungsraum. Larry wirkte ziemlich mitgenommen. »Was ist passiert?«, fragte ich. »Sie sind doch einfach genial.« Zwei Jahre zuvor, so erzählte er mir, habe er darauf spekuliert, dass die Zinsen steigen würden. Sie fielen jedoch. Hypothekennehmer zahlten ihre Darlehen zurück und hofften auf eine Refinanzierung zu niedrigeren Zinsen, was sich natürlich auf den Wert von Larrys Portfolio auswirkte. Er dachte, er hätte seine Spekulation perfekt abgesichert, sodass er sogar bei fallenden Zinsen geschützt sei. Aber ein Bursche im Backoffice, der für Larry Berechnungen durch Computermodellierungen erstellte, hatte einen Fehler gemacht, und die Zahlen stimmten nicht. Larry hatte seine Berechnungen auf der Basis falscher Zahlen durchgeführt. In einem einzigen Quartal verlor seine Abteilung 100 Millionen Dollar. Es war nicht seine Schuld, für das Backoffice war er ja nicht zuständig. Aber er nahm die Schuld auf sich und ging.

Ich konnte es kaum glauben. Larry hatte ihnen den meisten Profit eingefahren.

»Was haben Sie jetzt vor?«, fragte ich. Er sagte mir, dass er mit dem Paketieren und Verkaufen von Wertpapieren durch sei. Jetzt wolle er in den Markt für hypothekenbesicherte Wertpapiere investieren, für dessen Aufbau er so viel getan hatte. Niemand sonst kannte diesen Markt besser als er.

»Klingt nach einer guten Idee«, sagte ich. »Bringen Sie uns einen Businessplan. Was brauchen Sie?«

Ein paar Tage danach waren Larry und Ralph wieder da.

Ihr Plan beinhaltete eine Liste von Vermögenswerten, die sie kaufen und verkaufen wollten, die Leute, die sie benötigten, und die Profite, die sie erzielen konnten. Sie brauchten 5 Millionen Dollar, um loszulegen.

»Das ist alles?«, fragte ich.

»Das ist alles. Ich brauche fünf Leute aus der Hypotheken-Abteilung von First Boston, und ich muss sie bezahlen. Ich selbst kann umsonst arbeiten.« Seine finanzielle Belohnung würde sich aus seinen Anteilen an dem neuen Geschäft ergeben.

Blackstone hatte zum damaligen Zeitpunkt kein frei verfügbares Geld herumliegen und schon gar keine Millionen. Unser Buy-out-Fonds war für das Investieren in Buy-outs im Namen unserer Investoren gedacht und nicht für neuartige Geschäfte. Aber wie es aussah, tat sich da gerade die erste Gelegenheit zur Erschließung eines neuen Geschäftsfelds für uns auf, das all unsere Kriterien erfüllte: Es war eine unglaubliche Gelegenheit, zum perfekten Zeitpunkt, in einer gigantischen Anlageklasse und mit einem der beiden Top-Leute weltweit, um diesen Bereich zu managen. Wir hatten uns darauf vorbereitet, das Unerwartete zu erwarten, und hier war es. Wir wären verrückt, wenn wir uns das durch die Finger gleiten lassen würden. Pete und ich entschieden, persönlich jeweils weitere 2,5 Millionen Dollar in Blackstone zu investieren, um Larrys neues Unternehmen zu finanzieren. Uns würde die Hälfte des Unternehmens gehören, Blackstone Financial Management, und Larry und seinen Managern die andere Hälfte.

Kurz nachdem Larry und sein Team bei uns eingestiegen waren, beschlossen wir, 20 Prozent unseres Beratungsgeschäfts für 100 Millionen Dollar an Nikko zu verkaufen. Der Wert dieses Unternehmenszweiges wurde auf 500 Millionen Dollar geschätzt, aber der Umsatz lag bei lediglich 12 Millionen. Nikko war bereits unser Partner bei den M&A-Geschäften für japanische Firmen und hatte in unseren First-Time-Fonds investiert. Wir pflegten eine gute, vertrauensvolle Geschäftsbeziehung und könnten deren Kapital in sieben Jahren zurückzahlen. In der Zwischenzeit würde es uns helfen, unsere Organisation schneller auf- und auszubauen. Diese Transaktion bestätigte, dass wir uns etwas aufgebaut hatten, und stärkte uns, während wir weiterwuchsen.

———

Bis 1991 hatten wir den größten Teil unseres ersten Private-Equity-Fonds investiert und versuchten, einen zweiten Fonds aufzulegen, als die Rezession den Schwung der amerikanischen Wirtschaft ausbremste. Panische Regulierungsbehörden gingen hart gegen die Versicherungsgesellschaften vor, die bei unserem First-Time-Fonds die Hauptinvestoren gewesen waren, begrenzten deren Möglichkeiten, in Equities zu investieren. Garnett Keith, Chief Investment Officer bei Prudential, der 100 Millionen Dollar in unseren ersten Fonds investiert hatte, rief uns an, um uns zu sagen, dass er wegen der Beschränkungen nicht länger bei uns investieren könne, so gern er das auch wolle. Möglicherweise könne er 1 Million Dollar auftreiben, um zu zeigen, dass er uns unterstütze. Ich sagte ihm, er solle sich nicht unnötig verausgaben und Prudential der Kritik aussetzen.

Wir brauchten eine neue Kapitalquelle. Unser erstes Ziel war der Nahe Osten. Ich machte mich mit meinem Kollegen Ken Whitney auf den Weg, unserem Treasurer, der für das betriebliche Finanzwesen zuständig war und auch unsere Investor Relations betreute. In London legten wir einen eintägigen Zwischenstopp ein. Als wir aus unserem Hotel eilten, um den Anschlussflug zu erwischen, liefen wir unverhofft Teddy Forstmann, dem Gründer des Konkurrenzunternehmens Forstmann Little, und seiner attraktiven Begleiterin über den Weg. Beide trugen lässig um die Schultern gebundene Kaschmirpullover und waren auf dem Weg nach Wimbledon. Im Auto sagte ich zu Ken, dass ich für nichts auf der Welt mit Teddy tauschen wolle. Ich wollte arbeiten, die Firma aufbauen.

Unsere Meetings im Nahen Osten waren fast alle Pleiten. Ende Juni und Anfang Juli war die schlimmste Zeit für Besuche in dieser Region. In Kuwait nahmen wir bei fast 49 Grad ein Taxi mit Klimaanlage und kamen trotzdem so nass geschwitzt an unserem Treffpunkt an, als wären wir gerade aus dem Meer gestiegen. Die Geschäftsleute in leitenden Positionen wussten es besser und waren über den Sommer alle verreist. Und die Mitarbeiter, mit denen wir die Gespräche führten, verstanden überhaupt nicht, was wir eigentlich machten. Bei einem Meeting hatte ich schon eine Stunde lang geredet, als ein junger Kuwaiti fragte, was der Unterschied zwischen dem Investieren bei uns und dem Kaufen von US-Treasuries[*] sei. Immerhin holten wir ein paar kleinere Zusagen herein. Ein paar Monate zuvor war Kuwait durch eine US-geführte Militärkoalition von der irakischen Besatzung befreit worden. Die Einschusslöcher in den Gebäuden waren noch zu sehen.

Unsere nächste Station war Saudi-Arabien. Nachdem wir fünf Tage lang sechs Präsentationen am Tag gehalten hatten, gab es nicht eine einzige Zusage. Während wir an unserem letzten Tag in Dhahran erschöpft im Hotelpool abhingen, erzählte ich Ken, wie erfolgreich wir sein würden. Ich entwarf alles detailliert. Um erfolgreich zu sein, musst du dich in Situationen und an Orte bringen, in und an denen zu sein du eigentlich nicht das Recht hast. Du schüttelst den Kopf und lernst aus deiner eigenen Dummheit. Aber durch puren Willen zermürbst du diese Welt, und sie gibt dir, was du willst. Das Geld musste da draußen sein. Ich sagte ihm, er solle vergessen, was da gerade in Saudi-Arabien geschehen war. Das war erledigt. Zeitverschwendung. Wir würden Erfolg haben und zwar riesigen.

Ken ist ein ausgeglichener, vernünftiger Bursche und konnte seine Zweifel nicht verhehlen. Jahre später gestand er mir, dass er mich damals nicht hatte kränken wollen, aber dachte, ich hätte den Verstand verloren.

Wenn die Versicherungsgesellschaften raus und der Mittlere Osten ein Flop waren, mussten wir weitersuchen. Das nächste naheliegende Ziel waren die Pensionsfonds, gewaltige Pools an Kapital, viele kontrolliert von Regierungen oder Gewerkschaften, die investiert werden mussten, um das Geld für die Altersvorsorge zu generieren. Pensionsfonds waren in der Regel sehr konservativ

---

[*] Anm. d. Übers.: festverzinsliche Staatsanleihen

und hatten noch nicht damit angefangen, in alternative Anlageformen zu investieren. Nie zuvor hatte ich mit jemandem aus einem Pensionsfonds zu tun gehabt. Diese Leute waren mir so fremd, wie es die Japaner gewesen waren. Erneut brauchte ich jemanden, der mir die Türen öffnete.

Ein paar große Firmen versprachen uns, den Kontakt herzustellen, aber solche Vermittler waren teuer, und diejenigen, die ich traf, überzeugten mich auch nicht. Doch so langsam verzweifelten wir und standen kurz davor, bei einem von ihnen zu unterzeichnen, als Ken ein paar Leute mitbrachte, die gerade erst im Vermittlungsgeschäft anfingen. Einer von ihnen war Jim George, der zwar einen Anzug trug, aber so aussah, als würde er viel lieber in Jeans und Flanellhemd durch Texas reiten, als in der New Yorker Innenstadt in einem Büro festzusitzen. Er sagte mir, dass er diese Art von Arbeit nie zuvor gemacht habe. Er war zurückhaltend und ein Mann der leisen Töne. Den Grund, warum er vor mir saß, musste ich mit dem Brecheisen aus ihm herausholen. Jahrelang hatte er als Chief Investment Officer für den Staat Oregon auf der anderen Seite des Tisches gesessen, wo er das erste Investment eines staatlichen Pensionsfonds in Private Equity managte. Ein paar Jahre zuvor hatte er mit KKR investiert. »Das hat gut geklappt«, erzählte er. »Von da an haben mich Leute von jedem anderen Staatsfonds, der diese Anlagenklasse in Erwägung zog, angerufen und aufgesucht. Ich habe ihnen dann immer erzählt, was wir machten. Sie wissen schon, solche Dinge eben.«

Er war kaum aus dem Büro, da schnappte ich mir Ken und sagte ihm, dass Jim unser Mann sei. Er war das Gegenteil dieser aalglatten Vermittler, die wir bis dahin getroffen hatten. Er war genau der, den wir brauchten. Es kümmerte mich nicht, dass er neu in dem Geschäft war. Jim George würde uns ins Gelobte Land führen, dessen war ich sicher. Eine weitere Gelegenheit, die wir nicht versäumen durften. Wir stellten ein Angebot zusammen.

Ein paar Tage später rief ich Jims Partner an und lud beide zu einem weiteren Meeting nach New York ein. Ich war so sehr daran interessiert, dass ich versprach, sie könnten sofort mit der Arbeit loslegen, sobald wir uns über das Honorar einig würden. Jim war jedoch nicht in der Stadt. Sein Partner sagte, er würde versuchen, ihn zu erreichen, rief jedoch später zurück und entschuldigte sich. Jim könne nicht zu einem Meeting am darauffolgenden Tag einfliegen.

»Das ist möglicherweise die größte Sache in Ihrer beider Karriere. Und er kann nicht kommen?«

»Jim ist gerade in Fort Lauderdale von Bord eines Disney-Kreuzfahrtschiffes gekommen. Er hat keinen Anzug dabei.«

»Es ist mir egal, ob er im Anzug kommt«, gab ich zurück. »Sagen Sie ihm, er soll ins nächste Flugzeug steigen und nach New York fliegen.«

»Habe ich, aber er will nicht. Er will nur in einem Anzug kommen.«

»Bitte«, drängte ich. »Dann kaufen Sie ihm einen Anzug und schaffen ihn her.«

Jims persönliche Würde war unantastbar. Deshalb vertrauten ihm die Menschen. Er hatte Regeln, und zu einem Geschäftstermin im Anzug zu erscheinen war eine davon. Als wir uns trafen, sagte ich, wie viel ich ihm zahlen wollte. Er wirkte fassungslos. Das war eine Riesensteigerung im Vergleich zum Gehalt eines Regierungsangestellten in Oregon. »Sie verdienen es«, sagte ich. »Sie haben Oregon und anderen Pensionsfonds im Land große Dienste erwiesen. Wir werden uns mit allen staatlichen Fonds treffen. Und wir werden sie alle für uns gewinnen.« Jim erklärte sich bereit, uns zu helfen.

Was Jim besaß, war weitaus wichtiger als eine Visitenkarte einer der großen Vermittlerfirmen: er hatte die für diese Arbeit nötige Glaubwürdigkeit und Haltung. Mit Jim zu den Pensionsfonds zu gehen war so wie unser Beutezug durch Japan, nachdem Nikko bei uns investiert hatte. Sobald die Pensionsmanager ihn sahen, erkannten sie ihn als einen der Ihren, ganz gleich, ob sie vom kleinsten Pensionsfonds waren oder dem größten von allen, dem California Public Employees' Retirement System, der seither immer bei Blackstone investiert hat. Unter Jims Führung beschafften wir 1,27 Milliarden Dollar für unseren zweiten Fonds, dem damals größten Private-Equity-Fonds weltweit.

––––––

Etwa zu der Zeit, als wir das Geld für unseren zweiten Private Equity Fonds hereinholten, begannen wir auch über eine andere neue Möglichkeit nachzudenken: Immobilien. Ende der 1980er und Anfang der 1990er brach der amerikanische Immobilienmarkt ein. Erst wurden die Bausparkassen von notleidenden Krediten überschüttet. Diese kleinen Finanzinstitute in ganz Amerika hatten mehr Geld verliehen, als sie sollten, um einen landesweiten Bauboom zu befeuern. Als dann 1989 das Ausmaß ihrer Probleme zutage trat, schuf die Regierung die Resolution Trust Corporation (RTC), um deren Vermögenswerte, Hypotheken und die mit diesen Darlehen gebauten Gebäude zu liquidieren. Als das Land jedoch 1990 in die Rezession stürzte, verloren diese neu gebauten Büro- und Wohnhäuser rapide an Wert. Die RTC geriet unter Druck, die Vermögenswerte, zu welchem Preis auch immer möglich, aus ihren Büchern zu bekommen, wodurch der Markt mit riesigen Mengen an Immobilien überschwemmt wurde.

1990 basierte mein gesamtes Immobilienwissen auf meinen persönlichen Erfahrungen als Hausbesitzer. Einer der Partner von Blackstone schlug vor, dass ich mich mit Joe Robert treffen solle, einem Immobilienunternehmer aus Washington, D.C., der versuchte, Kapital aufzutreiben. Aus den Tageszeitungen wusste ich, dass der Markt stagnierte: Sämtliche Käufer hatten sich verflüchtigt. Joe sah den Markt jedoch anders. Er hatte in Washington ein Unternehmen für Immobilienverwaltung aufgebaut und enge Kontakte zur Regierung geknüpft. Als er sah, wie die RTC kämpfte, setzte er sich stark dafür ein, Investoren aus der Privatwirtschaft und Immobilienexperten hinzuzuziehen, die dabei helfen sollten, den Überhang an gepfändetem Eigentum zu bearbeiten. 1990 führten seine Bemühungen zu einem Deal mit dem RTC, bei dem er ein Immobilienportfolio in Höhe von 2,4 Milliarden Dollar verkaufen sollte, das die Regierung aus geplatzten Darlehen während der 1980er erworben hatte.

»Ich verkaufe Gebäude für 5 bis 10 Millionen Dollar an Ärzte und Zahnärzte«, erzählte er mir. »Die haben Ersparnisse und genügend Kreditwürdigkeit in ihren Gemeinden, um sich von den Banken so viel leihen zu können, wie sie brauchen.« Was er von Blackstone wollte, war Geld, um die Gebäude selbst zu kaufen. Er hatte an Maklergebühren gut verdient, sah nun aber die Chance, als Eigentümer und Immobilienentwickler sehr viel mehr Geld zu verdienen. Es schien die perfekte Kombination zu sein: unser Geld und sein Sachverstand. Er schlug vor, bei der nächsten RTC-Auktion zusammenzuarbeiten, die in wenigen Wochen stattfinden sollte. »Vertrauen Sie mir«, sagte er. »Das Land ist in einem chaotischen Zustand. Es werden nicht viele Leute bieten.«

Als die RTC die Details der Auktion bekannt gab, zeigte sich, dass auch ein Paket von Wohnungen mit Gartenanteil in Arkansas und Ost-Texas unter den Hammer sollte. Die Wohnungen waren etwa drei Jahre alt und zu 80 Prozent bewohnt. Was Investments betrifft, konnte sich diese Gebäudesammlung nicht noch stärker von meinen üblichen Geschäften unterscheiden. Es war nicht sonderlich viel Kapital aufzubringen, und das Risiko schien gering. Vielleicht war es eine gute Gelegenheit, das Geschäft zu erlernen und für eine größere Gelegenheit in der Zukunft die Gewässer anzutesten.

Ich rief Bob Rubin an, den CEO von Goldman Sachs und zukünftigen Finanzminister, und schlug ihm eine Zusammenarbeit vor. Goldman hatte deutlich mehr Erfahrung im Immobiliengeschäft als wir. Er willigte ein.

Als Joe und ich einen Termin mit dem Immobilienteam von Goldman hatten, stellten wir fest, dass sie das Risiko dieses Deals anders einschätzten. Goldman wollte so niedrig wie möglich bieten, um eine Überzahlung zu vermeiden. Für mich bestand das größte Risiko darin, nicht genug zu bieten und eine großartige Chance zu verpassen. Ich wollte sichergehen, dass wir das erwartete Gebot des Bankers Trust übertrumpften. Derart unterschiedliche Ansichten findet man oft bei unterschiedlichen Typen von Investoren. Einige werden dir sagen, dass der Reiz einzig und allein darin besteht, den Preis, den du bezahlst, so niedrig wie möglich zu halten. Solche Investoren haben Spaß an der Transaktion an sich, daran, mit den Bedingungen des Deals zu spielen und ihren Konkurrenten am Verhandlungstisch zu besiegen. Mir kam das stets sehr kurzfristig gedacht vor. Bei einer solchen Denkweise ignoriert man den gesamten Wert, den man realisieren kann, sobald einem der Vermögenswert gehört: die Verbesserungen, die man vornehmen kann, die Refinanzierung, die man so gestalten kann, dass sich die Rendite verbessert, das Timing des Verkaufs, um in einem steigenden Markt das meiste herauszuholen. Wenn man seine gesamte Energie und all sein geschäftliches Ansehen mit der Jagd nach dem niedrigsten Kaufpreis verschwendet und den Vermögenswert am Ende an den nächsthöheren Bieter verliert, geht jeglicher zukünftiger Wert verloren. Manchmal ist es besser, zu bezahlen, was man zahlen muss, und sich darauf zu konzentrieren, was man als Eigentümer damit anfangen kann. Die Erträge aus erfolgreich gemanagtem Besitz sind oft sehr viel höher als die Erträge beim Gewinnen eines einzelnen Preiskampfes.

Für meinen Preisvorschlag hatte ich ausgerechnet, dass wir eine jährliche Rendite von 16 Prozent integrierten. Das bedeutete, dass wir jedes Jahr 16 Prozent unseres Kaufpreises durch Mieteinnahmen zurückbekommen würden. Und das war erst der Anfang. Diese Wohnungen produzierten einen ständigen Geldfluss. Sie waren nahezu neu, wir müssten also nicht viel investieren, um sie instand zu halten. Wenn wir dem Erwerb ein paar Schulden hinzufügten, könnten wir die Rendite auf unsere Investition auf 23 Prozent pro

Jahr anheben. Dieses Konzept wird jedem vertraut sein, der schon einmal eine Hypothek aufgenommen hat. Angenommen, du finanzierst den Kauf eines Hauses für 100.000 Dollar, indem du 40 Prozent an Eigenkapital einbringst und dir 60 Prozent leihst. Wenn du das Haus dann sofort für 120.000 Dollar verkaufst, liegt dein Profit bei 20.000 Dollar, also 50 Prozent der 40.000 Dollar, die du von deinem Geld bezahlt hast. Wenn du jedoch nur 20.000 Dollar von deinem Geld nimmst und dir 80 Prozent leihst, dann verdoppelt sich die Rendite auf die ursprüngliche Investition von 20.000 Dollar auf 100 Prozent. Geld aufzunehmen, vorausgesetzt, man kann es zurückzahlen, kann die Eigenkapitalrendite wesentlich erhöhen.

Darüber hinaus dachten wir, dass der Immobilienzyklus die Talsohle nahezu erreicht hatte. 1991 würde der Immobilienmarkt sicher wieder deutlich anziehen. Sobald sich die Wirtschaft erholte, würden sich auch die 20 Prozent leer stehenden Wohnungen vermieten lassen und unsere Rendite von 23 auf 45 Prozent steigen. Wenn wir für diese 55 Prozent kumulierte Rendite lediglich den Vermögenswert kaufen mussten, so dachte ich mir, dann konnte es nicht unser Ziel sein, bei der Auktion unbedingt so wenig wie möglich zu bezahlen. Ich sagte zu den Leuten von Goldman: »Mit 55 Prozent im Jahr bin ich zufrieden. Ich brauche keine 60.« Sie lenkten ein, wir gaben unser Gebot ab, gewannen, und mit der Zeit brachte unsere erste Investition in Wohnungen mit Gartenanteil eine jährliche Rendite von 62 Prozent, also noch mehr, als ich erhofft hatte. Nach dieser Auktion fragte ich Joe, wie viel von diesem Zeug es da draußen gäbe. »Das ganze Land ist voll«, antwortete er.

Wir waren neu im Immobilien-Spiel, aber genau das war unser Vorteil. Wir kamen ohne Lasten, ohne Pleite-Immobilien und ohne dass uns bei unseren Krediten das Wasser bis zum Hals stand. Ich konnte es kaum glauben: Ein Land voller Werte und keine Konkurrenz. Aber als wir uns auf die nächste Auktion vorbereiteten, erzählte mir Joe, dass Goldman Sachs ihm die Chance angeboten habe, eine Milliarde Dollar zu investieren. Obwohl er sich mit uns zusammengetan hatte, wollte er das Angebot annehmen.

»Sie kennen diese Leute doch nur dank uns«, sagte ich zu ihm. »Wie können Sie da so einfach überlaufen?« Er räumte ein, dass er sich deswegen ein bisschen schlecht fühle, aber Goldman würde ihm genau das anbieten, was er wolle. Wenn ich im nächsten Monat einen ähnlich großen Fonds auf die Beine stellen könnte, würde er es sich noch einmal überlegen.

Laut der Bedingungen unseres Haupt-Investmentfonds durften wir das Geld für Immobiliengeschäfte nutzen. Aber bevor wir einen so beträchtlichen Anteil unserer Investorengelder für diese neue Strategie aufwandten, wollte ich erst ihr Einverständnis. Ich hielt es für meine Pflicht, ihnen zu erklären, was wir machten. Auf unserem jährlichen Investorentreffen stellte ich das Konzept vor und erwartete eigentlich, dass unsere Limited-Partner sofort darauf anspringen würden. Aber zu meiner Überraschung lehnten alle bis auf General Motors ab. Einer nach dem anderen sagten mir unsere Investoren: »Wir wissen, dass Sie recht haben. Aber wir sind diese schrecklichen Immobiliengeschäfte leid.« Sie stimmten uns alle zu, dass die Preise niedrig seien und irgendwann wieder steigen mussten. Dennoch wollten sie nichts unternehmen. Es gab eine Riesengelegenheit, und wir hatten kein Geld dafür. Ich hätte Joe an sein Versprechen binden können, mit uns zu arbeiten, aber da wir ihm keine konkurrenzfähige Basis bieten konnten, war es richtiger, ihn gehen zu lassen.

Aber auch ohne Joe waren wir entschlossen, nicht aufzugeben. Ein paar Mal im Leben jedes Investors ergeben sich solche unglaublichen Gelegenheiten. Ich bat Ken Whitney, mir jemand anderen zu suchen, der unser Immobiliengeschäft vorantreiben könnte. Um dieses neue Geschäftsfeld groß aufzuziehen, würden wir einen 10er-Kandidaten brauchen. Als ich mich durch eine Liste von Namen arbeitete, Referenzen prüfte, sprach ich mit einem Mann in Chicago, John Schreiber, den Ken als Referenz für einen Kandidaten angegeben hatte. Wir redeten eine Weile über den Kandidaten. (Er war nicht gerade enthusiastisch, aber zu höflich, um das zu sagen.) Und je länger wir miteinander sprachen, desto neugieriger wurde ich. In den 1980ern hatte John für JMB gearbeitet, eine Immobilien-Investmentfirma in Chicago, die als aktiver und aggressiver Käufer galt. Während des vergangenen Jahrzehnts hatte er mehr Immobilien in Amerika gekauft als jeder andere. Er hatte den Zusammenbruch kommen sehen und JMB geraten, alles zu verkaufen. Doch sie hatten ihn für verrückt erklärt und ausgezahlt, damit er gehen konnte. Dann kam »das Erdbeben des Jahrtausends«, das ihm recht geben sollte.

»Warum kommen Sie nicht selbst her und arbeiten mit uns?«, schlug ich vor. Er sagte, er habe in den 1980ern hart gearbeitet. Er habe acht Kinder, und seine Familie wolle ihn nun ein bisschen öfter sehen.

»Sie haben die größte Immobilienfirma Amerikas aufgebaut und gleichzeitig acht Kinder? Wann hatten Sie denn überhaupt Zeit, Ihre Frau zu sehen?«

»Allem Anschein nach habe ich die Zeit dafür noch irgendwie gefunden«, antwortete John.

Ich ließ nicht locker, und schließlich willigte er ein, zwanzig Stunden die Woche für uns zu erübrigen. Er sagte, er würde ein paar jüngere Burschen für uns einstellen, ihr Mentor sein und seine Kontakte nutzen, um uns ein paar Türen zu öffnen. Wir sollten einfach schauen, wie es lief. Im Nu wurden aus den zwanzig Stunden siebzig. Für John war es wieder wie in den 1980ern. Ich wusste nicht so recht, wie seine Frau das fand, aber wir waren froh, ihn zu haben. Er blieb in Chicago, arbeitete von zu Hause aus, für diejenigen, die ihn nicht kannten, also eine graue Eminenz. Aber er tat sehr viel mehr, als nur ein paar junge Leute einzustellen und sie anzuleiten. Er sah sich persönlich vor Ort jede Immobilie an, deren Kauf wir in Erwägung zogen. Blackstones Partner investierten ihr privates Geld, und die Deals waren so gut, dass sie für sich sprachen.

Aber wir waren nun seit Monaten dabei und konnten ohne einen Fonds nicht wirklich etwas bewegen. Das machte mich wahnsinnig.

Obwohl sich der Immobilienmarkt zu erholen begann, sorgten sich die Investoren wegen des Geldes. Also mussten wir ihnen das Ganze versüßen, einen Anreiz bieten, um ihre Ängste zu beschwichtigen, und Fehleinschätzungen bezüglich des Risikos aus dem Weg räumen. Ähnlich wie Jahre zuvor bei der verdeckten Auktion für CSXs Tageszeitungen oder bei Harold Simmons, den ich mit einer endlosen Menge zu versteuernder, aber nicht einlösbarer Vorzugsaktien unter Druck gesetzt hatte, ging es auch hier rein um den psychologischen Effekt. Also erstellten wir ein neues Konzept, um eine bestimmte seelische Befindlichkeit anzugehen. Es musste unsere Zuversicht in diese Investitionsgelegenheit übermitteln und den Investoren ein Sicherheitsventil bieten, wenn sie sich unbehaglich damit fühlten. Wir entscheiden, dass den Investoren von drei Dollar, die sie für unseren Immobilienfonds zusicherten, zwei Dollar ihrem eigenen Ermessen unterliegen würden. Sie konnten uns ihre Investition zusichern, aber wenn sie mit konkreten Deals, die wir vorschlugen, nicht einverstanden wären, könnten sie zwei Drittel davon zurückhalten.

Der erste Investor, der sich daraufhin interessiert zeigte, war ein Freund von Jim George. Steve Myers leitete einen staatlichen Rentenfonds für den Staat South Dakota. Jim sagte uns, dass Steve ein cleverer, mutiger Investor sei. Jim, Pete, John Schreiber und ich flogen hin, um uns in Sioux Falls, South Dakota, mit ihm zu treffen. Als ich ihm erklärte, was wir vorhatten, wurde Steve sofort hellhörig. Der Immobilienmarkt hatte die Talsohle durchschritten und erholte sich wieder. Der Zeitpunkt, um einzusteigen, war perfekt. Er überzeugte seinen Vorstand, 150 Millionen Dollar beizusteuern.

Zum ersten Mal in meinem Leben machte es mich nervös, Geld anzunehmen. Für den 4-Milliarden-Pensionsfonds von South Dakota war das eine Riesensumme, eine Menge für ein einzelnes

Investment, das die Ruhestandsabsicherung vieler Menschen betraf. Ich fragte Steve, ob er sicher sei. Gemäß der Bedingungen dieses Deals, so sagte er, sei er nur verpflichtet, 50 Millionen Dollar beizusteuern. Die übrigen 100 Millionen Dollar könnte er jeweils freigeben, wenn ihm das vorgeschlagene Geschäft gefiel, und sie ansonsten zurückhalten. Für eine Gelegenheit mit diesem Potenzial war das ein Risiko, das er eingehen konnte. Steves Entscheidung verschaffte uns unseren zweiten neuen Geschäftsbereich: Immobilien, der schließlich zu Blackstones größtem Geschäftszweig werden sollte.

ZYKLEN: BEI HÖHEN UND TIEFEN INVESTIEREN

Der Erfolg jedes Investments hängt zu einem Großteil davon ab, wo man sich gerade in dem jeweiligen Zyklus befindet. Zyklen können großen Einfluss auf den Wachstumspfad eines Geschäfts, die Bewertung und natürlich die potenzielle Rendite haben. Wir besprechen Zyklen routinemäßig als Teil unseres Investmentprozesses. Im Folgenden meine einfachen Regeln für das Identifizieren von Marktspitzen und -talsohlen:

1. Marktspitzen sind relativ einfach zu erkennen. Käufer werden in der Regel übermütig und glauben fast immer »dieses Mal sei es anders«. Das ist es für gewöhnlich nicht.
2. Es gibt immer ein Überangebot an relativ preiswertem Fremdkapital, um Übernahmen und Investitionen in einem heißen Markt zu finanzieren. In manchen Fällen berechnen die Kreditgeber nicht einmal laufende Zinsen, und oft lockern sie auch typische Darlehensbeschränkungen oder setzen sie aus. Die Höhe der Fremdfinanzierung eskaliert, das Fremdkapital ist manchmal im Vergleich zum Eigenkapital zehnmal so hoch oder noch höher. Käufer beginnen, überoptimistisch Berechnungen und Finanzprognosen anzupassen, um das hohe Maß an Schuldenaufnahmen zu rechtfertigen.
3. Bedauerlicherweise realisieren sich die meisten dieser Prognosen nicht, wenn die Wirtschaft erst einmal das Tempo drosselt oder schrumpft.

4. Ein weiterer Indikator für einen Höchststand des Marktes sind die vielen Leute im eigenen Umfeld, die plötzlich reich werden. Die Zahl der Investoren, die für sich in Anspruch nehmen, dass sich ihre Aktie besser entwickelt als der Branchenindex, wächst mit dem Markt. Lockere Kreditbedingungen und ein steigender Trend können dazu führen, dass jemand, der keine bestimmte Strategie oder Methode anwendet, »zufällig« Geld verdient. Aber in starken Märkten Geld zu verdienen kann äußerst kurzlebig sein. Clevere Investoren performen gut aufgrund einer Kombination aus Selbstdisziplin und vernünftiger Risikoeinschätzung, auch wenn sich die Marktbedingungen umkehren.

Alle Investoren werden Ihnen sagen, dass die Märkte zyklisch sind. Trotzdem verhalten sich viele so, als wüssten sie das nicht. In meiner Laufbahn habe ich sieben große Marktrückgänge oder Rezessionen erlebt: 1973, 1975, 1982, 1987, 1990-1992, 2001 und 2008-2010. Rezessionen passieren.

Talsohlen des Marktes sind mitunter nur schwer zu erkennen, wenn der Markt fällt und die Wirtschaft schwächelt. Die meisten öffentlichen und privaten Investoren kaufen zu früh und unterschätzen das Ausmaß der Rezession. Es ist wichtig, nicht übereilt zu reagieren. Die meisten Investoren haben nicht das Vertrauen oder die Disziplin, um zu warten, bis ein Zyklus ausläuft. Solche Investoren machen nicht den Profit, den sie haben könnten, wenn sie dieselbe Idee zu einem späteren Zeitpunkt umgesetzt hätten.

Den Zeitpunkt der Talsohle eines Zyklus zu bestimmen ist nicht einfach, und oft ist es zudem keine gute Idee, es in jedem Fall zu versuchen. Das liegt daran, dass die Wirtschaft in der Regel ein bis zwei Jahre braucht, um wirklich aus einer Rezession herauszukommen. Selbst wenn der Markt beginnt, eine Kehrtwende zu vollziehen, brauchen die Anlagewerte immer noch Zeit, um sich zu erholen. Das bedeutet, dass Sie womöglich in der Talsohle investieren und eine ganz Weile keine Erträge einfahren. Das passierte den Investoren, die 1983 anfingen, Bürogebäude in Houston zu kaufen, nachdem die Ölpreise abgestürzt waren und der Markt die Talsohle erreicht hatte. Zehn Jahre später, 1993, warteten diese Investoren immer noch darauf, dass sich die Preise erholten.

Situationen dieser Art lassen sich vermeiden, indem man nur in Werte investiert, die sich mindestens 10 Prozent von ihrem Tiefststand erholt haben. Anlagewerte steigen in der Regel wieder, sobald die Wirtschaft in Schwung kommt. Es ist besser, auf die ersten 10 bis 15 Prozent der Markterholung zu verzichten, um sicherzugehen, dass Sie im richtigen Moment kaufen.

Die meisten Investoren behaupten zwar, es ginge ihnen darum, Geld zu verdienen, in Wirklichkeit sind sie jedoch auf psychisches Wohlbefinden aus. Lieber sind sie Teil der Herde, auch wenn diese Geld verliert, statt schwierige Entscheidungen zu treffen, die die größten Belohnungen einbringen. Indem sie das Gleiche wie alle anderen tun, wollen sie Schuldzuweisungen vermeiden. Solche Investoren investieren in der Regel nicht aggressiv in Zeiten um Markt-Talsohlen herum, sondern bei Marktspitzen, wenn es nur wenig sinnvoll ist. Sie sind zufrieden und fühlen sich bestätigt, wenn sie sehen, wie die Anlagen im Wert steigen. Je höher die Preise steigen, desto mehr reden die Investoren sich ein, dass die Werte immer weiter wachsen werden. Dasselbe Phänomen erklärt, warum es nahezu unmöglich ist, nahe der Talsohle einen Börsengang zu machen. Je weiter der Zyklus jedoch reift, explodieren die Börsengänge in Anzahl, Größe und Bewertungen.

Zyklen werden letztlich angetrieben von Angebot und Nachfrage. Indem man diese Zusammenhänge versteht und quantifiziert, identifiziert man die eigene Position und kann erkennen, wie nah man sich an der Spitze oder der Talsohle des Marktes befindet. Auf dem Immobilienmarkt zum Beispiel kommt es besonders dann zu einem Bauboom, wenn die Kosten für vorhandene Gebäude beträchtlich über den Kosten für Neubauten eingestuft werden, denn Immobilienentwickler erkennen, dass sie ein Gebäude bauen und für mehr verkaufen können, als sie dafür bezahlt haben. Das ist eine brillante Strategie, wenn es um den Bau einzelner Gebäude geht. Aber dann wittert nahezu jeder Entwickler eine Gelegenheit, um, wie er glaubt, leichtes Geld zu machen. Und wenn eine große Anzahl von ihnen anfängt, zeitgleich zu bauen, kann man leicht abschätzen, dass das Angebot die Nachfrage übersteigen und der Marktwert dieser Gebäude fallen wird, sehr wahrscheinlich abrupt und rapide.

Dass niemand Blasen erkennen kann, wie ein ehemaliger Vorstandsvorsitzender der Federal Reserve einst behauptete, ist eben doch keine Tatsache.

IN DER FINANZWELT GIBT ES KEINE KÜHNEN, ALTEN MENSCHEN

Als Blackstone expandierte, stellten wir einen jungen Banker aus dem Bereich Unternehmensfinanzierung von Drexel Burnham Lambert ein, damals eine der größten Investmentbanken der Wall Street. Er war clever und ehrgeizig, und schon bald, nachdem er 1989 bei uns anfing, hatte er einen Deal für uns. Edgcomb, mit Sitz in Philadelphia, kaufte Rohstahl und walzte ihn zu Produkten für die Hersteller von Pkws, Lkws und Flugzeugen. Dieser junge Partner hatte bei Drexel an ein paar Edgcomb-Deals gearbeitet, folglich kannte er das Unternehmen, und die Führungskräfte kannten ihn. Nun stand die Firma zum Verkauf, und wir bekamen einen exklusiven ersten Einblick.

Ein Exklusivangebot verdient stets Aufmerksamkeit, und das Geschäft wirkte vielversprechend. Edgcomb machte eine Menge Geld. Der Kundenstamm wuchs, und das Unternehmen sah aus, als könne es expandieren. Sie verlangten etwa 330 Millionen Dollar, was gemäß unserer Analyse ein vernünftiger Preis war. Ich war bereit, ein Angebot abzugeben. Bevor ich das tat, kam jedoch ein anderer unserer neuen Partner, David Stockman, in mein Büro und prophezeite ein schlimmes Ende. David war eine Mischung aus Washington, D.C., und Wall Street, und unter Präsident Reagan war er Leiter des Office of Management and Budget (OMB, deutsch etwa Behörde für Verwaltung und Haushaltswesen) gewesen. Er war noch kein ganzes Jahr bei uns, besaß einen scharfen Verstand, analysierte Deals akribisch und brachte seine Meinung ohne Zurückhaltung zum Ausdruck.

»Diese Edgcomb-Sache ist eine Katastrophe«, sagte er. »Das können wir auf keinen Fall machen.«

»Der andere Kollege hält es für großartig«, erwiderte ich.

»Ist es aber nicht«, entgegnete David. »Das Unternehmen ist wertlos und schlecht geführt. Sämtliche Profite resultieren aus dem Anstieg der Stahlpreise. Das sind einmalige Profite, und das Basisgeschäft ist nur eine Illusion von Rentabilität. Die Firma wird pleitegehen. Wenn wir sie auf die geplante Art hebeln, werden wir mit untergehen. Das ist eine im Entstehen begriffene Katastrophe.«

Ich beorderte Edgcombs Befürworter und den Hauptkritiker zusammen in mein Büro, um über diese Investition zu diskutieren, damit ich die Argumente im direkten Vergleich hörte und dann eine Entscheidung treffen konnte. Ich setzte mich und lauschte ihrem Schlagabtausch wie König Salomon. Der junge Mann behauptete sich in meinen Augen besser. Er hatte jahrelang mit Edgcomb zusammengearbeitet. Er besaß Insiderwissen und konnte alle Fragen beantworten. Stockman hingegen analysierte den Deal als Außenstehender. Er führte starke Argumente an, konnte aber nicht auf ebenso fundierte Informationen zurückgreifen. Wir dachten, wir würden uns seit dem Erfolg mit Transtar, dem Transportunternehmen, das wir von USX gekauft hatten, mit Stahl auskennen. Und irgendwie waren wir auch davon ausgegangen, nun den Warenzyklus vorhersagen zu können, also entschied ich weiterzumachen. Wir gaben ein Angebot ab, sammelten Geld bei Investoren und schlossen den Deal ab.

Und wie aufs Stichwort begannen die Stahlpreise nur wenige Monate später ins Bodenlose zu stürzen. Edgcombs Warenbestand war nun weniger wert, als sie dafür bezahlt hatten, und verlor täglich weiter an Wert. Die Profite, von denen wir eigentlich ausgegangen waren und mit denen die Kreditkosten bezahlt werden sollten, stellten sich nie ein. Wir konnten unsere Schulden nicht bezahlen. Edgcomb brach in sich zusammen, genauso wie David Stockman es prophezeit hatte.

Ich erhielt einen Anruf des Chief Investment Officers von Presidential Life, die in unseren Fonds investiert hatten. Er wollte mich treffen. Ich fuhr mit dem Taxi zu seinem Büro in Nyack, eine kleine Ortschaft am Hudson oberhalb von New York City. Er ließ mich erst mal Platz nehmen, und dann schrie er mich sofort an. Ob ich völlig inkompetent oder einfach nur dämlich sei? Was für ein Schwachkopf man denn sein müsse, um Geld für etwas so Wertloses zu verschleudern? Wie hatte er nur jemand derartig Unfähigem wie mir auch nur einen Dollar anvertrauen können? Während ich dort saß und die Tirade über mich ergehen ließ, wusste ich, dass er recht hatte. Wir verloren ihr Geld, weil unsere Analyse fehlerhaft war. Und ich war derjenige, der die Entscheidung getroffen hatte. Ich glaube, ich war nie in meinem Leben so beschämt wie in diesem Moment. Selbst mein Fehler bei der Berechnung der Zahlen für Eric Gleachers Präsentation in meinem ersten Jahr als Associate bei Lehman ließ sich nicht damit vergleichen. Ich war unfähig. Ich war inkompetent. Ich war eine Schande.

Zudem war ich es nicht gewohnt, dass man mich anschrie. Meine Eltern hatten nie die Stimme gegen mich erhoben. Wenn wir Kinder etwas Falsches getan hatten, dann ließen sie uns das wissen, aber sie schrien uns nicht an. Ich spürte Tränen aufsteigen, und mein Gesicht glühte. Ich musste dagegen ankämpfen, nicht zu heulen. Ich sagte, dass ich ihn verstehen könne und dass wir es in Zukunft besser machen würden. Während ich zurück zum Parkplatz ging, schwor ich mir, *dass mir so etwas nie, nie wieder passieren würde.*

Zurück in meinem Büro arbeitete ich wie besessen, um dafür zu sorgen, dass unsere Kreditoren, die Banken, von denen wir Geld geliehen hatten, um den Deal zu finanzieren, nicht einen Cent verlieren würden – auch wenn Blackstone und unsere Investoren bei dem Edgcomb-Deal Verluste einfuhren. Edgcomb war ja nur ein einziger Deal in einem ganzen Fonds. Wir würden mit dem Geld dieses Fonds andere Geschäfte machen und dafür sorgen, dass unsere Investoren unterm Strich gut dastanden. Aber unsere Kreditoren liehen uns ihr Geld jeweils für ein bestimmtes Geschäft. Wenn wir nur einmal nicht zurückzahlen könnten, so fürchtete ich, würde das unseren Ruf ruinieren. Die Banken würden uns weniger Geld zu strengeren Konditionen leihen, was das operative Geschäft erschwerte.

Dann sahen wir uns unseren Entscheidungsprozess an. Trotz all unserer unternehmerischen Stärken, unseres Antriebs, unseres Ehrgeizes, unserer Fähigkeiten und unserer Arbeitsmoral hatten wir aus Blackstone immer noch keine großartige Organisation gemacht. Fehler sind in jeder Organisation oft die besten Lehrer. Du darfst deine Fehler nicht verstecken, sondern musst sie offen ansprechen und analysieren, was falsch gelaufen ist, damit du daraus lernen und dir neue Richtlinien für künftige Entscheidungsfindung zulegen kannst. Fehler können enorme Geschenke sein, Katalysatoren, die den Kurs jeder Organisation verändern und für zukünftigen Erfolg sorgen können. Edgcombs Scheitern zeigte, dass die Veränderung bei mir und meiner Vorgehensweise beim Investieren und Einschätzen potenzieller Investments beginnen musste.

———

Ich war in dieselbe Falle getappt wie viele andere Organisationen auch. Wenn Leute Ideen präsentieren müssen, neigen sie dazu, den Entscheidungsträger am Kopfende des Tisches anzusprechen. Wenn die Idee nicht gut ist, lehnt dieser sie ab. Unabhängig von der Qualität des Vorschlags verlassen die Präsentatoren mit gesenkten Köpfen den Raum. Ein paar Wochen danach durchlaufen sie dieselbe Routine mit einem neuen Vorschlag und schleichen noch langsamer aus dem Raum als beim letzten Mal, um zu zeigen, was sie von der Entscheidung halten. Beim dritten Mal knirschen sie mit den Zähnen. Beim vierten Mal hat die Person am Kopfende des Tisches dann ein schlechtes Gewissen. Es ist nicht so, dass diejenigen, die die Vorschläge machen, miserable Mitarbeiter wären, sie sind eben nur nicht richtig gut. Aber wenn diese vierte Idee einigermaßen in Ordnung ist, wird der Chef oder die Chefin grünes Licht geben, aus dem einfachen Grund, damit alle zufrieden sind.

In meiner Begeisterung, einem neuen Partner mit dem Edgcomb-Deal eine Chance zu geben, hatte ich mich und die Firma verwundbar gemacht. Ich war einer guten Verkaufspräsentation erlegen. Später erfuhr ich, dass sich einer der Analysten im Team dieses neuen Partners gegen den Deal ausgesprochen hatte. Er konnte sich nicht vorstellen, dass es funktionierte. Aber der Partner hatte ihn angewiesen, seine Zweifel für sich zu behalten.

Ich hätte achtsamer gegenüber meinen Gefühlen und gewissenhafter bei den Fakten sein sollen. Bei Deals geht es nicht nur um Berechnungen. Es geht um die Berücksichtigung vieler sachlicher Kriterien, und das hätte ich hinreichend gewährleisten müssen – und zwar ganz in Ruhe, anstatt mich für eine von zwei unterschiedlichen Ansichten zu entscheiden.

Die Finanzwelt ist voller charmanter Leute, die so gut reden und aus ihren Präsentationen eine so rasante Show machen, dass man kaum mitkommt. Dem muss man Einhalt gebieten. Entscheidungen lassen sich viel besser treffen, wenn sie in einem Prozess ablaufen, der dem Schutz von Unternehmen und Organisationen dient, und wenn sie nicht abhängig sind von einzelnen Personen. Wir brauchten also Regeln, um unseren Investmentprozess zu entpersonalisieren. Denn er sollte sich nie wieder auf die Fähigkeiten, Emotionen und Schwachstellen einer einzelnen Person stützen. Wir mussten unsere Methoden überprüfen und wasserdicht machen.

Niemals Verluste machen – von dieser Vorstellung war ich schon immer absolut überzeugt gewesen, und das Edgcomb-Trauma bestärkte mich noch darin. Ich begann das Investieren so zu sehen, als würde man Basketball ohne Wurfuhr spielen. Solange du den Ball hast, musst du nichts anderes tun, um zu gewinnen, als zu passen und abzuwarten, bis du sicher bist, dass du auf den Korb werfen kannst. Andere Teams verlieren möglicherweise die Geduld und machen diese ungenauen Würfe mit einer niedrigen Trefferwahrscheinlichkeit von hinter der Dreipunktelinie, so wie wir es bei Edgcomb getan hatten. Ich entschied, dass wir bei Blackstone so lange passen und vorangehen würden, bis wir den Ball in die Hände unseres 2,10-Meter-Center-Spielers bringen konnten, der direkt unter dem Korb steht. Wir würden uns akribisch mit der Kehrseite jedes potenziellen Deals beschäftigen, bis wir sicher sein konnten, dass der Wurf nicht danebengehen konnte.

Wir entschieden, sämtliche Senior-Partner in unsere Diskussionen bezüglich Investments einzubeziehen. Niemals wieder würden wir erlauben, dass eine einzelne Person im Alleingang grünes Licht für einen Deal gab. Während meiner beruflichen Laufbahn hatte ich mehr Dinge richtig als falsch gemacht, aber Edgcomb zeigte, dass ich nicht unfehlbar war. Meine Kollegen verfügten über jahrzehntelange Erfahrung. Indem wir zusammenarbeiteten, diskutierten und unser kollektives Wissen anwandten, um die Risiken eines Investments einzuschätzen, hofften wir, unsere Deals objektiver analysieren zu können.

Als Nächstes bestanden wir darauf, dass jeder, der einen Vorschlag hatte, ein detailliertes Memorandum schreiben und dieses mindestens zwei Tage vor der Besprechung verteilen musste, damit es sorgfältig und sachlich ausgewertet werden konnte. Diese erforderlichen zwei Tage würden den Zuständigen Zeit geben, das Memo mit Anmerkungen zu versehen, Lücken zu finden und Fragen zu formulieren. Bei der darauffolgenden Besprechung durfte das Memo nicht einfach ergänzt werden, es sei denn, es war eine maßgebliche Entwicklung eingetreten, nachdem es den Beteiligten zugegangen war. Aber wir wollten nicht, dass grundlos zusätzliche Blätter herumgereicht würden.

Die Senior-Partner, die eine Entscheidung treffen sollten, saßen auf einer Seite des Tisches und diejenigen, die zu dem Team gehörten, das den Deal präsentierte, auf der anderen. Die unerfahreneren

Mitarbeiter, von denen erwartet wurde, dass sie zuhörten, lernten und etwas beitrugen, saßen bei den jeweiligen Teams.

Bei diesen Diskussionen gab es zwei grundlegende Regeln. Die erste lautete: Jeder musste sich zu Wort melden, damit die Investitionsentscheidung gemeinschaftlich getroffen wurde. Die zweite besagte: Unser Augenmerk sollte auf potenziellen Schwächen des Investments liegen. Jeder war angehalten, Probleme zu finden, die bislang nicht angesprochen worden waren. Dieser Prozess der konstruktiven Konfrontation konnte für den Präsentierenden zu einer Herausforderung werden, aber wir achteten darauf, es nie persönlich werden zu lassen. Die »Nur Kritik«-Regel gab uns die Freiheit, gegenseitig unsere Vorschläge zu hinterfragen, ohne Angst haben zu müssen, die Gefühle des anderen zu verletzen.

Der Vorteil der potenziellen Investition sollte ebenfalls thematisiert werden, bildete jedoch nicht den Kern dieser frühen Investitions-Diskussionsrunden.

Nachdem der Prozess der Intensivanalyse in der Gruppe abgeschlossen war, hatte derjenige, der das Projekt leitete, nun also eine Liste von Problemen, mit denen man sich noch befassen musste, und Fragen, die beantwortet werden mussten. Was würde mit dem Unternehmen passieren, dessen Kauf zur Debatte stand, wenn es zu einer Rezession käme? Würden die Profite langsam zurückgehen oder unvermittelt abstürzen? Würden die besten Manager auch nach einem Buy-out in der Firma bleiben? Hatten wir hinreichend darüber nachgedacht, wie die Konkurrenz vermutlich reagieren würde? Oder wie es sich auf den Profit auswirkte, wenn die Preise für bestimmte Erzeugnisse fielen, wie es bei Edgcomb der Fall gewesen war? Wurden in dem Finanzmodell all diese Möglichkeiten berücksichtigt? Das Präsentationsteam würde sich anschließend daran begeben, Antworten auf diese Fragen zu finden und im Zuge dessen Fehler beheben oder herausfinden, wie mit den Nachteilen zu verfahren sei. Möglicherweise stießen sie auch auf neue Risiken, neue Verlustmöglichkeiten, die ihnen zuvor entgangen waren. Und dann würden sie zurückkommen in die zweite Diskussionsrunde. Am Ende der dritten Runde, so hofften wir, würden in dem Deal keine hässlichen Überraschungen mehr lauern.

Zudem beschloss ich, nie wieder nur einzig und allein mit dem Senior-Partner zu sprechen, der für ein potenzielles Investment zuständig war. Wenn ich detaillierte Fragen hatte, würde ich den am kürzesten zum Team gehörenden Mitarbeiter zu mir rufen, denjenigen, der die Tabellen bearbeitete und am nächsten an den Zahlen dran war. Hätte ich das bei Edgcomb getan, hätte ich möglicherweise von dem Analysten erfahren, der den Deal kritisch einschätzte. Die Hierarchie zu durchbrechen würde mir zudem ermöglichen, die Junior-Mitarbeiter im Unternehmen und damit eine andere Perspektive kennenzulernen. Das Risiko war möglicherweise auf dem Papier nicht offensichtlich, schimmerte jedoch im Tonfall der Analysten durch, wenn ich sie bat: »Führen Sie mich mit Ihrer Sichtweise durch diesen Deal.« Man konnte heraushören, ob er ihnen zusagte oder sie sich eher Sorgen machten. Psychologie sollte eine meiner Stärken als Investor sein. Ich muss mich nicht an jede Zahl einer Analyse erinnern können. Ich brauchte nur den Leuten zusehen und zuhören, die die Einzelheiten kannten, und mir durch ihre Körperhaltung oder ihren Tonfall zu verstehen gaben, was sie davon hielten.

Die abschließende Veränderung zur Entpersonalisierung und Reduzierung des Risikos unserer Investmentprozesse bestand darin, einen ausgeprägteren Sinn für kollektive Verantwortung zu wecken. Jeder Partner in unserem Investitionskomitee musste sich an der Einschätzung des Risikofaktors einer vorgeschlagenen Investition beteiligen. Auf diese Weise konnte das präsentierende Team nicht auf den höchsten Entscheidungsträger am Tisch abzielen oder ihn bzw. sie beeinflussen, um eine positive Entscheidung zu bekommen. Alle Teilnehmer teilten die Verantwortung für die getroffene Entscheidung. Und wir trafen jede Entscheidung auf dieselbe transparente Weise.

So wie wir neue Geschäftsfelder für Blackstone erschlossen und uns in neue Märkte vorgewagt hatten, wandten wir denselben Prozess auf all unsere Investitionsentscheidungen an. Jeder trägt zu der Diskussion bei. Risiken werden systematisch heruntergebrochen und verstanden. Die Diskussion ist gründlich und durchaus kontrovers. Dieselbe kleine Gruppe von Leuten, die einander gut kennen, geht jede Investition durch und wendet dabei dieselben strengen Standards an. Diese einheitliche Vorgehensweise beim Investieren ist zum Rückgrat von Blackstones Methode geworden.

––––––

Bei allem, was in den Anfangsjahren bei Blackstone ablief, tat sich in meinem Leben auch noch anderes. Ellen und ich ließen uns 1991 scheiden, zogen unsere Kinder, Zibby und Teddy, aber weiterhin gemeinsam groß. Der Entschluss, sich zu trennen, war sehr schmerzhaft gewesen. Kurz zuvor hatte ich meinen Internisten, Dr. Harvey Klein, wegen eines Check-ups aufgesucht. Körperlich war ich fit, aber am Ende der Untersuchung fragte mich Harvey, wie es mir ginge. Ich erzählte ihm, dass ich beruflich unter hohem Druck stehen würde und mich zu keiner Entscheidung durchringen könne, was meine Ehe betraf. Ich war unglücklich, fürchtete mich aber vor einer Scheidung. Harvey schrieb eine Telefonnummer auf und reichte sie mir.

Dr. Byram Karasu ist ein Psychiater, der dreiundzwanzig Jahre lang als Institutsleiter am Albert Einstein College of Medicine in New York gewesen war. Er hat neunzehn Bücher veröffentlicht, führt eine kleine Privatpraxis in Manhattan und wird regelmäßig von Washington um seine Meinung gebeten. Als ich zum ersten Mal seine Praxis betrat, stellte ich klar, dass ich nicht wegen einer Therapie dort sei. Ich konnte mich lediglich nicht entscheiden, was eine Scheidung anbelangte. Er fragte, was mich davon abhielt. Vier Ängste, antwortete ich: die Angst, die Beziehung zu meinen Kindern zu verlieren, die Aussicht, die Hälfte dessen abzugeben, was ich so hart erarbeitet hatte, die Angst, meine Freunde zu verlieren, und die grauenhafte Vorstellung, mich wieder verabreden zu müssen.

Vier nachvollziehbare Ängste, stimmte Byram zu, aber letztlich alle ungerechtfertigt. Meine Kinder seien längst über das prägende Stadium der Kindheit hinaus, in dem eine Scheidung sie traumatisieren könnte. Wenn ich ein gutes Verhältnis zu den beiden haben wolle und daran arbeitete, würden sie dasselbe wollen. Was das Geld betraf, ja, ich würde einen hohen Scheck ausstellen müssen, aber wenn das den Weg für ein neues Kapitel in meinem Leben frei machte, würde ich das wohl verschmerzen können. Die gemeinsamen Freunde, die wir als Paar gewonnen hatten, würden sich vermutlich 50:50 aufteilen, das war nun mal so im Leben. Und das Verabreden? Als wohlhabender alleinstehender Mann in Manhattan würde ich wohl kaum unter einem Mangel an Möglichkeiten leiden.

Byram war herzlich, einfühlsam, verständnisvoll, erfahren und überzeugend. Sein Rat veränderte die Richtung meines Lebens auf die positivste Weise. Seither bin ich jede Woche ein- bis zweimal bei ihm. Meistens reden wir über den Job, und er denkt stets mit derselben objektiven Klarheit wie bei unserem ersten Termin. Er versteht, was in mir vorgeht, die Intensität, mit der ich die Welt erlebe und ihr begegne. Er hilft mir, meine Intuition zu überprüfen und die psychischen, sozialen, emotionalen und intellektuellen Filter abzustreifen, die die Wahrheit verschleiern können.

Byram hatte auch recht damit, dass die Scheidung den Weg frei machen würde für ein neues Kapitel in meinem Privatleben. Meine Freunde waren so nett, Verabredungen für mich zu organisieren — eine davon mit einer kürzlich geschiedenen Anwältin, Christine Hearst, die eine neue Stelle in Aussicht und die Kisten für einen Umzug nach Palo Alto bereits gepackt hatte. Nicht gerade vielversprechende Umstände. Wir waren beide sehr beschäftigt, und Christine plante bereits ihr neues Leben an der Westküste. Aber meine Freunde bestanden darauf, dass ich sie treffen sollte, also versprach ich, es zu versuchen.

Ich fand unsere erste Verabredung klasse. Christine fand sie seltsam. Sie dachte, ich würde sie abholen, aber ich arbeitete lange, und wir wollten zu einer Party in der Nähe meines Büros, also schickte ich ihr einen Wagen. Als ich schließlich zustieg, sah sie mich überrascht an. Ich warf ihr nur einen kurzen Blick zu und sagte: »Hi, ich bin Steve.« Und dann klappte ich die Blende herunter, um in den Spiegel schauen zu können, und fuhr mit einem elektrischen Rasierer über mein Kinn. Wir gingen erst zu einer Buchpräsentation im Rockefeller Center, von da aus zu einem Auftritt von George Michael im neuen Sony Plaza Gebäude und anschließend zu einer Dinnerparty mit Freunden an der Madison Avenue. Am nächsten Morgen rief mich Debbie Bancroft an, die gemeinsame Freundin, die uns einander vorgestellt hatte, um zu hören, wie es gelaufen war.

»Großartig«, sagte ich zu ihr. Ich mochte Christine, und wir waren bei diesen tollen Veranstaltungen gewesen. Christine ist zwar ein geselliger Mensch, aber sehr zurückhaltend. Sie hatte Debbie erzählt, dass sie sich wie ein Anhängsel gefühlt hatte, als wir von einer Veranstaltung zur nächsten eilten, uns mit allen möglichen Leuten unterhielten, die ich kannte und sie nicht. Sie hatte keinen netten Abend gehabt. Unsere Verabredung war so hektisch gewesen, dass wir überhaupt keine Zeit gehabt hatten, uns in Ruhe zu unterhalten. Debbie sagte mir, ich müsse Christine anrufen, mich entschuldigen und sie zu einem ruhigen Abend in ein Restaurant einladen, irgendwohin, wo wir uns tatsächlich kennenlernen könnten. Ich befolgte ihren Rat, und unsere nächste Verabredung war ein langes Abendessen in einem italienischen Restaurant an der First Avenue. Ich verbrachte einen so schönen Abend, dass ich gegen Ende meinen Terminkalender zückte. Christine wirkte überrascht, als ich die Termine durchging, um zu sehen, wann wir uns das nächste Mal treffen konnten. Jemanden aus der Finanzwelt mit einer solchen Präzision, wie ich sie an den Tag legte, war sie nicht gewohnt.

»Wir können das hier langsam oder schnell angehen«, sagte ich. »Ich bevorzuge schnell.«

Zum Glück habe ich sie damit nicht vergrault. Als wir ein Paar wurden, war einer der ersten Punkte, die sie auf der Agenda hatte, ein bisschen Ordnung in meine Junggesellengewohnheiten zu bringen. Ich bewohnte zusammen mit meinem Sohn Teddy ein Apartment in der 950 Fifth Avenue und hatte einen Koch eingestellt: Chang. Jeden Abend führten wir beim Essen diese typischen Vater-Teenagersohn-Gespräche. »Wie war's in der Schule?« »Gut.«

Als Christine das erste Mal zum Essen zu uns kam, ging sie in meine Küche und öffnete den Kühlschrank. Das war mehr, als ich je getan hatte. Darin fand sie stapelweise Stouffer's Fertiggerichte. Seit zwei Jahren wärmte Chang uns Fertiggerichte auf und servierte sie meinem Sohn und mir als Abendessen, und wir hatten nichts gemerkt.

Ein paar Jahre später, als Christine und ich dann schon verheiratet waren, wollte ich wieder einen Koch engagieren. Christine besitzt viele Fähigkeiten, aber eine Mahlzeit zuzubereiten gehört nicht dazu. Und jeder, der mich kennt, weiß, wie sehr ich nach einem langen Arbeitstag ein anständiges Abendessen zu schätzen weiß. Also schalteten wir eine Anzeige und waren besonders beeindruckt vom Lebenslauf eines Kochs namens Hymie. Wir luden ihn zu einem Vorstellungsgespräch ein, und als Christine die Tür öffnete, erkannte sie ihn sofort: Chang! Er hatte seinen Namen geändert und gehofft, wir hätten seine Tiefkühlkost vergessen. So ist New York.

NIEMALS VERLUSTE MACHEN!!!
EINEN INVESTMENTPROZESS ENTWICKELN

Die Menschen lächeln oft nur, wenn sie meine oberste Regel für das Investieren hören: Mache. Niemals. Verluste. Ich verstehe dieses Grinsen nicht, denn es ist tatsächlich so einfach. Bei Blackstone haben wir einen Investmentprozess etabliert und über die Zeit verfeinert, um diese grundlegende Regel einzuhalten. Wir haben einen Rahmen für die Einschätzung von Risiken geschaffen, der unglaublich zuverlässig ist. Wir schulen unsere Professionals, jede einzelne Investitionsmöglichkeit in zwei oder drei Hauptvariablen zusammenzufassen, die den Erfolg unseres Investmentansatzes definieren und Wert erzeugen. Bei Blackstone dreht sich die Entscheidung, zu investieren, um disziplinierte, leidenschaftslose und stabile Risikoeinschätzung. Es ist nicht nur ein Prozess, sondern eine Denkweise und fester Bestandteil unserer Firmenkultur.

Und so machen wir das:

———

Das Prinzip, ein Investmentkomitee einzusetzen, ist an der Wall Street generell üblich: Eine Handvoll oder mehr Senior-Partner einer bestimmten Firma laden Deal-Teams ein, damit sie eine neue Investitions-Gelegenheit vorstellen, die sie bereits in Form eines Memorandums zusammengefasst haben. Das Deal-Team wird versuchen, dem Komitee eine mögliche Investition zu verkaufen, alle Gründe auflisten, warum der Deal profitabel ist, und das Profit-Potenzial quantifizieren. Falls den Mitgliedern des Komitees gefällt, was sie hören, segnen sie den Deal ab, und das Präsentationsteam ist erleichtert, dass es weitermachen darf. Falls nicht, empfindet das Präsentationsteam es als Scheitern oder als eine Niederlage und schleicht aus dem Besprechungsraum, mit dem Memo in der Hand und möglicherweise verständnislos vor sich hin murmelnd. Nicht so bei Blackstone.

Wir strukturieren unseren Investmentprozess so, dass wir die Entscheidungsfindung demokratisieren und alle Beteiligten – das Deal-Team und die Komitee-Mitglieder – motivieren, sich gedanklich damit auseinanderzusetzen. Es gibt kein »wir« und »die«, kein Ringen um die Zustimmung der Entscheidungsträger. Stattdessen herrscht kollektives Verantwortungsbewusstsein, die entscheidenden Triebkräfte eines Deals zu identifizieren und das Ausmaß zu analysieren, in dem diese die Ertragslage einer Investition in verschiedenen Szenarien beeinflussen können.

Alle am Tisch, vom unerfahrensten bis zum hochrangigsten Mitarbeiter, sollen eine Meinung haben und diese auch vertreten. Weder Einzelne noch kleine Grüppchen dominieren das Gespräch oder haben die Macht zur Genehmigung. Es ist ein Mannschaftsspiel. Alle sollen ihre Argumente vorbringen, sich über die Variablen verständigen und mögliche Szenarien durchspielen. In manchen Fällen sind die Variablen ganz offensichtlich, in anderen sind ein paar Runden hitziger Diskussionen und Wortgefechte nötig, um diese zu bestimmen. Aber bevor wir uns nicht darüber einig sind, machen wir nicht weiter.

Das ist oftmals ein heikler Punkt, aber durch diese Vorgehensweise beugt man einem Großteil der Störfaktoren und Emotionen vor, die Investoren häufig von vernünftigen Entscheidungen abhalten. So eliminiert man zudem das individuelle Risiko und den Druck für ein Deal-Team, mit dem prognostizierten Ergebnis richtigliegen zu müssen. In Situationen, in denen wir über Milliardeninvestitionen sprechen, kann der psychische Druck immens sein und zu einer echten Belastung werden, wenn er sich auf wenige

Leute konzentriert. Denn mit einer schlechten Investition kann man die ganz Firma oder den eigenen Ruf ruinieren.

Bei Blackstone sind die Investmentkomitees dazu da, zu diskutieren und zu Erkenntnissen zu gelangen, und nicht dazu, einem Deal letzten Endes grundsätzlich zuzustimmen. Weil die Entscheidung, ob man weitergeht oder nicht, gemeinsam getroffen wird, fühlt sich niemand gedrängt, einen Deal anzupreisen, nur weil man ihn selbst vorgeschlagen hat. Ebenso wenig gibt es den Druck, einen suboptimalen Deal abzusegnen, um dem Team, das all die Arbeit mit der Ausarbeitung und der Analyse hatte, Zugeständnisse zu machen. Wenn wir eine Investition tätigen und es schiefgeht, haben wir uns alle geirrt und sind alle dafür verantwortlich, es in Ordnung zu bringen. Und wenn wir recht haben, was wesentlich häufiger der Fall ist, ernten wir die Lorbeeren gemeinsam.

Unser Entscheidungsprozess zwingt jeden, egal wie lange er dabei ist, sich zu verhalten, als gehörte die Firma ihm und als wäre das Kapital unserer Investoren als Limited-Partner sein persönliches. Diese Regelung führt zu einer extrem wirkungsvollen Harmonisierung der Anreize und verwandelt zudem die Bewertung eines jeden Deals in einen lehrreichen Moment. Der Erfolg unseres Systems spricht für sich.

DAS RAD SCHNELLER DREHEN

Pete und ich waren uns stets darin einig, nur 10er einzustellen. Heutzutage kann Blackstone aus den besten jungen Absolventen auswählen. Für 86 Stellen als Junior-Investmentanalyst gingen 2018 14.906 Bewerbungen ein. Unsere Aufnahmequote liegt bei 0,6 Prozent, also sehr viel niedriger als bei den wählerischsten Universitäten weltweit. Wenn ich mich heute für einen Job in meiner Firma bewerben müsste, bezweifle ich stark, dass sie mich nehmen würden.

Aber es bedurfte etlicher Jahre voller Versuche und Irrtümer, um dort anzukommen. Von Anfang an war es eine Herausforderung, die Leute zu finden und zu halten, die wir wollten. Ersteres lag aber nicht nur an uns. Denn wegen der Bedingungen meines Ausscheidens bei Lehman konnten wir keine ehemaligen Kollegen einstellen. Das waren aber die Leute, die wir am besten kannten, denen wir vertrauten und mit denen wir gut zusammengearbeitet hatten. Sie wären die idealen Partner in unserem neuen Unternehmen gewesen. Das zweite Problem bestand darin, dass sich die großen Firmen an der Wall Street damals mehr als geschlossenen Kreis betrachteten denn als Unternehmen. Jemand, der Goldman Sachs verließ, um bei Morgan Stanley anzufangen, galt gewissermaßen als Überläufer. Und Blackstone bestand damals gerade einmal aus einer Handvoll Leute in Aufbruchsstimmung – alles andere als ein geschlossener Kreis. Durch die Maßstäbe und Systeme bei Lehman blieb ich weitgehend davon verschont, in den Bewerberpools der Wall Street angeln zu müssen. Aber nun gab es keine bürokratischen Ebenen mehr, die mich vor der Wahrheit schützten, dass die

Finanzwelt eine Branche ist, die zum Selbstbetrug ermuntert. Die Leute halten sich für toll und sagen dir das auch. Niemals erwähnen sie, dass sie in ihrem letzten Job versagt haben, sondern behaupten, dass sie lediglich auf der Suche nach »mehr Möglichkeiten« sind. Du stellst sie ein, und oftmals scheitern sie. Du musst sie also feuern und dich nach neuen Kandidaten umsehen. Dann musst du dich durch die zweite Gruppe genauso durcharbeiten, bis du, mit der dritten Gruppe, vielleicht genau die Leute hast, die du brauchst. Dann laufen die ersten beiden Gruppen herum und erzählen jedem, wie schwierig deine Firma als Arbeitgeber ist, wodurch es sich dann noch schwieriger gestaltet, gute Leute zu finden.

Das dritte Problem war ich selbst. Ich war zwar gut darin, Geld zu beschaffen und Deals zu managen und sorgte umtriebig dafür, dass die Firma liquide blieb, aber wenn es darum ging, Leute einzustellen und zu führen, war ich in unseren ersten fünf Jahren ein hoffnungsloser Fall. Pete holte Freunde in die Firma, selbst wenn wir gar keine Arbeit für sie hatten. Die Partner, die Arbeit hatten, wickelten ihre eigenen Deals ab, ohne genau zu wissen, worum es dem Rest der Firma eigentlich ging. Informationen landeten bei mir, aber ich achtete nicht immer darauf, sie weiterzugeben. Wir waren eher eine Ansammlung von Einzelkämpfern als ein Team. Zur Entschuldigung berief ich mich darauf, dass wir in einem harten, stark umkämpften Geschäft tätig waren, in dem nicht viel Zeit blieb, sich über die Gefühle anderer Menschen Gedanken zu machen. Das war falsch.

—

1991 erkannte ich die Möglichkeit, unser System beim Einstellen und Einarbeiten von Mitarbeitern zu verbessern, als wir die erste Gruppe von MBA-Absolventen einstellten. In dem Moment wusste ich, dass Blackstone erfolgreich sein würde. Diese vielversprechenden jungen Menschen, die uns ihre Karrieren anvertrauten, waren Blackstones Zukunft. Im Gegenzug schuldeten wir ihnen eine Kultur, in der sie ihre Ziele realisieren konnten.

Die Kultur der Wall Street, in der ich »aufgewachsen« war, würde nicht funktionieren. Bei Lehman waren die Leute clever und taff und verdienten eine Menge Geld. Aber es war ein komplexes Beziehungsgeflecht. Da gab es auch schon mal verbale Angriffe. In den ersten Jahren hallte bei Blackstone der Umgangston wider, den wir aus den Firmen kannten, aus denen wir gekommen waren. Trotz unserer Bemühungen, eine neue Art von Firma zu erschaffen, hatten wir auf mittlerer Ebene immer noch Leute, die extrem hart zu ihren Mitarbeitern waren. Sie brüllten sie mitunter an, beleidigten sie, schubsten sie herum. Sie warteten freitags bis zum letzten Moment, um ihnen Arbeit aufzubürden und ihnen damit das Wochenende zu verderben. Ein junger Analyst war einmal so frustriert, dass er gegen den Kopierer trat und ihn außer Gefecht setzte. Als ich davon erfuhr, dachte ich: *Das ist doch verrückt*.

Um die schlimmsten Verhaltensweisen abzulegen, wandten wir uns an Respect at Work, eine Gruppe, die in die Firma kam und mit den Mitarbeitern sprach, um herauszufinden, was sie auf dem Herzen hatten. Sie ließen kleine Gruppen Rollenspiele vortragen, um den Mitarbeitern ihr Verhalten vor Augen zu führen. Die Mitarbeiter schlüpften in die Rollen als Tyrann oder Opfer. Ich ging zu sämtlichen Aufführungen und saß immer in der ersten Reihe. Zu sehen, wie meine Kollegen dargestellt wurden, war erschreckend, absurd und doch nicht zu leugnen. Uns unseren Defiziten zu stellen, war der erste Schritt, diese Art von Verhalten abzustellen. Wir stellten klar, dass jeder, der sich in Zukunft so aufführte, gefeuert werden würde. Es war an mir, deutlich zu machen, woran ich glaubte, dahinterzustehen und jedem in der Firma zu zeigen, dass es mir ernst damit war.

Genauso wie wir unseren Investitionsprozess in den Nachwehen von Edgcomb überdacht hatten, versetzten wir uns nun in die Lage dieser jungen Menschen, die bei Blackstone anfingen, und berücksichtigten, was sie von uns erwarteten. Bei DLJ war ich nie anständig eingearbeitet worden. Ich hatte mich in mein Büro gehockt und gehofft, dass mich niemand bemerken würde, vor lauter Angst, ich könnte unwissend oder inkompetent erscheinen. Vermutlich war ich damals der größte Abnehmer von Deodorant an der East Side von Manhattan. Bei Lehman hatte ich aus meinen eigenen Fehlern gelernt. In so einer Umgebung zu lernen war ein langsames, unsicheres Unterfangen, das eine hohe Rate an Burn-out und Verschleiß nach sich zog. Deshalb investierten wir bei Blackstone in ein vernünftiges Ausbildungsprogramm, um sicherzustellen, dass unsere Neulinge wussten, was sie zu tun hatten, bevor wir sie an die Arbeit schickten. Es lag ja in unserem eigenen Interesse, dass sie so schnell wie möglich aktiv und nutzbringend sein würden, sich mit den Grundlagen der Finanzierung und der Abwicklung von Deals bestens auskannten, aufmerksam im Hinblick auf unsere Kultur waren und sich nicht zu verstecken brauchten, um Unwissenheit zu verbergen. Die Kosten eines effizienten, wirkungsvollen Trainingsprogramms waren gering im Vergleich zu dem Nutzen, dass unsere neuesten Mitarbeiter, unsere wichtigste Ressource, über das nötige Wissen und Selbstvertrauen verfügten, wertgeschätzt wurden und bereit für die Arbeit waren.

Wir formulierten eine Reihe klarer Erwartungen, die ich unseren neuen Analysten in einer Begrüßungsrede darlegte. Es lief auf zwei Wörter hinaus: Spitzenleistung und Integrität. Wenn wir unseren Investoren Spitzenleistung lieferten und einen makellosen Ruf behielten, hatten wir die Möglichkeit, zu wachsen und noch interessantere und lohnendere Projekte anzugehen. Wenn wir schlecht investierten oder unserer Integrität schadeten, würden wir scheitern.

Um sicherzugehen, dass meine Botschaft ankam, definierte ich Spitzenleistung in eng gefassten, konkreten Modalitäten: Es bedeutete 100 Prozent bei allem. Keine Fehler. Das ist anders als in der Schule oder an der Uni, wo man mit 95 Prozent noch eine Eins bekommen kann. Bei Blackstone können diese 5 Prozent Minderleistung für unsere Investoren Riesenverluste bedeuten. Das ist ein immenser Druck, aber ich schlug zwei Wege vor, um diesen zu verringern.

Der erste war Fokussierung. Falls Sie sich je von der Arbeit überfordert fühlen, so erklärte ich, geben Sie einen Teil weiter an andere. Das mag sich nicht selbstverständlich anfühlen. Leistungsträger bieten sich eher an, mehr Verantwortung zu übernehmen, anstatt einen Teil der bereits übernommenen wieder abzugeben. Aber die Vorgesetzten in unserem Unternehmen interessiert nur, dass die Arbeit gut gemacht wird. Es hat nichts Heldenhaftes oder Löbliches an sich, zu viel anzunehmen und es dann zu vermasseln. Konzentrieren Sie sich lieber auf das, was Sie schaffen können, machen Sie das gut, und geben Sie den Rest ab.

Der zweite Weg, um Ihre Chancen auf das Erreichen von Spitzenleistung zu maximieren, besteht darin, nötigenfalls um Hilfe zu bitten. Blackstone ist voller Menschen, die schon bei einer Menge Deals mitgearbeitet haben. Wenn Sie die ganze Nacht damit zubringen, ein Problem zu lösen, kann es gut sein, dass ein paar Büros weiter jemand mit mehr Erfahrung sitzt, der das in sehr viel weniger Zeit tun könnte. Verschwenden Sie nicht Ihre Zeit damit, das Rad neu zu erfinden, riet ich ihnen. Um Sie herum gibt es jede Menge Räder, die schon funktionieren und nur darauf warten, dass Sie sie schneller, weiter und in neue Richtungen drehen.

Was Integrität anbelangte, konnte ich es am einfachsten im Hinblick auf den Ruf erklären. Um sich einen guten Ruf zu verdienen, müssen Sie langfristig denken. Ich hatte schon angefangen, meinen Ruf aufzubauen, während ich in den Vorstädten Philadelphias aufwuchs, getreu der bürgerlichen Werte Ehrlichkeit, harte Arbeit, Respekt gegenüber anderen und stets das tun, was man zu tun bekundet. Wenn das nicht schwierig klingt, so liegt das daran, dass es das auch nicht ist. Alles Kompliziertere kann inmitten der Fallstricke und Versuchungen unserer Arbeit verloren gehen. Deshalb war meine Botschaft an unsere neuen Analysten sehr simpel: Halten Sie sich an unsere Werte und setzen Sie nie unseren Ruf aufs Spiel.

Während meiner beruflichen Laufbahn hatte ich die übelste Seite der Wall Street kennengelernt. Ich hatte gesehen, wie Menschen mit katastrophalen Folgen für sie selbst, ihr Unternehmen und ihre Familie ihrer Integrität schaden. Anfang der 1980er, als ich die M&A-Abteilung bei Lehman leitete, hatte Dennis Levine das Büro neben meinem. Dennis war ein Banker mit einer jungen Familie und wirkte so wie der Rest von uns. Aber 1986 bekannte er sich schuldig wegen Insiderhandel, Wertpapierbetrug und Meineid. Er hatte vertrauliche Informationen zu geplanten Unternehmens-übernahmen genutzt und Aktien der Zielfirmen erworben. Sobald die Übernahmen öffentlich bekannt gegeben wurden, stiegen die Aktien, und Levine machte große, illegale Gewinne. Sein bekanntester Komplize war Ivan Boesky, ein Trader in dreiteiligem Anzug, der Millionen verdient hatte, während er im Herzen der Wall Street saß. Jeder kannte Boesky, und jeder sprach mit ihm.

Eines Tages in den frühen 1980ern hatte mich Boesky in den Harvard Club auf der Forty-Fourth Street zu einem Drink eingeladen. Er begann das Gespräch, indem er mich fragte, wie es mir bei Lehman gefiel. Ich sagte ihm, dass mir die Arbeit und die Größe der Deals Spaß machen würden. Dann fragte er mich: »Würden Sie nicht gern mehr verdienen?« Ich antwortete, dass ich gut verdienen würde und es schon noch mehr werden würde. »Aber würden Sie das nicht gern ein bisschen beschleunigen?« Ich dachte, er wolle mir eine Stelle anbieten, deshalb sagte ich ihm, dass ich in meiner aktuellen Position glücklich sei. Aber er ließ nicht locker mit seinem seltsam vagen Angebot: »Hätten Sie nicht gern mehr?«

Schließlich fragte ich ihn, ob wir nicht etwas anderes zu besprechen hätten. Er verneinte und brachte mich in seinem Wagen nach Hause. Ich dachte nicht weiter darüber nach, bis Boesky nach Levines Geständnis 1986 verhaftet wurde. Das *Wall Street Journal* brachte eine Geschichte darüber, wie Boesky mit einem Treffen im Harvard Club und denselben seltsamen Fragen – Möchten Sie nicht gern schneller mehr verdienen? – einen weiteren Mitverschwörer angelockt hatte, Marty Siegel, den Leiter der M&A-Abteilung von Kidder Peabody.

Boesky, Siegel und Levine sowie der Junior-Banker Ira Sokolow kamen ins Gefängnis. Als ich das las, wurde mir klar, dass Levine ein paar seiner Insider-Informationen direkt von meinem Schreibtisch gehabt haben musste. Er muss in mein Büro gekommen, sie genommen und direkt an Ivan Boesky weitergereicht haben.

Ich erzähle unseren Associates im ersten Jahr bei Blackstone diese Geschichte immer als Warnung. Diese Männer – Boesky, Levine, Sokolow und Siegel – sahen genauso aus wie wir. Sie gingen, redeten und handelten wie wir. Und sie kamen wegen Insiderhandel ins Gefängnis. Sollte ich bei Blackstone jemals jemanden erwischen, der das tat, was diese Männer getan hatten, würde ich den Betreffenden persönlich ins Gefängnis schaffen. Das sagte ich nicht, um ihnen Angst einzujagen, sondern um ihnen zu helfen, um Zweifel auszuräumen und ihnen das Treffen von Entscheidungen zu erleichtern. Als wir den Jahrgang von 1991 einstellten, blickten Pete und ich mehrere Jahrzehnte weiter. Wir hofften, dass dies die Gruppe wäre, der wir eines Tages die Firma übergeben würden. Diese jungen Menschen würden dafür sorgen, dass Blackstone noch lange nach uns prosperierte. Sie repräsentierten unsere Zukunft. Wir schulten sie nicht nur, damit sie großartige Mitspieler wurden, sondern auch zukünftige Coaches für die ihnen folgenden Klassen. All die Theorien, die wir dazu hatten, eine Informationsmaschine zu bauen, neue Geschäftsfelder zu erschließen und eine beträchtliche Größenordnung zu erreichen, hingen davon ab, ob diese jungen Leute von Mitte oder Ende zwanzig das einlösten, was wir in ihnen sahen. Nur die Zeit würde zeigen, ob wir auf die richtigen Pferde gesetzt hatten.

Wie sich herausstellte, hatten wir das. Viele aus diesem Jahrgang und denen, die unmittelbar darauf folgten, blieben jahrelang bei uns und wurden zu einigen der erfolgreichsten Investoren und Manager unserer Branche.

UM DIE ECKEN SCHAUEN

EXPANDIEREN

Bis 1994 hatte Larry Fink zwei große Fonds für Blackstone Financial Management aufgebaut und managte etwa 20 Milliarden hypothekenbesicherte Vermögenswerte. Als die Federal Reserve jedoch anfing, die kurzfristigen Zinsen stärker als erwartet anzuheben, gingen auch die langfristigen Zinsen steil nach oben, was viele Anleihe-Investoren kalt erwischte. Die Anleihepreise brachen in dem später so bezeichneten »großen Anleihen-Massaker« ein und drückten den Wert von Larrys Fonds.

Larry wollte den ganzen Geschäftsbereich verkaufen, denn einer der Fonds wurde bald fällig, und er sorgte sich, dass die Investoren in Anbetracht der Leistungsschwäche nicht erneut bei ihm investieren wollten. Ich versuchte ihn zu beruhigen. Es stimmte, dass wir ebenso wie der gesamte Markt eine harte Zeit durchmachten, aber im Fall von Larry und seinem Team war ich davon überzeugt, die Besten der Branche zu haben. Deshalb wollte ich, dass wir weiter wuchsen. Selbst wenn die Performance eine Weile zurückging und die Investoren Gelder abzogen, war ich doch sicher, dass sich die Anlagenklasse wieder erholen würde. »Gib der Sache ein bisschen Zeit«, sagte ich zu Larry. Ich habe kein Problem damit, eine Anlage oder einen Geschäftsbereich zu verkaufen, wenn der Moment dafür gekommen ist, aber das war aktuell nicht der Fall. Dieser Geschäftsbereich konnte riesig werden, wenn wir daran festhielten.

Aber ich konnte ihn nicht überreden. »Wieso habe ich mehr Zutrauen in dich als du selbst?«, fragte ich ihn. Er sagte mir, dass dieses Geschäft 100 Prozent seines Nettovermögens repräsentiere,

aber nur 10 Prozent von meinem, daher unser unterschiedlich großer Appetit auf Risiko. Monatelang drehten wir uns im Kreis.

Auch in Bezug auf das Eigenkapital in dem Geschäftsbereich
waren wir unterschiedlicher Meinung. Laut unserer ursprünglichen Vereinbarung besaß Blackstone die Hälfte von Blackstone
Financial Management, Larry und sein Team den Rest. Wir hatten
vereinbart, unsere Anteile auf jeweils 40 Prozent zu beschränken,
wodurch 20 Prozent als Aktien an die Mitarbeiter verteilt werden
konnten. Sollte später eine weitere Kapitalverwässerung nötig sein,
würde die von Larrys Seite kommen. Das war die Vereinbarung.
Aber es dauerte nicht lange, und sie wollten, dass wir mehr Aktien
abgaben. Ich lehnte ab. Larry und sein Team waren wütend, argumentierten, dass sie die ganze Arbeit machen würden. Ich vertrat
die Überzeugung, dass man sich an etwas hält, wenn man es einmal
unterschrieben hat, aber im Nachhinein betrachtet hätte ich den
Vertrag außen vor lassen und Larrys Forderungen erfüllen sollen.

Am Ende verkauften Blackstone, Larry und sein Team Blackstone Financial Management an PNC, eine mittelgroße Bank in
Pittsburgh. Das einzig Spaßige an der Sache war die Umbenennung
der Firma, nachdem sie nun im Besitz von PNC war. Sie konnte
nicht weiterhin Blackstone heißen. Larry dachte, es müsse einen
Weg geben, trotz des neuen Namens noch eine Verbindung zu
behalten. Er schlug Black Pebble oder BlackRock vor. Black Pebble
klang für mich mickrig. Wir einigten uns auf BlackRock.

Diesen Geschäftsbereich zu verkaufen war ein großer Fehler. Das
muss ich offen eingestehen. Larrys schwächelnde Fonds erholten
sich von ihrem Tiefststand im Jahr 1994, und PNC machte mit dieser Investition ein Vermögen. Larry hat meine Erwartungen letztlich erfüllt und ein riesiges erfolgreiches Geschäft aufgebaut, die
größte traditionelle Vermögensverwaltung der Welt. Ich sehe ihn
oft, und er ist ein unglaublich glücklicher Mann. Es ist schon außergewöhnlich, wenn man bedenkt, was aus Blackstone und Black-
Rock geworden ist. Zwei Firmen, in Rufweite voneinander ent-

fernt mitten in Manhattan, die mit ein paar Leuten im selben Büro gestartet sind. Ich stelle mir oft vor, was aus uns zusammen geworden wäre.

Wäre ich heute noch einmal in der Situation wie 1994, würde ich einen Weg finden, Blackstone Financial Management nicht zu verkaufen. Larry war ein 11er, und sein Geschäftsbereich war genau das, was wir bei Blackstone aufbauen wollten. Dieser Bereich hätte nicht nur die Möglichkeit geboten, riesig und extrem profitabel zu sein, sondern auch jenes intellektuelle Kapital hervorgebracht, das alles, was wir taten, beseelt und gestärkt hätte. Darüber hinaus ergänzten Larrys Fähigkeiten meine, er war außergewöhnlich, als Talent und als Manager. Ich spezialisierte mich auf illiquide Vermögenswerte; er kannte sich mit liquiden Werten, wie zum Beispiel Wertpapieren, aus. Wir hätten beide Seiten ein und desselben Geschäfts bearbeiten können.

Aber mir unterliefen die Fehler eines unerfahrenen CEOs: Ich ließ unsere Meinungsverschiedenheiten gären. Ich wich nicht von der Stelle, was die Verwässerung unseres Kapitals anging, weil ich es für einen moralischen Grundsatz hielt, die Bedingungen des ursprünglichen Deals zu respektieren. Stattdessen hätte ich einsehen müssen, dass man manchmal Anpassungen vornehmen muss, wenn sich die Situation verändert und ein Geschäft extrem gut läuft.

———

Als wir zum ersten Mal überlegten, Blackstone um neue Geschäftssparten zu erweitern, wollten wir nicht einfach nur in irgendeinen Bereich vordringen. Wir wollten Geschäftsbereiche aufbauen, die für sich großartig waren, aber auch unsere Firma insgesamt besser dastehen ließen. Je mehr wir aus anderen Geschäftsfeldern lernten, desto besser würden wir in allem werden, davon waren wir überzeugt. Wenn es eins gibt, was man an der Harvard Business School grundsätzlich lernt, dann ist es das: Alles im Geschäftsleben hängt miteinander zusammen. Wir konnten Möglichkeiten und Märkte auf ungewöhnliche und andere Weise betrachten als unsere Konkurrenz. Unsere Perspektive würde weiter und tiefer werden. Je mehr Informationen in unsere Firma liefen, desto mehr würden wir wissen, desto klüger würden wir sein und desto besser wären die Leute, die mit uns arbeiten wollten.

1998 wickelten wir unseren ersten großen Deal in Europa ab: kauften die britische Savoy Group, zur der vier hochgeschätzte Londoner Hotels gehörten: das Savoy, Claridge's, das Berkeley und das Connaught. Zu der Zeit hatten wir in London keine ständige Präsenz, und es war ein schwieriges Geschäft, weil die Eigentümer seit Jahren miteinander zerstritten waren. Deshalb flog ich zur Vertragsunterzeichnung herüber. Anschließend fuhr ich nach Mayfair ins Claridge's, setzte mich auf ein Sofa und sank so tief ein, dass meine Knie auf Höhe meiner Ohren waren. Dieses Hotel musste dringend generalüberholt werden.

Und ausgerechnet wir sollten das können? Die britische Presse bezeichnete uns als Barbaren, Amerikaner, die diese nationalen Schätze ruinieren würden. Mir war klar, dass wir in London danach beurteilt werden würden, wie wir das Claridge's renovierten, eines der prachtvollsten und traditionellsten Hotels in der Stadt, einer der Favoriten von Queen Mom. Wenn wir gute Arbeit leisteten, würde das unsere Zukunft hier sehr vereinfachen. Das wäre besser als jede Art von Werbekampagne. Ich hielt es für so wichtig, dass ich die Renovierungsarbeiten selbst überwachte. Ich habe gern die Hände mit im Spiel, wenn es darum geht, etwas Schönes zu erschaffen.

Ich nahm an, dass die beste Methode, die Engländer glücklich zu machen, darin bestand, einen britischen Innenarchitekten mit der Renovierung zu beauftragen. Ich rief Mark Birley an, der bereits eine Reihe beliebter und stilvoller Klubs und Restaurants in London eingerichtet hatte, unter anderem Annabel's und Harry's Bar, und schlug ihm vor, im Claridge's einen Klub zu eröffnen. Er warnte mich vor der Zusammenarbeit und sagte: »Ich bin aber sehr unvernünftig.« Als er Harry's Bar in London einrichtete, so erzählte er mir, wurden für den Hauptspeiseraum die falschen Wandleuchter geliefert. Das Projekt hinkte bereits Monate hinter dem Zeitplan her, und seine Familie wie auch seine Geschäftspartner drängten darauf, dass es endlich fertig wurde. »Häng doch irgendwelche Lampen als Übergangslösung auf«, drängten sie. »Du kannst doch die Eröffnung nicht wegen ein paar Wandleuchtern verschieben.« Aber Birley gab nicht nach. Er wollte erst eröffnen, wenn alles perfekt war. »Wir haben eine Menge Geld verloren«, erzählte er mir. »Aber Geld ist mir egal. Mir geht es nur um Perfektion. Das bestimmt die Art und Weise, wie ich Dinge sehe.« Ich versicherte ihm, dass ich seine Haltung verstehen könne.

Dann besorgte ich mir die Namen der besten fünf Inneneinrichter Englands und lud sie zu einer Präsentation vor einem Ausschuss ein. Dieser bestand aus Damen der Gesellschaft, von denen ich annahm, dass sie guten von schlechtem Geschmack unterscheiden konnten. Den Ausschuss und die Inneneinrichter zusammenzubekommen dauerte neun Monate. Am Ende des Präsentationstages sagte ich dem Ausschuss, dass wir abstimmen müssten. Eine der Frauen hob die Hand und fragte: »Muss ich einen der Vorschläge nehmen?« Das Urteil war einstimmig. Ihnen hatte keiner gefallen.

Am darauffolgenden Tag rief mich eine der Damen an, meine Freundin Dorrit Moussaieff. Die Person, die ich bräuchte, sei ganz und gar nicht britisch, sagte sie. Er sei Franzose und lebe in New York. *Nicht der ideale Stallgeruch für ein britisches Hotel in London*, dachte ich, aber mir gingen die Ideen aus.

Ein paar Tage später betrat Thierry Despont mein Büro, makellos gekleidet und ganz mit französischem Charme. Er überreichte mir zwei Bücher mit seinen Designs und sagte: »Thierry macht niescht bei Ausschreibungen mit. Wenn Sie miesch engagieren wollen, tun Sie das. Außerdem übernehme iesch keine kommerziellen Arbeiten, deshalb eignet siesch dieses Projekt niescht für miesch.«

Sofort war meine Neugier geweckt. Das hier würde eine völlig andere Art von Verhandlung werden, also schoss ich Testpfeile ab, suchte einen Weg, um hinter seine formidable Fassade zu schauen. Wenn Thierry keine kommerziellen Aufträge übernahm, fragte ich, was mache er denn dann?

»Iesch mache nur große 'äuser. Die Bibliothek von einem dieser 'äuser, die iesch gerade einrischte, ist größer als die Lobby von Claridge 'otel.« Dann fügte er mit Nachdruck hinzu: »Iesch arbeite ohne Budget.«

»Klingt nach einer Menge Spaß.«

»Absolument.«

»Nur aus Neugier, haben Sie jemals einen kommerziellen Auftrag übernommen?«

»Jawohl. Für meinen Freund Ralph Lauren.« Ralph wollte sein Geschäft in der New Bond Street umgestalten und bat Thierry, die Treppe im Connaught zu kopieren. »Iesch sagte Ralph, die Treppe aus dem Connaught lässt siesch niescht kopieren, aber vielleicht gebe iesch seine Treppe die Essenz von diese Treppe.« Während er immer wieder nach London kam, um diese »Essenz« zu erschaffen, so erzählte er mir, wohnte er bei siebzehn verschiedenen Gelegenheiten im »Se Clariedge«. Es sei ein »verwirrendes 'otel«, der Stil zum Teil georgianisch, ein bisschen viktorianisch, überhaupt kein Gefühl für das Ganze. Er habe das komplette Hotel in seinem Kopf bereits umgestaltet, weil »iesch so arbeite. Wenn iesch an einem Ort bin, 'abe iesch Bilder in Kopf, ihn zu verschönern.«

Bei Gesprächen mit jemandem, den man nicht kennt, sollte man stets geduldig sein und Fragen stellen, bis man eine gemeinsame Basis gefunden hat. Thierry hatte nicht nur oft im Claridge's gewohnt, sondern auch über dessen Design nachgedacht. Seine Vorbehalte gegen kommerzielle Arbeiten mochten berechtigt sein, waren aber in dieser Situation vielleicht gar nicht angebracht. Er besaß das nötige Selbstvertrauen, um das Claridge's auch gegenüber

einer möglicherweise ablehnenden öffentlichen Meinung umzugestalten. Nun musste ich ihn nur noch überzeugen.

»Ich weiß, dass Sie keine kommerziellen Aufträge übernehmen,
aber es klingt, als wäre das nicht einmal Arbeit«, sagte ich. »Sie haben
diesen Ort im Kopf ja schon umgestaltet.« Darüber hinaus wäre es die
beste Werbung, die ein Innenarchitekt nur bekommen kann. Ich
kannte eine Menge Designer und Innenarchitekten, aber von ihm hatte ich noch nie gehört. Mit nur einem Projekt könnte er bekannt werden. »Jeder Wohlhabende, der London besucht, wird wissen, dass Sie
das Claridge's umgestaltet haben, und Sie dann vielleicht beauftragen.«

»Thierry wird nachdenken und Sie anrufen.«

Zwei Wochen danach war er wieder in meinem Büro. »Iesch 'abe
nachgedacht über das, was Sie gesagt 'aben, und diese Aufgabe wäre
leischt für miesch. Dieses Projekt kann gut werden.« Ich fragte ihn,
ob er Entwürfe oder Skizzen hätte, die er mir zeigen könne. »So
arbeitet Thierry niescht. Iesch spreche mit Ihnen über Farben und
Konzepte und zeige Ihnen dann, was iesch mir vorstelle. Iesch ent-
werfe und Sie sagen, ob es Ihnen gefällt oder niescht. Sie können
ablehnen und wir finden eine andere Lösung.«

Dann ließ ich meine Bombe platzen. Da wir so viel für den
Erwerb der Hotels bezahlt hatten, war nicht mehr viel übrig für
einen teuren Innenarchitekten. Im Gegensatz zu ihm spielte für uns
Geld eine Rolle, denn wir wollten an dem Geschäft verdienen. Für
ihn würde das Hotel eine fantastische Werbung abgeben. Wir pro-
fitierten also beide von dem Projekt.

»Sagen Sie das so zu jedem?«, fragte er.

»Das ist einfach die Realität dieser speziellen Situation.«

»Darauf sollte es nur eine Antwort geben. Sie lautet nein. Aber
iesch sage Ja.«

Thierry leistete fantastische Arbeit. Nicht lange nach der Renovierung erhielt ich einen Brief von dem in London im Exil lebenden Ex-König von Griechenland. Nachdem wir das Claridge's
gekauft hatten, schrieb er an eine der britischen Tageszeitungen

und beschwerte sich, dass diese ungehobelten Amerikaner sein Lieblingshotel zerstören würden. Nachdem er nun gesehen hatte, was wir und unser französischer Innenarchitekt geleistet hatten, war er so nett, mir zu schreiben, dass er sich geirrt habe.

––––

Der Erfolg unseres Londoner Hotel-Deals war einer der Gründe, warum wir entschieden, unser erstes Büro in Übersee zu eröffnen. Ende der 1990er gründeten viele unserer Konkurrenten internationale Niederlassungen. Das zwingendste Argument für globale Expansion bestand darin, dass wir dadurch Zugang zu mehr Investitionsmöglichkeiten bekämen. Wir konnten neue Fonds auflegen und neue Wege finden, unsere Investoren zu belohnen. Falls die Vereinigten Staaten wieder in eine Rezession fallen sollten, könnten wir uns auf andere erschlossene Märkte wie Europa oder die sich entwickelnden Märkte von Asien, Lateinamerika und Afrika konzentrieren. Aber obwohl wir einzelne Geschäfte außerhalb der Vereinigten Staaten abwickelten, wie die Savoy Group, forcierten wir das aus zwei Gründen nicht stärker.

Erstens wegen unserer wichtigsten Investmentregel: Mach nie Verluste. In den Vereinigten Staaten fühlten wir uns wohl, hier gab es noch jede Menge Deals für uns. Wir kannten die Risiken und wussten, wie wir sie verringern konnten. In neuen Märkten würden wir von Grund auf lernen müssen.

Zweitens gefährdeten wir mit der Expansion nach Übersee möglicherweise den Investmentprozess, den wir nach Edgcomb entwickelt hatten. Dessen Erfolg hing davon ab, dass dieselben Leute zusammen in einem Raum waren und im Laufe der Zeit Dutzende von Deals unter die Lupe nahmen, um zu sehen, wie viel oder wenig Zuversicht jeder Einzelne ausstrahlte. Mir musste ein Deal in einem persönlichen Gespräch erläutert werden, bevor ich einen Entschluss fassen konnte. Die Nuancen einer Stimme zu hören oder die Körpersprache eines Menschen zu sehen verriet mir genauso viel, wie er oder sie sagte. Ich konnte mir nicht vorstellen, wie wir die für unseren Investmentprozess erforderliche Sorgfalt beibehalten sollten, wenn wir lediglich von über die Welt verteilten Büros aus miteinander telefonierten. Die Entwicklung der Videokonferenztechnik veränderte meine Einstellung dazu. 2001 konnte man mit Menschen in Echtzeit interagieren, die Tausende Meilen weit weg waren. In jenem Jahr eröffneten wir ein Büro in London.

Das Vereinigte Königreich war die naheliegende Wahl für unsere erste Private-Equity-Außenstelle. Was Geschäfte in der europäischen Union anbelangte, war es das aktivste Land, und wir hatten ein paar Transaktionen durchgeführt, wie den Kauf der Savoy Group, ohne ein Team dorthin zu schicken. Die Sprache, das Rechtssystem und das allgemeine Geschäftsklima erleichterten einem amerikanischen Unternehmen die Expansion. Dennoch hatte ich das Gefühl, dass wir etwas brauchten, um uns abzuheben. Wir sahen uns die amerikanischen Dealmaker an, die sich in ihren Maßanzügen und -schuhen als Briten ausgaben. Und wir schauten auf die Europäer, mit ihren jahrhundertealten Feindseligkeiten. Und dann entschieden wir, dass unser Vorteil darin bestand, ungeniert amerikanisch zu sein, ungeniert Blackstone. Wir würden die Verbindung zum amerikanischen Geld und Geschäfts-Know-how anbieten, ohne kulturelle Altlasten im Gepäck. Einfach geradlinige Amerikaner, vor Ort, um Geschäfte zu tätigen.

Die meisten Unternehmen, die ein unternehmerisches Wagnis vorhaben, betrauen eine leitende Führungskraft mit der Verantwortung, jemand Gewichtigen mit viel Erfahrung. Wir wägten unser Bestreben zu wachsen dagegen ab, dass wir unsere Kultur erhalten wollten, und hielten es für wichtiger, jemanden zu schicken, der unsere Kultur verkörperte. Jemanden, dem wir absolut vertrauten, der hungrig war, für Blackstone einen neuen Geschäftsbereich aufzubauen.

David Blitzer war 1991 direkt von der Wharton School der University of Pennsylvania zu uns gekommen. Er kam also von einer der besten Business Schools der Welt und gehörte zu unserem ersten Jahrgang von Hochschulabsolventen. Er war einer jener Junior-Analysten, die ich mit meinen Anrufen zu überraschen pflegte, wenn ich bei den Details eines Deals tiefer graben wollte. Er liebte Coca-Cola, Hamburger, die New York Yankees und würde niemals einen Maßanzug tragen. Er ist sympathisch und gesellig, clever und denkt unternehmerisch.

Das einzige Problem bestand darin, dass David nicht nach London gehen wollte. Er und seine Frau, Allison, waren frisch verheiratet, hatten bisher keine Kinder und sorgten sich um die medizinische Versorgung in britischen Krankenhäusern. Also führten Christine und ich die beiden in ein französisches Restaurant am Central Park South zum Essen aus. Ich versprach David und Allison, sie auf Wunsch für jegliche medizinische Versorgung zurückzufliegen, sie bei Bedarf sogar einen Monat vor der Geburt eines Kindes zurückzuholen. Damals bedeutete das für die Firma eine Menge Geld, aber ich wollte David dort haben. Und ich versicherte den beiden, dass jeder, der nach London gezogen war, sagte, er würde es lieben. Die beiden nahmen das Angebot an.

David entschied, Joe Baratta mitzunehmen. Joe war ebenfalls in seinen Zwanzigern zu Blackstone gekommen und hatte zuvor bei Morgan Stanley gearbeitet. Er besaß eine starke unternehmerische Ader und eine Faszination für die Geschäftswelt, nicht nur die Finanzen. Er war ein unerschütterlicher Arbeiter, der unter einem unserer übelsten Partner gelitten hatte. Aber er hatte sich davon nicht entmutigen lassen und einen ausgezeichneten Ruf erworben. Wie David verstand auch er intuitiv unseren Investmentprozess und unsere Kultur.

Die beiden trafen mit Kapital, aber ohne Büro in London ein und mieteten für den Anfang Räume bei KKR, einem der größten Private-Equity-Unternehmen. Die Geschäfte, die sie anstrebten, bauten auf unserer ungewöhnlichen Erfahrung sowohl in Private Equity wie auch im Immobilienbereich auf. Sie kauften Pubs, Hotels und Vergnügungsparks und expandierten ins übrige Europa. Die beiden waren kreativ und offensiv und wickelten ein paar der erfolgreichsten Geschäfte unserer Geschichte ab. Sie bauten unsere erste internationale Außenstelle auf, ohne dabei die für unser Unternehmen zentrale Kultur und Disziplin zu opfern. Übrigens bekamen David und Allison fünf Kinder in London.

Etwa zur gleichen Zeit expandierten wir auch zu Hause in New York. Ich bat Tom Hill, den ich von der Army Reserve und der Zusammenarbeit bei Lehman kannte, einen neuen Hedgefonds-Zweig aufzubauen, Blackstone Alternative Asset Management (BAAM). Tom übernahm unsere im Werden begriffenen Aktivitäten in diesem Bereich und entwickelte sie zum weltweit größten Anbieter für Diskretionäres Investment-Management in Hedgefonds[*]. Er steigerte das verwaltete Vermögen von unter 1 Milliarde Dollar auf über 75 Milliarden Dollar, als er 2018 in den Ruhestand ging.

———

Innerhalb eines Jahres nach der Ankunft von David und Joe in London wuchs Blackstone aus den dort gemieteten Räumlichkeiten heraus. Wenn Sie in einen Markt eintreten, senden Sie mit jeder Entscheidung, die Sie treffen, Signale aus, von den Mitarbeitern, die Sie einstellen, bis zu den Büroräumen, die Sie mieten. Diese sind ein wichtiger Teil Ihrer Marke. Ich war entschlossen, dass unsere neue europäische Zentrale die Werte unseres Unternehmens verkörpern sollte: Exzellenz, Integrität und Fürsorge für alle Menschen, die mit uns verbunden waren, sowohl für die, die wir beschäftigten, als auch für die, deren Geld wir investierten.

Ich machte gerade Urlaub in Frankreich, als der Immobilienmakler, den wir beauftragt hatten, anrief und sagte, er habe fünf

---

[*] Anm. d. Übers.: Form des Investmentmanagements, bei der Kauf- und Verkaufsentscheidungen von einem Portfoliomanager oder Anlageberater für Rechnung des Kunden getroffen werden

Objekte in London, die ich mir ansehen könne. Ich flog direkt hin, noch in Jeans und Polohemd, und sah mir fünf schmuddelige Büroräumlichkeiten an, allesamt mit niedrigen Decken und kleinen Fenstern. Ich sagte dem Makler, dass ich sie schrecklich fand. Er sagte, es seien die besten, die er in London habe finden können, außerhalb der City. Ich sehe ihn immer noch vor mir, mit seinem nach hinten gegelten Haar, dem eng sitzenden blauen Kreidestreifenanzug und Metallplättchen unter den Absätzen, die beim Laufen klapperten.

Während wir durch Mayfair ins Zentrum von London fuhren, fiel mir ein im Bau befindliches Gebäude am Berkeley Square auf. Das Gelände war abgesperrt. Die Lage war perfekt.

»Was ist denn damit?«, fragte ich den Makler.

»Ist nicht zu haben«, antwortete er. Es war noch nicht viel mehr als ein Loch in der Erde. Aber der Makler sagte, dass sich die Eigentümer weigerten, irgendwelche Mietverträge zu unterschreiben, bevor das Gebäude fertig war. Ich bestand darauf, es mir trotzdem anzusehen.

Ich ließ den Wagen anhalten, und wir gingen zur Baustelle, wo ich den Bauleiter fand. Ich sagte ihm, dass es so aussehe, als arbeite er da an einem wunderbaren Objekt. Er stimmte mir zu und sagte, dass sie stolz darauf seien. Ich fragte ihn nach dem Eigentümer. Ich wollte herausfinden, ob es sich um eine Versicherungsgesellschaft handelte oder ein paar clevere Unternehmer. Wie sich herausstellte, traf Ersteres zu.

Zu jener Zeit schienen die Immobilienpreise in London zu fallen. Die Mieten lagen bei unter 600 Pfund pro Quadratmeter. Ich nahm an, dass die Eigentümer ursprünglich mit Mieteinnahmen in Höhe von 700 Pfund kalkuliert hatten. Wenn der Markt weiter fiel, würde das hier schon bald zu einem Verlustobjekt werden. Ich bat den Bauleiter, die Eigentümer anzurufen und ihnen zu sagen, dass ich mindestens das halbe Gebäude zu einem Quadratmeterpreis von 800 Pfund nehmen würde. Wenn ich 800 Pfund für die Hälfte zahlte, konnten sie die andere immer noch für 600 Pfund vermieten und kämen auf die 700 Pfund ihrer ursprünglichen Kalkulation.

»Ich weiß, dass ich gerade nicht wie ein typischer Geschäftsmann aussehe«, sagte ich zu dem Bauleiter. »Aber ich habe keinen Vorgesetzten, dessen Okay ich einholen muss. Wenn ich Ihnen sage, dass ich 800 Pfund zahle, muss ich das mit niemandem abklären. Wir werden das zahlen. Sagen Sie das bitte den Eigentümern. Und wenn wir mehr als die Hälfte nehmen sollen, machen wir das auch.«

Als wir gingen, kritisierte der Makler mein Verhalten. Er sagte, er habe mir doch erklärt, dass die Eigentümer noch keine Mietverträge ausstellten und wir unsere Zeit verschwendeten, ganz davon zu schweigen, dass wir jede Chance vergeben hätten, je Räumlichkeiten in diesem Gebäude zu bekommen. Zum Glück irrte er sich in beiden Punkten. Die Eigentümer riefen mich am nächsten Tag an und sagten, dass ihnen mein Angebot zusagte. Wir könnten das halbe Gebäude haben. Heute haben wir alle Etagen bis auf eine.

Ich hätte niemals Büroräume genommen, die weniger als perfekt waren. Die Belohnung, schöne Räumlichkeiten zu haben, die die besten Leute anziehen und unseren Klienten mehr Zutrauen in unsere Fähigkeiten geben, übersteigt bei Weitem die Kosten, etwas mehr zu zahlen, um den Deal abschließen zu können. Und der beste Weg, um das zu bekommen, was man will, besteht darin, herauszufinden, was im Kopf desjenigen vorgeht, der es einem geben kann. Indem ich bei den Sorgen des Bauherrn bezüglich der fallenden Mieten ansetzte, bekamen wir die Büros, die ich haben wollte.

Anfangs delegierten wir das Ausstatten der Innenräume an unser Gebäude-Management. Die beauftragten eine Designfirma, die uns in New York ihren Entwurf präsentierte. Sie schlugen vor, ein riesiges Holzstück in der Lobby zu platzieren. Wir würden aussehen wie eine Filiale von Timberland.

»Wir sind kein Schuhgeschäft«, sagte ich ihnen. »Das ist fürchterlich.«

»Was daran gefällt Ihnen denn nicht?«, fragten sie.

»Alles.«

»Wir können es ändern.«

»Nein, können Sie nicht. Wenn das Ihr Vorschlag ist, dann können Sie es nicht ändern. Das Konzept ist völlig daneben. Ich möchte nicht, dass Sie auch nur versuchen, es zu überarbeiten. Möglicherweise könnten Sie ein paar Dinge verbessern. Aber ich denke, wir sollten die Zusammenarbeit beenden.«

Zu den größten Vorzügen dieser Räume gehörten der viele Platz und die großen Fenster. Ich holte Stephen Miller Siegel, einen Designer, den ich aus New York kannte. Er entwarf ein wunderbares Design, das wir bis heute in all unseren Büros weltweit haben: ein feines, durch eine Täfelung aus Walnussholz laufendes Edelstahlband. Der einzige Unterschied zwischen London und New York ist das Licht, deshalb haben wir passend zum Licht leicht unterschiedliche Teppiche, damit es gleich aussieht. Eine so elegante Innenraumgestaltung finden Sie nirgendwo in der Finanzwelt. Und damals war es etwas ganz Besonderes.

Bei Lehman hatte ich gemerkt, dass ich mehr Zeit im Büro als zu Hause verbrachte, deshalb wollte ich eine schöne Umgebung. Dann fühlte ich mich umso wohler. Und genau das wollte ich für alle bei Blackstone auch: Wärme, Eleganz, Einfachheit, Ausgewogenheit und natürliches Licht, das durch riesige Fenster hereinfällt. Wenn Menschen zum Arbeiten oder wegen eines Termins zu Blackstone kommen, soll der Eindruck sie genauso umhauen wie mich.

————

Eines Abends 2004 reiste ich durch Ostfrankreich. Mein Fahrer sprach kein Englisch, und ich war erschöpft von einer Europareise. Mein Handy klingelte. Eine Headhunterin meldete sich und fragte, ob ich Interesse habe, den Vorsitz des Kennedy Center for the Performing Arts in Washington, D.C., zu übernehmen.

Dieser Anruf überraschte mich. Damals wusste ich nicht einmal, was das Kennedy Center eigentlich machte. Sie erklärte mir, dass es die Washingtoner Ausgabe des Lincoln Center sei und es sich um eine Teilzeitaufgabe handle. Ich sagte ihr, so sehr ich die bildende Kunst auch lieben würde, ich hätte einen Vollzeitjob als Chef von Blackstone. Aber sie ließ nicht locker und wollte mir unbedingt Informationsmaterial zusenden.

Ein paar Tage danach rief mich Ken Duberstein an, der Ronald Reagans Stabschef gewesen war. Er sagte mir, dass das Kennedy Center, so benannt zu Ehren von John F. Kennedy, in Washington ein wichtiger Ort sei, um Leute zu treffen. Zum Vorstand gehörten Kabinettsmitglieder, und ich würde den Präsidenten jedes Mal treffen, wenn er dorthin kam. Lobbying sei nicht erlaubt, deshalb sei das Center parteiübergreifend. Außerdem sei es das gesellschaftliche Zentrum von Washington. Der Vorsitzende müsse eine Brücke zwischen den verschiedenen Welten Washingtons schlagen – Politik, Wirtschaft, Rechtswesen und Kultur –, um die Besten Amerikas und der Welt in die Hauptstadt zu holen.

Politik hatte mich schon immer fasziniert, angefangen mit meiner Kandidatur als Schülersprecher in der Highschool, über das Treffen mit Averell Harriman bis zu Bewerbungsgesprächen im Weißen Haus, als ich mich darauf vorbereitete, Lehman zu verlassen. Aus der Sicht von Blackstone waren wir in Bezug auf Regulierung und Besteuerung mit einer steigenden Zahl von Problemen konfrontiert. Zu unseren Investoren gehörten nun auch staatliche, nationale und internationale Investmentfonds, deshalb war die Politik für uns auf jeder Ebene von zunehmendem Interesse. In Washington eine offizielle Position innezuhaben würde mir ermöglichen, neue Leute kennenzulernen und mehr zu erfahren. Ich rief meine alte Freundin Jane Hitchcock an, eine Bühnenautorin und Romanschriftstellerin, die in Washington lebte, und bat sie um Rat. »Stevie«, sagte sie, »du musst das einfach tun.«

Ken arrangierte für mich ein Treffen mit dem Vorstand, bei dem ich alle möglichen Fragen über das Center stellte: seine Ziele, seine Herausforderungen, und was von einem Vorsitzenden erwartet wurde. Ken rief mich später an und sagte, der Vorstand sei überrascht gewesen. Sie hatten angenommen, dass sie mich befragen würden, aber stattdessen hatte ich sie befragt. Mein Ziel, so sagte ich Ken, habe darin bestanden, etwas zu erfahren. Ich versuchte nicht, irgendjemanden davon zu überzeugen, dass ich der Richtige für diesen Job sei. Genauso dachte ich über Vorstellungsgespräche bei Blackstone. Wenn beide Seiten entspannt, offen und direkt miteinander umgehen konnten, wurde schnell offensichtlich, ob man zueinander passte oder nicht. Unseren Gesprächen an jenem Tag nach zu urteilen passte es.

Als Nächstes bat mich Ken, Senator Ted Kennedy zu treffen, der im Namen der Kennedy-Familie jedem neuen Vorsitzenden zustimmen musste. Er suchte mich in New York auf und erzählte, dass die Familie nach den tödlichen Anschlägen auf Jack und Bobby in den 1960ern ihr öffentliches Vermächtnis aufgeteilt habe. Ted kümmerte sich um das Kennedy Center und Jacks Tochter, Caroline, um die Kennedy Presidential Library in Boston.

»Beim Kennedy Center halte ich mich an eine einfache Regel«, sagte er zu mir. »Ich werde Sie unterstützen und dafür sorgen, dass Sie vom Kongress die nötigen Mittel erhalten. Ich werde Sie sogar dann unterstützen, wenn Sie es vermasseln. Und egal, was Sie hier in Washington brauchen, rufen Sie mich an, und ich kümmere mich darum.« Ich hatte erwartet, dass es bei unserem Gespräch um komplizierte politische Zusammenhänge gehen würde. Doch Teds Versprechen brachte mich näher an eine Zusage.

Eine Sache noch, sagte ich zu Ted. Ich wollte, dass Caroline einbezogen wurde. Sie repräsentierte die nächste Generation von Kennedys, kam jedoch nie ins Kennedy Center. Er sagte, dass er mit ihr reden würde. Ein paar Tage danach rief mich Caroline an, und wir vereinbarten ein Treffen. Ich sagte ihr, ich wolle, dass sie zum Symbol des Wandels und neuen Lebens im Kennedy Center wurde. Mir war klar, dass das nichts war, was sie für sich selbst tun wollte, aber es wäre das Richtige für die Institution. Hätte sie sich nicht dazu bereit erklärt, wäre das für mich ein Deal Breaker gewesen. Zu meinem Glück stimmte sie zu und wurde die Gastgeberin der jährlichen Fernsehsendung Kennedy Center Honors, bei der sie die berühmten Diamantohrringe ihrer Mutter trug.

Durch das Kennedy Center kam ich auch wieder in Kontakt mit George W. Bush, der in Yale ein Jahr über mir gewesen war. Ich hatte Georges Vater kennengelernt, der am Parents' Day* zum 41. Präsidenten der Vereinigten Staaten gewählt wurde. Um unser Treffen gebührend zu feiern, richtete die First Lady, Laura Bush, in den Privaträumen des Weißen Hauses ein Mittagessen aus, zu dem auch ein Kuchen in Form des Kennedy Centers serviert wurde. Das Gebäude war mit Schokolade überzogen, die Bühne bestand aus Sorbet, die Musiker des Orchesters waren Pfirsichspalten und das Publikum Himbeeren.

Ein anderes Mal im Weißen Haus warteten George und ich auf den Beginn einer Veranstaltung und waren für einen Moment unter uns.

»Wie bist du nur hier gelandet?«, fragte ich.

»Was?«

»Wie bist du hier gelandet?«

»Ich bin der Präsident. Deshalb bin ich hier.«

»Ich meine, wie kann es nur sein, dass du Präsident geworden bist?« Er lachte und stimmte zu, denn wenn man uns beiden Ende der 1960er in Yale begegnet wäre, wäre man schon überrascht, uns Jahrzehnte später im Weißen Haus anzutreffen, als Stützen der Gesellschaft. Das war ein echter »Kneif mich mal«-Moment und eine weitere Erinnerung daran, dass Menschen, denen man früh in seinem Leben begegnet, immer wieder überraschend auftauchen.

Regelmäßig in Washington zu sein war erfüllender, als ich erwartet hatte. Es verschaffte mir Gelegenheit, nahezu jeden zu treffen, der in unserer Regierung von Bedeutung war, von Rich-

---

* Anm. d. Übers.: US-Feiertag am vierten Sonntag im Juli

tern des Obersten Gerichtshofes bis zu Parteivorsitzenden im Kongress und Regierungsmitarbeitern.

Die Rolle des Vorsitzenden kam dem Moderator in mir entgegen. Immer wenn ich im Kennedy Center war, musste ich auf die Bühne gehen und die Künstler ankündigen. Und wenn wir die Preise überreichten, hieß ich unsere Preisträger willkommen und war ihr Gastgeber. Während meiner Amtszeit gehörten dazu neben vielen anderen auch Dolly Parton, Barbra Streisand und Elton John. Aber der Höhepunkt für mich war 2005, als ich Tina Turner den Kennedy Center Honors überreichte. Ich liebte ihre Musik seit meiner Collegezeit. Nun hatte ich die Gelegenheit, für ein ganzes Wochenende mit Feierlichkeiten für sie und vier andere Preisträger der Gastgeber zu sein. Tina kam mit ihrer guten Freundin Oprah Winfrey, die bei einer Veranstaltung im Außenministerium mit ihr anstieß und uns auf einer Tour durchs Weiße Haus begleitete. Während wir umhergingen, sagte Tina mit ihrer überraschend zarten Stimme immer wieder: »Ich kann nicht glauben, dass ich im Weißen Haus bin, wenn man bedenkt, wo ich herkomme.« Bei der Hauptveranstaltung im Kennedy Center sangen Beyoncé und eine Gruppe von Background-Sängerinnen »Proud Mary« und trugen dazu die originalen Minikleider, die Tina und die Ikettes berühmt gemacht hatten. Als ich an unserer Reihe auf dem Balkon entlangschaute, mit all den anderen Preisträgern und dem Präsidenten, sah ich Tränen in Tinas Augen schimmern.

Etliche Jahre nach diesem Abend war ich bei Cipriani an der Forty-Second Street in New York auf einer Wohltätigkeitsveranstaltung und sah, dass mir jemand von einem Tisch ganz in der Nähe zuwinkte. Wegen der schwachen Beleuchtung konnte ich nicht erkennen, wer es war, aber meine Frau stieß mich an, ich solle Hallo sagen gehen. Es waren Beyoncé und ihr Mann Jay-Z. Wir unterhielten uns ein paar Minuten, schwelgten in Erinnerungen an den Auftritt im Kennedy Center 2005. Wie sich herausstellte, war dieser Abend für sie genauso denkwürdig wie für mich. Als ich an meinen Tisch zurückkehrte, schüttelte ich ungläubig den Kopf. Was für ein bemerkenswertes Leben mir doch vergönnt war.

Es ist wichtig, stets aufgeschlossen für neue Erfahrungen zu sein, auch wenn diese nicht völlig zu den eigenen Plänen passen. Meine Rolle im Kennedy Center erlaubte es mir, meine Erfahrung zu nutzen – Organisationen zu leiten, Geld zu beschaffen, Talente einzustellen –, um einer wichtigen kulturellen Institution Amerikas etwas zurückzugeben. Als Gegenleistung lernte ich mehr über Washington und entwickelte interessante neue Beziehungen in nahezu jedem Bereich des Unterhaltungsgeschäfts: Comedy, Theater, Musik, Film, Fernsehen, Oper und Tanz. Dazu gehörten Treffen mit den Stars, Regisseuren, Choreografen, Musikern und Autoren. Für jemanden aus der Finanzwelt war der Vorsitz des Kennedy Centers eine Gelegenheit, wie man sie nur einmal im Leben bekommt. Obwohl ich es damals noch nicht wusste, würden sich die Verbindungen, die ich dort knüpfte, schon sehr bald als immens wichtig für mich erweisen und Chancen eröffnen, in diesem Bereich neue Institutionen zu gründen.

Mein Urgroßvater,
William Schwarzman, immigrierte
1883 aus Österreich in die USA.
In Philadelphia, PA, lernte er seine
spätere Ehefrau Jenny Whartman
kennen. Porträt, um 1925.

Meine Urgroßeltern,
William und Jenny Schwarzman,
mit meinem Vater, Joseph,
als kleiner Junge, um 1925.

Mein Urgroßvater, William Schwarzman,
der Gründer von Schwarzman's Curtains
and Linens, mit meinem Vater, Joseph,
als Junge, um 1921.

Mit meinen Großeltern,
Jacob und Rebecca Schwarzman, in
Philadelphia, PA, um 1951.

Mein Vater, Joseph Schwarzman,
während des Zweiten Weltkriegs,
1943.

Meine Mutter,
Arline Schwarzman,
um 1943.

Mit meinen Eltern vor dem Haus 1113 Gilham Street,
Oxford Circle, Philadelphia, 1947. Sobald wir es uns leisten
konnten, sorgte meine Mutter dafür, dass wir in einen der
Vororte zogen.

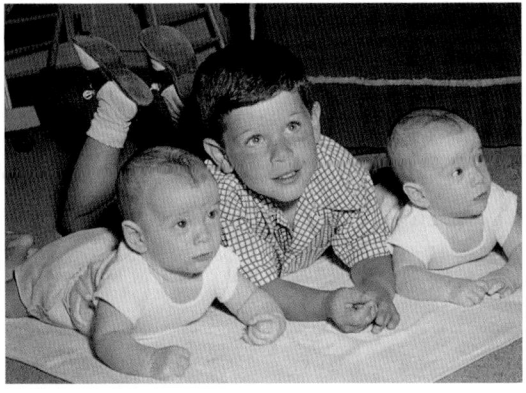

Mit meinen Brüdern, den Zwillingen
Mark und Warren – den künftigen Mitarbeitern
meines Rasenmähdienstes, um 1950.

Schwarzman's Curtains and Linens, Frankford, Philadelphia, um 1960.

Startläufer beim Staffellauf
über 440 Yards, 1963.

Landesmeister des Staates Pennsylvania im Staffellauf
über eine Meile, 1963. V.l.n.r.: Bill Grant, Bobby Bryant,
Richard Joffney und ich.

R&B-Gesangsgruppe Little Anthony and the Imperials,
um 1964. *Michael Ochs Archive/Getty Images*

ein erstes bedeutendes Geschenk an die Studenten in Yale:
e Abschaffung der Parietal-Regel, der zufolge Frauen nicht
ber Nacht in den Wohnheimen der Männer bleiben durften
nd umgekehrt, 1967. *Yale Archiv*

Jahrbuch-Foto aus
dem Abschlussjahr
in Yale, 1969. *Yale Archiv*

3038 N STREET
WASHINGTON, D. C. 20007

September 26, 1969

Dear Steve:

Thanks for your letter of September 19th.
I am now living in Washington but come to
New York occasionally. I find that I will be
in New York on Thursday, October 16th and will
be glad to see you at 3:00 p.m. if that is
convenient, at my home at 16 East 81st Street.
Let me know if that is convenient for you.

I am not sure that I can be of much help
to you in making your decision but will be glad
to discuss it.

Looking forward to seeing you.

Yours in 322,

W. Averell Harriman

Mr. Stephen A. Schwarzman, bsc
D-167
Donaldson, Lufkin & Jenrette, Inc.
140 Broadway
New York, New York 10005.

Antwortschreiben von Averell Harriman auf meinen Brief in dem ich ihn um Rat bezüglich meiner beruflichen Zukunft bat, 1969. Harrimans ermutigende Worte führten mich auf den Weg zur Wall Street und später auch dazu, mich für wohltätige Zwecke einzusetzen und Führungspersönlichkeiten auf der ganzen Welt zu beraten.

Während meiner Grundausbildung bei der Army
in Fort Polk, Louisiana, 1970.

Mit meinem ehemaligen Mitbewohner und ältesten Freund, Jeffrey Rosen (mit Brille), heute stellvertretender Aufsichtsratsvorsitzender von Lazard, in unserem Kurs an der Harvard Business School, wo ich bohrende Fragen stellte, 1971.

Stephen Schwarzman, Lehman's Merger Maker

By KAREN W. ARENSON

Felix Rohatyn of Lazard Frères, J. Ira Harris of Salomon Brothers, Robert Greenhill of Morgan Stanley and Stephen Friedman of Goldman Sachs may still be the reputed kings of the merger and acquisition world, but a new generation of younger investment bankers is coming up behind them.

Of the newcomers, probably none has been as hot recently as Stephen A. Schwarzman, a 32-year-old partner at Lehman Brothers Kuhn Loeb. In recent months he has played an instrumental role in the Bendix Corporation's winning bid for the Warner & Swasey Company, RCA's $1.35 billion acquisition of C.I.T. Financial, and ill-fated talks between Macmillan and ABC. Other deals that bear his mark include the Beneficial Corporation's $72 million purchase last month of the Southwestern Investment Company and the Beatrice Foods Company's $488 million acquisition of Tropicana Products Inc.

"Steve has a special instinct that puts him in the right place at the right time," says Martin Lipton of Wachtell Lipton Rosen & Katz, one of the most active lawyers in mergers and acquisitions. "It's a very special instinct that you find in a Rohatyn or a Harris, but not in very many other people."

Being in the right place at the right time is as important a trait to a successful investment banker as knowing how to structure a securities transaction. The Wall Street wizards who facilitate the concentration and diversification trends that shape American industry are a cross between the ancient matchmaker and the modern financial expert. It is the investment bankers with the right clients and contacts who do the big business, who know what deals can get put together and who get called in when a deal starts to jell. One thing that separates the junior bankers from the big players is the size of their networks of contacts.

And Mr. Schwarzman's circle clearly has been growing quickly. His

two phones rang constantly on a recent morning in his maroon-walled second floor corner office overlooking Hanover Square: An executive interested in acquiring a company he represented. A potential new client setting up a lunch meeting. A client pledging money for Lincoln Center, for which Mr. Schwarzman has been helping to raise funds. An arbitrageur congratulating him on his latest deal. An associate checking the details on an assignment.

Mr. Schwarzman fielded each call with rapt attentiveness, eyebrows arching for emphasis, walking back and forth behind his desk in excitement.

According to those who have worked

Continued on Page 13

Schwarzman of Lehman Brothers: "I'm an implementer."

Mein erstes Porträt in der *New York Times*, 1980 im Alter von 33 Jahren.

Mit meinem Sohn
Teddy und meiner
Tochter Zibby, 1987.
So viel beschäftigt
ich auch sein mochte,
ich versuchte immer,
auch für meine Familie
da zu sein.

Mit den Blackstone-Partnern in unserem Büro an der Park Avenue, 1988.
V.l.n.r.: James R. Birle, Laurence D. Fink, ich, Pete Peterson, David A.
Stockman und Roger C. Altman. *James Hamilton*

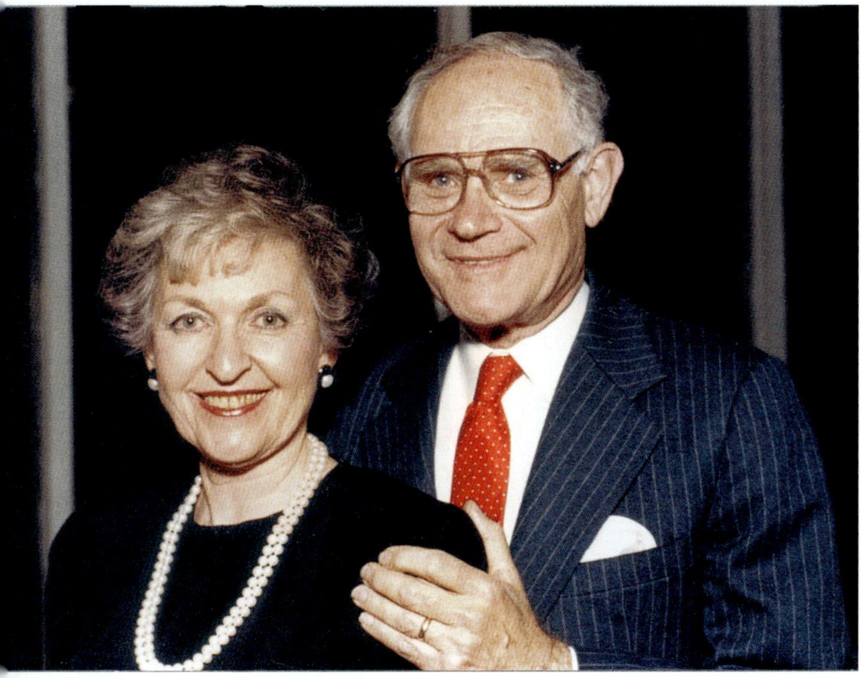

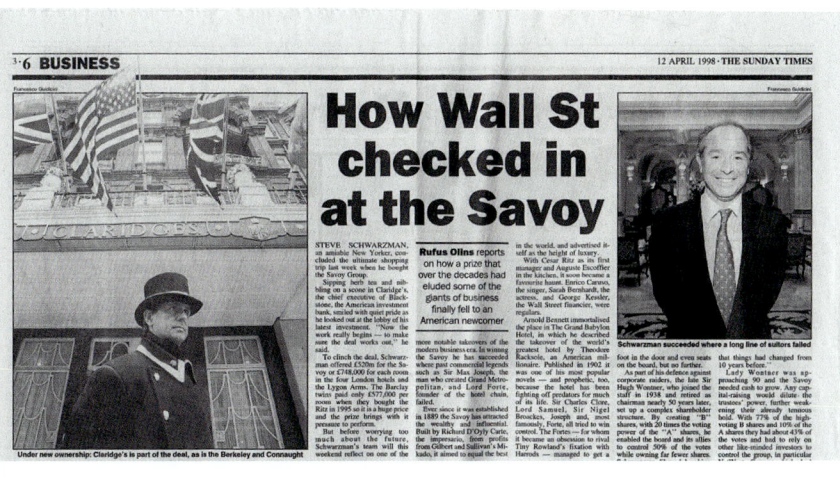

Meine Eltern, Arline und Joseph Schwarzman, um 1990.

3·6 BUSINESS

12 APRIL 1998 · THE SUNDAY TIMES

How Wall St checked in at the Savoy

Rufus Olins reports on how a prize that over the decades had eluded some of the giants of business finally fell to an American newcomer

Under new ownership: Claridge's is part of the deal, as is the Berkeley and Connaught

STEVE SCHWARZMAN, an amiable New Yorker, concluded the ultimate shopping trip last week when he bought the Savoy Group.

Sipping herb tea and nibbling on a scone in Claridge's, the chief executive of Blackstone, the American investment bank, smiled with quiet pride as he looked out at the lobby of his latest investment. "Now the work really begins — to make sure the deal works out," he said.

To clinch the deal, Schwarzman offered £520m for the Savoy or £748,000 for each room in the four London hotels and the Lygon Arms. The Barclay twins paid only £577,000 per room when they bought the Ritz in 1995 so it is a huge price and the prize brings with it pressure to perform.

But before worrying too much about the future, Schwarzman's team will this weekend reflect on one of the more notable takeovers of the modern business era. In winning the Savoy he has succeeded where past commercial legends such as Sir Max Joseph, the man who created Grand Metropolitan, and Lord Forte, founder of the hotel chain, failed.

Ever since it was established in 1889 the Savoy has attracted the wealthy and influential. Built by Richard D'Oyly Carte, the impresario, from profits from Gilbert and Sullivan's Mikado, it aimed to equal the best in the world, and advertised itself as the height of luxury.

With Cesar Ritz as its first manager and Auguste Escoffier in the kitchen, it soon became a favourite haunt. Enrico Caruso, the singer, Sarah Bernhardt, the actress, and George Kessler, the Wall Street financier, were regulars.

Arnold Bennett immortalised the place in The Grand Babylon Hotel, in which he described the takeover of the world's greatest hotel by Theodore Racksole, an American millionaire. Published in 1902 it was one of his most popular novels — and prophetic, too, because the hotel has been fighting off predators for much of its life. Sir Charles Clore, Lord Samuel, Sir Nigel Broackes, Joseph and, most famously, Forte, all tried to win control. The Fortes — for whom it became an obsession to rival Tiny Rowland's fixation with Harrods — managed to get a foot in the door and even seats on the board, but no further.

Schwarzman succeeded where a long line of suitors failed

As part of his defence against corporate raiders, the late Sir Hugh Wontner, who joined the staff in 1938 and retired as chairman nearly 50 years later, set up a complex shareholder structure. By creating "B" shares, with 20 times the voting power of the "A" shares, he enabled the board and its allies to control 50% of the votes while owning far fewer shares.

… that things had changed from 10 years before."

Lady Wontner was approaching 90 and the Savoy needed cash to grow. Any capital-raising would dilute the trustees' power, further weakening their already tenuous hold. With 77% of the high-voting B shares and 10% of the A shares they had about 43% of the votes and had to rely on other like-minded investors to control the group, in particular

Bericht in der *Sunday Times* über Blackstones ersten großen Deal in Europa: ein Investment in die Savoy-Hotelkette, zu der das Savoy, das Claridge's, das Berkeley und das Connaught gehörten, 1998. *The Sunday Times/News Licensing*

Kardinal Edward Egan, Präsident George H. W. Bush, ich und Bürgermeister
Michael Bloomberg beim Al Smith Dinner in New York, 2004.

Gratulation an die Preisträgerin des Kennedy-Preises, Tina Turner, im Jahr 2005.
Oprah Winfrey und Caroline Kennedy schauen zu. *Margot Schulman*.

Mit meinem Geschäftspartner
Pete Peterson auf der Feier zum
20. Jubiläum von Blackstone im
Jahr 2005. Blackstone war zu etwas
Größerem geworden, als wir uns
je hatten vorstellen können, aber
das Beste sollte noch kommen.

Tony James und ich auf der Feier zum 20. Jubiläum von Blackstone im Jahr 2005.
Tony trug entscheidend dazu bei, dass Blackstone sich etablierte und zu dem
erfolgreichen Unternehmen wurde, das es heute ist.

Auf dem Cover des *Fortune*-Magazins, 2007.
© 2007 FORTUNE Media IP Limited
Alle Rechte vorbehalten.
Nutzung mit Genehmigung.

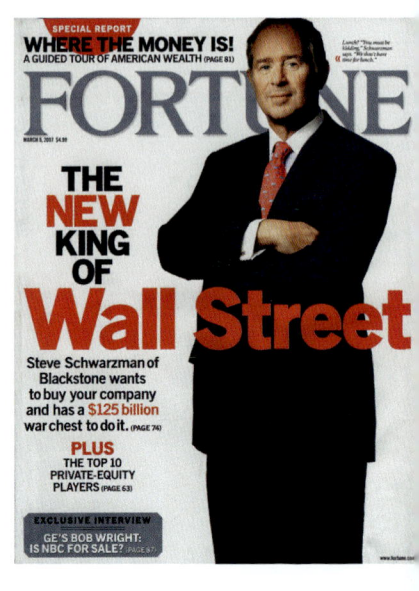

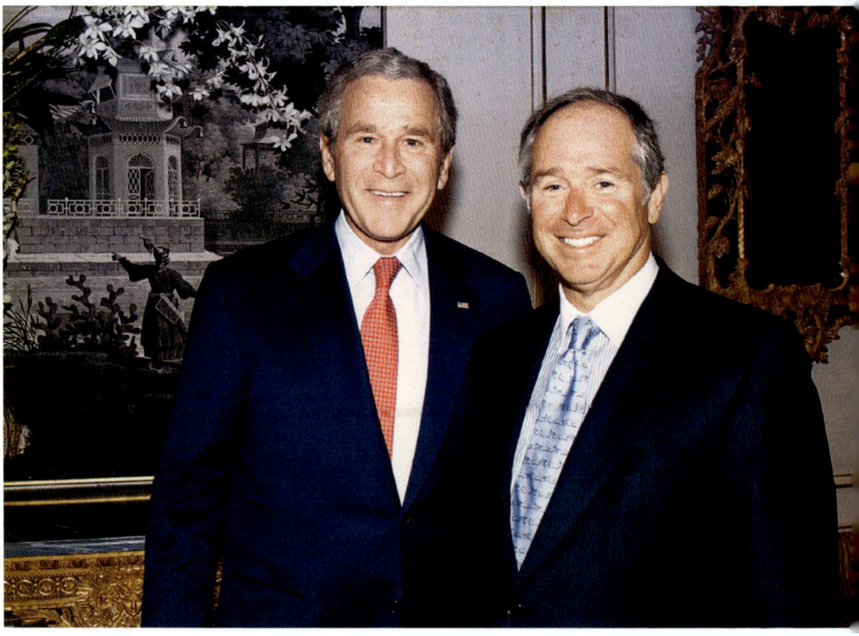

Mit Präsident George W. Bush 2007 in meinem Apartment in New York City. Ich kenne George seit meiner Zeit in Yale, und es erstaunte uns immer wieder, wie oft sich unsere Lebenswege kreuzten. *Reflections Photography/Washington DC*

2008 bei der Gala im Kennedy Center. V.l.n.r.: Ich, Christine, Katie Holmes,
Tom Cruise, die Preisträger des Kennedy Center Steven Spielberg (2006) und
Martin Scorsese (2007) sowie der Präsident des Kennedy Centers, Michael Kaiser.
Carol Pratt.

Mit Präsident Bill Clinton im Weißen Haus, 2009. *Margot Schulman*

Mit Senator Ted Kennedy im Kennedy Center, 2009. Teds Persönlichkeit, seine Freundschaft und Unterstützung gehörten zu den besten Erfahrungen während meiner Zeit im Kennedy Center.

Bei der Preisverleihung 2009 im Kennedy Center. V.l.n.r.:
Mein Bruder Mark, First Lady Michelle Obama, meine Mutter,
meine Stieftochter Meghan, Christine, ich und Präsident Barack Obama.

Der französische Präsident Nicolas Sarkozy verleiht mir im Élysée-Palast in
Paris 2011 den Orden als Offizier der Ehrenlegion.

Feier zur Grundsteinlegung des Schwarzman Colleges 2013
an der Tsinghua-Universität in Peking.

Mit der stellvertretenden Ministerpräsidentin, Madame Liu Yandong,
die zu einer Freundin und unschätzbaren Unterstützerin von
Schwarzman Scholars wurde, 2013.

Zurück im Start-up-Modus, beim Bau des Schwarzman College von Grund auf, 2014.

Mit meinem guten Freund Jimmy Lee, dem stellvertretenden Vorstandsvorsitzenden von JPMorgan, 2014. Jimmy und ich arbeiteten seit den ersten Tagen von Blackstone eng zusammen, und unsere Karrieren entwickelten sich Seite an Seite.

Am künftigen Platz des Schwarzman Centers an der Yale University, 2015.
Mike Marsland / Yale University

Gedankenaustausch mit Jack Ma, dem Gründer und langjährigen Chef der
Alibaba Group beim Economic Club von New York, 2015. Er sagte zu mir:
»Sie und ich sind aus dem gleichen Holz geschnitzt.«

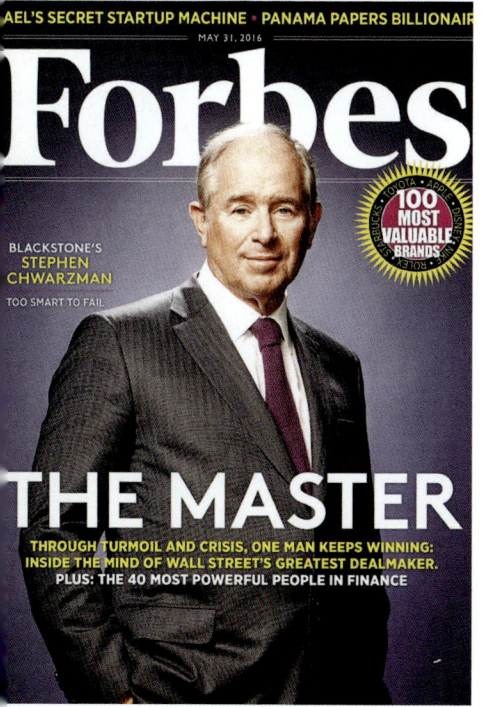

Vortrag bei der jährlichen Milken Institute Global Conference in Beverly Hills, Kalifornien, 2016. *Patrick T. Fallon / Bloomberg via Getty Images*

Auf dem Cover des *Forbes*-Magazins, 2016. *© 2016 Forbes Media. Alle Rechte vorbehalten. Nutzung mit Genehmigung.*

Schwarzman College an der Tsinghua-Universität, 2016. Wir wollten, dass diese Anlage das Beste der chinesischen und westlichen Architektur und des Designs miteinander verbindet.

Innenhof des Schwarzman Colleges.

Mit der ehemaligen CEO von Pepsi, Indra Nooyi, und Präsident Trump im Weißen Haus beim ersten President's Strategic and Policy Forum, 2017. *Kevin Lamarque/Reuters*

Mit Präsident Trump und dem chinesischen Präsidenten, Xi, auf Mar-a-Lago in Palm Beach, Florida 2017.

Mit Japans damaligem Premierminister Chinzō Abe bei der General-
versammlungswoche der Vereinten Nationen in New York, 2017.

Rundgang durch das College
mit Schwarzman Scholars des
Studiengangs von 2017.

Mittagessen mit Studenten
im Innenhof des Schwarzman
Colleges, 2017.

Mit der Geschäftsführerin von Schwarzman Scholars, Amy Stursberg, und der Schwarzman Scholars Damen-Fußballmannschaft, 2018.

Überreichen von Diplomen bei der Abschlussfeier der Schwarzman Scholars Class on 2018.

Ein Selfie mit dem dritten Jahrgang von Schwarzman Scholars. V.l.n.r.: Imane el Morabit (macht das Foto), ich, Geschäftsführerin Amy Stursberg und der geschäftsführende Dekan David Pan.

Christine und ich im Vatikan bei Papst Franziskus, 2018.

Ankunft mit Christine beim Staatsbankett im Weißen Haus für den
französischen Präsidenten Emmanuel Macron, 2018.
Lawrence Jackson / The New York Times / Redux

Christine und ich mit Absolventen der New York Catholic High School, die wir 2018
sponserten.

Ankunft mit Christine bei der Met Gala, 2018. Wir hatten die
Ehren-Co-Schirmherrschaft der Gala, nachdem wir die Ausstellung
Heavenly Bodies: Fashion and the Catholic Imagination im Metropolitan Museum
of Art gesponsert hatten. Es war die meistbesuchte Ausstellung in der
Geschichte des Museums. *Neilson Barnard / Getty Images Entertainment*
via *Getty Images*

Michael Chae, Tony James, ich und Jon Gray
beim Blackstone Investor Day 2018.

Der mexikanische Präsident Enrique Peña Nieto überreicht mir den
Orden vom Aztekischen Adler als Anerkennung für mein Mitwirken
bei den Handelsgesprächen zwischen Mexiko und den USA, 2018.

Mit Vertretern der Zukunftsbranchen im Oval Office des Weißen Hauses. Vordere Reihe v.l.n.r.: Ich, Präsident Trump und der ehemalige US-Außenminister Henry Kissinger. Hintere Reihe, v.l.n.r.: Stellvertretender Stabschef des Weißen Hauses Chris Liddell, Oracle CEO Safra Catz, IBM CEO Ginni Rometty, Chefberater des Präsidenten Jared Kushner, Qualcomm CEO Steven Mollenkopf, Google CEO Sundar Pichai, Microsoft CEO Satya Nadella, MIT-Präsident Rafael Reif, Beraterin des Präsidenten Ivanka Trump, Präsident der Carnegie Mellon University Farnam Jahanian sowie Chief Technology Officer Michael Kratsios. *Official White House Photo von Joyce N. Boghosian*

Ich, MIT-Präsident Rafael Reif und CNBC-Nachrichtensprecherin Becky Quick bei der Eröffnungsveranstaltung des Schwarzman College of Computing, 2019.

Gastgeber eines Mittagessens bei Blackstone 2019 für meine amerikanischen Leichtathletik-Stipendiaten, von denen etliche olympische Medaillen gewannen.

Mit dem chinesischen Vizepräsidenten Wang Qishan in Peking, 2019.

Mit Liu He, dem stellvertretenden Ministerpräsidenten
der Volksrepublik China in Peking, 2019.

Die *Financial Times* berichtet über meine Schenkung an die University of Oxford, 2019.
Ich war überrascht, das Bild und den Bericht auf der Titelseite zu finden – aber es zeigt,
welche Bedeutung die Schenkung in Großbritannien hat. *Andrew Jack, Financial Times,
19. Juni 2019. Nutzung mit Genehmigung der Financial Times.
Alle Rechte vorbehalten.*

NÖTIGENFALLS UM HILFE BITTEN

Während die Firma rasend schnell wuchs, war die Bürde, eine Null-Fehler-Kultur aufrechtzuerhalten und unsere Expansion zu managen, erdrückend. Im Jahr 2000 war Pete Ende siebzig, verbrachte seine meiste Zeit mit der Leitung des Council on Foreign Relations in Washington* und konzentrierte sich auf inländische sowie internationale Wirtschaftsprobleme. Als wir unsere Firma gründeten, hatte er mir gesagt, dass er nicht in den Investmentbereich einbezogen werden wolle. Er würde uns helfen, Gelder zu beschaffen, im Beratergeschäft mitwirken und jede erdenkliche Unterstützung leisten, wenn ich ihn darum bat. Als er nun sah, wie ich versuchte, alles gleichzeitig zu stemmen, sagte er zu mir: »Steve, du wirst noch tot umfallen, du arbeitest zu hart.« Er hatte recht. Das Management des Tagesgeschäfts in der Firma war nicht meine Stärke. Ich brauchte Hilfe.

Ich kannte Jimmy Lee seit den späten 1980ern, als wir ihn bei der Chemical Bank beauftragten, unseren ersten Deal zu finanzieren, Transtar. Seither hatten wir jede Menge Geschäfte miteinander durchgeführt. Er war ein Energiebündel, ein Vorbild an Integrität, ein großartiger Freund und jemand, dem ich vertraute. Er kannte sich mit Kapitalmärkten aus, mit M&A und dem Buy-out-Geschäft, und er war ein sehr guter Verkäufer. Ich war davon überzeugt, dass wir gemeinsam bei Blackstone eine Menge erreichen konnten und dabei auch noch Spaß haben würden.

---

* Anm. d. Übers.: Der Council on Foreign Relations ist eine private US-amerikanische Denkfabrik mit Fokus auf außenpolitische Themen mit Standorten in New York City und Washington.

Als wir das erste Mal darüber sprachen, versicherte er mir, dass ihm die Vorstellung zusage, es ihm jedoch schwerfallen würde, seine Kollegen bei JPMorgan zu verlassen. Ich bat ihn, trotzdem darüber nachzudenken. Nach einer Weile kam er zu mir zurück. »Ich mache es«, sagte er. »Ich will die Veränderung.«

Während wir die Vertragsbedingungen aushandelten, erhielt ich einen Anruf von Bill Harrison, dem CEO von JPMorgan, einem anderen wunderbaren Freund. »Jimmy hat mir erzählt, dass er mit euch im Gespräch ist. Du weißt, dass es meine Aufgabe ist, darum zu kämpfen, dass er bleibt.«

»Natürlich, Bill, das weiß ich«, antwortete ich. »Jimmy ist euch gegenüber unglaublich loyal. Ich habe ihn gebeten, über die Sache nachzudenken, ohne dass ich Druck auf ihn ausübe, denn es geht darum, was er wirklich mit seinem Leben anfangen will. Es geht nicht nur um einen Job. Die Bank war bisher sein Leben, so wie Blackstone meins. Er muss es für sich herausfinden.«

»Wie auch immer er sich entscheidet, wir beide müssen dann damit leben«, sagte Bill. »Ich wollte dich nur vorwarnen, dass er mich informiert hat.« Ein paar Tage danach war ich im Ritz-Carlton in Sarasota, Florida. Der Vertrag und die Presseerklärung waren zwischen Jimmy und Blackstone abgestimmt. Wir wollten es am darauffolgenden Tag bekannt geben. Ich ging gerade auf die Veranda, als mein Handy klingelte.

»Steve«, sagte Jimmy, »ich kann es nicht tun.«

»Was kannst du nicht tun?«

»Ich kann die Bank nicht verlassen. Mir ist klar, wie sehr ich dich enttäusche. Du hast mir so viel Spielraum gelassen, wie man nur kann, und ich habe dir gesagt, ich würde es tun. Aber mir ist klar geworden, dass es nicht geht.«

»Jimmy, wir haben Monate in diese Sache investiert, und ich möchte wirklich, dass du zu uns kommst. Aber wie ich dir von Anfang an gesagt habe, ist es deine Entscheidung, dein Leben. Wenn du zu uns kommst, dann mit ganzem Herzen. Wenn dir das nicht möglich ist, wird es nicht funktionieren. Du solltest auf keinen Fall zu uns kommen, weil du dich mir gegenüber verpflichtet fühlst. Wenn du mehr Zeit zum Nachdenken brauchst, ist das für mich völlig in Ordnung.«

»Nein«, erwiderte er. »Ich habe nachgedacht, und ich muss bleiben.«

Das war ein schrecklicher Rückschlag und eine herbe Enttäuschung. Aber ich kannte Jimmys Stärken und seine Schwächen. Ein Mann, der in vielerlei Hinsicht an der Wall Street den Ton angab, war im Herzen ein bescheidener, pflichtbewusster katholischer Junge, der einfach das Richtige tun musste.

Ich brauchte ein Jahr, um die Energie aufzubringen, nach jemand anderem zu suchen. Als mir eine Personalberatung ihre Liste möglicher Kandidaten präsentierte, sah ich die üblichen Namen. Unter den wenigen neuen stach einer hervor. Vor etwa zehn Jahren kamen wir überein, für 1,6 Milliarden Dollar die Chicago Northwestern Railroad zu kaufen. DLJ, mein erster Arbeitgeber, hatte uns für einen Teil des Kaufpreises einen Überbrückungskredit gegeben. Um diesen zurückzuzahlen, wollten wir Bonds herausgeben. Aber als Ende der 1980er die Kreditmärkte einbrachen, hätten wir mehr Zinsen auf die Bonds zahlen müssen, als wir wollten, nur um den Deal durchzuziehen, bevor die Märkte dicht waren.

Eines frühen Morgens tobte draußen ein gewaltiger Sturm. Ein paar Stunden später sollte ich nach London fliegen. Pete, Roger Altman und ich saßen dem Team von DLJ gegenüber und diskutierten über den Zinssatz. DLJ wollte einen variablen Zinssatz ohne Obergrenze. Dem konnte ich auf keinen Fall zustimmen, denn wenn das Unternehmen in Schwierigkeiten geriet, konnte theoretisch der Zinssatz immens steigen. DLJ hielt dagegen, dass ein variabler Zinssatz, der sich zwischen einem Minimum und einem Maximum bewege, basierend auf dem, was ein paar Wall-Street-Experten festlegten, fair sei. Ich wusste, dass der Zinssatz nie fallen, sondern immer nur nach oben gehen würde. Sie argumentierten, dass es notwendig sei, die Bonds zu verkaufen. Wir wollten eine festgeschriebene niedrigere Grenze beim Zinssatz, damit wir sicher waren, ihn zahlen zu können. Wir bewegten uns nicht von der Stelle, und unser Flug wartete, vorausgesetzt, dass er nicht wegen des Wetters ausfiel.

»Ich wette eine Million Dollar meines Privatvermögens, welche Obergrenze Sie auch setzen, bis dort wird der Zinssatz mindestens steigen. Hält irgendjemand dagegen?«, fragte ich und wusste ganz genau, dass sich niemand trauen würde. Niemand.

»Eine halbe Million?«

Niemand. Diese DLJ-Leute nahmen wohl an, ich wüsste nicht, dass wir bei der von ihnen vorgeschlagenen Konstruktion als Verlierer enden würden. Sie waren nicht gerade zuversichtlich, die Bonds ohne die Caps[*] verkaufen zu können.

»Wie wäre es mit hunderttausend? Nein? Ist bei zehntausend jemand dabei?«

Eine Hand ging nach oben, die von Tony James. Um voranzukommen, stimmte ich der vorgeschlagenen Struktur zu, aber natürlich wurden die Bonds schließlich herabgestuft, und die Zinssätze stiegen bis zum höchstmöglichen Punkt. Ich teilte Tony mit, dass er die 10.000 Dollar an das New York City Ballet überweisen solle. Und ich behielt ihn stets als jemanden in Erinnerung, der als Einziger bereit war, für die Position seiner Firma einzutreten.

Ich fragte den Headhunter nach Tonys Unterlagen. Bei DLJ hatte Tony die Bereiche Unternehmensfinanzierung sowie M&A geleitet und das Private-Equity-Geschäft aufgebaut. Während des vergangenen Jahrzehnts wies DLJ die am besten performenden Private-Equity-Fonds auf, und Tony war derjenige, der dafür verantwortlich gewesen war, der Chef-Investor. Alles, was wir bei Blackstone machten, machte er bei DLJ. Und in vielen Fällen hatte er es

---

[*] Anm. d. Übers.: Die Grenze, bis zu der ein Discount-Zertifikat an die Entwicklung des Basiswerts gekoppelt ist

besser gemacht. Ich lud ihn zum Abendessen zu mir nach Hause ein.

Tony ist groß, wirkt aristokratisch und zurückhaltend. Er wuchs in einem wohlhabenden Vorort Bostons auf und besuchte die besten Schulen. Den größten Teil seines Berufslebens hatte er bei DLJ verbracht, aber seit die von der Schweizer Investmentbank Credit Suisse übernommen wurden, wuchs seine Frustration. Ich konnte das nachvollziehen, da ich eine ähnliche Erfahrung machte, als wir Lehman verkauften. Er mochte die neue Hierarchie und Bürokratie nicht. Seine Erfolgsbilanz bei DLJ war bemerkenswert, aber er prahlte nicht damit. Er nannte die Fakten, was er machte, wieso und wann.

Im Laufe der folgenden Wochen hatten wir einige Meetings und gemeinsame Essen. Unser Kennenlernen ging weit über einen üblichen Einstellungsprozess hinaus. Ich wusste, dass dies die wichtigste Personalentscheidung war, die ich je treffen würde. Wir redeten viel über interessante Geschäfte, die Komplexität, die Entscheidungen, warum wir uns so und nicht anders entschieden hatten, ob das richtig oder falsch gewesen war. Wir sprachen über Deals, in die keiner von uns beiden involviert gewesen war, und wie diese gehandhabt worden waren. Was dachte er darüber? Was dachte ich darüber? Wie hätte man es handhaben sollen? Wir waren uns fast immer einig. Ich rief ein paar alte Freunde bei DLJ an, einschließlich Dick Jenrette. Alle sagten dasselbe, als hätten sie sich getroffen und gemeinsam einen Text verfasst: »Tony ist perfekt für dich, absolut perfekt. Er ist der cleverste Bursche, den wir hier hatten. Er ist mit Leib und Seele bei der Sache, loyal, arbeitet hart. Niemand legt sich mehr ins Zeug. Und er macht keine Politik. Er ist die perfekte Ergänzung zu dir. Er würde dich nie untergraben. Er ist ein super Partner.« Ich vertraute meinen Freunden, ich vertraute ihm. Ich hatte mich entschieden.

Nachdem Tony und ich unsere Verhandlungen abgeschlossen hatten, sagte ich zu ihm: »Wir sind nahezu immer einer Meinung.

Nur bei einer Sache werden wir uneins sein. Ich mag nur große Geschäfte. Ich zerstreue nicht gern. Es gefällt mir, große Projekte anzugehen und zu realisieren. Deine Philosophie ist anders. Du verfolgst gern das, was funktioniert. Du würdest große und kleine Geschäfte abwickeln. Die Größenordnung ist dir nicht so wichtig, vorausgesetzt, die Sache ist gut konzipiert und du kannst sie realisieren.«

»Du hättest keine Freude an mir, wenn ich Projekte ausschlagen würde, weil sie unbedeutender sind. Projekte, von denen du weißt, dass du sie umsetzen kannst und sie Geld einbringen werden. Du würdest es nicht verstehen, wenn ich so vorgehen würde. Aber ich werde unsere Wirkungskraft immer für etwas aufsparen, dass die Sache auch wert ist.«

2002 fing Tony als mein Partner und Chief Operating Officer bei uns an und wie vorhergesagt, waren dies die einzigen Uneinigkeiten, die wir je haben sollten. Jeder andere Aspekt bei der Leitung von Blackstone, jedes Managementproblem, jede Geschäftsentscheidung, jedes Investorenproblem, wohin wir gehen und wohin nicht – wir sprechen darüber, finden eine Lösung und sind uns stets einig.

Es ist eine wunderbare Partnerschaft.

———

Ich bin kein geborener Manager, aber im Laufe der Jahre wurde ich besser. Tony ist, wie er selbst zugibt, genau das Gegenteil. Er ist ein großartiger Manager. Ich habe ihn schrittweise eingeführt, damit unsere Partner sich an seinen Stil und seine Ausrichtung gewöhnen können, ohne dass diese Art von Feindseligkeit entsteht, die von sich selbst überzeugte Insider oft gegenüber einer Person verspüren, die von außen dazugeholt wurde. Zuerst war er Chief Operating Officer, später wurde er Vorstand. Es dauerte ein Jahr, um ihn in jedem unserer Geschäftsbereiche eine wichtige Rolle übernehmen zu lassen. Aber schließlich hatten alle seine Fähigkeiten erkannt und akzeptierten ihn als Führungskraft. Mit der Zeit leitete er das Geschäft, steuerte Investments und handhabte die täglichen Managementherausforderungen einer wachsenden Organisation.

Als er zu uns kam, fand er eine Kultur vor, die eine Auffrischung gebrauchen konnte. Seit den radikalen Veränderungen, die wir nach Edgcomb eingeführt hatten, war mehr als ein Jahrzehnt vergangen. Wir waren gerade erst an den Exzessen der Dotcom-Blase vorbeigeschrammt. Obwohl unsere jüngeren Partner mich gedrängt hatten, verstärkt in Technologieunternehmen zu investieren, war ich standhaft geblieben. Die Investoren schienen im Hinblick auf das Bewerten von Tech-Unternehmen jegliche Logik über Bord geworfen zu haben. Unsere Investmentdisziplin bewahrte uns davor, der Herde zu folgen.

Unsere Kultur wies noch viele weitere großartige Aspekte auf. Zum Beispiel versammelten sich jeden Montagmorgen unsere Investmentteams, um über ihre Geschäfte und deren Kontext zu sprechen. Das begann um 8:30 Uhr und zog sich bis in den Nachmittag. Wir diskutierten über die Weltwirtschaft, Politik, Gespräche mit unseren Investoren, die Medien, über alles, was Auswirkungen auf das Geschäft haben könnte. Dann gingen wir eine Liste aktueller Projekte durch, teilten unsere Erkenntnisse und Ideen aus den verschiedenen Aktivitäten rund um die Welt. Jeder konnte daran teilnehmen. Wer etwas Relevantes zu sagen hatte, wurde ermuntert, das auch zu tun, ganz gleich welche Position er oder sie in der Firma innehatte und wie lange er oder sie bereits bei uns war. Entscheidend war nur die Qualität dessen, was er oder sie dachte. Bis heute sind die Montagsbesprechungen die deutlichste Demonstration unserer Verpflichtung zu Transparenz, Gleichheit und intellektueller Integrität.

Aber unser Ruf als Arbeitgeber hatte aufgrund von Mitarbeiterfluktuation gelitten. Viele unserer Partner waren selbstgefällig geworden. Manchmal arbeiteten sie freitags nicht oder weigerten sich, genügend Zeit in das Einarbeiten und Betreuen ihrer Junior-

Mitarbeiter zu investieren. Im Jahr 2000 hatte ich versucht, frische Energie ins Unternehmen zu bringen, indem ich fünf neue Partner, alle Anfang dreißig, zu den existierenden zwölf einstellte. Viele der Supportbereiche, von der Personalabteilung bis zur Vergütungsstelle, arbeiteten nicht so, wie sie sollten, und ich war zu beschäftigt, um mich darum zu kümmern.

Tony begann damit, dass er buchstäblich die Wände einriss. Er entfernte die Trennwände, die die Büros der Partner vom Rest der Firma abschotteten, und ersetzte sie durch Glas. Nun fiel Sonnenlicht in die Bereiche, in denen die Assistenten und Analysten arbeiteten. Seine eigene Tür ließ Tony stets offen, und er erwartete von anderen, das ebenfalls zu tun. Er wandte sich an die Familien und lud unsere Mitarbeiter ein, ihre Kinder mit zur Arbeit zu bringen, damit sie sehen konnten, was ihre Eltern den ganzen Tag so machten. Er etablierte 360-Grad-Leistungsbeurteilungen, um jeden in der Firma zu bewerten. Er überholte das Vergütungssystem dahingehend, dass er Gruppenbonus-Pools, schriftliche Feedbacks und Offenes Peer-Review einführte.

Als unsere Leute merkten, dass die Maschinerie unserer Firma nun anständig lief und Tony sie unterstützte, trauten sie sich eher, etwas zu sagen, vor allem die jüngeren. Die Anzahl derer, die nun an unseren Montagsmeetings teilnahm, machte unsere Anwälte nervös. Sie sorgten sich, dass zu viele Personen zu viel wussten. Aber Tony und ich weigerten uns, die Vorgehensweise zu ändern. Wenn wir anfingen, Leute auszuschließen, wie sollten sie dann jemals unseren Investmentprozess verinnerlichen? Nahezu jeder andere im Bereich Finanzen saß wie in einem Silo: sah nur, was im eigenen kleinen Bereich vor sich ging. Unsere Montagsmeetings ermöglichten den Leuten aus jedem Bereich der Firma, mitzubekommen, wie Spezialisten in anderen Bereichen dachten und handelten, und es kam nie zu einem Vertrauensbruch.

Ein paar Jahre nachdem wir die 360-Grad-Beurteilungen eingeführt hatten, erfuhr ich, dass einer unserer langjährigsten Partner

Mitarbeiter anschrie und herablassend behandelte, ein Verhalten, das ich schon Jahre zuvor abzustellen versucht hatte. Mir war klar, dass ich dieses Problem nicht delegieren konnte. Ich traf mich mit jedem der fünfzehn Mitarbeiter, die eng mit ihm zusammenarbeiteten, zu einem Gespräch unter vier Augen und sicherte ihnen Vertraulichkeit bezüglich dessen zu, was sie mir sagten. Ich wollte, dass sie dieser Vorgehensweise vertrauten und wussten, dass ihre Offenheit dem ganzen Unternehmen dabei half, die zentralen Werte zu bekräftigen. Ich erfuhr, dass dieser Partner hinterlistig und nachtragend war. Ich rief ihn in mein Büro und erklärte ihm, dass ich Gespräche mit den Mitarbeitern geführt hatte. Jeder Einzelne, der mit ihm zusammenarbeitete, fürchtete sich vor ihm. Ich vermutete, dass er sich nicht beherrschen konnte, sich nicht bewusst so verhielt, sondern keine Kontrolle darüber hatte. Ich war bereit, ihm noch eine Chance zu geben.

»Mir ist klar, dass dieses Gespräch vermutlich ein Schock für Sie ist«, sagte ich zu ihm. »Entweder, weil Sie aufgeflogen sind oder weil Sie etwas über sich selbst erfahren. Aber sollte ich jemals wieder von einem solchen Verhalten hören oder es mitbekommen, dann war es das. Bedauerlicherweise, wie ich hinzufügen möchte.« Er änderte sich, für etwa ein Jahr. Aber dann kehrte er zu seinem alten Verhalten zurück. Wir trennten uns von ihm.

Ich war nie einer dieser Gründer, die um jeden Preis an der Macht hängen. Die Last des laufenden Managements abzugeben verschaffte mir die Energie für das Dealmaking, das ich liebte. Tony brachte eine Disziplin und Ordnung in jede unserer Unternehmensfunktionen, die wir zuvor nicht gehabt hatten. Ich wusste, jemanden von Tonys Kaliber in die Firma zu holen und zu ermächtigen würde die Firma zu einer Institution machen und uns den Vorsprung verschaffen, um einige der größten Deals in der Geschichte der Wall Street abzuschließen.

———

2006 lud mich Angela Merkel zu einem persönlichen Treffen nach Berlin ins Bundeskanzleramt ein. Wir hatten beträchtliche Investments in deutsche Unternehmen getätigt, aber der Vizekanzler, Franz Müntefering, hatte Private-Equity-Investoren als »Heuschrecken« bezeichnet, die Unternehmen verschlingen. Das löste in Deutschland eine landesweite Debatte aus, die die Schlagzeilen der Zeitungen und Nachrichtensendungen beherrschte.

»Ich habe ein paar Dinge gelesen und möchte mehr erfahren«, sagte die Bundeskanzlerin, die zum Glück auch hören wollte, was die andere Seite zu sagen hatte. »Es heißt, Sie seien Heuschrecken«, sagte sie, hielt zwei Finger über den Kopf und bewegte sie wie eine Heuschrecke ihre Fühler.

»Aber ich bin eine gute Heuschrecke«, erwiderte ich und ahmte ihre Bewegung nach.

»Aber warum bezeichnet man Sie überhaupt als Heuschrecke?«

Ich gab ihr die Erklärung, die jeder bekommt, der wissen möchte, was wir tun. Unser Geschäft ist es, zu kaufen, aufzubereiten und zu verkaufen. Wir versuchen, die von uns erworbenen Firmen zu verbessern, und helfen ihnen, schneller zu wachsen. Je schneller das Unternehmen wächst, desto eher ist jemand bereit, dafür zu zahlen. Wenn wir eine Firma kaufen, die schlecht gemanagt wurde, treten die vermeintlichen Probleme zutage, und wir müssen Leute entlassen, um Platz für bessere zu schaffen, oder die Strategie verändern. Aber selbst nachdem wir die Firma verbessert haben, sie gewachsen ist und wir mehr Menschen dort beschäftigen, als jemals zuvor dort gearbeitet haben, sind die Leute, die wir gefeuert haben, immer noch sauer auf uns und werden zu unseren Kritikern.

Merkel erzählte mir, dass sie in Ostdeutschland, wo sie aufgewachsen war, nie etwas über die Wirtschaft oder Finanzen gelernt habe. Ihr Vater war Pfarrer. Sie hatte Physik studiert und als Physikerin gearbeitet. Aber sie lernte schnell. Warum denn nicht alle Firmen geführt werden, als wären sie im Private-Equity-Besitz, fragte sie mich. Weil einige, so antwortete ich, Zugang zu größeren Kapital-Pools brauchen, die es nur an der Börse gibt. Ein Bergbauunternehmen muss zum Beispiel viel Geld in Bodenerschließung und Probebohrungen investieren, bevor man irgendwelche Erträge verzeichnen kann. Aber alle anderen Firmen sollten vermutlich tatsächlich so geführt werden.

Die Fragen der Kanzlerin schnitten eine häufige Debatte bezüglich Private Equity an, eine, die mit der Finanzkrise noch zunehmen würde. Helfen oder schaden solche Investoren wie wir der Wirtschaft? Das Argument gegen uns lautete stets, dass Private Equity nichts anderes sei als ein von einer kleinen Personengruppe durchgeführtes Financial Engineering*, das weit weg von Fabriken, Geschäften, Gebäuden und Laboren erfolgt, wo die richtige Arbeit stattfindet. Auf uns trifft das nicht zu.

Wir gehen in Märkte hinein, wenn wir eine Schieflage sehen. Ein gutes Unternehmen gerät in eine schwierige Phase und braucht Gelder sowie Unterstützung bei den betrieblichen Abläufen, um diese Phase durchzustehen. Für ein Infrastrukturprojekt wird Kapital gebraucht. Eine Unternehmensgruppe möchte einen Bereich abstoßen und das Kapital woanders investieren. Ein hervorragend geführtes Unternehmen möchte expandieren, aber die Banken stellen kein Geld zur Verfügung. Wir helfen in diesen Situationen mit Finanzierungen, einer Strategie für Veränderungen im operativen Geschäft sowie erfahrenen Profis, und wir investieren die benötigte Zeit, um den Wandel zu vollziehen.

---

* Anm. d. Übers.: Financial Engineering (FE) ist ein vieldeutiger Fachausdruck aus dem Bereich des Finanzmanagements. In seiner allgemeinsten Deutung bezieht sich der Begriff auf die konstruktive Lösung von Finanzproblemen.

UNTERNEHMER SEIN: VON DEN SCHMERZEN ERZÄHLT DIR KEINER

Bei einer Veranstaltung studentischer Unternehmer an einer amerikanischen Top-Universität, an der auch ich teilnahm, zeigte ein Professor für Entrepreneurship eine Folie, auf der alle Schritte verzeichnet waren, die ein Start-up durchlaufen muss, vom Einstellen von Mitarbeitern über das Entwickeln eines Produkts bis zur Markteinführung. Sein Schaubild zeigte einen vorhersagbaren, nach oben führenden Weg, auf dem verschiedene Meilensteine erreicht wurden. *Wenn es doch nur so wäre*, dachte ich bei mir. Meine Erfahrungen als Unternehmer waren alles andere als eine stetig nach oben führende Linie. Tatsächlich waren sie so unangenehm, dass ich nie nachvollziehen konnte, warum manche Menschen als Serial Entrepreneurs ein Unternehmen nach dem anderen gründen wollen. Es einmal zu tun ist schon hart genug.

Als der Professor seinen Vortrag beendete und mir das Mikrofon reichte, hatte ich entschieden, dass man diesen Studenten die Augen öffnen musste. Wenn Sie eine Firma gründen wollten, so sagte ich ihnen, müsse diese drei grundlegende Tests bestehen.

Erstens muss Ihre Idee groß genug sein, um zu rechtfertigen, dass Sie dieser Ihr Leben widmen. Seien Sie sicher, dass sie das Potenzial hat, riesig zu werden.

Zweitens sollte sie einzigartig sein. Wenn die Menschen sehen, was Sie anbieten, sollten sie sagen: »Wow, das brauche ich. Darauf habe ich gewartet. Das spricht mich wirklich an.« Ohne dieses »aha!« verschwenden Sie nur Ihre Zeit.

Drittens muss Ihr Timing stimmen. Die Welt mag nämlich keine Pioniere, und falls Sie zu früh damit dran sind, ist das Risiko, dass Sie scheitern werden, sehr groß. Der Markt, auf den Sie abzielen, sollte mit genügend Schwung abheben, um Ihnen zu helfen, erfolgreich zu sein.

Wenn Ihre Idee diese drei Tests besteht, werden Sie eine Firma haben, die das Potenzial birgt, groß zu werden, etwas Einzigartiges anzubieten, und zum richtigen Zeitpunkt auf den Markt geht. Und dann müssen Sie bereit sein für den Schmerz. Kein Unternehmer erwartet oder will Schmerzen, aber der Schmerz ist die Realität, wenn man etwas Neues beginnt. Er ist unvermeidlich.

Echte Unternehmen passieren nicht einfach so. Geld zu beschaffen und gute Leute anzuwerben ist sehr hart. Selbst wenn Ihre Firma klein ist und Ihre Ressourcen beschränkt sind, so ist es für Sie entscheidend, die richtigen Leute zu finden. In der Regel werden Sie keinen Zugang zu den Besten haben, die woanders auf sehr viel höheren Vergütungsniveaus arbeiten. Sie müssen es mit den Leuten schaffen, die Sie finden. Das bedeutet, mindestens, Ihre Kriterien auf eine einfache Frage zu reduzieren: Weist diese Person dieselbe begeisterte Hingabe für die Mission dieses Unternehmens auf wie Sie selbst?

Als Phil Knight Nike aufbaute, stellte er andere Langstreckenläufer ein, um mit ihm zu arbeiten. Denn er wusste: Was ihnen an Business-Know-how fehlte, machten sie an Durchhaltevermögen wieder wett. Sie würden niemals aufgeben. Sie würden den Schmerz ertragen und bis zum Ende des Rennens durchhalten, ungeachtet aller Schwierigkeiten.

Wenn Sie eine Firma gründen, sind Sie in der Regel froh, überhaupt jemanden zu finden, der bereit ist, mit Ihnen auf diese Reise zu gehen. Aber wenn Sie wachsen, werden Sie feststellen, dass manche Leute so fehl am Platz sind wie ein Passfänger im Football mit steinharten, unbeweglichen Händen. Sie werfen ihnen den Ball zu, und er prallt einfach ab. Anderen wiederum scheint alles an den

Händen zu kleben. Als anständiger Mensch denken Sie, Sie müssten den Schlechten gut zureden, um Notlösungen zu finden. Als Mitarbeiter sind diese Leute 6er oder 7er, also weit entfernt von 10ern. Wenn Sie sie behalten, stehen Sie am Ende mit einer dysfunktionalen Firma da, in der Sie die ganze Arbeit zusammen mit den paar Leuten, die es draufhaben, selbst machen müssen und sich die Nächte um die Ohren schlagen.

Sie haben zwei Möglichkeiten: entweder eine mittelmäßige Firma zu leiten, aus der nie etwas wird, oder Ihre selbst geschaffene Mittelmäßigkeit auszuräumen, damit Sie wachsen können. Wenn Sie ehrgeizig sind, müssen Sie Ihre Firma mit 9ern und 10ern füllen und ihnen die schwierigen Aufgaben übertragen.

Und zu guter Letzt: Um als Unternehmer Erfolg zu haben, müssen Sie paranoid sein. Sie müssen ständig glauben, dass Ihre Firma, unabhängig von ihrer Größe, klein ist. In dem Moment, wenn Sie groß sind und Erfolg haben, kommen Herausforderer und setzen alles daran, Ihnen die Kunden abspenstig zu machen und Ihre Firma zu übertreffen. Sie sind nie verletzlicher als in dem Moment, in dem Sie glauben, erfolgreich zu sein.

Viele gründergeführte Unternehmen geraten ins Stolpern, wenn sie versuchen, den Übergang vom zusammengestückelten Start-up zu einer gut gemanagten Maschinerie zu schaffen. Unternehmer verlassen sich oft lieber auf ihre Instinkte als auf die strukturierten Systeme, die professionelle Manager nutzen. Unternehmer widersetzen sich oft den Grenzen, die diesen Instinkten und der Energie, mit der sie ihre Firma ins Leben gerufen haben, gesetzt werden. Aber letztlich sind es diese Grenzen, die die Grundlage für die nächste Wachstumsphase bilden. Die Turbulenzen einer Firmengründung müssen ab einem gewissen Punkt erlauben, dass Systeme implementiert werden, die es anderen Menschen ermöglichen, dazu beizutragen, die Firma nach vorn zu bringen.

AUF MISSTÖNE ACHTEN

An einem Montag im Herbst 2006 machte ich es mir auf meinem Stuhl an dem langen Konferenztisch bequem, der im Vorstandssitzungszimmer unseres New Yorker Büros steht. Sämtliche Stühle waren mit Kollegen besetzt, sogar die Bänke entlang der Wände. Über in die Wände eingelassene Videobildschirme waren unsere Teams in London, Mumbai und Hongkong zugeschaltet. Wir redeten über Politik, die Makroökonomie und Trends in unseren Geschäftsbereichen. Zweiundvierzig Stockwerke über den Straßen von Manhattan gaben mir diese Meetings stets das Gefühl, eine Einsatzleitzentrale zu bemannen und Blackstone durch eine sich schnell verändernde und unsichere Umgebung zu navigieren. Was ich an jenem Morgen hörte, jagte mir Angst ein.

Das Gespräch hatte sich Spanien zugewandt, wo wir vorhatten, etliche Gebäude mit Eigentumswohnungen zu kaufen. Jemand sagte, dass in Südspanien derzeit so viel gebaut wurde, dass man ganz Deutschland dorthin befördern könnte und immer noch Wohnungen frei blieben. Die Immobilienentwickler ignorierten die grundlegenden Gesetze von Angebot und Nachfrage.

Während unser europäisches Team seine Bedenken darlegte, unterbrach uns eine körperlose Stimme. »Das Gleiche erleben wir in Indien. Der Preis für Brachflächen hat sich in den vergangenen achtzehn Monaten verzehnfacht.« Beinahe hätte ich mich an meinem Kaffee verschluckt.

»Wer spricht da?«, fragte ich und schaute mich im Raum um. Ich dachte, alle seien über Monitor dabei, deshalb brauchte ich einen

Moment, um zu erkennen, dass die Stimme aus einem Telefonlautsprecher kam.

»Hier ist Tuhin Parikh«, sagte die Stimme. »Ich habe vor Kurzem in der Firma angefangen, um Immobilien in Indien zu prüfen.« Wir hatten unser Büro in Indien erst ein Jahr zuvor eröffnet und bisher dort nicht in Immobilien investiert. Es überraschte mich, von ihm zu hören. Es knisterte in der Leitung. Aber was Tuhin sagte, war derartig alarmierend, dass ich ihn bat, es zu wiederholen.

»Ja, Steve«, sagte er. »In den vergangenen achtzehn Monaten haben wir erlebt, dass sich die Landpreise verzehnfacht haben. Die Preise waren sowieso schon zu hoch. Und jetzt überschlagen sie sich förmlich.« Indien war eine schnell wachsende, aufstrebende Volkswirtschaft, deshalb hatten wir entschieden, dort ein Büro zu eröffnen. Aber die Wirtschaft wuchs keinesfalls auch nur annähernd in dem Tempo, dass es eine solche Explosion der Landpreise gerechtfertigt hätte. In meinen fünfzehn Jahren im Immobilieninvestment hatte ich nie erlebt, dass sich etwas in achtzehn Monaten verzehnfachte.

Noch besorgniserregender war, dass es sich um unerschlossenes Land handelte. Wenn man Land kauft, dann setzt man darauf, dort etwas Wertvolles bauen zu können. Aber das kann Jahre dauern. Du setzt darauf, dass du die Genehmigungen von den Behörden bekommst, dass der Bau problemlos abläuft, dass es immer noch eine Nachfrage danach geben wird, was auch immer du baust, egal wann du es fertigstellst, und dass die wirtschaftlichen Bedingungen stabil genug bleiben, damit du mehr einnimmst, als dich die Kredite gekostet haben. Wenn die Landpreise in anderthalb Jahren in die Höhe schießen, weißt du, dass Investoren einer Art Wahnsinn verfallen und blind gegenüber allen offensichtlichen Risiken sind.

Wir entschieden auf der Stelle, den Immobilien-Deal in Spanien nicht zu machen. Rund um den Tisch gab es ein paar verwunderte Blicke. Was hatten die Landpreise in Indien mit Eigentumswohnungen in Spanien zu tun? In einer zunehmend globalisierten Wirtschaft musst du in der Lage sein, Verbindungen herzustellen, die es vor zehn oder zwanzig Jahren vielleicht noch nicht gab. Preiswerte, leicht zu bekommende Kredite waren nun praktisch grenzenlos und suchten rund um die Welt nach Gelegenheiten. Wenn wir in Spanien und Indien Immobilienblasen ausgemacht hatten, dann war es gut möglich, dass es diese auch anderenorts gab. Das war nicht der richtige Zeitpunkt für hochpreisige Immobiliengeschäfte in überhitzten Märkten.

Am darauffolgenden Wochenende las ich beim Frühstück in meinem Haus in Palm Beach in der Zeitung einen Artikel, dass die Preise für Häuser in Palm Beach um 25 Prozent stiegen. Das Bevölkerungswachstum in Palm Beach konnte nicht höher als 1 oder 2 Prozent jährlich sein. Dennoch beschrieb die Lokalzeitung eine ungewöhnliche Aktivität auf dem örtlichen Immobilienmarkt. Wie in Spanien und Indien war die grundlegende Verbindung zwischen Angebot und Nachfrage gestört.

Mein Leben lang habe ich darauf geachtet, Muster zu erkennen. Wie in der alten Fernsehsendung *Name That Tune*[*]. Je mehr Lieder du kennst, desto eher bist du in der Lage, das Lied schon nach den ersten Tönen zu erkennen. Du wirst quasi zu einem erfahrenen Arzt, der sagen kann, was mit dem Patienten los ist, lange bevor du alle Testergebnisse hast. Die in dem Immobilien-Meeting Anfang der Woche aufgekommene Befürchtung wuchs sich nun in die Angst vor einem drohenden Kollaps aus. Während ich dort unter der Sonne Floridas saß, machte ich mir ernsthafte Sorgen, dass es möglicherweise zu einem globalen Kollaps kommen könne.

Am Montag nach meiner Rückkehr aus Florida eröffnete ich um 8:30 Uhr unser Private-Equity-Meeting, indem ich fragte, wie sich die Situation für das Abschließen von Deals momentan gestaltete. Die Situation war taff. Es gab interessante Gelegenheiten zum Kauf

---

[*] Anm. d. Übers.: Eine deutsche Version des Sendeformats gab es Jahre später unter dem Namen Hast Du Töne?

von Unternehmen, aber die Preise waren viel zu hoch. »Es ist nicht so, als würden wir nur wegen ein paar Dollars verlieren und keine Geschäfte machen«, erzählte mir einer aus dem Team. »Aber die Leute bieten 15 bis 20 Prozent mehr als das, was wir als Wert angesetzt haben. Wir sind nicht einmal nah dran.«

Seit fast zwei Jahrzehnten wickelten wir Private-Equity-Deals ab. Entweder entging uns gerade etwas, was in Anbetracht unserer Erfahrung und Fachkenntnis unwahrscheinlich war, oder aber andere Investoren gingen zu hohe Risiken ein.

Ich fragte nach, über welche Art von Deals wir da sprachen. Als man mir sagte, dass wir gerade wegen zweier Deals für Wohnungsbaugesellschaften angesprochen worden waren, wäre ich beinahe aufgesprungen.

»Von Immobilien lassen wir die Finger«, sagte ich. Wenn Wohnungsbaugesellschaften versuchten, uns ihre Firmen zu verkaufen, dann sahen sie vermutlich genau das, was auch ich sah. Jetzt zu kaufen wäre für uns der denkbar schlechteste Moment.

Beim 10:30-Uhr-Meeting mit dem Immobilienteam sagte ich, dass wir jegliches Engagement im Immobiliengeschäft sofort unterlassen mussten, nicht nur bei Eigentumswohnungen in Spanien, sondern einfach bei allem und überall – auch in den Vereinigten Staaten. Später wies ich unser Kreditteam an, die Positionen bei sämtlichen immobilien- oder hypothekenbesicherten Darlehen zu reduzieren, die sie innehatten, und keine weiteren zu kaufen. Unser Hedgefondsteam bekam dieselbe Anweisung. Sie hörten auf meine Warnungen, und mein Partner, Tom Hill, der Leiter unseres Hedgefonds-Investmentgeschäfts, wettete darauf, dass der Wert von *Subprime Mortgages*, quasi zweitklassige Kredite an weniger kreditwürdige Darlehensnehmer, fallen würde. Er lag richtig, und wir verdienten mehr als eine halbe Milliarde Dollar für unsere Investoren.

Wenn ich an jenem Morgen aus meinem Büro hinaus auf die Lexington Avenue gegangen wäre, hätte ich eine Wirtschaft gese-

hen, die Vollgas fuhr. Die Läden waren voll, die Börse erreichte All-
zeithochs. Die Menschen hatten sich daran gewöhnt, dass sich der
Wert ihrer Häuser nur in eine Richtung entwickelte: nach oben.
Selbst in meiner Branche wurde nur noch von Wachstum gesprochen. Unsere Wettbewerber überboten uns weiterhin bei Geschäften. Sie sahen die Zukunft rosiger, als wir es taten.

Das eigene Verhalten angesichts sich verändernder Informationen zu ändern ist immer schwierig. Wenn es gut läuft, dann wollen
manche Leute nichts verändern. Sie ignorieren die Missklänge und
die Zwischentöne, die sie wahrnehmen. Sie fühlen sich von schlechten Nachrichten, der Unsicherheit durch Veränderungen und der
dadurch bedingten harten Arbeit bedroht. Das macht sie passiv und
starr in gerade dem Moment, in dem sie am aktivsten und flexibels-
ten sein sollten.

Sich Sorgen zu machen habe ich stets als aktive, befreiende Art
von Tätigkeit angesehen. Besorgnis ermöglicht Ihnen, die Kehrseite jeder Situation zu artikulieren, und lässt Sie handeln, um genau
diese zu vermeiden. Wir hatten Blackstone so aufgestellt, dass wir
Gründe zur Besorgnis sofort erkannten, indem wir durch eine Fül-
le von Ursprungsdaten unsere Erkenntnisse entwickelten und Ausschau nach Anomalien und Mustern hielten. Besorgnis in ihrer besten Form ist eine geradezu spielerisch ablaufende, engagierte
Arbeit, von der man niemals ablassen sollte.

Mein Anliegen bezüglich des Eliminierens von Risiken wurde
auf unser gesamtes Portfolio ausgeweitet. Wir stiegen nicht nur aus
dem Immobiliengeschäft in Spanien aus. Wir zogen uns ganz aus
Spanien zurück. Das Überangebot an Eigentumswohnungen, das
unser Immobilienteam identifiziert hatte, deutete auf eine Kredit-
blase hin, die sich auf das ganze Land auswirken konnte. Kein
Unternehmen, so gut es auch aufgestellt sein mochte, konnte einem
Kollaps des Systems standhalten.

Kurze Zeit später besuchte ich in Madrid einen Freund und sah
mir Picassos riesiges Gemälde *Guernica* an. Wir waren im Begriff,

einen gigantischen Deal abzuschließen: den Kauf von Clear Channel Communications, einem amerikanischen Medienunternehmen, zusammen mit zwei anderen Firmen, Equity Partners und KKR. Ich erinnere mich noch daran, dass ich vor dem Gemälde stand und dachte, dass wir es nicht tun sollten. Vielleicht lag es nur daran, dass ich in Spanien war, und an all den Zweifeln, die ich gegenüber der hiesigen Wirtschaft hegte. Oder es war das grausige Motiv von Picassos Gemälde: die Bombardierung der kleinen Stadt Guernica während des Spanischen Bürgerkriegs. Jedenfalls war mir nicht wohl beim Gedanken an dieses Projekt. Als ich mit dem Aufzug an der Außenseite des Reina-Sofía-Museums herunterfuhr, verstärkte sich dieses Gefühl – ein körperliches Gefühl, hervorgerufen durch all die Hinweise. Als ich wieder in meinem Hotelzimmer ankam, hatte ich entschieden, dass wir uns aus dem Deal zurückziehen mussten. Ich rief Jonathan Nelson bei Providence an. Es sei nicht nur Nervosität, sagte ich ihm. Es sei Urteilsvermögen. Wir alle waren im Deal-Fieber und wollten unbedingt etwas abschließen. Aber falls dieser Deal danebenging, könnte er unseren Investoren und unseren Firmen ernsthaft schaden.

In der ganzen Firma verkauften wir Anlagewerte, die wir nach dem Platzen der Tech-Blase 2001 gekauft und während einer stabilen Erholungsphase gehalten hatten. Dabei handelte es sich um zyklische Unternehmen, deren Wert je nachdem, wie gesund die gesamte Wirtschaft war, stieg und fiel. 2003 hatten wir Celanese gekauft, ein großes deutsches Chemieunternehmen, das durch mehrfachen Verkauf schwerfällig und ineffizient geworden war. Wir schlossen die deutsche Zentrale und verlagerten sie in die Vereinigten Staaten, wo das Unternehmen 90 Prozent seines Umsatzes machte. Allein, es in ein amerikanisches Unternehmen umzuwandeln, veränderte es in mehrfacher Hinsicht. Als wir im Mai 2007 unsere letzten Anteile an Celanese verkauften, hatten wir unsere Investition fast fünfmal wiedergutgemacht. Es war unser bis dahin erfolgreichstes Investment.

2005 steckten 70 Prozent unserer Investments in zyklischen Unternehmen. Im darauffolgenden Jahr war dieser Anteil auf 30 Prozent gefallen. Wir machten praktisch den Laden für Private-Equity-Deals dicht, halbierten das Volumen. Ich war fest entschlossen, dass unsere Leute nicht damit beschäftigt sein würden, die Scherben von schlechten Deals zusammenzukehren, falls die Märkte zusammenbrachen. Aber während wir die Firma herunterfuhren, liefen wir geradewegs in eine Situation, die ein anderes unserer Investmentprinzipien verkörperte: Verpass keine Gelegenheit, die du dir nicht entgehen lassen darfst.

———

Wir waren nicht die Einzigen, die Probleme am Horizont aufkommen sahen. Im Oktober 2006 kam uns zu Ohren, dass unser alter Freund Sam Zell, unser erster Besucher bei Blackstone, überlegte, seine Firma Equity Office Properties* zu verkaufen. Seit dem Tag, als wir in unserem damals noch leeren Büro auf dem Boden gesessen hatten, waren wir in Kontakt geblieben. 1994 kauften wir von ihm das für Wasserstraßen zuständige Unternehmen Great Lakes Dredge and Dock,** und vor allem unser Immobilienteam hatte ihn immer im Auge behalten. Sam ist durch und durch Unternehmer und gibt sich nie mit dem Status quo zufrieden. Seit den frühen 1990ern hatte er sich dafür ausgesprochen, dass an der Börse auch Anteile von Portfolios kommerzieller Immobilien gehandelt werden sollten, so wie es mit anderen Unternehmen möglich ist. Er hatte Equity Office Properties (EOP) als *Real-Estate-Investment-Trust* (kurz REIT, börsengehandelte Immobilienfonds) gegründet. Es war der erste seiner Art, der als Teil des S&P-500-Index gehandelt wurde, in dem die Aktien der 500 größten börsennotierten

---

* Anm. d. Übers.: Der größte Eigentümer von Büros in den Vereinigten Staaten
** Anm. d. Übers.: Amerikanisches Unternehmen, das Baudienstleistungen im Bereich Baggerarbeiten und Landgewinnung erbringt und derzeit der größte Anbieter dieser Art in den USA ist.

US-Unternehmen gelistet sind. Zu dem Zeitpunkt, als wir ihn bewerteten, war der EOP REIT das größte Bürounternehmen der Welt, mit über 100 Millionen Quadratmetern in fast sechshundert Immobilien innerhalb der Vereinigten Staaten, viele davon in erstklassigen innerstädtischen Lagen. Jeder im Immobiliengeschäft wusste, dass es sich um einen außergewöhnlichen Bestand von Vermögenswerten handelte.

Sam wollte beim Höchststand aus dem Immobiliengeschäft aussteigen. Wenn er es an der Zeit fand zu verkaufen, konnte man darauf wetten, dass sich irgendetwas Übles anbahnte. Die einzige Möglichkeit, wie wir unserer Meinung nach Profit aus dem Geschäft schlagen konnten, bestand darin, die Firma aufzuteilen, bevor es zu dem Crash kam, den wir alle herannahen sahen.

_____

Unsere Immobiliensparte war zu diesem Zeitpunkt über alle Maßen gewachsen. Seit dem ersten Geschäft mit Apartmentgebäuden in Arkansas hatten wir Milliarden Dollar beschafft und investiert. Außerdem hatten wir unsere Kultur, die auf Ansehen und Integrität fußte, in einer Branche aufrechterhalten müssen, die an ganz andere Standards gewöhnt war.

Ein paar Jahre, nachdem wir begonnen hatten, in Immobilien zu investieren, saßen wir mit einem Teamleiter, der aus einem reinen Immobilienunternehmen zu uns gewechselt war, in einem Meeting, um den Preis für eine Kapitalanlage festzusetzen. Als ich ihn nach den Zahlen fragte, sagte er: »Welche Zahlen wollen Sie?«

»Wie meinen Sie das?«, fragte ich zurück.

»Nun, da hätten wir das Zahlenpaket für die Bank, das für die Steuer und das, um Geld zu beschaffen. Und dann haben wir noch die Zahlen, an die Sie glauben.«

Ich schaute den Burschen erstaunt an. »Sie haben vier Zahlenpakete? Bei Blackstone haben wir nur ein Zahlenpaket. Für die Bank, für die Limited-Partner, für die Steuer. Die sind das, was wir glauben. Wir sagen auch allen Beteiligten, was wir glauben. Wir sind nicht im Beschiss-Geschäft. Wir machen es auf die ehrliche Art. Und jetzt raus hier. Und wenn Sie mit Ihrem Team zurückkommen, werden auch Sie daran glauben. Etwas anderes will ich hier niemals sehen.«

Als er ging, sagte ich zu dem Partner, der unsere Immobilien-Gruppe leitete: »Wo war dieser Typ vorher? Sie werden ihn in die richtige Spur bringen, oder wir werden ihn zum Mond schießen.«

Eine andere übliche Praxis, mit der wir im Immobiliengeschäft konfrontiert wurden, war das Retrading (Nachverhandeln). Zu einem sehr späten Zeitpunkt der Geschäftsabwicklung, nachdem alle Bedingungen vereinbart wurden und man quasi vor dem Abschluss steht, drohen Käufer damit, doch noch abzuspringen, wenn sie keinen geringeren Preis bekommen. Dieses Verhalten bringt Verkäufer in eine fürchterliche Situation. Um ein Verhandlungsergebnis zu erreichen, haben sie sich möglicherweise auf Bedingungen eingelassen, die erfordern, dass das Geschäft zu einem bestimmten Zeitpunkt abgewickelt ist, oder sie haben eine Menge Geld in Transaktionskosten gesteckt oder anderen potenziellen Käufern abgesagt. Nun müssen sie entweder wieder bei null anfangen oder den niedrigeren Preis akzeptieren.

Wenn ich das als Investmentbanker versucht hätte, wäre ich schnell weg vom Fenster gewesen. Bei Unternehmensgeschäften einigt man sich auf den Preis, und solange sich nichts Gravierendes ändert, bleibt man dabei. Man trickst nicht herum, sonst wird einem niemand mehr vertrauen. Leute, die schon ewig im Immobiliengeschäft waren, erzählten mir jedoch, dass es dort gang und gäbe sei, ein hohes Angebot abzugeben, um den Deal zu bekommen, und dann beim Abschluss den Preis zu drücken. Für mich funktionierte das nicht. Wir würden unsere Immobiliengeschäfte zu denselben Standards abwickeln, die wir auch für unser Private-Equity-Geschäft ansetzten: dieselbe analytische Genauigkeit, dieselbe Disziplin, dasselbe Vertrauenslevel. Möglicherweise würden

wir uns kurzfristig dadurch Geschäfte entgehen lassen. Aber langfristig würden wir unser Ansehen als Firma wahren, die hält, was
sie verspricht.

Jon Gray kam 1992 zu Blackstone. 2005, mit gerade einmal vierunddreißig Jahren leitete er unser Immobiliengeschäft. Er war im
Private-Equity-Geschäft gestartet. Aber 1995 gaben wir ein Gebot
ab für das Worldwide Plaza, einen Gebäudekomplex mit Misch-
nutzung an der Eighth Avenue in Manhattan, und das Immobilienteam brauchte Hilfe. Wir schickten ihnen Jon, der darin brillierte,
die komplexen Details des Deals auszuhandeln, und das Geschäft zu
einem erfolgreichen Abschluss brachte. Er schmiedete eine enge
Geschäftsbeziehung zu John Schreiber, und sein außerordentlicher
Lauf als Immobilieninvestor begann.

In den darauffolgenden Jahren entwickelte Jon zwei wichtige
Erkenntnisse, die das Wachstum unseres Immobiliengeschäfts
beschleunigten. Die erste war, kommerzielle hypothekenbesicherte
Wertpapiere (CMBS) zu verwenden, um größere Akquisitionen
vornehmen zu können. CMBS waren neuartige Wertpapiere. Her-
kömmlich war es so: Wenn man Geld aufnehmen musste, um
Gewerbeimmobilien zu kaufen, lieh man es sich bei einer Bank
oder einer anderen großen Institution. Bei diesen neuen Wertpapieren konnte ein Verleiher ein Darlehen zusammen mit anderen Krediten in ein handelbares Wertpapier zusammenpacken und dieses an
Investoren verkaufen. Das verwandelte unser Darlehen in eine
Kapitalanlage, die liquider und handelbarer war. Je einfacher es für
Banken war, ihre Darlehen zu verkaufen, desto mehr Darlehen ver-
gaben sie auch und desto weniger berechneten sie dem Kreditnehmer. In der Praxis hieß das, wir konnten mehr Geld für weniger
Zinsen leihen, um größere Akquisitionen zu tätigen.

Jons zweite Erkenntnis bestand darin, dass börsennotierte Unternehmen, die viele Immobilien besaßen, häufig niedriger bewertet
wurden als die Summe ihrer Einzelteile. Immobilieninvestoren
waren in der Regel Einzelunternehmen oder kleine Familienunter-

nehmen ohne intellektuelle oder finanzielle Ressourcen. Mitunter hatten sie im Laufe von Jahrzehnten eine Menge Gebäude mit unterschiedlichen Nutzungen und in unterschiedlichem Zustand angesammelt. Wenn man ihnen im richtigen Moment einen guten Preis für das ganze Paket machte, akzeptierten sie es vielleicht, weil sie nicht die Leute oder die Geduld hatten, das ganze Portfolio durchzugehen, den Wert für jedes einzelne Gebäude festzulegen und jeweils Käufer zu finden, die den höchsten Preis zahlten. Wir hatten Experten, die eine Immobilie schätzen, in Schuss bringen und dann den richtigen Käufer in unserem Netzwerk von Beziehungen finden konnten. Wir verfügten auch über die nötigen Finanzierungsmöglichkeiten, um die Geduld dafür aufbringen zu können. Indem wir die Arbeit machten, zu der andere Eigentümer nicht in der Lage waren oder die sie einfach nicht machen wollten, konnten wir die Differenz zwischen dem »Straßenwert« dieser Immobilien und dem »Bildschirmwert« verdienen, jenem Wert, den wir durch unsere fachmännische Analyse ermittelten. Das steigerte unseren Ertrag und verringerte gleichzeitig unser Risiko.

Als wir Jon zum Co-Leiter unseres weltweiten Immobiliengeschäfts ernannten, setzten wir erneut unser Vertrauen in die nächste Generation. Im Vergleich zu seinen Peers in anderen Firmen mochte er jung und noch recht unerfahren sein, aber er verkörperte unsere Kultur und hatte seine Chance verdient. Im Juni 2006 schloss er unseren fünften und bis dato größten Immobilienfonds: 5,25 Milliarden Dollar an zugesagtem Kapital.

Als der Deal mit Sam Zells Equity Office Properties Gestalt annahm, brauchten wir Jons Führungsqualitäten ebenso wie unsere einzigartige Firmenkultur, unsere Herangehensweise an Finanzierungen, unser Gespür für das Abschließen von Geschäften und einen großen Brocken unseres aktuellen Fonds. Wir waren im Begriff, uns mitten ins Zentrum des sich anbahnenden Finanzsturms zu begeben.

ZEIT SCHWÄCHT ALLE DEALS

Equity Office Properties war sechs oder sieben Mal größer als jedes andere Immobiliengeschäft, das jemals abgeschlossen wurde. Der Deal war so groß, dass eine Fehlkalkulation katastrophale Folgen haben könnte: Wir liefen Gefahr, auf Gebäuden sitzen zu bleiben, die wir nicht verkaufen konnten, und damit auf Schulden, die wir nicht bezahlen konnten. Aber wenn wir es richtig machten, konnte das Potenzial gigantisch sein. Jon erkannte den Druck und handelte schnell. Wir mussten in das Unternehmen hineingehen und es verstehen, bevor unsere Konkurrenz es tat, was bedeutete, dass wir ein ernst zu nehmendes Eröffnungsgebot abgeben mussten. Am 2. November 2006 boten wir eine Summe, die 8,5 Prozent über dem Marktpreis lag, und EOP gab uns Einblick in die Bücher. Die gesamte Immobilienbranche war auf einen Schlag hellwach. Verschiedene Investorenkonsortien taten sich für den Versuch zusammen, uns zu überbieten. Genau das hatte Sam gewollt: eine Auktion mit vielen Bietern.

Bei Geschäften wie diesem handeln die potenziellen Käufer für gewöhnlich mit dem Verkäufer eine Break-up-Fee (Auflösungsgebühr) aus, was bedeutet, dass der Verkäufer dem potenziellen Käufer seine bis dahin entstandenen Kosten erstattet – Zeit, Anwaltskosten, Wirtschaftsprüfer und Diligence-Prüfungen –, wenn er sich schließlich doch entscheidet, an jemand anderen zu verkaufen. Sollte das Interesse an dem Objekt nicht sonderlich groß sein, kann sich der Verkäufer bereit erklären, eine hohe Break-up-Fee zu zahlen, um risikoscheue Käufer anzulocken. Gibt es dagegen großes Interesse, kann der Verkäufer auf einer niedrigen Break-up-Fee bestehen. Die Standardgebühr bei vergleichbaren Transaktionen liegt bei 1 bis 3 Prozent des Gesamtvolumens. Das Interesse an EOP war so groß, dass Sam auf einer Break-up-Fee von lediglich einem Drittel Prozent bestehen konnte.

Als die Gebote stiegen, suchten wir nach Wegen, im Rennen zu bleiben. Je höher der Preis, desto einfallsreicher mussten wir sein, um noch Profit zu machen. Wir baten Sam um die Erlaubnis, im Vorfeld Immobilien aus der Firma verkaufen zu dürfen. Wenn wir für bestimmte Assets jetzt schon Käufer festmachen konnten, würden wir uns sehr viel sicherer mit einem so hohen Preis für das Gesamtportfolio fühlen. Er lehnte ab. Er hatte entschieden, EOP als Einheit abzustoßen, ein dicker Scheck für seine jahrzehntelange Arbeit, und er wollte nicht, dass wir seine Firma bereits zerlegten, bevor der Verkauf abgeschlossen war. Wir baten ihn, die Break-up-Fee von 100 Millionen Dollar (1/3 Prozent des Gesamtvolumens) auf 1 1/3 Prozent anzuheben, was etwa 550 Millionen Dollar entsprach, um unsere vorläufigen Kosten zu decken und unseren Investoren eine Rendite zahlen zu können. Widerwillig stimmte er zu. Ebenso wie wir eine Rechtfertigung für den hohen Preis brauchten, war es für ihn wichtig, uns am Verhandlungstisch zu behalten.

Für ein Geschäft dieser Größenordnung brauchten wir eine Menge Geld von den großen Banken – etwa 30 Milliarden Dollar. Eine Summe dieser Größenordnung konnten wir nicht von einer Bank allein bekommen, deshalb suchten wir mehrere auf, wie es die übliche Praxis ist, verpflichteten sie exklusiv für unser Gebot und banden deren Ressourcen. Als Sam erfuhr, dass andere Bieter kein Geld von den Banken bekommen würden, mit denen wir bereits eine Vereinbarung getroffen hatten, beorderte er Jon ins Waldorf Astoria und erklärte ihm mit anschaulichen Begriffen, was er mit ihm anstellen würde, wenn wir die Banken blockierten.

Am Ende sprangen fast alle anderen Bieter ab. Übrig waren nur noch wir und Vornado, ein großes, börsennotiertes Immobilienunternehmen im Besitz von Steve Roth, einem Freund von Sam.

Jon, Tony, John Schreiber und ich trafen uns, um zu entscheiden, ob wir einfach die 550 Millionen Dollar Break-up-Fee nehmen und aussteigen sollten oder ob wir weitermachten. Schließlich hätten wir mit 550 Millionen Dollar unseren Investoren einen guten Zahltag bescheren können. Aber ein erfolgreiches Geschäft mit EOP konnte sehr viel mehr wert sein. Wir beschlossen, unser Gebot auf 52 Dollar pro Aktie anzuheben, womit es 9 Prozent über unserem Eröffnungsgebot lag, aber unter großem Vorbehalt. »Dieser Deal ist so gefährlich«, sagte ich zu Jon und seinem Team, »dass ich die Hälfte sofort mit Profit verkaufen möchte, um den Preis für den Rest konservativer zu halten. Ich möchte am Tag des Abschlusses verkaufen. Ich will keine Zeit verschwenden. Wir müssen das am selben Tag durchziehen, an dem wir kaufen.« Alle um den Tisch herum erstarrten. Allein die Vorstellung schien surreal. Aber ich meinte es ernst. Dieses Geschäft konnte uns ruinieren.

»Wie sollen wir das anstellen?«, fragte jemand. »Sam wird niemals zustimmen, dass wir schon im Vorfeld Anlagewerte verkaufen. Er hat bereits abgelehnt, dass wir Immobilien vorab verkaufen.«

Ich kannte Sam seit zwanzig Jahren und hatte ihn in Aktion erlebt. Mir war klar, dass er den höchstmöglichen Gewinn erzielen wollte. Aber da wir nun dicht dran waren, würde er nicht über Details streiten. Was auch immer er zu einem früheren Zeitpunkt bei den Verkaufsverhandlungen gesagt hatte, beruhte auf Taktik und nicht auf Prinzipien. Eine Anfrage wie unsere war für uns lebenswichtig und würde sich in seiner Fairnesszone bewegen.

»Geh hin und sag es ihm«, erwiderte ich. »Wenn er uns dabeihaben will, muss er uns vorher verkaufen lassen. Was kümmert es ihn überhaupt? Gebt ihm ein bisschen mehr Geld, und er wird mitmachen.«

Und das tat er auch. Bei der nächsten Bieterrunde übertrumpfte uns Vornado. Aber unser Recht, im Vorfeld zu verkaufen, änderte alles. Harry Macklowe, ein New Yorker Immobilien-Magnat, wollte zum Preis von 7 Milliarden Dollar sieben Top-Bürogebäude in der City kaufen. Das deckte fast 18 Prozent unseres Angebots ab. Käufer kamen aus dem ganzen Land zu uns, aus Seattle, San Francisco, Chicago, alle gierten nach Stücken von Sams Imperium. Sie teilten unsere Ansicht nicht, dass der Markt seinen Höchststand bereits überschritten hatte und sich eine Jahrtausendflut zusammenbraute. Sie betrachteten die Zerteilung von EOP als seltene Chance, sich Vorzeigeimmobilien anzueignen.

Wir und Vornado absolvierten noch ein paar weitere Bieterrunden, bis zum 4. Februar, dem Super-Bowl-Sonntag. Vornado hatte zuletzt den gleichen Preis geboten wie wir, aber mit ein paar Zückerchen. Während der Eröffnungsminuten des Super-Bowl-Spiels bekam Jon einen Anruf, dass wir unser Angebot verbessern mussten. Er war in den Vororten Chicagos aufgewachsen und schon ein Leben lang Bears-Fan. Sie spielten gegen die Indianapolis Colts, und Devin Hester von den Bears war gerade nach dem Opening-Kick einen Return zum Touchdown gelaufen. Jon musste sich mit Gewalt vom Bildschirm losreißen und dem Geschäft zuwenden.

Montagmorgen entschieden Jon, Tony und ich, auf 55,50 Dollar pro Anteil hochzugehen, das lag etwa 24 Prozent über dem Marktpreis zu Beginn der ersten Bieterrunde. Unser bestes und endgültiges Angebot bestand ausschließlich aus Cash und bewertete EOP mit 39 Milliarden Dollar einschließlich seiner Schulden. Vornados Angebot war eine Kombination aus Cash und Aktien. Wir wussten, dass Sam EOP verkaufte, weil er aus dem Immobiliengeschäft aussteigen wollte. Das Letzte, was er wollte, waren Aktien an einer anderen Immobilienfirma. Jon übermittelte unser Angebot an jenem Nachmittag. Vornado war aus dem Rennen. Wir hatten gewonnen.

Zeit zum Feiern blieb jedoch nicht.

Ich hatte darauf bestanden, keine Zeit zu verlieren zwischen dem Geschäftsabschluss und dem Verkauf einer beträchtlichen Portion des Portfolios. Sämtliche Mitarbeiter des Immobilienteams waren in Besprechungsräumen versammelt und warteten auf diesen Moment. Seit Tagen hatten sie sich vorbereitet, Käufer aufgelistet und Verträge bereit gemacht. Nun, da der Deal mit Sam über die Bühne gegangen war, drängte die Zeit, um den Verkauf von Immobilien im Wert von einigen Milliarden Dollar unter Dach und Fach zu bringen. Niemand ging nach Hause, und niemand schlief, bis wir fertig waren.

Das waren keine kleinen Deals. Jeder von ihnen war groß, und zusammen rüttelten sie den Markt auf. Wir hatten den größten Aufkauf in der Geschichte des Immobilienhandels abgeschlossen, und am selben Tag versuchten wir eine Reihe riesiger Verkäufe zur Unterschrift zu bringen. Die Luft in den Besprechungsräumen konnte man schneiden. Die Leute hatten seit Tagen nicht geduscht. Kuriere eilten hin und her, fuhren mit den Aufzügen rauf und runter.

Wir schlossen unser Geschäft mit Harry Macklowe ab. Das Timing bedeutete, dass Harry die Immobilien quasi direkt von EOP kaufte, ohne dass Blackstone sie je wirklich besessen hatte. Wir verkauften 11 Millionen Quadratmeter in Seattle und Washington für 6,35 Milliarden Dollar. Für fast 3 Milliarden Dollar Büroflächen in Los Angeles und die gleiche Größenordnung in San Francisco. Etwa 1 Milliarde Dollar machten wir jeweils in Portland, Denver, San Diego und Atlanta. In Windeseile hatten wir mehr als die Hälfte dessen, was wir gekauft hatten, mit großem Profit wieder abgestoßen, in Relation zu dem Wert, den wir diesen Immobilien beigemessen hatten.

Und dann ruhten wir uns zwei Tage lang aus. Alle gingen nach Hause und atmeten erst mal durch. In meinem Kopf rasten die Gedanken jedoch weiter.

———

In der Woche nach dem EOP-Abschluss wurde ich sechzig. Wenn Freunde von mir Geburtstag haben, rufe ich sie an und singe »Happy Birthday«. Wenn sie nicht da sind, hinterlasse ich mein Ständ-

chen auf ihrem Anrufbeantworter. Mein Großvater starb, als er in
den Vierzigern war, und ich habe oft gedacht, dass er zu früh gehen
musste. Als Teenager war ich in zwei Autounfälle verwickelt, die
für mich beinahe tödlich endeten. 1992 infizierte ich mich auf einer
Reise in den Nahen Osten mit Tuberkulose. Ohne die moderne
Medizin wäre diese Krankheit tödlich verlaufen. 1995 bekam ich
eine Venenentzündung, genau das, woran mein Großvater gestor-
ben war. 1995 mussten mir wegen einer fast vollständig verstopften
Herzarterie zwei Stents eingesetzt werden. Seit jenem Tag muss ich
einen Blutverdünner einnehmen, Coumadin, der mich am Leben
erhält. Jeder Geburtstag erinnert mich daran, wie viel Glück ich
habe, noch am Leben und bei guter Gesundheit zu sein. Das ist ganz
sicher die bessere Alternative.

Christine hat viel Freude in mein Leben gebracht und liebt es,
Partys und Feiertagsfeste mit Familie und Freunden zu organisie-
ren. Wir beschlossen, meinen sechzigsten Geburtstag in New York
zu feiern und ihn unvergesslich werden zu lassen. Keine Torte, kein
Trinkspruch, aber sechshundert Menschen, die uns wichtig waren.
Christine tanzt unheimlich gern, also engagierte sie Patti LaBelle
und überredete unseren Lieblingssänger, Rod Stewart, zu einem
Auftritt. Meine Eltern, meine Kinder, meine Brüder mit ihren
Familien, Freunde von der Highschool, vom College und aus New
York warfen sich in Schale und kamen. Es war ein wunderbarer
Abend, trotz negativer Presseberichte, die eine Kontroverse bezüg-
lich dieser Veranstaltung auslösten.

Als Geschenk stellte Christine ein Erinnerungsbuch zusammen,
zu dem Familie und Freunde etwas beitrugen. Meine Tochter, Zibby, erinnerte mich daran, wie sie in der siebten Klasse das Kommunistische Manifest lesen sollte. Ich hatte meine ideologischen Vorbehalte beiseitegelassen und war es Zeile für Zeile mit ihr
durchgegangen. Mein Sohn, Teddy, erinnerte mich daran, wie ich
immer abends zum Gutenachtsagen in sein Zimmer kam, überprüfte, dass die Laken schön festgesteckt waren, und dann sein ganzes

Bett etwa dreißig Sekunden lang rüttelte. Das nannten wir den »Milchshake«. Als Terry in der Schule Sportunterricht hatte, erzählte er immer, wie fürchterlich seine Teams waren, aber ich war trotzdem zu jedem Spiel gegangen, hatte mich in einen Liegestuhl gesetzt und die ganze Zeit telefoniert.

Als Eltern versuchst du ein Gleichgewicht herzustellen zwischen der Energie, die du in den Job investierst, um beruflich erfolgreich zu sein, und der Zeit, die du mit deiner Familie verbringst, um für deine Kinder da zu sein. Zu dem Zeitpunkt weißt du nie, ob du einen guten Job machst. Die Abrechnung kommt Jahre später. Wenn ich zurückdenke an den Abend der Feier zu meinem sechzigsten Geburtstag und die Erinnerungen all derer, die mir besonders nahestehen, dann habe ich es – glaube ich jedenfalls – nicht völlig verbockt.

––––

Zurück im Büro versammelte ich das Immobilienteam in unserem großen Besprechungsraum. Die Reinigungskräfte hatten dort gewirkt, und es roch zum ersten Mal seit Tagen frisch. »Ihr habt beispiellosen Einsatz gezeigt und etwas erreicht, das bisher keiner Firma gelungen ist«, sagte ich. »Eine völlig neue Größenordnung. Eure Leistung ist beispiellos. Gratulation!«

Ich machte eine Pause, um alle den Moment genießen zu lassen.

»Und nun werden wir das Gleiche wieder tun.«

Hundert Augenpaare starrten mich an.

»Wir müssen die Hälfte von dem, was noch übrig ist, auch noch abstoßen. Langfristig machen wir dadurch weniger Geld, aber es ist sicherer. Wir sollten nur Immobilien im Gesamtwert von etwa 10 Milliarden Dollar behalten, die besten Objekte. Wir sind jetzt bereits auf dem Markt. Der Markt glüht momentan, lasst ihn uns also füttern. Denn ihr wisst, wenn der Markt so überhitzt ist, wird etwas Übles passieren.«

Im Laufe der folgenden Wochen machten wir Verkäufe für wei-

tere 10 Milliarden Dollar. Innerhalb von zwei Monaten hatten wir
für 40 Milliarden Dollar gekauft und für fast 30 wieder verkauft,
was Transaktionen im Gesamtwert von 70 Milliarden Dollar in acht
Wochen entsprach. Nachdem wir damit fertig waren, hatten wir
6,5 Millionen Quadratmeter zum Preis von 4.610 Dollar pro Quadratmeter verkauft. Im Gegensatz dazu betrugen unsere letztend-
lichen Kosten für die 3,5 Millionen Quadratmeter, die wir behielten, nur 2.730 Dollar pro Quadratmeter. Wir hatten in einer
Größenordnung und Geschwindigkeit agiert wie nie zuvor jemand
im weltweiten Immobiliengeschäft. Wir hatten die Risiken so weit
reduziert, wie wir konnten, um unsere Investoren zu schützen und
ihnen Gewinne liefern zu können.

DAS BOOT BELADEN

Etwa zur gleichen Zeit, als Sam uns anrief, durchlebten wir bei Blackstone gerade eine andere Riesenveränderung. Michael Klein, einer der Leiter des Investmentbankings bei der Citibank, rief eines Samstagmorgens im Mai 2006 an, weil er eine Idee hatte. Diese war so aufregend, dass er sie mir unbedingt persönlich erzählen wollte. Ich bat ihn, zu meinem Haus am Strand zu kommen. Während wir auf der Veranda saßen und unser Frühstück beendeten, schlug er vor, dass Blackstone an die Börse gehen solle.

Bislang war noch nie eine Private-Equity-Firma an die Börse gegangen. KKR standen im Mai kurz davor, als sie Kapital für einen Investmentfonds beschafften, indem sie Aktien aus diesem Fonds in den Niederlanden ausgaben. Das war ein innovatives Vorgehen. Unternehmen wie unseres hatten traditionell Gelder bei institutionellen Investoren beschafft, mit dem Versprechen, es nach ein paar Jahren zurückzuzahlen. Nun hatte sich KKR 5,4 Milliarden Dollar auf dem freien Markt beschafft, Kapital, das sie investieren konnten, aber nie zurückzahlen mussten. Indem sie in den Niederlanden an die Börse gingen, hatten sie auch einen Teil der in den Vereinigten Staaten erforderlichen Rechnungslegung vermeiden können.

Sämtliche Peers und Konkurrenten von KKR hatten den Deal studiert und sich gefragt, ob das in irgendeiner Form auch etwas für sie wäre. Michael schlug vor, dass wir noch einen Schritt weitergingen: Wir sollten nicht nur versuchen, Geld für einen Investmentfonds zu beschaffen. Wir sollten Anteile an Blackstone selbst anbieten, der Firma, die all diese Fonds managte und in ihren anderen Geschäftsbereichen Beratung, Darlehen und andere Investmentleistungen anbot. Es wäre eine große Entscheidung, eine Umwandlung der Firma, die Pete und ich 1985 gegründet hatten. Ein erfolgreicher Börsengang würde dauerhaft Kapital zur Investition in die Firma beschaffen und unseren Aktionsraum erweitern. Falls die Märkte sich drehten, mussten wir nicht bangen, ob wir den Betrieb aufrechterhalten konnten. Und unseren Partnern würde es erlauben, mit der Zeit ihre Anteile zu verkaufen, wenn sie das wollten.

Aber es würde auch um Kontrolle und Eigentümerschaft gehen. Wir würden der öffentlichen Kontrolle unterliegen. Bislang hatten wir die Vorzüge von Flexibilität und Diskretion genossen, die Privatunternehmen gewährt wurde. Wenn wir als börsennotiertes Unternehmen die Ziele auch nur in einem Quartal nicht erreichten oder aus irgendeinem Grund der Preis unserer Aktien fiel, würde man uns unter die Lupe nehmen, befragen, sogar angreifen, egal wie erfolgreich wir langfristig waren. Wir würden zum Gegenstand des irrationalen Drucks der Börsen, was Unternehmen zu schlechten, kurzfristigen Entscheidungen zwingen kann. Aber wenn wir den Börsengang durchzogen, würden wir uns gegenüber der Konkurrenz in Führung bringen.

Ich behielt Michaels Vorschlag noch eine Weile für mich, während ich darüber nachdachte. Nikko waren für mehr als ein Jahrzehnt wunderbare Partner gewesen, aber 1999 mussten sie ihren Anteil aus regulatorischen Gründen verkaufen. Wir verkauften daraufhin einen Anteil von 7 Prozent an Blackstone an AIG, einen der zuverlässigsten Investoren, zu einem Preis, demzufolge der Wert der gesamten Firma auf 2,25 Milliarden Dollar eingestuft wurde. 2006 stuften Michaels Berechnungen Blackstone auf einen Wert von 35 Milliarden Dollar ein. Wenn das stimmte, dann war der Wert von AIGs Investment in sieben Jahren um mehr als das Fünfzehnfache gestiegen.

Als ich Tony davon erzählte, befürwortete er die Sache sofort. Er erkannte, dass wir Aktien nutzen konnten, um Akquisitionen zu tätigen, die besten Leute zu uns zu holen und sie zu halten. Wir könnten unsere Teams mit Firmenanteilen belohnen, die an ihren individuellen Geschäftsbereich gekoppelt waren, statt mit Boni. Diese Struktur würde unsere »Eine Firma«-Kultur festigen. Das Geld würde uns finanzielle Sicherheit gewähren und hätte auch einen psychologischen Effekt während eines finanziellen Sturms, den wir beide bedrohlich herannahen sahen. Und es würde uns ermöglichen, Pete gebührend zu entlohnen, der bald in den Ruhestand gehen würde.

Der Nächste in der Firma, mit dem ich über einen möglichen Börsengang sprach, war unser Chief Financial Officer, Mike Puglisi. Er sagte, wir würden nicht über die internen Systeme verfügen, um ein börsennotiertes Unternehmen zu werden. Diese zu implementieren würde den Leuten, die bereits bis zur Grenze der Belastbarkeit arbeiteten, noch mehr Arbeit abverlangen. Wenn es uns damit ernst sei, so schlug er vor, sollten wir ein kleines Team damit beauftragen, das fernab von unserer Zentrale still und leise daran arbeitete.

Wir mussten uns eine Menge Gedanken über die richtige Struktur machen. Als Privatunternehmen hatten wir Treuhandpflichten gegenüber unseren Limited-Partners – jenen Leuten, die uns ihr Geld gaben, damit wir es investierten. Diese waren erfahrene Investoren mit klaren Strategien und langfristigen Zeithorizonten. Aber als börsennotiertes Unternehmen wären wir zudem unseren Aktionären gegenüber verpflichtet. Die Limited-Partner waren es gewohnt, ihr Geld zu investieren und dann Jahre zu warten, während wir damit arbeiteten. Aktionäre würden den Wert ihrer Beteiligung jeden zweiten Tag nachverfolgen. Die Interessen dieser beiden Gruppen würden nicht immer im Einklang stehen.

Tony bestand darauf, dass wir diskret und unvoreingenommen die Detailfragen klärten. Er wollte nicht, dass irgendjemand durch die Aussicht auf einen unverhofften Geldregen wegen des Börsengangs von seiner eigentlichen Arbeit abgelenkt wurde. Außerdem wollte er kein monatelanges Taktieren und das Aufkommen von

Gerüchten in Gang setzen. Er schlug vor, Bob Friedmann einzuladen, unseren Chefsyndikus, um sich mit uns und Mike zu treffen. Ich sagte ihnen, dass ich immer noch unentschlossen sei. Aber falls wir tatsächlich anfingen, die Möglichkeit eines Börsengangs ernsthaft zu prüfen, hätte ich drei nicht verhandelbare Bedingungen, von denen ich überzeugt war, dass sie die richtige Ausgewogenheit unserer unterschiedlichen Interessen gewährleisteten.

Erstens durfte es keinen Konflikt zwischen unserer Verpflichtung gegenüber unseren Limited-Partners und unseren Aktionären geben. Zweitens hatten Pete und ich aus unseren anfangs 400.000 Dollar einen Wert von Milliarden Dollar geschaffen, und ich wollte nicht, dass uns die Welt sagte, wie man eine Firma zu leiten habe. Wir hatten nun ein Unternehmen, das meine unternehmerische Energie mit Tonys Organisationstalent kombinierte. Unsere Firmenkultur war unantastbar, und sollte der Börsengang die Gefahr bergen, diese zu zerstören, sollten wir es nicht einmal in Erwägung ziehen. Drittens wollte ich die 100-prozentige Kontrolle behalten. Auf diese Weise konnte ich nicht nur dafür sorgen, dass meine strategische Vision für Blackstone als Gründer gesichert war, sondern ich hielt es auch für den sichersten Weg, die Firma zusammenzuhalten und davor zu bewahren, dass sie in sich gegenseitig bekriegende Einzelteile zerfiel, wie es bei Lehman der Fall gewesen war. Wenn ich bezüglich der Mitarbeiter und Vergütung das letzte Wort behielt, würde Blackstone, dessen war ich sicher, als Ganzes erhalten bleiben und gedeihen. Wenn wir diese drei Bedingungen erfüllten, konnten wir über einen Börsengang nachdenken. Ansonsten nicht. Ich bat Tony, Bob und Mike, diese Dinge mit der gebotenen Diskretion zu klären. Wenn sie sich an Leute außerhalb der Firma wenden mussten, sollten sie einfach sagen, dass wir uns wegen eines Portfolio-Unternehmens darüber informieren wollten. Sollte irgendetwas durchsickern, so fürchtete ich, wäre das ein Fiasko.

Ein paar Wochen danach kamen Mike und Bob zu Tony und mir. Sie grinsten. Was die Bedenken bezüglich der Kontrolle anging, so hatten sie herausgefunden, dass wir eine Limited Partnership bleiben konnten und gleichzeitig an der Börse gehandelte Anteile ausgaben, das Äquivalent zu Aktien. Außenstehende hätten kein Stimmrecht bei der Wahl des General-Partners* oder des Vorstands. Das wäre meine Sache. Wir müssten unabhängige Outside-Directors** für das Audit-Committee*** ernennen. Aber ansonsten würde ich die Firma als Einheit zusammenhalten und so leiten, wie ich es für richtig hielt.

Bezüglich der Priorisierung unserer Verpflichtung gegenüber den Limited-Partners war die Antwort noch einfacher: Offenlegung. Wir würden zukünftigen Aktionären sagen, dass wir in erster Linie den Investoren in unsere Fonds verpflichtet waren. Wenn wir dieser Pflicht nachkämen, ginge es auch den Aktionären gut. Da ich der größte Aktionär war, müssten sie sich keine Sorgen machen, dass sich meine Interessen von ihren unterscheiden könnten. Diese Übereinstimmung war wirkungsvoller als jedwede komplexen rechtlichen Versprechen. Ich hatte ein paar hohe Hürden für den Börsengang etabliert und war ein bisschen überrascht, dass Mike und Bob sie aus dem Weg geräumt hatten. Es fühlte sich immer noch weit hergeholt an. Aber so, als sollten wir es zumindest versuchen.

Ich bestand auf derselben Vorgehensweise wie bei all unseren Investments. Am Anfang steht eine Idee. Sie wird diskutiert, kritisiert, hinterfragt. Und nur wenn wir so sicher wie nur möglich sind, treffen wir eine Entscheidung. Vor uns lag ein ganzer Berg an Arbeit. Unsere Buchhaltung musste unsere Finanzen umorganisie-

---

* Anm. d. Übers.: Der General-Partner oder auch Vollhafter einer Limited Partnership führt die Geschäfte und vertritt die Gesellschaft nach außen.
** Anm. d. Übers.: Ein Outside-Director ist ein Mitglied eines Board of Directors eines Unternehmens, das weder gegenwärtig noch zu einem früheren Zeitpunkt Angestellter des Unternehmens ist beziehungsweise war. Manchmal wird auch der Begriff Non-Executive Director synonym verwendet.
*** Anm. d. Übers.: Prüfungsausschuss als Organ des Board of Directors

ren, damit wir die regulatorischen Vorgaben für börsennotierte Unternehmen erfüllten. Unsere Anwälte mussten die ganze Firma umstrukturieren. Wir mussten Informationsmaterialien für Investoren entwerfen, die Genehmigung von der SEC einholen und uns dann mit unserem Ausgabeangebot auf den Weg machen. Ein Jahr würde es mindestens in Anspruch nehmen.

Wir waren nicht die Einzigen, die einen Börsengang ins Auge fassten. Wenn wir es taten, dann mussten wir die Ersten sein. Die Ersten, die auf den Markt kamen, würden das meiste Geld anziehen. Alle anderen mussten sich um die Reste schlagen.

Ich wollte, dass wir die Firma so weiterführten, wie wir es immer getan hatten, persönlich und besonnen, während wir voranschritten, die Zahlen und rechtlichen Strukturen eines Börsengangs vorbereiteten. Tag für Tag bewerteten wir große Deals in jedem Sektor – Private Equity, Immobilien, alternative Kredite und Hedgefonds. Wir mussten unseren Fokus beibehalten, auch während wir im Hintergrund unsere Zukunft schmiedeten. Mike entsandte ein paar Leute aus seinem Team, um mit unseren Wirtschaftsprüfern bei Deloitte & Touche zusammenzuarbeiten, während unsere Anwälte bei Simpson Thacher außerhalb des Blickfelds der übrigen Firma tätig wurden.

Gegen Ende 2006 sagte Tony, wir sollten anfangen, über einen der schwierigsten Aspekte dieses Prozesses nachzudenken: Herausfinden, wie viel jedem von uns gehörte. Bis zu dem Moment war Blackstone ein Bündnis von ein paar Hundert Partnerschaften gewesen, die jeweils mit unseren verschiedenen Geschäftsbereichen verknüpft waren. Manche überlappten sich, andere nicht, manche hatten ein Verfallsdatum, andere nicht. Unsere Geschäfte befanden sich alle auf verschiedenen Verlaufskurven, die meisten stiegen stark, manche verliefen flach, einige gingen gelegentlich nach unten. Unser Geld steckte in verschiedenen Fonds oder war für weitere Investitionen vorgesehen. All das musste bewertet und den richtigen Anteilseignern zugeordnet werden. Jeder in der Firma musste berücksichtigt werden, von mir bis zu den Büroangestellten, von Führungskräften auf der leitenden Managementebene, die schon seit zwanzig Jahren bei uns waren, bis zu den Frischlingen, die gerade erst von der Uni kamen.

Es war eine Mammutaufgabe, die Tony allein und ganz im Stillen bewältigte. Sollte es jemand vorzeitig herausfinden, so fürchtete er zerfleischt zu werden. Sein Ziel bestand darin, ein Vergütungssystem etabliert zu haben, das transparent und konkurrenzfähig war, ein Maßstab für unsere Peers, sobald wir börsennotiert waren und alle ihre Aktien übertragen bekommen hatten. Eines, das langfristig gesunde Geschäfte gewährleistet. Er wollte frühere und aktuelle Partner und Mitarbeiter belohnen, aber auch genug im Topf lassen für zukünftige Generationen. Das erforderte umfangreiche Analysen, aber auch eine Menge Urteilsvermögen, Verständnis dafür, was die Leute dachten und fühlten, und das Ausbügeln im Raum stehender Differenzen. Bei DLJ hatte er zuvor einen ähnlichen Prozess geleitet, bei einer Firma, die zehnmal so viele Mitarbeiter hatte wie wir. Aber die Komplexität und Neuartigkeit unserer Situation machte diese Aufgabe zehnmal schwieriger. Es war genau die Art von multidimensionalem Problem, das zu lösen er so hervorragend vermochte.

Im Februar 2007, während Tony tief in den Berechnungen steckte und unsere Anwälte und Wirtschaftsprüfer noch an der Umsetzung arbeiteten, überlegte ein sehr viel kleinerer Asset-Manager, an die Börse zu gehen. Fortress war ein Hedgefonds, der auch ein paar Principal Investments* tätigte. Sie managten lediglich 30 Milliarden Dollar an Vermögen, etwa ein Drittel von dem, was wir zu dem Zeitpunkt managten. Aber ihr Börsengang erwies sich als erfolgreich. Die Märkte waren hungrig. Der Erfolg von Fortress zwang uns zur Eile. Ich konnte mir vorstellen, dass nun all unsere Rivalen auf dasselbe Ziel zusteuerten und als Erster ankommen wollten. Ich durfte auf keinen Fall der Zweitplatzierte werden.

---

* Anm. d. Übers.: Direkte Beteiligung einer Investment-Bank an einem Unternehmen

Wir informierten die SEC über unsere Absichten, und ich rief bei Morgan Stanley an, um über die Zeichnung der Emission zu sprechen. Wir hatten uns auf Michael Kleins ursprüngliche, unabhängige Schätzung unseres potenziellen Marktwerts verlassen. Nun wollte ich noch eine weitere Meinung. Morgan Stanley hatte für Unternehmensfinanzierungen Leute der alten Schule und bei ein paar unserer Schuldenübernahmedeals ausgezeichnete Arbeit geleistet. Sie schickten uns zwei erfahrene Banker, Ruth Porat, die später Chief Financial Officer von Google wurde, und Ted Pick. Ruth und Ted sagten beide, dass der Deal sehr gut aussehe, und erstellten eine fundierte Analyse, um ihre Bewertung zu untermauern.

Nun war alles vorbereitet: die rechtliche und die finanzielle Struktur, der interne Veränderungs- und Vergütungsplan und die Emittenten – Morgan Stanley, Citibank und Merrill Lynch. Für den Emissionsprospekt hatte ich selbst einen Artikel geschrieben, mit dem Titel: »Wir wollen eine andere Art von Firma sein.« Ich beschrieb unser Vorhaben, die Kultur der Firma beizubehalten, mit unserer langfristigen Perspektive, unserer Struktur des Partnership-Managements und der breit gefächerten Mitarbeiter-Eigentümerschaft. Zudem versprach ich, dass wir 150 Millionen an Eigenkapital in die neu gegründete Blackstone Charitable Foundation stecken würden, um unsere Spenden an Non-Profit-Organisationen in den folgenden Jahren zu managen. »Aufgrund der Art der Geschäfte, die wir tätigen, und des langfristigen Fokus, den wir bezüglich des Managements dieser Geschäfte anwenden«, schrieb ich, »sollten unsere öffentlichen Anteile nur von Investoren erworben werden, die bereit sind, ihre Anteile für einige Jahre zu halten.«

Als sich der Termin unseres Börsengangs näherte, ging ich mir eines Abends *In the Heights* ansehen, Lin-Manuel Mirandas erstes Musical, bevor er *Hamilton* schrieb. Es war umwerfend, dessen bin ich sicher, aber ich war mit meinen Gedanken woanders. Der endgültige Entwurf des Prospekts war gerade in dem Moment eingetroffen, als wir losgehen wollten, und ich war so gespannt, dass ich im Dämmerlicht des Theaters versuchte, ihn zu lesen. Schließlich ging ich damit in die Lobby. Es waren 221 Seiten mit Zahlen, Charts und klarer, überzeugender Sprache. Als ich damit fertig war, dachte ich: *Was für eine großartige Firma. Ich würde auf der Stelle Aktien kaufen.*

Bevor wir unsere Pläne in der Firma verkündeten, musste ich mit Pete reden. Wir hatten fast fünfunddreißig Jahre lang zusammengearbeitet. Wir hatten Blackstone bei diesen langen Frühstücksbesprechungen im Mayfair Hotel konzipiert. Wir hatten die Mühen durchgestanden, unseren ersten Fonds zusammenzubringen, und Geschäft für Geschäft hatten wir die Firma gemeinsam aufgebaut. Pete war von Anfang an in unserer M&A-Arbeit aktiv gewesen und stets für mich da, wenn ich Rat brauchte. In den vergangenen Jahren hatte er sich zurückgezogen. Er schrieb Bücher über sein Lieblingsanliegen, das Haushaltsdefizit des Landes zu senken, und verbrachte zunehmend mehr Zeit in Washington, wo er ein Institut aufbaute, das sich der internationalen Wirtschaft widmete. Ich hatte ihn bisher nicht in unsere Pläne eingeweiht, weil ich immer für die finanziellen Angelegenheiten der Firma zuständig gewesen war, und Pete fiel es manchmal nicht ganz leicht, ein Geheimnis für sich zu behalten. Ich wusste genau, was er sagen würde: »Tatsächlich? Hältst du das für eine gute Idee?«

Er listete die Argumente auf, die gegen einen Börsengang sprachen, die Punkte, mit denen auch wir seit Monaten rangen: unsere Verpflichtung gegenüber den Anteilseignern und die Obliegenheit zur öffentlichen Kontrolle. Er fügte noch einen weiteren hinzu: Ich würde nun zur Zielscheibe werden, und ich würde es hassen, eine Person von öffentlichem Interesse zu sein.

Da konnte ich ihm nur recht geben. An die Börse zu gehen würde uns dauerhaft Kapital zuführen, Aktien, um sowohl Anlagewerte als auch Wertpapiere zu kaufen. Es würde uns in eine Weltmarke verwandeln, uns Geschäfte, neue Limited-Partner und neue Gelegenheiten bringen. Es würde unsere »Eine Firma«-Kultur sogar stärken, während es uns ermöglichte, neue Geschäftsbereiche zu entwickeln. Und schließlich, weil meine Antennen mir sagten, dass die Welt immer verrückter wurde und wir gut daran taten, uns lieber früher als später mit Cash zu versorgen, war ich der Meinung, dass wir nicht länger warten sollten. Wenn ich dafür eine öffentliche Piñata werden musste, sei's drum.

»Wir haben diese Firma vor zweiundzwanzig Jahren gemeinsam mit quasi nichts gegründet«, sagte ich. »Und dieser Schritt bedeutet Wohlstand für unsere Familien. Er ist wirtschaftlich sinnvoll.«

Rechnen konnte er schon immer gut.

Am 21. März 2007, jenem Tag, bevor wir an die Börse gingen, hielten wir firmenweite Meetings ab, um alle über unser Vorhaben zu informieren. Das war eine Menge zu verarbeiten. Bisher war nichts durchgesickert, und die Leute reagierten entsprechend überrascht. Sobald wir erst einmal auf den Knopf gedrückt hatten, war die Finanzwelt im Nu hellwach.

––––––

Der Plan für unseren Börsengang sah vor, 4 Milliarden Dollar bei einer Bewertung von 35 Milliarden Dollar zu besorgen. Das änderte sich mit einem einzigen Anruf. Eines Abends, kurz nachdem wir den Börsengang beantragt hatten, saß ich zu Hause, schaute *Law and Order* und las Memos des Investmentkomitees, als Antony Leung anrief. Wir hatten ihn ein paar Monate zuvor als Partner eingestellt, der uns in China vertrat. Er hatte bei JPMorgan als Chairman für Asien gearbeitet und war Leiter der Abteilung für China und Hongkong bei der Citigroup gewesen, bevor er Finanzsekretär der Sonderverwaltungsregion Hongkong wurde. Er verfügte eher über Beziehungen als über Erfahrung beim Dealmaking, aber ich hatte ein gutes Gefühl bei ihm. Wir einigten uns darauf, dass er für uns in China das Asset-Management-Geschäft aufbauen sollte.

Ich hatte China zum ersten Mal 1990 mit meiner Familie besucht. Es war damals noch ein anderes Land, das sich seinen Weg in die Marktwirtschaft ertastete. Die Straßen waren verstopft mit Fahrrädern, nicht mit Autos. 1992, als Blackstone einen Deal in China in Erwägung zog, nahm ich mit Erstaunen zur Kenntnis, dass es immer noch kein nationales Geldtransfersystem gab. Man konnte nicht an einem Ort einen Scheck ausstellen und diesen an einem anderen in Bargeld einlösen. Wir verzichteten auf das Geschäft. Ich beobachtete Chinas anschließende Entwicklung während der folgenden fünfzehn Jahre mit zunehmendem Interesse, aber als Unternehmen hatten wir in den Vereinigten Staaten, Europa und Japan alle Hände voll zu tun. Antony, der 2007 zu uns kam, war unser erster richtiger Pflock im Boden.

An jenem Abend erzählte er mir, dass er soeben von einem Treffen der ICBC komme, der Industrial and Commercial Bank of China, der wertvollsten Bank der Welt. Zwei ehemalige hohe Regierungsbeamte hatten ihn angesprochen und gesagt, die chinesische Regierung plane einen Staatsfonds, einen Investmentfonds im Besitz der Regierung, und wolle, dass Blackstone ihr erstes großes Investment sei. Ihnen gefiel, was wir machten und wofür wir standen. Sie wollten 3 Milliarden Dollar in unseren 4-Milliarden-Dollar-Börsengang investieren. Wir wurden von der zweitmächtigsten Weltmacht adoptiert und hatten noch nicht einmal eine Präsentation gehalten. Am darauffolgenden Morgen suchte ich Tony auf und sagte: »Ich habe ein Riesending für dich.«

Falls einer der Hauptgründe für den Börsengang gewesen war, das Boot mit Kapital zu beladen, dann war mehr Kapital umso besser. Tony zögerte nicht. »Nimm das Geld.« Wir konnten den Börsengang auf 7 Milliarden Dollar erhöhen, das zusätzliche Geld verwenden, um Pete und die anderen Partner auszuzahlen, und den Rest in die Firma investieren. Wir schlugen vor, dass die Chinesen als Gegenleistung für die 3 Milliarden Dollar nicht stimmberechtigte Aktien für knapp unter 10 Prozent des Unternehmens bekommen sollten und diese für mindestens vier Jahre hielten. Dann könnten sie jeweils ein Drittel ihrer Anteile in den folgenden drei Jahren verkaufen. Diese Strategie würde sie mit uns und den Interessen unserer Fonds-Investoren auf eine Linie bringen. Der Deal erforderte die Zustimmung des Staatsrats der Volksrepublik China und des Premierministers, die zu meinem großen Erstaunen beide nur ein paar Tage brauchten, um zu antworten. In den Vereinigten Staaten oder Europa hätte das Monate oder noch länger dauern können. Die Geschwindigkeit, mit der Chinas Funktionäre reagierten, zeigte mir, dass diese Entscheidung mehr als nur finanzieller Natur war. Dies hatte tiefgreifende politische und diplomatische Auswirkungen.

Wir waren das erste ausländische Equity-Investment der chinesischen Regierung seit dem Zweiten Weltkrieg. Sie hatten sich beteiligt, noch bevor ihre neue staatliche Investmentfirma überhaupt die Arbeit aufnahm.

————

Schon bald sollte ich einen Vorgeschmack auf die öffentliche Kontrolle bekommen, vor der mich Pete gewarnt hatte. Anfang Juli brachten die Senatoren Chuck Grassley und Max Baucus einen Gesetzesentwurf ein, der die Steuergesetze für Partnerschaften ändern würde, die nach Januar 2007 an die Börse gegangen waren. Die Leute bezeichneten es schon als »Die Blackstone-Steuer«. Sollte das Gesetz in Kraft treten, wären wir gezwungen, die Risiken eines Börsengangs noch einmal neu zu bewerten. Bestenfalls müssten wir die Steuerberechnungen überarbeiten, die wir ein Jahr lang vor dem Antrag zum Börsengang erstellt hatten. Schlimmstenfalls mussten wir den Börsengang abbrechen. Aber nachdem Tony und ich alles mit Wayne Berman durchgesprochen hatten, unserem langjährigen Berater für Regierungsbeziehungen und damaligen Vizevorsitzenden der Werbeagentur Ogilvy & Mather, kamen wir zu dem Schluss, dass der Gesetzesentwurf vermutlich nicht durchkommen würde. Und selbst wenn doch, würde es lange dauern, bis das Gesetz wirklich eingeführt wurde. Das sollte uns nicht aufhalten.

Ein paar Tage danach schrieb John Sweeney, Vorsitzender des Gewerkschafts-Dachverbands AFL-CIO, an die SEC und verlangte, unseren Börsengang zurückzustellen, bis die Gewerkschaft die Behandlung unserer Mitarbeiter in unseren Portfolio-Unternehmen überprüft hatte. Dann mischte sich die SEC selbst ein und kündigte an, sie würden die Buchführungsvorschriften ändern und unsere Umstrukturierung, um an die Börse zu gehen, würde eher so aussehen, als würden wir eine neue Firma kaufen. Das würde erhebliche neue Kosten nach sich ziehen.

Die SEC war der Ansicht, die Art und Weise, wie wir die Ansprüche unserer Mitarbeiter an den verschiedenen Blackstone-Partnerschaften und Einheiten in Aktien eintauschten, lege nahe, dass wir sie abfinden wollten. Es war aber kein Buy-out. Das wusste ich, da ich den Scheck selbst ausgestellt hätte. Die Eigentümer waren nach wie vor die Eigentümer der Firma. Das Verhalten der SEC ergab für mich keinen Sinn, aber sie stellten klar, dass sie das letzte Wort hatten.

Und das war noch nicht alles. Senator Jim Webb aus Virginia focht an, dass die Chinesen einen Anteil erwarben. Obwohl wir sämtliche rechtlichen und regulatorischen Kästchen für ausländische Investments abgehakt hatten, behauptete er, dieser Anteil könne eine Gefahr für die nationale Sicherheit darstellen. Sein Angriff lief jedoch ins Leere.

Während wir diese politischen Steppenbrände löschten, mussten wir immer noch potenziellen Investoren Blackstone nahebringen. Normalerweise funktioniert das auf eine Art und Weise, die man an der Wall Street als Roadshow (Informationsveranstaltung) bezeichnet, bei der ein Team aus leitenden Managern und einzelnen Investoren oder kleinen Gruppen das Projekt vorstellt. Wir entschieden uns dafür, es anders zu machen. Wir wollten es der ganzen Welt auf einen Schlag präsentieren. Gemeinsam gingen wir in die Städte – New York, Boston und andere –, wo die großen Investoren ansässig waren, und teilten uns dann auf. Tony führte das Team für Europa und den Nahen Osten an. Mike Puglisi, unser CFO, übernahm Asien. Ich kümmerte mich um die größten Kunden in den Vereinigten Staaten, und Tom Hill und Jon Gray übernahmen die kleineren.

Bei meiner ersten Veranstaltung, im Pierre Hotel an der Fifth Avenue in New York, füllten wir den Ballsaal und einige zusätzliche Räume, in denen ich auf Videobildschirmen zu sehen war. Überall hingen Luftballons, die zu der Party-Atmosphäre beitrugen. Als ich gerade mit meiner Präsentation begann, klingelte mein Handy. Zibby, meine Tochter, rief mich aus dem Krankenhaus an. Ich war soeben Großvater von Zwillingen geworden. Es kam mir so vor, als hätte ich ihr gerade noch bei den Hausaufgaben in der Grundschule geholfen, indem ich mich über ihr Bett schlängelte, um zu veranschaulichen, wie sich Gletscher bewegen, und ihr jeden Tag eine Postkarte schickte, als sie im Sommercamp war. Ich überließ Tony die Bühne und fuhr direkt ins Krankenhaus. So viel zu einer sorgfältig choreografierten Markteinführung.

Das große Trara folgte uns nach Boston und dann nach Chicago. Die Investoren schienen die Probleme in Washington nicht zu kümmern. Innerhalb von Tagen hieß es seitens Morgan Stanley, es gäbe mehr als genug Nachfrage, um noch mehr Anteile auszugeben.

Als ich in Chicago war und zu einer Veranstaltung fuhr, rief mich jemand aus Tonys Team an, um mir zu sagen, dass Tony in Kuwait in ein Krankenhaus gebracht worden war. Er litt entsetzliche Schmerzen, aber die Ärzte konnten die Ursache bisher nicht finden. Ich rief David Blitzer an, unseren Senior-Partner in London, und sagte ihm, er solle alles stehen und liegen lassen und nach Kuwait fliegen. Falls nötig, sollte er eine Maschine chartern und dafür sorgen, dass Tony versorgt wurde. Die Roadshow konnte warten. Ich rief Tony auf seinem Handy an, und zu meiner Überraschung ging er ran.

»Es geht mir gut«, sagte er seelenruhig wie immer. »Mach dir keine Sorgen.«

»Tony, ich schicke dir Blitzer. Ich möchte nicht, dass du dich mit der Roadshow überanstrengst.«

»Steve, das ist nicht nötig. Ich sage dir doch, dass es mir gut geht.«

Aber so klang er nicht. Ich rief David noch einmal an. »Zur Not fesselst du ihn«, sagte ich. »Ich will nicht, dass er sich selbst gefährdet.«

David saß in der nächsten Maschine nach Kuwait, und als er dort ankam, hatte sich Tony selbst aus dem Krankenhaus entlassen. Die Ärzte hatten einen großen Nierenstein diagnostiziert, unglaublich schmerzhaft, aber nicht lebensbedrohlich. Noch hatte er ihn nicht ausgeschieden, aber er war mit einer Packung Morphiumspritzen ausgestattet worden, um den Schmerz zu betäuben, während er darauf wartete. Er war wild entschlossen, einfach weiterzumachen.

Mit Blitzer zu seiner Unterstützung zogen sie die Präsentationen in Kuwait durch, flogen dann weiter nach Saudi-Arabien und Dubai. Tony verweigerte das Morphium und wollte die Schmerzen lieber aushalten. Es war eine Qual für ihn, aber während der folgenden drei Tage verpasste er kein einziges Meeting. In Dubai ging er freiwillig wieder ins Krankenhaus, und sobald er dazu bereit war, charterte er eine Maschine, um sich und sein Team zurück nach London bringen zu lassen.

Als ich gerade aufatmen wollte, erhielt ich den nächsten Anruf. Es gab ein Problem mit Tonys Flugzeug. Eines der Triebwerke war im iranischen Luftraum ausgefallen, aber der Pilot hatte keine Erlaubnis eingeholt, über den Iran zu fliegen. Die Vorgabe in einem solchen Fall lautete, auf dem nächstbesten Flughafen notzulanden, aber ihm missfiel die Vorstellung, mitten in der Nacht irgendwo im Iran mit einer amerikanischen Maschine zu landen, die nicht einmal eine Überfluggenehmigung hatte. Die Alternative war, mit einem

Triebwerk weiterzufliegen und es hoffentlich bis Athen zu schaffen. Tony, der sich vor Schmerzen auf einer Liege im hinteren Flugzeugteil krümmte, wies ihn an, es zu versuchen.

Nun hatte ich Bilder im Kopf, dass meine Freunde abstürzten oder im Iran notlandeten, wo zu jener Zeit Mahmoud Ahmadinejad regierte, der die Vereinigten Staaten und Israel hasste. Er glaubte, die Vereinigten Staaten hätten die Anschläge vom 11. September als Ausrede für den Krieg gegen Terror geplant und der Holocaust sei eine Erfindung. Wir waren alle dafür, dass der Pilot weiterflog bis Athen. Die Maschine schaffte es so gerade mit nur einem Triebwerk. Tony und sein Team charterten eine Maschine nach London und hielten dort einen ganzen Tag lang Besprechungen ab, bevor sie weiterflogen nach New York. Nach seiner Rückkehr gestand Tony auf seine untertriebene Art, dass sogar er ziemlich erschöpft gewesen sei. »Das war ein taffer Trip«, räumte er ein.

––––

Bis Mitte Juni hatten wir erst die Hälfte der geplanten Präsentationen geschafft, aber der Börsengang war bereits um das Fünfzehnfache überzeichnet. Wir setzten den Preis auf 31 Dollar fest, die Spitze unseres erwarteten Bereichs, und erhöhten die Zahl der Aktien, die wir auf den Markt brachten. Am 24. Juni hatten wir 133,3 Millionen Aktien verkauft und mehr als 7 Milliarden Dollar beschafft, einschließlich des Geldes aus China. Nach Google war das der zweitgrößte Börsengang des Jahrzehnts.

An dem Abend, als wir den Preis für den Deal festlegten, kehrte ich in ein leeres Apartment zurück. Christine reiste mit ihrer Tochter, Meg, und ihren Neffen und Nichten durch Afrika. Ich fühlte mich ausgelaugt. Ich nahm eine heiße Dusche, zog Jeans, Poloshirt und Slipper an und ließ mich mit dem Abendessen auf einem Tablett in einen Sessel fallen. Dann schaltete ich den Fernseher ein, und zu meinem Entsetzen sah ich mich selbst. Der Sender CNBC war eingestellt. Aber ich war zu müde zum Umschalten, saß einfach nur da, starrte wie hypnotisiert auf den Bildschirm und fragte mich, ob ich diesem Börsengang-Wahnsinn je entgehen würde.

Die *New York Times* schrieb, dass die Aktie »beinahe Google-ähnlichen Zauber« habe, und stellte fest, dass sämtliche Herausforderungen, die viele Börsendebüts zum Entgleisen gebracht hätten, uns in keinster Weise beeinträchtigt hätten. »Der Blackstone-Monstertruck fuhr einfach weiter«, schrieb der Journalist. Am Morgen unseres ersten Tages als börsennotiertes Unternehmen hätte ich zur Börse gehen und dort die Eröffnungsglocke läuten können, aber ich bat Pete und Tony, es ohne mich zu tun. Stattdessen ging ich ins Büro und setzte mich allein in den Konferenzraum.

Es war komisch, sich so zu fühlen in einem Moment, der ein Höhepunkt im Leben eines Unternehmers sein sollte. In den frühen 1990ern hatten wir die Möglichkeit gesehen, Immobilien zu kaufen, als die Preise historische Tiefstwerte erreichten, wurden jedoch ausgebremst durch mangelnde Fonds und die Angst unserer Investoren. Deren irrationale Befürchtungen hatten uns zurückgehalten, und wir verpassten Gelegenheiten, während wir damit beschäftigt waren, Geld zu beschaffen. Dieses Problem würden wir nun nicht haben. In unseren Investmentfonds steckte jede Menge Kapital für Jahre, und das Geld, das wir durch den Börsengang beschafften, bedeutete, dass wir weiter in unser Geschäft investieren und gewährleisten konnten, dass wir die Leute und die Ressourcen hatten, um die attraktivsten Möglichkeiten zu verfolgen, wann und wo immer sie sich auftaten.

An jenem Tag herrschte im Büro nicht die übliche Betriebsamkeit. Die Flure waren leer, alles war still. Ich schaltete den Fernseher auf CNBC, um mir anzusehen, wie die Börse öffnete. »Guten Morgen. Heute berichten wir den ganzen Tag lang über den Börsengang von Blackstone.« Eine Stunde lang sah ich es mir an, semikomatös. Da war ich wieder, unentrinnbar. Ich konnte mich nicht einmal daran erinnern, die Interviews gegeben zu haben, die sie im Fernsehen zeigten. Ich schaltete ab. Das Ganze war verrückt, ein einziger verschwommener Fleck. Und ich hatte angenommen, ich wüsste, was da auf mich zukam. Ich hatte ja keine Ahnung gehabt.

———

Kurz nach unserem Börsengang bekamen wir einen Anruf von Bennett Goodman, dem Mitgründer von GSO Capital Partners. Seit Tony 2001 zu Blackstone gekommen war, war er daran interessiert gewesen, unser relativ kleines Kreditgeschäft zu vergrößern. Etliche Jahre hatten wir versucht, Bennetts Truppe von DLJ zu rekrutieren, wurden aber abgewiesen. Doch nach dem Börsengang rief Bennett an und sagte, er sei bereit für einen Merger von GSO und Blackstone. Er und seine Partner seien erstaunt über das Tempo unseres Wachstums und den Umfang unserer Beziehungen. Sie dachten, sie könnten GSOs Wachstum verstärken, indem sie sich mit uns zusammentaten, und wie sich herausstellte, hatten sie recht. Durch den Merger schufen wir eine der größten Kreditplattformen im alternativen Asset-Management-Geschäft, und GSO wuchs in den zehn Jahren nach dem Börsengang um mehr als das Fünfzehnfache.

IN RICHTUNG ZIEL SPRINTEN

SEI EIN FREUND DER SITUATION

Zu der Zeit, als wir ein börsennotiertes Unternehmen wurden, begann der Markt nervös zu werden. Im Februar 2007 verkündete Freddie Mac, dass sie nicht länger zweitklassige Darlehen kaufen würden, jene Darlehen, die an weniger kreditwürdige Darlehensnehmer vergeben wurden und damit den Immobilienmarkt aufgebläht hatten. Darlehensgeber, die sich auf zweitklassige Darlehen spezialisiert hatten, gerieten zunehmend in die Bredouille. Deren Probleme würden sich im Endeffekt auf den gesamten Kreditmarkt auswirken.

Etliche Wochen danach erhielt ich einen Anruf von Jimmy Cayne, dem CEO von Bear Stearns. Er brauchte Hilfe. Zwei seiner Hedgefonds steckten in Schwierigkeiten, und er wollte eine externe Meinung. Ich schickte ein paar unserer Leute zu ihm, um sich die Sache anzusehen. Sie kehrten mit beunruhigenden Nachrichten zurück.

Der erste Fonds hatte nur Wertpapiere angekauft, die durch zweitklassige Darlehen (Subprime Mortgages) abgesichert waren. Diese wurden nicht an der Börse gehandelt, deshalb war es schwierig, ihren Wert zu bestimmen. Wenn immer mehr Leute ihren Zahlungsverpflichtungen bei den Darlehen nicht nachkommen konnten, konnte man davon ausgehen, dass der Preis dieser Wertpapiere in den Keller fallen und sie niemand kaufen würde. Aber gemäß der Bedingungen des Fonds konnten Investoren ihr Geld einmal im Monat abziehen.

Unglaublich: ein undurchsichtiger und schnell an Wert verlierender Fonds, der den Investoren weiterhin monatliche Zahlungen versprach. Der zweite Fonds war wie der erste, aber mit Leverage: Falls der erste Fonds wertlos wurde, dann der zweite wie durch ein Wunder auch.

Ich rief Jimmy an und sagte ihm, die Fonds würden ihm um die Ohren fliegen und vom Eigenkapital der Investoren nichts übrig bleiben. Ich riet ihm, den Schlag einzustecken und seinen Investoren Schecks auszustellen, um ihre Verluste abzudecken. Rechtlich war das zwar nicht erforderlich, aber das wäre preiswerter als der Schaden, den Bear Stearns Ruf durch den Ausfall dieser beiden schlecht durchdachten Fonds nehmen würde.

»Ich hab dich echt gern, Steve«, sagte Jimmy. »Aber was zur Hölle redest du da? Ich stelle ganz sicher keine Schecks aus. Das ist ein Spiel für Erwachsene. Wir haben einen Emissionsprospekt. Leute gehen Risiken ein. Manchmal gewinnst du, manchmal verlierst du.«

Ich sagte ihm, diese Logik sei nicht anwendbar bei einer Firma, die so groß ist wie Bear Stearns und bei der so viel auf dem Spiel steht. Er solle an seinen guten Ruf denken. Seine besten Broker hatten das Produkt empfohlen, und es war von Bear Stearns Vorstandsvorsitzendem abgesegnet worden. Falls der Fonds zusammenbrach, würde das Ansehen der Verkaufsabteilung der Firma Schaden nehmen. Wenn sich die Investoren schlecht behandelt fühlten, musste er das wiedergutmachen. Andernfalls lief er Gefahr, dass dieser Fehler die gesamte Firma in Misskredit brachte und sich auf die Lebensgrundlage Tausender Mitarbeiter auswirkte.

»Ich muss niemandem einen Scheck ausstellen«, beharrte er. »So funktionieren die Märkte nun mal.«

»Zu den Märkten kann ich nichts sagen«, erwiderte ich. »Aber es gibt Zeiten, da musst du einfach für etwas geradestehen und einen Scheck ausstellen. Du musst den Kunden zeigen, dass du ihnen das zugestehst, sonst werden sie dir nie wieder vertrauen.« Ich hatte dieses Dilemma nach unserer leidvollen Erfahrung mit Edgcomb ja selbst zu spüren bekommen und dafür Sorge getragen, dass die Banken ihr Geld zurückbekamen. Aber es hätte uns sehr viel mehr gekostet, bei künftigen Deals das Vertrauen der Anleger zurückzugewinnen, wenn wir nicht sofort etwas unternommen hätten.

Bei Blackstone war unser Adrenalinspiegel nach dem EOP-Deal und dem Börsengang immer noch hoch. Die Aktienmärkte waren weiter im Aufwind, was den psychologischen Effekt hatte, dass sich die meisten Investoren immer noch in Sicherheit wiegten und die Veränderungen einfach nicht sehen wollten, um dann die entsprechenden Schlüsse daraus zu ziehen und gemäß der negativen Entwicklung der Kreditmärkte zu handeln. Wir machten uns jedoch bereit, als wir die Verlagerung auf den Märkten näher kommen sahen. Viele Menschen begehen den Fehler, zu glauben, dass der Moment, in dem der Markt zusammenbricht, der gefährlichste sei. Dabei ist genau das Gegenteil der Fall.

Zu Beginn der Krise hatte Blackstone 4 Milliarden Dollar Cash aus dem Börsengang und eine flexible Kreditlinie von bis zu 1,5 Milliarden Dollar, auf die wir jederzeit zugreifen konnten. Als grundlegendes Dogma im operativen Geschäft hatten Tony und ich darauf bestanden, keine Nettoverschuldung zuzulassen. Das gehörte zu unserer Risikoaversion. Wir hatten mehr als 20 Milliarden Dollar für zehn Jahre in Fonds gebunden, folglich konnten wir Krisen überstehen, ohne fürchten zu müssen, dass unsere Kunden schlagartig ihr Geld zurückwollten. Dank unserer starken Kapitalposition waren wir aufgeschlossen für Geschäfte, aber unser disziplinierter Investmentprozess hielt uns von einem anderen großen Deal ab, der möglicherweise in einer Katastrophe gemündet wäre:

Zwischen Ende der 1990er und den frühen 2000ern hatten wir angefangen, uns den amerikanischen Energiesektor genauer anzusehen, als uns auffiel, dass zwei Kräfte diese Branche veränderten. Die erste war die stetige Deregulierung, die immer mehr Teile der Energiebranche in die Hände von kleinen Privatunternehmen trieb. Die zweite war der Zusammenbruch von Enron, der viele Firmen aus finanziellen Gründen zum Verkauf von Vermögenswerten unter Wert zwang, von Bohrrechten über Raffinerien bis zu Pipelines.

Wir hatten bescheiden angefangen und Jahre damit verbracht, unser Wissen, unsere Erfahrung und unsere Beziehungen aufzubauen, sodass wir im Laufe vieler Umläufe des Zyklus unsere Erträge maximieren und unsere Risiken minimieren konnten.

2004 waren wir Partnerschaften mit drei anderen Private-Equity-Unternehmen eingegangen, Hellman and Friedman, Kohlberg Kravis and Roberts (KKR) sowie Texas Pacific Group (TPG), um Texas Genco zu kaufen, ein Unternehmen, das zahlreiche Kraftwerke in Texas besaß. Ein Jahr später verkauften wir das Unternehmen und erhielten einen Gewinn von 5 Milliarden Dollar auf unser Eigenkapital. Es war eines der profitabelsten Private-Equity-Investments, die wir je machten. Die Quelle unseres Profits war der steigende Strompreis, den die Regulierungsbehörden an den Preis von Erdgas gebunden hatten. Texas Genco produzierte Strom hauptsächlich aus sehr viel preiswerteren Quellen, Kohle und Kernenergie, und als dann die Strompreise im Fahrwasser der Gaspreise stiegen, taten dies auch die Profite. KKR und TPG kehrten 2007 für einen sehr viel größeren Deal auf dieses Terrain zurück und boten 44 Milliarden Dollar für TXU, einen weiteren texanischen Stromversorger. Ich fragte David Foley, den Leiter unseres Energie-Fonds, warum wir nicht dabei waren.

Ich hatte David direkt von der Business School eingestellt. Er hatte keine Erfahrung im Energiebereich, als er unseren ersten Fonds auflegte, aber er hatte sich in dieses Gebiet gründlich eingearbeitet. Er rechnete dem Investmentkomitee das TXU-Geschäft vor und erklärte ihnen, warum es nicht sinnvoll sei. Ebenso wie die Immobilienbranche unterliegt auch die Energiebranche Zyklen. Als Investor muss man verstehen, dass die Konjunkturtäler lang und tief sein können und man sich nicht von den Höchstständen mitreißen lassen darf. Die Käufer von TXU liehen sich über 90 Prozent des Kaufpreises von 44 Milliarden Dollar, wodurch ihnen nur ein geringer Fehlerspielraum blieb. Sie setzten darauf, dass der Gaspreis, und damit auch der Strompreis, hoch blieb. Bei diesem Szenario würden sie jahrelang hohe Profite einfahren, und zwar durch die Differenz zwischen dem hohen Strompreis für die Kunden und den niedrigen Produktionskosten ihrer mit Kohle betriebenen Kraftwerke. Sollte der Gaspreis jedoch fallen, täte das zwangsläufig auch der Strompreis. Die Anteilseigner von TXU wären dann gezwungen, Strom zu niedrigen Preisen und bei schrumpfenden Profiten zu verkaufen, sodass sie Mühe hätten, ihre Schulden zurückzuzahlen. David warnte uns eindringlich, in das Geschäft einzusteigen.

Es dauerte ein bisschen, aber 2014 war TXU bankrott – der Preis für Erdgas und damit auch Strom war eingebrochen. Die Investoren waren in eine Falle getappt, weil sie auf dem Höhepunkt des Zyklus gekauft hatten, und zahlten einen hohen Preis.

———

Zu einer Zeit, als wir die meisten Deals auf dem Markt vorbeiziehen ließen, rief uns Steve Bollenbach an, der CEO der Hotelkette Hilton. Ein paar Monate zuvor hatten wir uns sein Unternehmen angesehen und ein Angebot abgegeben, das Steve jedoch ablehnte. Aber nun war er bereit. Er wollte in den Ruhestand gehen, und ein Verkauf wäre die Krönung seiner Karriere, sowohl finanziell als auch persönlich. Und so wie Sam Zell erkannte auch er vielleicht, dass er möglicherweise Jahre warten musste, bis der Markt sich wieder erholt hatte, wenn er jetzt zögerte.

Wir hatten seit 1993 Hotels gekauft und verkauft, von Ketten wie La Quinta und Extended Stay in den Vereinigten Staaten bis zur Savoy Group in London. Wir wussten, wann man sie kaufen und wie man sie betreiben musste. Wir kannten uns auch mit Arbeitgeber-Arbeitnehmer-Beziehungen aus, einem wichtigen Aspekt, wenn man Hotels besitzt. Hilton betrieb interessante in- und ausländische Hotels. Jahrelang waren beide getrennt voneinander geführt worden. Kürzlich waren sie wieder vereint worden, aber die Nähte, die sie zusammenhielten, waren noch frisch. Die Zentrale des Inlandsgeschäfts befand sich in Beverly Hills. Der Immobilienbestand war in die Jahre gekommen, nicht so oft renoviert worden, wie es gut gewesen wäre. Die Kosten verdoppelten sich in vier verschiedenen Sparten, und Hiltons Gewinnspanne war geringer als die der Konkurrenz. Die Manager schienen aus dem Tritt gekommen zu sein. Die Büros des Unternehmens schlossen freitagmittags um 12:00 Uhr. Und um dem Ganzen die Krone aufzusetzen, unterhielten sie eine kostspielige Flotte an firmeneigenen Flugzeugen. Wir sahen eine Menge Möglichkeiten, um den Wert zu steigern.

Das internationale Geschäft, mit der Zentrale in London, war noch interessanter. Hilton International, so dachten wir, war der Rip Van Winkle* des Hotelgeschäfts, der im Tiefschlaf lag und nichts davon mitbekam, dass sich die Welt um ihn herum veränderte. In den vergangenen zwanzig Jahren waren keine weiteren Immobilien hinzugekommen und die sich schnell entwickelnden Märkte von China, Indien und Brasilien kaum gestreift worden. Dabei konnte jeder sehen, dass das internationale Geschäft und die Tourismusbranche wuchsen, je reicher die Schwellenländer wurden. Hilton war eine der weltweit bekanntesten Marken, ganz oben zusammen mit Coca-Cola. Wenn man es jetzt richtig anstellte, konnte man die Hilton-Kette dauerhaft auf Erfolgskur bringen. Zum Immobilienbestand gehörten bereits ein paar der besten Hotels der Welt: das Waldorf Astoria, das Hilton New York, das Hilton Park Lane London, das Hilton Morumbi in São Paulo. Zusammengenommen lag allein der Wert dieser einzelnen Gebäude weit über dem Börsenwert der ganzen Firma. Das Zusammen-

---

*   Anm. d. Übers.: Figur aus der amerikanischen Literatur. Der Bauer Rip Van Winkle fällt zur englischen Kolonialzeit in den Bergen New Yorks in einen Zauberschlaf, erwacht nach zwanzig Jahren und stellt fest, dass er nicht mehr Untertan des englischen Königs, sondern Bürger der Vereinigten Staaten ist.

führen von Hiltons In- und Auslandsgeschäft hatte jedoch wenig bewirkt und weder den einen noch den anderen Teil des Geschäfts aus dem Dornröschenschlaf geweckt. Wachstumsmöglichkeiten waren nicht erkannt worden, und der Aktienpreis stagnierte auf niedrigem Niveau.

Basierend auf dieser Analyse würde uns die Hilton-Kette zwischen 26 und 27 Milliarden Dollar kosten, nachdem wir gerade über 10 Milliarden, abzüglich all unserer Verkäufe, in EOP gesteckt hatten. Aber so wie wir es sahen, warf Hilton bereits 1,7 Milliarden Dollar Profit jährlich ab. Wenn wir das durch besseres Management, nachhaltiges Wachstum und den Verkauf von nicht zum Kerngeschäft gehörenden Vermögenswerten auf 2,7 Milliarden steigern konnten, konnten wir mehr bieten als unsere Mitbewerber und würden immer noch mehr verdienen. Aber wenn EOP der Hase gewesen war, ein Geschäft, das in atemberaubendem Tempo abgewickelt wurde, um in einem glühend heißen Markt den Wert zu maximieren, so würde Hilton die Schildkröte sein, die Jahre sorgfältiger Arbeit erforderte.

Einer unserer ersten Schritte bestand darin, Chris Nassetta anzuwerben, den CEO von Host Hotels, denen neben anderen Ketten Marriott gehörte, und langjährigen Freund von Jon Gray. Chris ist ein Meister seines Fachs. Wenn jemand Hilton nach vorn bringen konnte, dann er. Sein Versprechen, einzusteigen, wenn Blackstone den Zuschlag bekam, kurbelte unsere Zuversicht noch an. Natürlich blieben immer noch Risiken: Ein weiterer terroristischer Anschlag wie vom 11. September würde das Reisen auf Eis legen, ebenso wie ein weltweites Virus wie SARS (oder 2020 Corona). Aber wenn die ganze Welt aufhörte zu reisen, würden wir noch ganz andere Probleme bekommen.

Nach EOP fühlte sich das Erwägen von Hilton an, als würde man sich, nachdem man ein olympischen Finale gewonnen hatte, direkt für das nächste bereitmachen. Aber den Zeitpunkt solcher Momente kann man sich nicht aussuchen. Man muss einfach bereit sein.

Wir boten einen Aufschlag von 32 Prozent auf Hiltons Aktienpreis, und Bollenbach akzeptierte, knapp zwei Wochen, nachdem
wir an die Börse gegangen waren. Wir investierten 6,5 Milliarden
Dollar an Eigenkapital aus Blackstones Fonds und von Co-Investoren und liehen uns 21 Milliarden Dollar von mehr als zwanzig
Geldgebern. Nun mussten wir an den Nägeln kauen, bis der Deal
abgeschlossen war.

Bear Stearns betreute unsere Gruppe von Geldgebern für den
Hilton-Deal. Während wir auf den Abschluss warteten, implodier-
ten die Hedgefonds, über die ich mit Jimmy Cayne gesprochen hat-
te. Bear lieh den beiden Fonds 1,6 Milliarden Dollar, um sie am
Laufen zu halten, aber Ende Juli konnte nichts mehr getan werden.
Die Fonds wurden in die Insolvenz gezwungen.

Am 9. August meldete die französische Bank BNP Paribas das
Aus von drei Investmentfonds, deren Investitionen zu einem
beträchtlichen Teil in zweitklassigen US-Hypothekenkrediten
steckten. Auf dem Markt sei keine Liquidität mehr vorhanden, hieß
es seitens BNP. Am selben Tag reichte Amerikas größte Hypothe-
kenbank, Countrywide Financial, ihren Quartalsbericht bei der
SEC ein, darin war die Rede von »unvorhersehbaren Marktbedingungen«. Innerhalb von Tagen nahm Countrywide Financial Mittel aus ihrer Kreditlinie in Anspruch, und zwei Wochen später
akzeptierten sie ein Investment der Bank of America von 2 Milliarden Dollar, um liquide zu bleiben.

Etwa zu dieser Zeit erhielt ich einen Anruf von Jimmy Lee. Er
sagte mir, er könne das niemandem erzählen, aber seit drei Tagen
sei JPMorgan nicht in der Lage gewesen, seine kurzfristigen Anleihen zu verlängern. Dies sind die Darlehen, von denen Amerikas
Wirtschaft lebt, die flüssigste Art von Schulden, genutzt, um den
Betrieb am Laufen zu halten. Noch näher an Cash können Schulden
nicht sein. Und es betraf nicht nur JPMorgan. Bank of America
und Citi konnten ihre auch nicht verlängern. Jimmy erzählte mir,
sie hätten es gelöst, indem sie den anderen Banken und Institutio-

nen, die ihnen Geld liehen, Extra-Schutz anboten. Aber wenn die größten Banken des Landes sich abhetzen mussten, um kurzfristige Kredite zu bekommen, damit sie ihre Rechnungen zahlen konnten, dann war dieses Problem schon längst über Subprime Mortgages hinausgewachsen.

Am 24. Oktober schlossen wir den Vertrag mit Hilton ab, fast auf den Tag zwanzig Jahre, nachdem wir am Abend des Schwarzen Montags den ersten Blackstone-Fonds geschlossen hatten. Wieder einmal waren wir gerade rechtzeitig gekommen. Am selben Tag verkündete Merrill Lynch einen Quartalsverlust von 2,3 Milliarden Dollar. Citi ließ später verlauten, dass sie 17 Milliarden Dollar an Hypotheken abschrieben. In der ersten Novemberwoche traten die CEOs der beiden Banken, Stan O'Neil von Merrill und Chuck Prince von Citi, zurück. Das gesamte Finanzsystem erlitt einen Herzstillstand.

————

Beginnend Ende 2007 erhielt ich einen ungewöhnlichen Crash-Kurs in den Grundlagen der Finanzkrise, indem ich an einer Reihe von Mittagessen bei der Federal Reserve Bank of New York in der Liberty Street teilnahm. Ausgerichtet von Tim Geithner, dem damaligen Chef der New York Fed, nahmen oft daran teil: Ben Bernanke, damals Chef der Notenbank; Hank Paulson, Finanzminister; die CEOs und Chairmen von New Yorks größten Banken; Larry Fink von BlackRock; und ich.

Bei allem, was ich über Finanzen wusste, erstaunte es mich, was ich bei diesen Mittagessen erfuhr. Ich wusste, dass Fannie Mae und Freddie Mac, die beiden von der Regierung unterstützten Hypotheken-Giganten, die Hälfte aller Hypotheken auf Wohnimmobilien im ganzen Land gekauft und zur Absicherung verbrieft hatten, in Höhe von etwa 5 Billionen Dollar. Was ich jedoch nicht wusste, war, dass sie fast pleite waren. Allen anderen im Raum war das bekannt, mir fiel jedoch die Kinnlade herunter.

In dem System gab es zwei chronische Probleme. Das erste waren die zweitklassigen Kredite. Dank der Verbriefung war der Markt für Hypotheken immer liquider geworden. Seit den 1980ern und Leuten wie Larry Fink waren Hypotheken zusammengepackt, gekauft und verkauft worden wie andere Wertpapiere, wie Aktien oder Bonds.

Aufeinander folgende Regierungen hatten die Banken gedrängt, den Leuten mehr Kredite zu gewähren, die es sich bis dahin nicht leisten konnten, ein Haus zu kaufen. Viele Politiker betrachten den Hausbesitz als ersten Schritt zur Erfüllung des amerikanischen Traums. Die Kombination aus finanzieller Innovation und politischem Druck führte zu neuen Arten von Hypotheken, die wenig bis gar keine Anzahlungen erforderten oder extrem niedrige Zinsraten für die ersten paar Jahre boten. Mangelhafte Kontrolle seitens der Behörden brachte skrupellose Geldverleiher hervor, die Kreditnehmer über den Tisch zogen, indem sie Geld verliehen, ohne auf die entsprechenden Unterlagen zu bestehen wie Einkommens- oder Vermögensnachweisen. Die steigende Zahl von Käufern trieb die Hauspreise hoch, sorgte dafür, dass der Markt überhitzte. Mitte der 1990er machten Subprime Mortgages 2 Prozent des gesamten US-Hypotheken-Bestands aus. 2007 waren es 16 Prozent. Man muss kein Genie sein, um zu erkennen, dass ein mit zweitklassigen Krediten angetriebener Immobilienmarkt kollabiert, wenn die Wirtschaft in eine Rezession fällt oder die Hauspreise aus irgendeinem anderen Grund fallen.

Das zweite chronische Problem war von den Aufsichtsbehörden geschaffen worden. Rein technisch gesehen war das Problem der Finanzbuchhaltungsstandard FAS 157, der dafür konzipiert war, sogenannte Fair-Value- oder Zeitwertbilanzierung zu garantieren. Das Problem war, dass er weder fair war noch eine anständige Einschätzung des Wertes gewährleistete. Eine der wichtigsten Lektionen aus dem Zusammenbruch von Enron im Jahr 2001 und des Telekom-Giganten WorldCom im Jahr 2002 war, dass Unternehmen verschleiern können, was ihnen gehört und wie hoch ihre Schulden sind. Mit buchhalterischen Tricks pumpen sie Vermögenswerte auf und verstecken Verbindlichkeiten. Die Lösung, so empfahl eine Gruppe einflussreicher Akademiker, sei mehr Transparenz. Wenn jederzeit alle alles wüssten, gäbe es keine Skandale wie Enron. Vermögenswerte und Verbindlichkeiten täglich auf den aktuellen Marktpreis zu bewerten wurde als Allheilmittel gegen Unternehmenstricks betrachtet.

Was in der Theorie sinnvoll schien, war es in der Praxis jedoch nicht. Stellen Sie sich vor, Ihnen gehört ein Aktienpaket. Sie kaufen es für Ihren Ruhestand, der erst in zwanzig Jahren beginnt. Sie kaufen zehn Aktien zu je 100 Dollar. Der Preis pro Aktie steigt auf 120 Dollar, dann fällt er auf 80 Dollar. Aber Ihnen ist das egal, weil sie die Dauer von 20 Jahren vor Augen haben und die Aktie für eine gute langfristige Investition halten. Es bedeutet lediglich, dass sich die Zahlen auf Ihrem vierteljährlichen Auszug ändern.

Aber was wäre, wenn man jedes Mal, wenn die Aktie steigt oder fällt, einen Scheck über die Differenz erhält oder einen ausstellen muss, um den Verlust abzudecken? Darüber hinaus müsste man jeden einzelnen Kreditor informieren, vom Hypothekengeber bis zu der Bank, über die Sie Ihr Auto finanzieren, und all diese müssten basierend auf dem neuen Wert Ihres Aktienpakets Ihre Kreditwürdigkeit neu bewerten? Sie würden mit einem Zwanzig-Jahre-Horizont arbeiten, aber man würde Sie gemäß dessen bewerten, was am heutigen Tag passiert, Sie zur Kasse bitten für die jüngsten Verschiebungen am Markt.

Ende der 1930er verbot die von der Großen Depression gezeichnete US-Regierung die Mark-to-Market-Bewertung[*]. Man hatte erkannt, dass in einem normalen Jahr nahezu jede Anlageklasse, einschließlich Aktien und Bonds, um 10 bis 15 Prozent steigt oder

---

[*] Anm. d. Übers.: Bewertung eines Finanzinstrumentes auf der Basis des zum Zeitpunkt der Bewertung gültigen Marktpreises

fällt. In einem Boom- oder Krisenjahr konnte es sogar noch mehr sein. Für eine gesunde Wirtschaft wäre es katastrophal, wenn sich Unternehmen wie aufgescheuchte Hühner verhielten und basierend auf den Marktbewegungen eines jeden Tages ständig ihre Kapitalanlagen oder Verbindlichkeiten ausbalancierten, anstatt sie besonnen langfristig zu managen.

Während der zweiten Hälfte des 20. Jahrhunderts war es für eine Bank üblich, sich das 25-Fache des Eigenkapitals zu leihen, um Geld an Kunden zu verleihen. Wenn sie zu höheren Zinsen Geld verlieh, als sie selbst dafür zahlte, konnte die Bank Profit machen. Da erfolgreiche Banken in der Regel gut im Verleihen waren und Kunden auswählten, die das Geliehene auch zurückzahlen würden, verlangten die Aufsichtsbehörden von ihnen nicht, eine Menge Geld als Reserve für den Notfall bereitzuhalten. Sollte jedoch ein Notfall eintreten, würde die Antwort nicht darin bestehen, von ihnen zu verlangen, sämtliche Kapitalanlagen in einem Notverkauf abzustoßen, um Bargeld zu beschaffen.

Ich war 1972 ins Finanzgeschäft eingestiegen und hatte 1975 miterlebt, wie die Federal Reserve und das Comptroller's Office zwei Krisen managten, die parallel bei Immobilien und Handelsschiffen auftraten. Sie zwangen die Inhaber notleidender Kredite nicht, diese zum gültigen Marktpreis neu zu bewerten. Stattdessen gewährten sie ihnen Zeit, sich zu erholen oder die Kredite über mehrere Jahre quartalsweise abzuschreiben. So funktioniert das wahre Leben. Wenn du vor einem Problem stehst, verfällst du nicht in Panik und rufst den Notstand aus. Du setzt auf Besonnenheit und gibst allen Zeit.

FAS 157 verlangte das Gegenteil. Im Namen der Transparenz ließ man die Bilanzen der Finanzinstitutionen unsinnigerweise unbeständig aussehen. Kapitalanlagen-Portfolios, die für eine lange Haltedauer aufgebaut worden waren, mussten nun bewertet werden, während ihr Wert absackte. Institutionen waren gezwungen, zu einer Zeit, als Bargeld knapp war, mehr davon vorzuhalten. Die

Kombination aus unverantwortlicher Vergabe zweitklassiger Kredite und FAS 157 führte zur Hysterie des Markts und trieb die Banken in die Insolvenz.

Anfang 2008 hatte ich ein Abendessen mit John Mack, dem CEO von Morgan Stanley. Er war mies drauf, hatte gerade einen Quartalsverlust von 7 Milliarden Dollar bekannt geben müssen. Wie hatte er es geschafft, so viel Geld zu verlieren? Hatte er gar nicht, sagte er mir. Das war alles nur auf dem Papier. Er besaß Portfolios mit Subprime Securities, die vier Jahre zuvor abgeschlossen worden waren. Von den Hypotheken, auf denen die Wertpapiere basierten, hätten die aus 2004 eine Ausfallquote von etwa 4 Prozent. Aus 2005/2006 von 6 Prozent und aus 2007 von etwa 8 Prozent. Aber der Markt für diese Wertpapiere, selbst mit Ausfallquoten unter 10 Prozent, war zum Erliegen gekommen. Niemand würde sie kaufen. Weniger als einer von zehn Amerikanern geriet bei den Hypotheken, die diese Wertpapiere stützten, in Verzug, dennoch wurden sie betrachtet, als würde man sich die Finger daran verbrennen. Gemäß dem Sarbanes-Oxley Act, einem Gesetz von 2002, das Investoren nach den Skandalen durch Enron oder WorldCom schützen sollte, konnte man das Risiko nicht mehr eingehen, den Wert von Kapitalanlagen falsch darzustellen.[*] Deshalb hatte John BlackRock hinzugezogen, um sein Portfolio zu bewerten. Sie schätzten den Verlust auf irgendwo zwischen 5 und 9 Milliarden Dollar. Er nahm einfach den Mittelwert und meldete einen erheblich größeren Verlust, als die Wertpapiere, die tatsächlich notleidend waren, überhaupt ausmachten. Und plötzlich bekamen alle Panik, was den Gesundheitszustand von Morgan Stanley betraf.

Bei Lehman Brothers, meinem früheren Arbeitgeber, türmten sich die Probleme noch höher auf. Deren CEO, Dick Fuld, und ich

---

[*] Anm. d. Übers.: Es ging darum, das Vertrauen der Anleger in die Richtigkeit und Verlässlichkeit der veröffentlichten Finanzdaten von Unternehmen wiederherzustellen.

hatten beide Anfang der 1970er dort angefangen und waren beide 1978 Partner geworden. Dick war am College ein mittelmäßiger Student gewesen, der seine Zeit hauptsächlich mit Skifahren und Partymachen verbrachte. Anschließend machte er an der New York University seinen MBA. Dick scherzte gern, dass Lehman ihn 1994 nur zum CEO ernannt hatte, weil die cleveren Typen alle gegangen waren, während er blieb. Wir standen uns nicht sonderlich nah, begegneten uns aber hin und wieder bei verschiedenen öffentlichen Veranstaltungen und trafen uns vielleicht einmal im Jahr zusammen mit unseren Frauen zu einem gemeinsamen Abendessen.

Bedauerlicherweise bekamen die Leute bei Lehman nur selten seine herzliche, bescheidene Seite zu sehen. Dick war ein despotischer Chef, mehr gefürchtet als gemocht. Und 2008 zeigte sich, dass er die Firma in eine schwierige Situation gebracht hatte. In jenem Frühjahr entdeckte mein Immobilienteam, dass Lehmans Immobilien-Portfolio in einem katastrophalen Zustand war. Lehman hielt einen großen Block schlechter Hypotheken neben ein paar guten Wohnimmobilien, etwa von Archstone, einem riesigen Wohnanlagen-Betreiber. Sie besaßen eine Menge Gewerbeimmobilien, die sie angekauft hatten, aber dann hatten sie versäumt, sie vor der Krise wieder abzustoßen. Nun setzten die Schulden auf diesen Gewerbeimmobilien sie unter Druck. In einem gesunden Markt wäre das gesamte Portfolio vielleicht 30 Milliarden Dollar wert gewesen. Aber die Käufer schreckten vor Investitionen zurück, und es war unmöglich, die Werte zu schätzen. Wir boten 10 Milliarden Dollar, um Lehman das Paket abzunehmen. Schließlich konnten wir mehr Geduld aufbringen und die Kapitalanlagen im Laufe der Zeit verkaufen. Dick lehnte ab. Er wollte lieber weitertaumeln, als diesen Schlag für sein Eigenkapital hinzunehmen.

Kurz darauf, am 16. März, willigte JPMorgan entsprechend einer Regierungsanweisung ein, Bear Stearns zu kaufen. Nun waren alle Augen auf Lehman gerichtet, und man fragte sich, ob sie die Nächsten sein würden. Dick suchte nach einem Käufer, da die sich zuspitzende Darlehens-Krise seine Aufgabe noch mehr erschwerte. Und trotz seiner Witzeleien über seinen erstaunlichen Aufstieg bei Lehman hing er sehr an dieser Firma. Er tat sich schwer damit, zu akzeptieren, wie wenig sie noch wert war. Anfang August erzählte mir Dick, dass von den 675 Milliarden Dollar an Anlagevermögen etwa 25 Milliarden Dollar an schlechte Immobilien-Darlehen gekoppelt seien. Die verbleibenden 650 Milliarden Dollar seien gesund und würden der Firma viel Geld einbringen. Warum die beiden also nicht trennen?, schlug ich ihm vor. Nenn die 650 Milliarden Dollar »Old Lehman« und lass sie weiterarbeiten, nicht verunreinigt vom Immobilien-Bestand. Verschieb dann die 25 Milliarden Dollar Kapitalanlagen in eine neue Firma, Lehman Real Estate, und gib dieser genügend Kapital, damit sie den Zyklus übersteht. Vielleicht dauert es fünf Jahre, aber der Immobilienmarkt kommt zurück. Das tut er immer. Den Aktionären würden immer noch 100 Prozent der Anteile an beiden Firmen gehören, aber ihre Risiken und Gewinne wären entkoppelt, um zu berücksichtigen, was mit Immobilien vor sich ging. Die Regierung hätte sicher nichts dagegen, wenn diese Aufteilung ein wenig von der Unsicherheit beseitigte, die durch Lehman die Märkte beeinträchtigte.

Dick gefiel die Idee, und er fragte, ob Blackstone Anteile im Wert von ein paar Milliarden Dollar von Old Lehman kaufen würde, wenn er die Trennung durchzog. Mit der entsprechenden Diligence ja, sagte ich. Aber unsere Gespräche schleppten sich dahin. Dick war durch seine Sorge wie paralysiert. Zum Quartalsende am 30. September würde er für seine Immobilien-Anlagen den zu diesem Zeitpunkt gültigen Marktpreis angeben müssen. Am Ende führte seine quälende Warterei dazu, dass uns die Zeit davonlief, um die Due Diligence (Sorgfaltsprüfung) abzuschließen, eine Vollmacht einzureichen und die SEC dazu zu bringen, die besprochene Teilung anzuerkennen. Er tat mir so leid. Er hatte versucht, seine Firma zu verkaufen, und um den Preis gefeilscht, wobei der Preis doch gar nicht das Problem war. Leerverkäufer straften Lehmans

Aktie ab, indem sie Aktien bei fallendem Kurs abstießen, kurz darauf zu noch niedrigerem Kurs zurückkauften und sich dadurch die Differenz als Gewinn einstrichen. Wenn Dick in der Lage gewesen wäre, zwei getrennte Wertpapiere zu schaffen – eines für die Immobilien und eines für den Rest von Lehman –, hätte er die Firma retten können. Die finanzielle Kernschmelze wäre zwar weiter fortgeschritten, aber »Good Old Lehman« wäre davon abgeschottet gewesen. Stattdessen wurde Lehman zum größten Bankrott in der US-Geschichte und Dick zum Sinnbild für alles, was schiefging.

Am Montag, dem 15. September, ging Lehman pleite. Am darauffolgenden Tag fielen die Geldmarkt-Fonds, die normalerweise als Investment mit geringem Risiko gelten und praktisch ein Äquivalent für Cash sind, zum ersten Mal in jüngerer Zeit. Jeder in diese Fonds investierte Dollar fiel auf 97 Cents. Am Mittwoch, dem 17. September, drehte sich die Rendite auf Schatzbriefe ins Negative. Die Leute gerieten derartig in Panik, dass sie nun in dem Wissen, dass sie Verluste machten, Staatsanleihen kauften. Das schien sicherer als jede Alternative zu sein.

Dank des Börsengangs und intensiver Mittelbeschaffung befand sich Blackstone in einer starken finanziellen Position. Aber in der Woche von Lehmans Absturz schöpfte ich unsere sämtlichen Kreditrahmen bei den Banken aus. Bevor ich in Deckung ging vor dem, was einem nuklearen Winter gleichkam, wollte ich so viel Cash, wie wir nur bekommen konnten. Eine Menge Leute würden in Schwierigkeiten geraten und versuchen, zu verkaufen. Ich war entschlossen, dass wir zum Kauf bereit sein würden.

———

Am Mittwoch, dem 17. September, rief mich Christine um 15:30 Uhr nachmittags an.

»Wie war dein Tag bisher, mein Lieber?«, fragte sie und fügte, wie üblich, hinzu: »Was hättest du gern zum Abendessen?«

»Mein Tag war furchtbar«, antwortete ich.

»Oh, das tut mir leid ... und warum?«

»Na ja, weil alles zusammenbricht. Schatzbriefe bringen negative Erträge. Mutual Funds* sind keine 100 Cent den Dollar mehr wert. Unternehmen reizen ihre Kreditlinien aus. Das gesamte Finanzsystem wird zusammenbrechen.«

»Das ist ja schrecklich«, sagte sie. »Was wirst du tun?«

»Was soll ich schon machen? Meine Kreditlinien ausnutzen.«

»Nein, ich meine, was du tun wirst, um das Ganze aufzuhalten?«

»Süße, ich habe nicht die Möglichkeiten, das aufzuhalten.«

»Denkst du, dass Hank schon über all das Bescheid weiß?«

»Ja, da bin ich mir sicher.«

»Woher willst du das wissen?«

»Wenn ich Bescheid weiß, dann er sicherlich auch. Er ist der Finanzminister.«

»Und wenn er es doch nicht weiß? Und nichts unternimmt und dadurch das System zusammenbricht?«

»Es kann nicht sein, dass er nicht informiert ist«, erwiderte ich.

»Aber wenn es doch so ist und du hättest etwas tun können, wie zum Beispiel ihn zu warnen. Ich finde, du musst Hank anrufen.«

»Der hat bestimmt ein Meeting nach dem anderen. Wir haben es hier mit einer Krise zu tun. Vermutlich würde ich ihn gar nicht erreichen.«

»Aber was ist denn dabei, es zu versuchen?«

»Dieser Anruf wäre absolut lächerlich.«

»Du solltest ihn trotzdem machen.«

Allmählich wurde mir klar, dass sie keine Ruhe geben würde, bis ich einwilligte.

»Okay«, stimmte ich zu. »Ich werde ihn anrufen.«

---

* Anm. d. Übers.: Amerikanischer Ausdruck für einen offenen Investmentfonds

»Ach, und übrigens«, fügte Christine hinzu. »Wenn du mit ihm sprichst, solltest du eine Lösung parat haben, um ihm helfen zu können. Und es gibt unser Lieblingsessen: Curry.«

Ich rief ihn also an.

_____

»Tut mir leid, Mr. Schwarzman«, sagte Hanks Assistentin. »Minister Paulson ist in einem Meeting.« Welche Überraschung!

»Ich gebe Ihnen meine Nummer«, sagte ich. »Bitte richten Sie ihm aus, dass ich angerufen habe.«

Obwohl ich so bald gar nicht damit gerechnet hatte, rief er tatsächlich eine Stunde später zurück. Als Hank Chairman und CEO von Goldman Sachs gewesen war, gehörte Blackstone zu deren wichtigsten Kunden und war manchmal auch sein Wettbewerber. Ich hatte ihn stets als intelligent, logisch denkend, entschlossen, taff und fair sowie als sehr versiert in Finanzangelegenheiten wahrgenommen. Er war ein guter Zuhörer und verfügte über ausgezeichnete Fähigkeiten als Verkäufer. Und noch wichtiger war, dass er hochanständig war und man ihm vertrauen konnte.

»Hank«, sagte ich. »Wie ist dein Tag?«

»Nicht gut«, erwiderte er. »Was hast du für mich?«

Während der Krise standen Hank und sein Team in ständigem Austausch mit Top-Führungskräften der Finanzbranche wie mir überall in der Wall Street, um sich über den aktuellen Stand auf dem Laufenden zu halten. Durch die Firmen, die wir leiteten, waren wir näher an den Märkten dran als er. Ich wusste, dass er ehrliche, direkte Beobachtungen und Ratschläge zu schätzen wusste.

Ich erzählte ihm, dass die Firmen ihre Kreditrahmen ausnutzten und wenn es so weiterginge, würden die Banken das nicht schaffen. Es war gut möglich, dass sie am kommenden Montag nicht würden öffnen können.

»Wie kannst du dir da so sicher sein?«, fragte er.

»Weil diese Panik eine solche Dynamik annimmt, dass alles aus dem Ruder läuft.«

»Du musst diese Panik stoppen«, fuhr ich fort und beschrieb die Situation wie einen alten Western, in dem die Cowboys nach einem Viehtrieb zurück in die Stadt kamen. Sie betrinken sich und ballern in den Straßen herum. Der Sheriff ist der Einzige, der sie aufhalten kann. Hank war der Sheriff. Er musste seinen Hut aufsetzen, seine Waffe nehmen, auf die Straße hinausgehen und in die Luft schießen. So stoppst du die Panik, sagte ich. Du musst die Meute dazu bringen innezuhalten.

»Und wie soll ich das anstellen?«, fragte Hank.

»Zuerst musst du die Möglichkeit von Leerverkäufen unterbinden«, sagte ich. Die Leute mögen behaupten, dass sei eine schlechte Politik, aber es würde ein Signal senden, dass die Spielregeln nicht länger gültig sind. Jeder Hedgefonds und Leerverkäufer, der versuchte, Geld zu machen, indem er den Preis der Bankaktien drückte, müsste sich sorgen, was das Finanzministerium als Nächstes unternahm.

»Okay«, stimmte Hank zu. »Das gefällt mir. Was noch?«

»Credit Default Swaps«*, sagte ich. Manche Leute übten Druck auf die Finanzinstitute aus, indem sie quasi Versicherungen kauften, in der Hoffnung, dass die Banken aufgrund ihrer Verpflichtungen zahlungsunfähig wurden und zusammenbrachen. Hank sollte dafür sorgen, dass diese Credit Default Swaps nicht einklagbar waren.

»Das ist eine super Idee«, sagte er. »Aber mir fehlt die rechtliche Handhabe, um das zu tun. Noch ein anderer Vorschlag?«

Ich hatte erfahren, dass die Investoren, seit Lehman Anfang dieser Woche Konkurs angemeldet hatte, verzweifelt versuchten, ihre Brokerkonten zu einer Bank zu transferieren, von der alle annahmen, dass sie überleben würde: JPMorgan. Sie schlossen ihre Kon-

---

* Anm. d. Übers.: Ein Kreditausfalltausch, bei dem Ausfallrisiken von Krediten, Anleihen oder Schuldnernamen gehandelt werden

ten bei Morgan Stanley und Goldman Sachs, stießen diese Institute in Richtung Pleite, während JPMorgan Mühe hatte, all die Anfragen zu verarbeiten. Ich schlug Hank vor, er solle verbieten, dass die Leute ihre Konten transferierten.

Auch dazu fehlte ihm jedoch die Befugnis. »Noch etwas?«, fragte er.

Mehr als alles andere, so sagte ich ihm, müsse der Markt beruhigt werden, indem man zusicherte, dass das System nicht zusammenbrechen würde. Die Panik konnte man nur unterbinden, wenn jemand mit so viel Geld und Brachialgewalt auftauchte, dass der Markt sich dem unterwarf. Dieser Jemand musste die US-Regierung sein. Das würde dieses dysfunktionale Gebaren stoppen. Und Hank müsste es am darauffolgenden Morgen tun.

»Wenn du es nicht morgen verkündest, wird es zu spät sein. Das Bankensystem wird zusammenbrechen, und am Montag werdet ihr die Banken nicht mehr öffnen können«, sagte ich. Wir hatten jetzt Mittwoch, etwa 16:30 Uhr.

»Ich vertraue dem System sowieso nicht mehr«, erklärte ich. »In den vergangenen Tagen konnte ich mit ansehen, wie Lehman unterging und Merrill Lynch von der Bank of America durch einen Merger in letzter Minute gerettet wurde. AIG wäre gestern untergegangen, hättest du nicht interveniert, und Fannie und Freddie mussten im August gerettet werden. Nichts ist mehr heilig. Alle glauben dasselbe. Du hast es hier mit einem Finanzsystem zu tun, das nicht in der Lage sein wird, dieses Niveau von Misstrauen zu überleben. Du brauchst diesen großen Kapital-Pool, um den Leuten das Vertrauen zu geben, dass das System nicht zusammenbrechen wird. All das passiert so schnell, dass du mit jeder Stunde, die du wartest, mehr Geld brauchen wirst. Du musst es morgen bekannt geben, je früher, desto besser.«

»Bist du innerhalb der nächsten Stunde zu erreichen?«

»Klar. Die Welt geht gerade unter. Wo sollte ich denn so dringend hinmüssen?«

Später erfuhr ich, dass Hank bereits daran arbeitete, die SEC zu überzeugen, ein Moratorium bezüglich Leerverkäufen zu erlassen. Aber was den Rest anbelangte, brauchte der Finanzminister die Zustimmung des Kongresses, um in dem nun erforderlichen Tempo und Ausmaß intervenieren zu können. Seit Monaten, während die Krise sich abzeichnete, hatte Hank überlegt, sich diese Zustimmung zu holen, jedoch befürchtet, dass der von Demokraten kontrollierte Kongress sich weigern würde, einer von Republikanern kontrollierten Exekutive so viel Macht zu geben. In der Nacht von Lehmans Pleite gab es keine andere Wahl mehr: Hank und sein Team mussten handeln. Sie entschieden sich, das zu beantragen, was sie brauchten.

Am Freitag gab Präsident Bush im Rosengarten bekannt, dass der Finanzminister den Kongress ersucht habe, eine Notfallfinanzierung von 700 Milliarden Dollar zu bewilligen, um die Krise einzudämmen. Diese Initiative trug den Namen Troubled Asset Relief Program, kurz: TARP. Ich wünschte, es wäre mehr Geld, aber 700 Milliarden waren immerhin schon einmal etwas. Vermutlich würde es genügen, um die Panik auszubremsen. Am selben Tag verbot die SEC Leerverkäufe.

Das sollte die Aufmerksamkeit der Leute fokussieren, dachte ich. Die Leute, die Leerverkäufe und andere Geschäfte tätigten, bei denen sie sich dieses Chaos zunutze machten, mussten sich nun fragen, ob sie in einem Spiel mitmachen wollten, bei dem die Regierung ihr Gegner war – in einem Spiel, bei dem die Regierung alle Trumpfarten ausspielen würde, um das System zu schützen. Sobald der Kongress TARP abnickte, wären wir auf der Straße des Überlebens.

———

Zehn Tage danach war ich in Zürich. Ich checkte in mein Hotel ein und schaltete dann sofort den Fernseher ein, um die Abstimmung des Repräsentantenhauses im Kongress über das TARP-Gesetz zu verfolgen. Es gab 228 zu 205 Stimmen gegen das Programm, von dem ich annahm, dass es das Land retten würde. Nicht genügend Demokraten stimmten dafür, und die Republikaner schossen es ab. Jetzt würde die Panik von vorn beginnen.

Ich saß da und fragte mich, wie das passieren konnte. Kurz nach der Bekanntgabe der geplanten Gesetzesvorlage hatten Hank und sein Team auf Verlangen des Kongresses eine 3-seitige Kurzfassung des TARP-Gesetzesentwurfs erstellt, in der Erwartung, dass sie in ein sehr viel ausführlicheres Dokument ausgearbeitet werden würde. Die Kritiker stellten den Entwurf jedoch als unangemessenen, aufgeblasenen Versuch dar, 700 Milliarden Dollar an Steuergeldern auszugeben. Wie Hank in seinen Memoiren *On the Brink* schrieb: »Wir wurden für diesen Antrag an den Pranger gestellt – nicht zuletzt, weil er so knapp formuliert war. Auf die Kritiker wirkte es so, als wäre er spontan verfasst worden. Dabei hatten wir uns bewusst kurz gefasst, um dem Kongress möglichst viel Handlungsspielraum zu geben.«

Die endgültige, mehr als 100 Seiten lange Fassung des TARP-Gesetzesentwurfs traf dann in einer herausfordernden politischen Situation ein. Wir befanden uns fünf Wochen vor den Präsidentschafts- und Kongresswahlen. Die Politiker steckten ihre Reviere ab. Die Abstimmung, die mit einer Ablehnung endete, spiegelte eher ideologische denn nationale Interessen wider.

Ich war so entsetzt, dass ich Wayne Berman anrief, unseren Berater für Regierungsbeziehungen. Ich erhoffte mir von ihm als Insider ein paar Ideen, was wir tun konnten, um die Situation zu retten.

»Wayne, du musst dafür sorgen, dass TARP verabschiedet wird«, sagte ich. »Es ist die Rettung des Systems. Wir können es nicht in einem schrecklichen politischen Chaos versanden lassen.« Ich schlug vor, alle noch lebenden US-Präsidenten zu versammeln – Jimmy Carter, Bill Clinton und George H. W. Bush –, um übers Fernsehen eine Rede an die Nation auszustrahlen, in der dem

Kongress nahegelegt wurde, das TARP-Gesetz zu verabschieden. Wayne sagte, er würde daran arbeiten. An jenem Abend schlief ich mit dem Gedanken ein, dass alle, die im Finanzministerium und in der US-Notenbank mit der Krise befasst waren, so erschöpft und müde sein müssten, dass sie Hilfe gebrauchen konnten. Sie hatten eine Million Dinge im Kopf: kurz- und langfristige finanzielle und ökonomische Konsequenzen und Auswirkungen, politisches Posieren und Egos, Wahlkampferfordernisse. Aber ich hatte nur ein einziges Ziel: Das System davon abzuhalten, wieder in Panik zu verfallen.

Am darauffolgenden Tag konzentrierten Wayne und ich uns weiter auf die Idee der Präsidentenansprachen im Fernsehen. Ich dachte, nur das hätte genügend Gewicht, um die Nation zu überzeugen. Aber nach weiteren Sondierungen versicherte mir Wayne, wir könnten uns zurückhalten. »Sie werden das Gesetz durchkriegen«, sagte er. »Die schaffen das.«

Nach intensiver Arbeit von Hank und seinem Team sowie Ben Bernanke, dem US-Notenbankchef, in enger Zusammenarbeit mit dem Kongress, wurde TARP am 3. Oktober schließlich verabschiedet. Ein Absturz der Aktienkurse nach der ersten Ablehnung des Gesetzesentwurfs hatte dazu beigetragen, die Gemüter zur Vernunft zu bringen. Dies sollte das letzte Mal in der jüngeren Geschichte sein, dass der Kongress parteiübergreifend handelte, um ein folgenreiches und kontroverses Gesetz zu verabschieden.

Als ich jedoch den überarbeiteten Gesetzesentwurf las, entdeckte ich einen schwerwiegenden Fehler. Dieses Mal rief ich Hank an, ohne dass mich Christine dazu drängen musste.

»Gratulation für das Durchbekommen von TARP«, sagte ich. »Es gibt nur ein Problem.«

»Und das wäre?«, fragte er.

»Man wird nie in der Lage sein, einen notleidenden Vermögenswert zu kaufen.«

»Wie meinst du das?«

»Jeder besitzt diese Subprime-Pakete, voll mit Haus-Hypotheken. Früher wussten wir alle, wie viel ein Haus in einer bestimmten Straße wert war, weil es so eine Art Blue Book* gab. Aber wenn in einer Straße fünf Häuser zum Verkauf stehen, weiß niemand, wie viel das einzelne Haus wert ist, deshalb kann niemand den Wert dieser Pools von Subprime-Wertpapieren bestimmen. Du musst buchstäblich in jede Straße gehen und schauen, wie viele Häuser dort zum Verkauf stehen, denn wenn ein Haus früher 200.000 Dollar wert war, jetzt aber fünf Häuser in der Straße zum Verkauf stehen, kannst du es für sehr viel weniger erwerben, vielleicht für 140.000 oder noch weniger. Aber wenn du nicht einmal weißt, wie viele Häuser zum Verkauf stehen, wie willst du dann einen Preis festlegen? Und die Verkäufer werden es auch nicht wissen. Es gibt also keine Möglichkeit, das Geschäft abzuwickeln, und die Banken verleihen sowieso nichts mehr. Wenn also niemand diese Vermögenswerte schätzen kann, sind sie illiquide, und niemand kauft einen notleidenden Vermögenswert.«

»Was schlägst du also vor?«, fragte Hank.

»Nimm die 700 Milliarden Dollar und steck sie in die Banken, entweder als Eigenkapital oder Vorzugsaktien mit Optionsscheinen. Das stabilisiert die Banken.« Mit mehr Stabilität wären die Banken in der Lage, ein Vielfaches des Kapitals anzuziehen, welches das Finanzministerium ihnen in Form von neuen Einlagen gab. Diese Einlagen konnten für profitable Darlehen genutzt werden, um die Wirtschaft wieder in Gang zu bringen. Die Regierung würde durch das Equity-Investment verdienen und die Banken hätten das, was sie brauchten, um die Krise zu überstehen und wieder mit dem Investieren anzufangen. 12:1 gehebelt, würden aus dem Eigenkapital der Banken etwa 8 oder 9 Billionen Dollar werden – eine verdammt große Menge an Schlagkraft.

---

*   Anm. d. Übers.: Blue Book in den USA ist ein Verzeichnis von Gebrauchtwagen-Listenpreisen.

Hank, Ben und Tim Geithner, Vorsitzender der Federal Reserve Bank of New York, waren mir ein paar Schritte voraus. Sie hatten bereits über die Idee gesprochen, Equity in die Banken zu pumpen, und es sogar Präsident Bush vorgeschlagen. Sie sorgten sich jedoch, ungewollten Druck zu erzeugen, die Banken zu verstaatlichen. Was sie schließlich entwickelten, war ein innovativer und letztlich profitabler Weg, 700 US-Banken zu rekapitalisieren − sowohl angeschlagene wie auch gesunde. Hanks Gespräche mit Menschen, die, so wie ich, den Markt kannten, waren für ihn ein Weg, dieses komplexe Problem zu durchdenken.

»Noch eine Sache«, sagte ich. »Es ist furchtbar, dass die Leute TARP als ›Rettungsaktion‹ bezeichnen.« Hank und das Finanzministerium verwendeten diesen Begriff nie, aber innerhalb der Politik und in den Medien war er sehr verbreitet. »Ihr leiht den Banken lediglich Geld, das sie zurückzahlen müssen. Das ist nur ein Überbrückungskredit, bei dem die Steuerzahler ihr ganzes Geld zurückbekommen werden, mit Zinsen und vermutlich einem großen Profit, wenn sich die Banken erholt haben. Es als Rettungsaktion zu bezeichnen verursacht einen PR-Albtraum. Man wird dieses Programm dann gänzlich missverstehen.«

Hank stimmte mir zu, aber es war auch klar, dass er sich auf andere Dinge konzentrieren musste. Er befand sich im Zentrum des Sturms, belagert von den Forderungen des Kongresses, der Notenbank, den Regulierungsbehörden, den Medien und sogar anderen Ländern. Es war unvorstellbar schwierig.

―――

Etwa eine Woche danach war ich immer noch in Europa. Ich war erst am Abend in Toulon, Frankreich, gelandet, und saß gerade in einem Wagen, als mein Telefon klingelte. Jim Wilkinson war dran, Hanks Stabschef.

»Hank bat mich, Sie anzurufen und Ihnen unseren Dank auszusprechen. Die meisten Leute, die uns anrufen, haben nur ihre eigenen Interessen im Kopf. Wenn Sie mit uns sprechen, geht es stets darum, was gut für das System ist. Sie haben uns ein paar der besten Ratschläge gegeben, die wir bekommen haben.«

»Danke, Jim«, sagte ich. »Das weiß ich zu schätzen.« Ich klappte mein Handy zu und lehnte mich in den Sitz zurück. Es war gegen 20:00 Uhr und stockdunkel draußen. Ich war allein mit dem Fahrer. *Wie wunderbar*, dachte ich. *Ich habe ihnen geholfen*. Das fühlte sich unheimlich gut an. Niemand wusste, was zu tun war, als wir auf etwas Schlimmeres als die Große Depression zusteuerten. Dank Christines Hartnäckigkeit hatte ich meine Hilfe bei der Lösung des Problems angeboten, und Hank hatte sich die Zeit genommen, mir zuzuhören. Später erzählte er mir, dass mein »Gefühl für die Dringlichkeit und meine Überzeugung, zusammen mit der anderer hoch angesehener Marktexperten, geholfen haben, unsere Beurteilung und die bevorstehenden Maßnahmen zu bekräftigen«. Ich war stolz, dass ich dem Land hatte helfen können, und bin es noch.

———

Als sich Ende 2008 der Rauch verzog, sagte mir mein Instinkt, dass das Schlimmste überstanden war. Es blieb jedoch noch eine Menge zu tun, um die amerikanische Wirtschaft wiederherzustellen. Monate, bevor die Krise eintrat, hatte ich meinem Freund, Paul Achleitner, damals CFO der Allianz, versprochen, an der Technischen Universität München einen Vortrag zu halten. Seine Frau war dort Professorin. Am 15. Oktober trat ich in München vor einen bis auf den letzten Platz mit Studenten und der Presse besetzten Hörsaal. Die Leute zwängten sich in die Sitzreihen und hockten auf den Stufen. Sie hatten nur eine Frage an den amerikanischen Finanzmann, der vor ihnen stand: Werden wir das überstehen?

»Die Finanzkrise ist vorbei«, sagte ich. »Sie alle glauben, sie sei noch im Gange, aber es wurden Entscheidungen getroffen, um sie zu beenden.« Andere Länder rüsteten sich bereits, dem amerikanischen Beispiel zu folgen und ihre Banken zu rekapitalisieren. Das

Finanzsystem war gesichert. »Mir ist klar, dass dies fünf Wochen nach der Pleite von Lehman Brothers eine kühne Vorhersage ist«, gestand ich ein. »Und es stimmt, dass sich die Märkte in einem schrecklichen Zustand befinden. Aber das sollte Sie nicht beunruhigen. Ich mache mir deswegen keine Sorgen, und ich habe den Vorteil, zu wissen, was vor sich geht. Sie sollten sich also alle sicher fühlen.« Ich bekam anhaltenden Applaus, und Hunderte dankten mir, als ich den Hörsaal verließ. Aber als ich im Wagen saß, der mich zurück zum Flughafen brachte, wurde mir ganz flau. Nun hatte ich es öffentlich ausgesprochen. Ich sollte besser richtig liegen.

KRISEN IN GELEGENHEITEN
VERWANDELN

Trotz all dem, was wir bei Blackstone getan hatten, um uns auf die weltweite Finanzkrise vorzubereiten, blieben uns deren Folgen nicht erspart. Unser Aktienpreis fiel von 31 Dollar zum Zeitpunkt unseres Börsengangs auf den Tiefstwert von 3,55 Dollar im Februar 2009.

Für das vierte Quartal 2008 schrieben wir den Wert unseres Private-Equity-Portfolios um 20 Prozent und den unseres Immobilien-Portfolios um 30 Prozent ab. In meinem Brief von 2008 an die Blackstone-Aktionäre stellte ich klar, dass sich Blackstone von den meisten anderen Finanzunternehmen unterschied. »Wir investieren langfristig, und wir haben Geduld. Das bedeutet, dass wir langfristige Investitionen halten können, bis die Märkte wieder im Aufwind und liquider sind, und sie dann zum vollen Marktwert veräußern können, anstatt gezwungen zu sein, bei rapide sinkendem Markt zu verkaufen. Das wiederum ermöglicht uns, auch bei Flauten aggressiver vorzugehen, wenn wir Kapital zum maximalen Nutzen unserer Investoren zum richtigen Zeitpunkt einsetzen können.«

Wir hatten 27 Milliarden Dollar an Dry Powder (deutsch: privatem Kapital, das ungenutzt bereitliegt) zu investieren und sahen Möglichkeiten, in jedem Sektor Käufe zu tätigen. Aber die Märkte konnten nicht über die kommenden paar Wochen und Monate Finsternis hinausschauen.

Investoren verkauften Kapitalanlagen aus Gründen, die gar nichts mit deren Fundamentalwert zu tun hatten. Sie brauchten

Cash oder mussten einem Margin Call[*] nachkommen. Eines Tages erhielt ich einen Anruf von einem unserer Investoren, der uns bat, nicht noch mehr Geld für Investitionen abzurufen, wie umfangreich und attraktiv diese auch sein mochten. Mir wurde klar, dass er mich nicht bat, gegen meine treuhänderische Pflicht zu verstoßen, weil es möglicherweise derzeit keine ausgezeichneten Investmentmöglichkeiten gab; er bat mich um Zurückhaltung, weil er Cash bewahren wollte. Ich antwortete ihm, dass es unsere treuhänderische Pflicht sei, das Geld zu investieren, das all unsere Investoren uns zugesagt hatten. Seine kurzfristigen Liquiditätsprobleme konnten uns nicht unsere Investmentstrategie diktieren.

Obwohl TARP nun umgesetzt wurde, standen die größten Banken weiterhin unter enormem Druck. JPMorgan halbierte unsere flexible Kreditlinie. Ich konnte es nicht glauben. Wir hatten so lange erfolgreich zusammengearbeitet, bei Geschäften im Wert von zig Milliarden Dollar. Jimmy Lee sagte, er wisse nichts davon. Also rief ich Jamie Dimon an, den CEO.

»Die Lage ist schwierig«, sagte Jamie. »Wir lassen euch ja noch Kredit.«

Ich erinnerte ihn an unsere langjährige Geschäftsbeziehung. »Wir gehören euch, Jungs. Und wir sind so etwas von kreditwürdig. Wir haben 4 Milliarden Dollar an Cash.«

»Ja, ich weiß«, erwiderte Jamie. »Wenn ihr nicht so kreditwürdig wärt, hätten wir die Kreditlinie ja auch komplett gestrichen.«

Citi war eine andere Geschichte. Wir zahlten kurz nach der Verabschiedung von TARP 800 Millionen Dollar bei ihnen ein, gaben ihnen ein paar Emissionsaufgaben und ließen sie bei einem unserer Private Equity Deals mitmachen. So wie wir es sahen, konnte Citi nicht Pleite machen. Regierungen und Unternehmen nutzen deren

---

[*] Anm. d. Übers.: Als »Margin Call« wird die Nachschusspflicht bezeichnet, die bei Verlust der festgelegten Mindestdeckungshöhe des Margin-Kontos (Einschusskonto) angefordert wird. Wird dieser Aufforderung nicht unverzüglich nachgekommen, kann der Broker die Position schließen.

Global Transactions Service, um ihre Mitarbeiter zu bezahlen und Geld zu transferieren. Ohne Citi würde das Geld aufhören, sich um die Welt zu bewegen.

Kurz nachdem wir die Einzahlung getätigt hatten, suchte mich Vikram Pandit auf, der CEO von Citi. Citi stand unter immensem Druck, und Vikram witzelte, dass wir vielleicht die Jobs tauschen sollten. Blackstone zu leiten schien sehr viel einfacher zu sein, als die Citi zu führen. Aber dann wurde er ernst und sagte, dass er dankbar sei für unsere Unterstützung. Er fragte, ob er etwas für uns tun könne. Ich erzählte ihm von JPMorgan und wollte wissen, ob Citi einspringen würde. Vikram zögerte keine Sekunde. Wir hatten ihn in einem schwierigen Moment unterstützt, und er half uns nur allzu gern. Das Leben ist lang, und Menschen in der Not zu helfen rentiert sich oft auf eine Weise, die man am wenigsten erwartet. Man vergisst niemals die Freunde, die einem in schwierigen Situationen beigestanden haben.

Im Herbst 2008, die Erträge waren im Keller, mussten wir eine Entscheidung bezüglich unserer Dividende treffen. Beim Planen unseres Börsengangs hatten die Emittenten darauf bestanden, dass uns die Aussicht auf eine Dividende schon während der ersten beiden Jahre als börsennotiertes Unternehmen helfen würde, mehr Investoren anzuziehen. Wie sich herausstellte, war das überflüssig, weil wir bereits fünfzehnfach überzeichnet waren, aber wir hatten dieses Versprechen gegeben.

Nun, inmitten der Finanzkrise, würden unsere Erträge allein nicht ausreichen, um die Zahlungen an die Aktionäre abzudecken. Entweder kürzten wir die Dividende, oder wir liehen uns Geld, um sie vollständig auszuzahlen. Leihen wollte ich nicht. Es hätte gewirkt wie schlechte Corporate Finance, sich Geld zu leihen, um in einem unbeständigen Markt mit unbeständigen Aktienkursen die Dividende zu zahlen. Wenn wir sie kürzten, würde unseren Investoren das zwar nicht gefallen, aber wir könnten argumentieren, dass es im besten Sinne der langfristigen Interessen der Firma sei. Da ich der größte Aktionär war, würde niemand unter der Kürzung mehr leiden als ich, deshalb könnte mir niemand Selbstkontrahierung vorwerfen. Gebt uns Zeit, und die Aktie erholt sich wieder, und alle werden glücklich sein.

Beim nächsten Vorstands-Meeting sprach ich das Thema an. Ich sagte voraus, dass die Chinesen, die am Abend des Börsengangs 3 Milliarden Dollar investiert hatten und für weitere zwei Jahre ihre Position halten mussten, bevor sie beginnen konnten, sie zu verkaufen, nicht erfreut sein würden. Aber ich hielt es für wichtiger, nun Kapital zu behalten, anstatt die Dividende der versprochenen Höhe auszuzahlen.

Dick Jenrette, der kurz zuvor dem Board als Public Member beigetreten war, erhob als Erster Einspruch. Er erinnerte uns daran, welche Bedeutung dieses Investment für die Chinesen hatte. Es war nicht nur eines von vielen. Es war das erste große Investment ihres entstehenden Staatsfonds außerhalb Chinas. Der Wert ihrer Anteile war bereits gefallen. Wenn wir nun auch noch die Dividende kürzten, würde es die Leute, die uns vertraut hatten, noch schlechter aussehen lassen. Wir würden von einer Peinlichkeit zu einer echten Enttäuschung übergehen. »Wenn du die Leute richtig verärgerst«, sagte Dick, »dann verschwindet das nicht einfach wieder so, als wäre nie etwas passiert. Ich an deiner Stelle würde die bittere Pille schlucken und allen für das nächste Quartal die gleiche Dividende zahlen.«

»Das ist so, als würde ich 50 Millionen Dollar verbrennen«, erwiderte ich. »Schlichtweg verbrennen.«

»Ist mir klar«, sagte Dick. »Aber wenn du es nicht tust, machst du einen Fehler.«

Jay Light, mein früherer Professor und zu der Zeit Dekan der Harvard Business School sowie ebenfalls Board Member, stimmte Dick zu. Die Chinesen waren in ihrer Heimat schon in Verlegenheit geraten, weil ihre Investition an Wert verloren hatte. Kürze die Dividende, und sie stehen noch schlechter da. Zudem hatten die

Chinesen nicht nur unsere Aktien gekauft, sondern auch in unsere Fonds investiert. Mit der Zeit könnte noch sehr viel mehr kommen, möglicherweise Milliarden an zukünftigen Investments und Partnerschaften. Unsere langfristige Beziehung im Interesse des Cashflows in einem einzigen schwierigen Quartal zu riskieren war nicht sinnvoll.

Ein Jahr zuvor hatte ich Jimmy Cayne geraten, einen Scheck auszustellen, um die Investoren in Bear Stearns Hedgefonds wieder zu beruhigen. Nun erteilten mir Dick und Jay eine Variante genau dieses Ratschlags: So schmerzhaft es auch sein mag, manchmal zahlt es sich aus, einen Scheck auszustellen.

Als wir überlegten, ein börsennotiertes Unternehmen zu werden, wussten wir, dass wir das Gleichgewicht halten mussten zwischen dem Dienst an unseren Anteilseignern und unseren Investoren. Jay und Dick waren clever, wenn es um die Finanzwelt ging, wussten immer klugen Rat zu unseren kurz- und langfristigen Erwägungen. Und ich wusste es zu schätzen, dass sie mir widersprachen.

»Das ist nicht leicht«, sagte ich. »Aber wenn ihr das so seht, dann werden wir bezahlen. Mir gefällt diese Entscheidung nicht, aber gut: 50 Millionen Dollar für unser geschäftliches Ansehen.« Als größter Anteilseigner von Blackstone war mir klar, dass den langfristigen Interessen der Firma nicht gedient war, wenn wir die Dividende kürzten und dafür den Preis zahlten, einer wertvollen Handelsbeziehung zu schaden. Es dauerte noch ein paar Jahre, aber als wir immer mehr Geschäfte in China tätigten und mein philanthropisches Engagement dort wuchs, erkannte ich, dass diese Dividende einer der besten Schecks war, die wir je ausgestellt hatten.

———

Ende 2008 reiste ich nach Peking zu einem Meeting des Boards der Tsinghua School of Economics and Management, dem ich angehörte. Die Chinesen hatten in den vorhergehenden Jahren große Summen in US-Unternehmen investiert und hielten allein über eine Billion an Wertpapieren von Fannie Mae und Freddie Mac, ein riesiger Einsatz im US-Wohnungsmarkt. Amerikanische Kreditnehmer hatten sich zunehmend an das chinesische Geld gewöhnt, und die Chinesen waren süchtig nach der Leichtigkeit und Verfügbarkeit von US-Investments. Nun aber waren Fannie Mae und Freddie Mac von der Bundesregierung verstaatlicht worden. Die Chinesen hatten keine Ahnung, ob sich Washington an die Verbindlichkeiten halten würde.

China hatte bereits 1,5 Milliarden Dollar an seinen Blackstone-Aktien seit dem Börsengang verloren. Wir waren nicht Chinas größtes Investment in den Vereinigten Staaten, aber eines der sichtbarsten. Ich konnte zwar argumentieren, dass Blackstone in hervorragender Verfassung sei, aber in dieser Marktlage konnte nichts den Aktienpreis nach oben treiben. Die Chinesen waren unzufrieden, und das wusste ich, als ich die Maschine nach Peking bestieg.

Während einer Pause bei den Vorstandssitzungen von Tsinghua rief mich der ehemalige Ministerpräsident Zhu Rongji zu sich. Zhu stammt aus einer bemerkenswerten Generation chinesischer Politiker, deren Leben mehrere Ären des postrevolutionären Chinas überspannte. Er wuchs in einer Familie von Intellektuellen und Landbesitzern auf und wurde Staatsdiener. Als er jedoch Mao Tsetungs Wirtschaftspolitik kritisierte, schloss die Kommunistische Partei ihn aus. Während der Kulturrevolution wurde Zhu auf einen Bauernhof für in Ungnade gefallene Regierungsmitarbeiter geschickt, wo er fünf Jahre lang körperliche Arbeit leistete. Als Mao starb und Deng Xiaoping seinen Posten einnahm, erwachte Zhus Karriere wieder zum Leben.

Sein Aufstieg in der akademischen und politischen Welt fiel in eine Zeit, in der China ein rasantes Wachstum verzeichnete. Er war der erste Dekan der Tsinghua School of Economics and Management, anschließend Bürgermeister von Shanghai und schließlich

Chinas fünfter Ministerpräsident, was einem Premierminister gleichkommt, denn er ist direkt dem Präsidenten unterstellt. Er trug entscheidend zur Entwicklung von Dengs Vision eines »Sozialismus mit chinesischen Eigenschaften« bei, einer Marktwirtschaft unter Kontrolle der Kommunistischen Partei.

Zhu ist ein großer, knochiger Mann, bekannt für seine Energie und Ungeduld. Larry Summers, der ehemalige Finanzminister und Präsident von Harvard, schätzte einst Zhus IQ auf 200. Als Bürgermeister und Ministerpräsident hatte Zhu alle möglichen Spitznamen, die auf seine Entschlossenheit anspielten: One-Chop Zhu (in etwa Ein-Hieb-Zhu), Zhu the Boss, sogar Madman Zhu, aufgrund seiner Bereitschaft, über politische Strukturen und bürokratische Regeln hinweg durchzugreifen, um Dinge voranzubringen. Sogar fünf Jahre nach seinem Rücktritt als Ministerpräsident strahlte er immer noch die mit diesem Amt verbundene Autorität aus.

Während wir redeten, winkte er Lóu Jiwěi zu sich, seinem Protégé, der die chinesische Investition in Blackstone vorgenommen hatte und anschließend Finanzminister wurde.

»Komm mal her«, sagte Zhu. »Das ist Schwarzman, Lóu Jiwěi, der Kerl, der dein Geld verloren hat.« Er meinte das nur halb im Scherz. Wir würden daran arbeiten müssen, sein Vertrauen zurückzugewinnen.

———

Im Dezember traf ich auf einer Weihnachtsfeier in der deutschen Botschaft in Washington zufällig Ben Bernanke. Wir suchten uns eine ruhige Ecke, um miteinander zu sprechen. Er fragte mich nach meiner Einschätzung der Lage. Ich sagte ihm, dass viele Finanzinstitute wegen der von der SEC im September 2006 herausgegebenen Mark-to-Market-Bewertungsregeln Schulden abbauten. Sie überfluteten die Märkte mit guten Kapitalanlagen, um die fallenden Werte ihrer schlechten Kapitalanlagen abzufangen, aber es gebe keine Käufer, deshalb würden sämtliche Preise abstürzen.

Ben erwog, dass die US-Notenbank eingreifen und anfangen sollte, diese nicht nachgefragten Kapitalanlagen anzukaufen. Ich sagte ihm, es sei der einzige Weg, um das Vertrauen in das Finanzsystem wiederherzustellen. Bis Frühjahr 2009 kaufte die US-Notenbank Bankschulden, Hypothekenschulden und US-Bundesanleihen, ließ Cash durch die Adern der Finanzmärkte fließen.

Die Maßnahmen der Notenbank mussten allerdings von der Regierung unterstützt werden, und ich sorgte mich, dass der neue Präsident nicht genug tat, um die Wirtschaft anzukurbeln und um Vertrauen zu werben. Am Abend des 8. März 2009, einem Sonntag, traf ich bei einer Veranstaltung im Kennedy Center zufällig Rahm Emanuel, Präsident Obamas Stabschef. Während der Pause zogen wir uns in einen leeren Raum in der Nähe unserer Sitzplätze zurück. Ich legte Rahm nahe, dass der Präsident ein bisschen positiver klingen müsse. Der Aktienmarkt war seit seiner Amtseinführung im Januar um 25 Prozent gefallen, dennoch fokussierte er sich auf das Gesundheitswesen. Er untergrub das letzte bisschen Vertrauen in die Wirtschaft, das noch übrig war.

Anfangs reagierte Rahm höflich, aber schon bald brüllte er mich an: »Steve, Sie stehen für alles, was wir hassen: ein reicher, republikanischer Geschäftsmann.« Ich war entsetzt. Alles was ich wollte, war, mitzuhelfen, damit das System überlebte. Wir diskutierten etwa fünfundzwanzig Minuten. Christine streckte zweimal den Kopf durch den Türrahmen, sagte mir, ich müsse kommen und den Präsidenten begrüßen, aber ich winkte sie weg, bis ich schließlich gehen musste, um dem Präsidenten die Hand zu schütteln und mir den zweiten Teil der Vorstellung anzusehen.

Am darauffolgenden Morgen rief Rahm mich an, um sich zu entschuldigen. Unser Gespräch sei hitziger geworden, als er beabsichtigt habe. Er hatte so viel um die Ohren mit der neuen Regierung, dass er sich nicht sonntagabends auch noch solch ein Melodram anhören wollte. Er erzählte mir an jenem Morgen, er habe arrangiert, dass alle hohen Regierungsbeamten, einschließlich des

Präsidenten, im Fernsehen auftraten oder Reden hielten und auf erste Anzeichen einer Erholung in der Wirtschaft verwiesen. In dieser Woche erreichte der Aktienmarkt in den Vereinigten Staaten die Talsohle.

Bei Blackstone standen wir vor unseren eigenen Herausforderungen. Vor allem unsere jungen Mitarbeiter hatten Angst. Jedes Jahr veranstalteten wir für alle Geschäftszweige Treffen außer Haus, und Tony war eingeladen, die Teilnehmer aufzumuntern und ihnen zu sagen, dass alles gut werden würde. Aber das entspricht nicht Tonys Art. Stattdessen erzählte er ihnen also, wie froh sie sein könnten, diese historische Kernschmelze mitzuerleben, um bereits am Anfang ihres Berufslebens daraus zu lernen. Wenn sie clever waren, würden sie daraus lernen und diese Lektion während ihrer gesamten beruflichen Laufbahn anwenden. Erfolg züchtet Arroganz und Selbstgefälligkeit, sagte er. Du lernst nur aus deinen Fehlern und wenn das Schlimmste eintritt.

Etwa zu der Zeit meines Gespräches mit Rahm ging ich mit meinem Freund und Kollegen Ken Whitney ins Waldorf Astoria in New York. Ken war niedergeschlagen. Er berichtete mir, dass das Immobilienteam soeben den aktuellen Wert sämtlicher Positionen berechnet hätte, und die Ergebnisse sahen düster aus. Allein beim Hilton mussten wir den Wert unserer Investition um 70 Prozent herabsetzen, da die Umsätze und Erträge des Unternehmens einbrachen. Ich sagte zu Ken, er solle sich keine Sorgen machen. Diese Niedrigbewertungen seien nur so etwas wie Schulnoten. Der Wert würde auch wieder steigen. Auf Grundlage dieser These tätigten wir ja unsere Investitionen. Und wenn wir immer noch daran glaubten, dann mussten wir lediglich weiterarbeiten und Geduld haben. Sollte das Finanzsystem zusammenbrechen, wären wir ohnehin alle am Ende. Solange es am Leben blieb, blieben wir es auch.

Nach einer Weile fühlten wir uns nicht länger, als befände sich die ganze Firma im freien Fall. Wir stellten uns darauf ein und besannen uns wieder auf das Wesentliche, fragten uns: In welchen Geschäften möchten wir vertreten sein? Wir zogen uns aus neuen Initiativen zurück, bei denen von vornherein klar war, dass man kämpfen musste, um Gelder anzuziehen, und konzentrierten uns auf unser Kerngeschäft. Als Unternehmen wollten wir ein Fortress Balance Sheet – also sozusagen eine bombensichere Bilanz – und immun gegenüber den Schwankungen der Märkte sein.

Im Herbst jenes Jahres war ich wieder in Tsinghua, und Blackstones Aktien standen auch nicht höher als im Jahr zuvor.

»Schwarzman, wo steht die Blackstone-Aktie jetzt?«, fragte Zhu Rongji, obwohl er die Antwort kannte. »Wie tief kann sie noch fallen? Hahaha!«

Aber mit Geduld und harter Arbeit sahen wir allmählich, dass unsere vor und während der Krise getroffenen Entscheidungen sich bezahlt machten. Unsere Beratungs- und Restrukturierungsgeschäfte boomten, da viele Unternehmen Hilfe brauchten. Unsere Investment-Teams litten nicht unter einem großen Vorkrisenfehler, der ihre gesamte Aufmerksamkeit aufsaugte. Der Rest der Welt mochte traumatisiert sein, aber wir waren so aufgeschlossen gegenüber Wachstum und Möglichkeiten wie eh und je. Im Vereinigten Königreich hatte sich einer unserer jüngsten Partner, Joe Baratta, mit Nick Varney zusammengetan, einem Unternehmer, der »übers Wasser gehen konnte«. Die beiden arbeiteten an der Idee von Europas größtem Unternehmen für Freizeitattraktionen. Als Joe zum ersten Mal den Deal für Varneys Sammlung von zwanzig Aquarien und drei »Dungeons« – gruseligen Kerkern in London, York und Amsterdam – vorstellte, konnte sich von uns in New York niemand dafür begeistern. Ich war mit meinen beiden Kindern im Dungeon von London gewesen, und sie hatten ihren Spaß an den Geschichten über Mörder, Folterknechte und Henker gehabt, aber ich erinnerte mich noch an die langen Warteschlangen, bis wir endlich hineinkamen. Ich konnte mir nicht vorstellen, dass diese Art von Geschäft jemals eine bedeutende Größenordnung erreichte. Vermutlich bedeutete es eine Menge Arbeit für wenig Ertrag. Merlin, Nicks Firma, hatte vor uns bereits zwei andere Private-Equity-Eigentümer durchlaufen.

Joe war jedoch überzeugt von Nicks Talent und Ehrgeiz. Das Geschäft der Freizeitattraktionen war voll mit unzufriedenen Besitzern. Lego wollte seine Freizeitparks loswerden, um Geld für eine Unternehmensumstrukturierung zu beschaffen. Andere kleine Freizeitparks waren in Familienbesitz oder gehörten Private-Equity-Gesellschaften und Staatsfonds, die keine Ahnung hatten, was sie damit anfangen sollten. Trotz meiner Bedenken zahlten wir 2005 auf Joes Drängen hin 102 Millionen Pfund für Merlin. Das war ein kleiner Deal, und unsere Erwartungen in New York waren bescheiden.

Aber innerhalb weniger Monate machten Joe und Nick ihren ersten Schritt. Sie zahlten 370 Millionen Euro in Cash und Aktien, um vier Legoland-Parks im Vereinigten Königreich, Dänemark, Deutschland und Kalifornien zu kaufen. Im darauffolgenden Jahr kauften sie Gardaland, den größten Freizeitpark in Italien, für 500 Millionen Euro. Und im Frühjahr 2007 krönten sie das Ganze mit dem Erwerb der Tussauds Group, die sechs der berühmten Wachsfigurenmuseen und drei Freizeitparks umfasste – einschließlich Alton Towers, dem größten Freizeitpark im Vereinigten Königreich –, für 1,2 Milliarden Pfund.

Nick verbesserte das Marketing, fügte neue Attraktionen hinzu und vervielfachte die Einnahmen. Bei ihrer Zusammenarbeit nahmen Joe und Nick eine winzige Firma mit 50 Millionen Dollar an Eigenkapital und machten daraus das zweitgrößte Freizeitparkunternehmen der Welt nach Disney. Es war die explosive Begegnung unseres Kapitals mit einem großartigen Unternehmer, und Merlin wuchs in einer Zeit ausgedehnter Rezession. Als wir 2015 unsere letzten Anteile an dem Unternehmen verkauften, hatten wir bis dahin Tausende von Jobs geschaffen, Millionen von Familien unterhalten und das Geld unserer Investoren mehr als versechsfacht.

Praktisch von dem Moment an, als wir 2007 Hilton kauften, sagten unsere Kritiker, wir hätten Vorzeige-Anlagen vom oberen Ende des Marktes gekauft. Aber wir hielten an unserem ursprünglichen Plan für Hilton fest: die Hotelkette zu erweitern und zu verbessern. 2008 und 2009 konzessionierten wir jeweils 50.000 weitere Hotelzimmer in Märkten wie Asien, Italien und der Türkei, was den Cashflow erhöhte. Wir verlegten Hiltons Firmenzentrale von Beverly Hills an einen preisgünstigeren Standort nach Virginia. Und wir überlebten einen drastischen Rückgang in der Tourismusbranche, dank der Finanzierung, die Jon und sein Team beim Erwerb ausgehandelt hatten. Selbst während der wirtschaftlichen Dürrephase konnten wir unsere Schulden begleichen.

Aber im Frühjahr 2010 gingen wir auf Nummer sicher, indem wir mit unseren Geldgebern neu verhandelten. Viele hatten sich 2007 bemüht, ihre Schuldverschreibungen für Hilton zu verkaufen, also nutzten wir einen Teil unserer Finanzreserven, um selbst einen Teil davon mit einem Abschlag zu kaufen. Zum Ende der Verhandlungen waren wir in der Lage, unsere Schulden wesentlich zu reduzieren, und obwohl es noch ein weiter Weg war, einen Profit aus dem Geschäft zu schlagen, hatten wir dessen Risiken beträchtlich verringert und uns mehr Freiraum zum Manövrieren verschafft. Als die Leute wieder anfingen, mehr zu reisen, überschritt Hiltons Cashflow den Höhepunkt von 2008, und der Wert unseres Investments erhöhte sich beträchtlich, gemessen daran, was wir dafür bezahlt hatten. Unsere Verbesserungen bei den betrieblichen Abläufen sowie die Expansion auf weitere Standorte und der Marke an sich zahlten sich ebenso aus. Wir implementierten eine Vielfalt an Initiativen zur Energieeinsparung und verbesserten die Mitarbeiterzufriedenheit. Wir verbesserten das Unternehmen nachhaltig, mit über 600.000 Mitarbeitern, einschließlich über 17.000 US-Veteranen und ihren Ehepartnern, und verdoppelten die Anzahl der Hotelzimmer im Hilton-Portfolio. 2019 wurde

Hilton von Fortune zur Nummer 1 der beliebtesten Arbeitgeber in den Vereinigten Staaten gekürt, wodurch zum ersten Mal überhaupt eine Hotelkette auf dem ersten Platz landete. Letztlich machten unsere Investoren mit Hilton über 14 Milliarden Dollar Gewinn, wodurch es zum profitabelsten Private Equity Investment aller Zeiten wurde.

Wieder in Tsinghua sah ich 2010 Zhu auf mich zukommen, um mich wie jedes Jahr aufzuziehen. »Schwarzman. Was soll ich von den Blackstone-Aktien halten? Erholen Sie sich wieder? Was meinen Sie?«

Beim dritten Mal war ich gewappnet. »Verehrter Ministerpräsident, die Firma entwickelt sich sehr gut. Sie sollten sich keine Sorgen wegen der Aktien machen.«

»Und wieso nicht, Schwarzman?«

»Weil wir wie Farmer sind«, antwortete ich. Zhu war mit seiner Familie auf Farmen aufgewachsen und kannte sie aus seiner Zeit im politischen Exil. »Wenn wir Firmen und Immobilien kaufen, ist das wie das Anbauen von Nutzpflanzen. Man bringt die Saat in die Erde, wässert sie, und die Saat beginnt zu wachsen, aber noch kann man die Pflanze nicht sehen. Dann wächst sie immer höher, wird eine prächtige Pflanze, und alle freuen sich.«

»Lóu Jìwěi, Lóu Jìwěi, komm her«, sagte er lachend. »Wir haben einen Farmer. Farmer Blackstone.« Von da an war ich der Farmer Blackstone. Wir zahlten weiter Dividenden, unsere Aktie erholte sich, und die Chinesen gaben uns immer mehr Geld, um es für sie zu investieren. Und Zhu empfing mich immer herzlicher.

»Farmer Blackstone, schön, Sie zu sehen. Eine Menge Pflanzen sprießen aus dem Boden. Wir freuen uns, dass Sie ein guter Farmer sind. Kann es kaum erwarten, Sie nächstes Jahr zu sehen!«

2012 schlossen wir unseren sechsten Private-Equity-Fonds: 15,1 Milliarden Dollar an Zusagen. Das war weniger als der 20,4-Milliarden-Dollar-Fonds, den wir 2007 zusammengetragen hatten, aber immer noch der sechstgrößte Fonds aller Zeiten. Ein

Zeichen, dass wir das Schlimmste überstanden hatten und unsere Investoren weiterhin an das glaubten, was wir machten.

―――

Als Folge der Finanzkrise brach der Markt für Einfamilienhäuser in den Vereinigten Staaten, die weltweit größte private Anlageklasse, ein. Kreditnehmer wurden zahlungsunfähig, und Banken ließen zwangsversteigern, überfluteten den Markt mit Immobilien. Aber es bedurfte einer Reihe mutiger, innovativer Vorgehensweisen, um erfolgreich in das zu investieren, was für viele eine schreckliche Situation war.

Historiker werden Ihnen über diese Finanzkrise sagen, dass in dem ganzen Wahnsinn des Immobilienmarktes zwei zusammenhängende Bündel von Regierungsmaßnahmen besonders herausragten. Die erste war, dass vor der Krise Menschen von der Politik zum Immobilienkauf ermutigt wurden, selbst diejenigen, die es sich eigentlich gar nicht leisten konnten. Die Standards der Geldverleiher wurden heruntergesetzt. Schlecht informierten Kreditnehmern, die überhaupt nicht wussten, worauf sie sich da einließen, wurden Hypotheken aufgeschwatzt, die sie realistisch betrachtet niemals würden zurückzahlen können. Und die Preise von Häusern schossen in die Höhe. Die Banken waren in dieser Profitmaschinerie bereitwillige Komplizen. Als die Krise dann eintrat, konnten viele zweitklassige Darlehensnehmer ihre Raten nicht mehr zahlen. Der Wert ihres Hauses sackte in den Keller, und entweder sie selbst oder ihre Kreditgeber waren gezwungen zu verkaufen.

In dem Nachbeben der Krise leitete die Regierung ihr zweites Bündel katastrophaler Maßnahmen ein, indem sie bei den Banken rigoros durchgriff und von ihnen verlangte, die Kreditvergabe strenger zu reglementieren. Auch diejenigen Banken, die unter Hypothekenvergaben gar nicht gelitten hatten, verlangten nun beträchtlich höhere Anzahlungen und bessere Kreditratings von den Kreditnehmern. Was möglicherweise aussah wie eine vernünftige, vorsichtige Reaktion, um einen überhitzten Markt zu beruhigen, würgte in Wahrheit jede Hoffnung auf Erholung ab. Sowohl beim Immobilienboom, der der Krise voranging, als auch bei der anschließenden Pleitewelle verschlimmerten die Maßnahmen der Regierung die Situation. Als der Markt ohnehin schon zu sehr an Fahrt aufnahm, traten sie noch zusätzlich aufs Gas. Als er dann zum Erliegen kam, traten sie auf die Bremse. Der hart gebeutelte amerikanische Verbraucher wurde auf dem Beifahrersitz hin und her geschleudert.

Quer durch die Vereinigten Staaten stürzten die Hauspreise rapide ab. In den am stärksten betroffenen Gebieten, wie Südkalifornien, Phoenix, Atlanta und Florida kamen im Bau befindliche Projekte zum Stillstand. Millionen von Amerikanern versuchten nun, zu mieten, statt zu kaufen.

Historisch gesehen beherrschten kleine Familienbetriebe das Geschäft des Kaufens, Renovierens und Vermietens von Häusern in Amerika. Von den 13 Millionen Mietshäusern gehörten die meisten Einzelpersonen oder kleinen Immobilienfirmen. Viele Vermieter waren nicht ortsansässig und hielten ihre Immobilien nicht entsprechend dem Standard eines professionell geführten Apartmentkomplexes in Schuss. Unser Immobilienteam sah eine Gelegenheit, den Sektor zu festigen und zu professionalisieren.

Waren wir die Richtigen, um das zu versuchen? Blackstone wickelte riesige Multimilliarden-Dollar-Immobilien-Deals ab, die größten in der Branche, für Hotelketten, Bürokomplexe und Lagerhallen. Warum sollten wir uns mit bescheidenen Mietobjekten beschäftigen? Unsere Banken waren nicht überzeugt und wollten uns nichts leihen. Sam Zell, der mehr als jeder andere über das Immobiliengeschäft wusste, sagte zu uns: »Auf keinen Fall.« Aber Jon Gray und sein Team ließen nicht locker. Die zugrunde liegende Berechnung bei dieser Gelegenheit wirkte unkompliziert – und beispiellos. Das hier war die größte Anlageklasse der Welt, in unserem Heimatmarkt. Gehandelt wurde zu historischen Tiefstpreisen, und die ganze Welt war erstarrt. Es war der richtige Moment im Zyklus und damit genau der Moment für Investoren wie uns. Ewas Ähnliches hatte ich in den frühen 1990ern gesehen, als wir mit Joe Robert unsere ersten Investments tätigten: einen von Angst verzerrten Immobilienmarkt, eine irrationale Herdenmentalität und Geldverleiher sowie Kreditnehmer, die alle versuchten, sich freizustrampeln vom jüngsten Zusammenbruch. Dieses Mal war die Gelegenheit sehr viel größer und unsere geballten Anstrengungen wert. Wir brachten mehr Wissen mit und mehr Erfahrung, und wir waren gerüstet mit all dem Geld, das wir kurz vor der Krise beschafft hatten. Wir waren davon überzeugt, dass man sich diese Gelegenheiten einfach nicht entgehen lassen durfte, und wenn wir uns anstrengten, die Häuser, die wir kaufen wollten, zu vermieten, würden wir zumindest einen Profit erzielen, sobald sich die Hauspreise wieder normalisierten.

Im Frühjahr 2012 bezahlten wir 100.000 Dollar für unsere erste Immobilie, ein Haus in Phoenix, und im selben Monat erreichten die Preise für Häuser in den Vereinigten Staaten die Talsohle. Wir begannen im Westen mit dem Kaufen und bewegten uns Stadt für Stadt nach Osten, von Seattle nach Las Vegas, bis nach Chicago, hinunter nach Orlando. Die örtlichen Gerichte veröffentlichten Listen bevorstehender Zwangsversteigerungen, und unsere Akquise-Teams gingen in die jeweiligen Straßen, um sich die Häuser anzusehen. Von innen konnten sie die Häuser nicht besichtigen, also fuhren sie nur vorbei, sahen sich die Gegend an und informierten sich über die Schulbezirke. Sie entschieden, wie viele Häuser sie kaufen würden, und marschierten mit einem Scheckbuch zu den Auktionen. Nach wenigen Tage waren die Deals abgeschlossen. Innerhalb von ein paar Monaten kauften wir jede Woche Wohnhäuser im Wert von 125 Millionen Dollar.

Als Nächstes stand die Renovierung an. Wir beauftragten mehr als zehntausend Bauarbeiter, Anstreicher, Elektriker, Zimmerleute, Klempner, Installateure für Heizungen und Klimaanlagen sowie

Gärtner, von denen viele durch die Rezession arbeitslos geworden waren. Wir gaben 25.000 Dollar für die Instandsetzung jedes Hauses aus. Das letzte Puzzlestück war ein Unternehmen, das zuständig war für die Vermietung und Instandhaltung der Häuser.

Wir nannten diese Firma Invitation Homes, und am Schluss war sie für 50.000 Wohnhäuser zuständig, wodurch sie zum größten Eigentümer von Wohnimmobilien in den Vereinigten Staaten und zu einem wichtigen Arbeitgeber in einer kritischen Phase der US-Wirtschaft wurde. Unseren Investoren bei den öffentlichen Pensionsfonds gefiel es, dass wir so viel Vertrauen in die Stabilität der US-Wirtschaft zeigten, als viele andere nur Angst an den Tag legten. Wir fuhren in Wohngebiete, zu verlassenen Häusern mit wucherndem Unkraut. Sobald wir die Häuser renoviert und an Familien vermietet hatten, erwachten diese Gegenden wieder zum Leben, wurde ihr soziales Gefüge wiederhergestellt.

Im Nachhinein betrachtet schien unsere ursprüngliche Beobachtung so naheliegend: Wenn Menschen ohne guten Grund davon abgehalten werden, das zu kaufen, was sie brauchen, dann muss sich das System anpassen. Wenn es sich anpasst, wird der Preis der Ware steigen. Menschen brauchen Häuser, aber nach dem Zusammenbruch verstellten ihnen unvernünftige Behörden und verängstigte Banker den Weg. Es war lediglich eine Frage dessen, zum richtigen Zeitpunkt des Zyklus auf die richtige Weise zu kaufen.

———

Nach der Krise boten sich auch Gelegenheiten, das Dry Powder, für das wir so hart gearbeitet hatten, um es zu akkumulieren, zur Absicherung großer Investments in einem ansonsten kapitalarmen Umfeld einzusetzen. Diese Gelegenheiten begannen schon bald in vielen verschiedenen Sparten aus dem Boden zu schießen, aber am signifikantesten im Energiebereich.

Wir hatten unsere Expertise in diesem Bereich langsam ausgebaut, indem wir die Deals unseren Investmentprozess durchlaufen ließen. Eine der Hauptthesen, die wir dadurch aufstellen konnten, lautete, dass die meisten börsennotierten Energiekonzerne chronisch überbewertet waren. Stück für Stück analysiert, zum Beispiel durch die Addition des jeweiligen Werts ihrer Raffinerien, Pipelines und Tankstellen, stellte sich heraus, dass sie tatsächlich weitaus höher bewertet wurden, als die Summe der einzelnen Teile rechtfertigte. Die Gelegenheit bestand zu jener Zeit also darin, Einzelteile der Infrastruktur der Energiebranche zu kaufen oder zu bauen und sie zum vollen Marktpreis zu verkaufen.

2012 bekamen wir die Chance, in ein besonders großes Stück dieser Infrastruktur zu investieren, eine Fabrikanlage in Louisiana, die Roherdgas für den Export aus den Vereinigten Staaten aufbereitete. Die Geschichte der Sabine-Pass-Anlage weist alle Elemente eines Klassikers der Energiebranche auf: einen visionären und kühnen Unternehmer, der versuchte, eine große, komplexe Industrieanlage in einem Umfeld rasanter technologischer Veränderungen, einer launischen Politik und schwankenden globalen Märkten aufzubauen.

2008 begann Charif Souki, der vom Investmentbanker zum Gastronomen und dann zum Energieunternehmer wurde, an einem Terminal zu arbeiten, in dem ursprünglich an der Mündung des Sabine Pass Rivers an der Grenze zwischen Texas und Louisiana nahe dem Golf von Mexiko importiertes Erdgas abgefertigt werden sollte. Im Gegensatz zu Öl, das im Rumpf riesiger Tanker verschifft werden kann, ist der Transport von Gas wesentlich schwieriger. Es muss für den Transport zu einer Flüssigkeit gekühlt und am Zielort wieder in den ursprünglichen Aggregatzustand versetzt werden. Das ist ein teures Verfahren, aber die Vereinigten Staaten waren damals knapp, was Erdgas anbelangte, und die Preise schnellten in die Höhe.

Als Charif sein neues Importterminal baute, begann Erdgas jedoch auch aus dem Boden der Vereinigten Staaten zu strömen, eine Folge der Entwicklung von Fracking. Sein Terminal war überflüssig. In dem Moment hatte er eine großartige unternehmerische Idee: Was, wenn er nun die Sabine-Pass-Anlage umwandelte in ein Export-Terminal, um amerikanisches Erdgas in die Welt hinauszuschicken?

So einfach sich das anhört, es war mehr zu tun, als nur die Richtung zu ändern, in die das Gas strömte. Cheniere Energy, Charifs Unternehmen, wurde mit 600 Millionen Dollar bewertet und brauchte 8 Milliarden Dollar, um es von einem Import- in einen Export-Terminal umzuwandeln. Die Banken zögerten, Charif so viel Geld zu leihen, denn es hatte Zeiten gegeben, da tat er sich schwer, seinen Ratenzahlungen nachzukommen. Außerdem brauchte er für sein Projekt die Genehmigung der Regierung sowohl für sein Terminal als auch für die Ausfuhr fossiler Brennstoffe. Drittens würde dies ein enormes Bauprojekt werden, gespickt mit potenziellen Risiken. Wenn er nicht absolut sicher war, das hinzubekommen, sollte er gar nicht erst anfangen. Als das Investmentkomitee das Projekt begutachtete, gab es eine Menge Bedenken. Für uns spielt es keine Rolle, ob ein Geschäft das beste Öl- oder Gasgeschäft da draußen ist. Es muss gegenüber dem gesamten Universum an Investments bestehen, die wir tätigen können, vom Gesundheitswesen bis zu Immobilien, von Medien bis zu Technologie.

Wir planten, 2 Milliarden Dollar an Eigenkapital beizusteuern und die übrigen 6 Milliarden Dollar aufzunehmen. Das war für uns und unsere Limited-Partners eine große Summe, deshalb wollten wir sichergehen, dass wir die Fremdfinanzierung gesichert hatten, bevor wir ein Angebot machten. Zum Glück waren die Banken bereit, uns für ein Projekt dieser Größenordnung Geld zu leihen, weil wir uns den Ruf erworben hatten, unsere Schulden bei unseren Kreditoren stets zurückzuzahlen.

Eine ähnliche Schlagkraft übten wir auch beim behördlichen Zulassungsverfahren aus. Unser Name erhöhte für die staatlichen Behörden die Glaubwürdigkeit des Projekts. Dennoch ließen wir in den Vertrag aufnehmen, dass wir aussteigen konnten, falls die Behör-

den das Projekt aus irgendwelchen Gründen hinauszögerten. Wir
wollten nicht, dass das Kapital unserer Investoren als Geisel genommen wurde durch ein nie endendes Zulassungsverfahren.

Eine weitere Sorge war Charif selbst. Unternehmensgründer
können starke Ideen haben und entsprechende Persönlichkeiten
aufweisen, also entwarfen wir ein klares Set an Erwartungen und
Zielen, um das Risiko zukünftiger Unstimmigkeiten zu reduzieren. Solange das Projekt auf Kurs blieb, behielt er das Sagen. Wir
bestanden darauf, dass Cheniere Abnahmevereinbarungen mit
Energiekonzernen unterschrieb, in denen diese den Kauf einer
bestimmten Menge an Gas von unserem Terminal zusicherten, und
zwar über festgelegte Zeitspannen bis zu zwanzig Jahren. Diese
Vereinbarungen sicherten uns garantierte Einnahmen, unabhängig von schwankenden Gaspreisen. Möglicherweise verlor man
etwas, wenn der Gaspreis stieg, aber man sicherte sich nach unten
ab, was entscheidend war bei einem Projekt, das so viel Kapital erforderte.

Und schließlich mussten wir noch die Risiken beim Bau reduzieren, der langwierig, komplex und teuer sein würde. Also stimmten
wir zu, Bechtel, dem von uns beauftragten Bauunternehmen, eine
Extra-Vergütung zu zahlen, damit sie sich auf eine Pauschalzah-
lung einließen und zu einer schlüsselfertigen Übergabe verpflichteten. Sollte die Anlage nicht wie versprochen funktionieren, müsste
Bechtel Strafe zahlen. Wir engagierten außerdem einen ehemaligen
Ingenieur von Bechtel, der während der Bauphase als unser »Beobachter vor Ort« fungierte.

Sobald wir sämtliche Risiken analysiert hatten, sagten wir zu
David Foley, dem Partner, der den Deal für uns managte: »Hol ihn
dir – und zwar sofort.«

Das lange Wochenende des Presidents' Day (der dritte Montag
im Februar) verbrachte David nicht mit seiner Familie, sondern flog
nach Aspen, wo Charif zum Skifahren war. Ihre Teams verbrachten
drei Tage im Untergeschoss des Little-Nell-Hotels und arbeiteten

die Bedingungen aus. Innerhalb weniger Tage nach Bekanntgabe des Deals kamen etliche weitere Gebote herein. Aber dieses Geschäft gehörte uns, und es würde eine ganze Branche prägen.

———

Ebenfalls im Jahr 2012 hatte Tony eine Idee für eine neue Geschäftssparte, nachdem er mit ein paar Limited-Partners gesprochen hatte – eine neue Strategie, die unsere sämtlichen Anlageklassen umfasste und einen stabilen jährlichen Ertrag von 12 Prozent lieferte, weniger als wir üblicherweise unsererseits lieferten. Ich versammelte die Leiter unserer verschiedenen Geschäftssparten, um gemeinsam ein Angebot zu formulieren, basierend auf dieser Idee für den staatlichen Pensionsfonds von New Jersey. Die Fondsmanager wollten, dass wir Investitionen in Kapitalanlagen prüften, welche die Banken auf Druck der Regierung im Kielwasser der Krise verkauften. Es war ein merkwürdiges Ersuchen, aber als Unternehmer hatte ich gelernt, dass der Finanzsektor ein simples Geschäft ist. Wenn dich jemand um etwas Neues bittet, so stehen die Chancen, dass diese Person zu diesem Zeitpunkt der einzige Mensch auf diesem Planeten ist, der das interessant findet, gleich null. Wenn du eine dieser Anfragen erhältst, ist es möglicherweise eine Riesengelegenheit. Diejenigen, die anfragen, wissen das nicht. Sie schauen nur auf ihre eigenen Bedürfnisse. Aber wenn diese Bedürfnisse Sinn ergeben und du das richtige Produkt konzipierst, um diese Bedürfnisse zu erfüllen, kannst du damit sehr viel breiter aufgestellt auf den Markt gehen, und deine Konkurrenten können sich nur noch staunend fragen, wie du darauf gekommen bist.

Als unsere Geschäftssparten ihre Ideen präsentierten, schien jede besser zu sein als die vorhergehende. Als die dritte Gruppe ihre Präsentation hielt, war ich platt. Nie zuvor hatte ich erlebt, dass solche Geschäftsideen in dieser Firma vorgeschlagen wurden. Deals, die früher zu Goldman Sachs gegangen wären, kamen nun zu uns. Die Spannbreite reichte von Containerschiffen und dem Land für

Mobilfunkmasten bis zu Minen und Esoteric-Lending-Produkten. Die Herausforderung bestand darin, für alle einen Platz in unseren existierenden Fonds zu finden.

In den Anfangstagen von Blackstone hatte mein Freund Steve Fenster (der mit den beiden linken Budapester-Schuhen) für mich ein Treffen mit einem aufstrebenden Nachwuchs-Unternehmer namens Mike Bloomberg arrangiert. Mike brauchte Geld für seine junge Finanzdaten-Agentur. Ich wusste, dass diese ein großer Erfolg werden würde, aber zu uns passte sie zu dieser Zeit nicht so richtig. Wir hatten unseren Investoren versprochen, ihnen ihr Geld nach fünf bis sieben Jahren zurückzuzahlen. Mike sagte, dass er seine Firma nie verkaufen würde. Er wollte einen dauerhaften Partner, und wir waren seine erste Wahl. Es war eine Riesenchance, die wir da verpassten, das werde ich nie vergessen. Eine Investition von 100 Millionen Dollar wäre am Ende auf über 8 Milliarden Dollar angewachsen. Ich hatte immer gehofft, dass wir eines Tages bei Blackstone über die Flexibilität verfügen würden, in Unternehmen wie das von Mike zu investieren, und in Möglichkeiten, die nicht dem traditionellen Private-Equity-Modell entsprachen. Tactical Opportunities, wie wir unseren neuen Fonds nennen würden, war meine lange gesuchte Antwort.

Wir wandten unsere üblichen drei Tests bei einer neuer Geschäftssparte an: Sie muss das Potenzial haben, für die Investoren sehr lohnend zu sein. Sie muss Blackstones intellektuelles Kapital erweitern. Und sie muss von einem 10er an der Spitze gemanagt werden.

Es bestand kein Zweifel am wirtschaftlichen Potenzial all dieser neuen Gelegenheiten. Was das intellektuelle Kapital anbelangte, so war Tac Opps eine großartige Chance für uns alle, um dazuzulernen und in neuen Bahnen zu denken, um neue Muster bei den außergewöhnlichen Möglichkeiten zu erkennen, die in der Landschaft nach der Krise aus dem Boden schossen. Wir besetzten das Investmentkomitee des neuen Fonds mit den Leitern all unserer wichtigen Anlageklassen, sowie Tony und mir. Wir wollten unser gesamtes Fachwissen nutzen, um diese neuen Gelegenheiten einer sorgfältigen Analyse zu unterziehen.

Als Leiter des Fonds wählten wir David Blitzer aus, der gerade erst aus London nach New York zurückgekehrt war. All das war so neu, dass wir jemand Erfahrenen brauchten, der die richtigen Fragen stellte und die außergewöhnlichen Deals sowohl den Partnern innerhalb der Firma als auch externen Partnern schmackhaft machen konnte. David hatte Blackstones Europa-Geschäft erfolgreich aufgebaut. Und Tac Opps verwandelte er letztlich in ein 27-Milliarden-Plus-Geschäft.

Fünf Jahre nach der Krise vergrößerten wir den Abstand zu unseren Konkurrenten immer weiter, beschafften mehr Geld, zogen mehr Deals durch. Obwohl wir aus der Krise wohl kaum ohne Schrammen hervorgingen (zum Beispiel mussten wir einen beträchtlichen Verlust bei unserem Equity Investment in die Deutsche Telekom wegstecken), waren wir in der Lage, in neue und aufregende Richtungen weiterzuziehen, während der Großteil unserer Konkurrenz immer noch damit beschäftigt war, nach den alten Deals aufzuräumen, die auf der Höhe des Zyklus zustande gekommen waren.

SICH ENGAGIEREN

Über Jahre bedurfte der Aufbau von Blackstone meiner gesamten Konzentration. Die Firma zu leiten fühlte sich oft an wie eine endlose Serie von Stresstests, bei denen es um Konkurrenten, Mitarbeiter und ehemalige Mitarbeiter, die Medien, ein instabiles Makroumfeld, bedingt durch die angespannte gesamtwirtschaftliche Stimmung, und politische Einflussfaktoren oder manchmal einfach nur um Pech ging.

Aber eines der großartigsten Dinge an unternehmerischer Erfahrung ist, dass mit der Zeit, wenn alles funktioniert, das Leben einfacher wird. Wenn deine Firma heranreift, ziehst du immer bessere Leute an, und deine Systeme werden beständiger. Du etablierst Risikokontrollen. Du schaffst eine Institution mit Nachfolgern, denen etwas daran liegt. Deine Reputation verbessert sich und beginnt, einen Teil deiner Arbeit für dich zu erledigen. Der positive Kreislauf dreht sich schneller, und im Fall von Blackstone gaben uns die Kunden und Investoren mehr Geld in größeren Paketen als je zuvor.

Als die Krise abebbte, hatte ich Zeit, mich umzuschauen und mir zu überlegen, was ich noch mit den mir zur Verfügung stehenden Ressourcen, Netzwerken und all dem Wissen anfangen konnte. Als Junge hatte ich gesehen, wie mein Großvater, Jacob Schwarzman, Prothesen und Rollstühle, Kleidung, Bücher und Spielsachen sammelte, um sie jeden Monat zu Kindern nach Israel zu schicken. Ich hatte gesehen, wie mein Vater den Kreditrahmen für neu angekommene Immigranten erweiterte, wenn sie in seinem Laden einkauften. Kauft, was ihr braucht, pflegte er zu sagen, und bezahlt mich, wenn ihr es könnt. So wie es bereits sein Vater getan hatte, schrieb er regelmäßig Schecks für Boys Town in Jerusalem aus, eine Jugendhilfeeinrichtung, damit bedürftige Kinder Schulbildung erhalten konnten. Und wie viele jüdische Familien der Mittelschicht sparten wir jede Woche 10 Cent, um einen Baum in Israel zu pflanzen. Zu geben war Bestandteil des Lebens, eine Gewohnheit, die fortzusetzen meine glückliche Lage mir erlaubte. Ich spendete Geld an Einrichtungen, die mir wichtig waren, und an Menschen, die es brauchten. Manchmal handelte es sich um Freunde, manchmal waren es Fremde, von denen ich in den Nachrichten erfuhr – Menschen, die ohne eigenes Verschulden in Not geraten waren.

Als Vorsitzender des Kennedy Centers hatte ich meine Fähigkeiten und Kontakte genutzt, um mehr Geld zu beschaffen, Standards zu verbessern und die Bandbreite der Veranstaltungen zu erweitern. Durch unsere Preisverleihungszeremonien, bei denen Amerikas größte kreative Talente geehrt wurden, hatten wir das Profil des Zentrums in den künstlerischen Knotenpunkten von New York und Los Angeles gesteigert. Meine Zeit beim Kennedy Center in Washington vertiefte auch mein Verständnis von Politik und Politikern.

Mit der Zeit boten mir meine vielen Erfahrungen einen Filter, um mein philanthropisches Engagement weltweit bei politischen und Non-Profit-Aktivitäten zu bewerten. Zum Beispiel war ich mir stets des tiefgreifenden Einflusses bewusst, den Ausbildung auf mein Leben hatte. Ohne den Wechsel zum qualitativ hochwertigen Schulsystem von Abington hätte ich mich nie für Yale oder die Harvard Business School qualifizieren können, die mir in der Folgezeit wichtige Möglichkeiten eröffneten. Aus diesem Grund brenne ich dafür, so vielen Menschen wie möglich die gleiche Art lebensverändernder Möglichkeiten zu verschaffen. Auf die gleiche Weise half mir meine Erfahrung in der Army, zu verstehen, welch ein großes Opfer unsere Soldaten und Soldatinnen bringen, um ganz normale Bürger zu schützen, und das brachte mich zu der Überzeugung, dass sie dafür Anerkennung verdienen. Mein Treffen mit Averell Harriman überzeugte mich von dem großen Einfluss, den politisches Engagement bei der Verbesserung der Zukunftsperspektive jedes Einzelnen haben kann, ebenso wie für den Weltfrieden und Wohlstand.

2008 spendete ich der New York Public Library 100 Millionen Dollar, um die Renovierung des Hauptgebäudes an der Ecke Forty-Second Street und Fifth Avenue sowie etlicher der lokalen Zweigstellen zu unterstützen. Ich hoffte, mit meiner Spende könnte man die Entstehung schöner, ruhiger Räume im Herzen der Stadt finanzieren. Noch wichtiger war, dass es auch die Alphabetisierungsprogramme der Bibliothek erweitern und Internetzugang in Stadtteilen schaffen würde, wo dieser stellenweise noch fehlte.

Kurz vor Thanksgiving 2009 besuchten Christine und ich eine der New Yorker Schulen, die vom Inner-City-Scholarship Fund unterstützt wurden. Christine ist Katholikin und hat mir das bemerkenswerte System katholisch geführter Schulen nahegebracht, in denen 90 Prozent der Schüler zu Minderheiten gehören, 70 Prozent an oder unter der Armutsgrenze leben und 98 Prozent anschließend das College besuchen. Diese Schulen bieten eine ausgezeichnete Bildungsgrundlage als Voraussetzung für ein Hochschulstudium sowie die sozialen und moralischen Fundamente für ein erfülltes Leben. Aber als uns Susan George, die Geschäftsführerin des Inner-City-Scholarship Fund, das Schulgelände zeigte, erzählte sie, dass viele Schüler ihre Ausbildung abbrachen: Ihre Eltern hatten ihre Jobs verloren und konnten sich nicht einmal mehr das Schulgeld leisten. Das war in den katholischen Schulen überall in der Stadt so.

Ich sagte Susan, die Schule solle jede Familie kontaktieren, die entschieden hatte, ihr Kind von der Schule zu nehmen, und ihr sagen, dass sie das nicht tun müssten. Ich würde die Differenz zwischen dem, was auch immer sie aufbringen konnten, und dem vollen Schulgeld übernehmen. Ich mochte mir gar nicht vorstellen, dass ein Kind so leiden musste. Diese Kinder und ihre Eltern waren keine Faulpelze. Sie mussten einen Schlag einstecken, den sie nicht verschuldet hatten. Dies würde mein Weihnachtsgeschenk an sie sein.

Eine ähnliche Entscheidung traf ich 2013, als ich anfing, die USA Track & Field Foundation mit jährlichen Spenden für die vielversprechendsten Sportler zu unterstützen, die für die World Championships und die Olympischen Spiele trainierten. Ich wollte dafür sorgen, dass junge Spitzen-Leichtathleten die für das Training notwendige Zeit und Mittel zur Verfügung hatten, um antreten zu können, ohne sich um finanzielle Belastungen sorgen zu müssen. Ohne finanzielle Hilfe brauchten diese Sportler zwei oder drei Jobs, um alles bezahlen zu können, was aber unmöglich ist, wenn man zweimal täglich trainiert. Die meisten von ihnen waren gezwungen, den Sport aufzugeben. Es war erstaunlich, zu sehen, wozu diese jungen Männer und Frauen ohne diese Last in der Lage waren. Bei den Olympischen Spielen 2016 in Rio de Janeiro gewannen meine Zuwendungsempfänger viermal Gold, dreimal Silber und zwei Bronzemedaillen. Mittlerweile bin ich der größte Einzelspender an die USATF Foundation und stolz darauf, Sportlern, deren Talente meine bei Weitem übersteigen, dabei zu helfen, ihr Potenzial zu realisieren.

Ebenfalls im Jahr 2013 nahm ich an einem Treffen des Business Roundtable teil, bei dem die First Lady Michelle Obama über die spezifischen Unterstützungsbedürfnisse von Angehörigen des US-Militärs, Veteranen und ihren Familien sprach. Sie hob die Hindernisse hervor, mit denen Veteranen und deren Familien aufgrund der hohen Arbeitslosigkeit konfrontiert waren, und wies auch auf die ernsten Konsequenzen hin, wozu bis zu zwanzig Selbstmorde täglich zählten. Sie bat alle anwesenden Unternehmen, an ihrer landesweiten Initiative teilzunehmen, um die Arbeitslosigkeit bei den Veteranen zu verringern. Als ich an jenem Abend von Washington aus auf dem Heimweg war, gingen mir ihre Worte nicht mehr aus dem Kopf. Wir schuldeten unseren Soldaten und Soldatinnen mehr – zumindest einen einfacheren Übergang zurück in ein bürgerliches Leben. Bevor ich zu Hause ankam, diktierte ich eine Nachricht an die First Lady, dass Blackstone und seine Portfolio-Unternehmen sich verpflichteten, im Laufe der folgenden fünf Jahre fünfzigtausend Veteranen und deren Familienangehörige einzustellen. Obwohl ich diese Art von Dingen normalerweise erst mit meiner Geschäftsleitung besprach, war ich überzeugt, dass ich moralisch richtig handelte, und wusste, dass Blackstone mein Versprechen unterstützen würde. Wir schafften es, die fünfzigtausend Einstellungen in nur vier Jahren umzusetzen, also versprachen wir 2017, weitere fünfzigtausend einzustellen. Es war ein großartiges Beispiel des erheblichen Einflusses, den Blackstone aufgrund seiner Größe und Reichweite haben kann.

Als ich mit fortschreitender Zeit in immer mehr Aktivitäten einbezogen wurde, begann ich mich zu fragen, was ich bewirken konnte, wenn ich mehr tat, als Schecks auszustellen. Was wäre, wenn ich meine unternehmerische Energie und meine beim Aufbau von Blackstone erworbenen Fähigkeiten für ähnlich ehrgeizige philanthropische Herausforderungen nutzen würde?

———

2005 richtete das Kennedy Center ein China-Festival aus. Ich saß am Eröffnungsabend neben Chinas Kulturminister und sah zu, wie eine Gruppe Tänzer und Akrobaten eine menschliche Pyramide formte. Einer auf den Schultern des anderen kletterten sie zur Musik des Orchesters immer höher. Jedes Mal, wenn die Pyramide eine Etage mehr hatte, nahm ein Tänzer Anlauf und sprang darüber. Wir alle fragten uns, wie lange das noch so weitergehen konnte.

Der nächste Tänzer wirbelte über die Bühne, nahm Anlauf, wurde schneller … und krachte in die Pyramide. Körper flogen über die ganze Bühne. Wären es westliche Balletttänzer oder Eiskunstläufer gewesen, hätten sie sich aufgerappelt und weitergemacht, als wäre nichts geschehen. Nicht so in China. Die Musik brach ab, und alle kehrten auf ihre Plätze zurück. Sie bauten die Pyramide neu auf, der Tänzer ging in Position, und wir alle hielten uns die Augen zu. Er rannte los und schaffte es über die Pyramide. Knapp.

Ich sah den Kulturminister an. Seine Miene war ausdruckslos. Ich fragte ihn, warum er von dem Zwischenfall so ungerührt blieb. »In China streben wir Großartigkeit an«, antwortete er. »Wenn das beim ersten Mal nicht klappt, versuchen wir es weiter, bis wir großartig sind.«

Die Haltung hinter Chinas Entscheidung, 2007 in Blackstones Börsengang zu investieren, war mir klarer geworden, als ich das Land kurz darauf besuchte, um mich bei den Investoren für ihre Unterstützung zu bedanken. Während ich von einem Meeting zum nächsten reiste, begleitete mich ein Kamerateam des chinesischen Staatsfernsehens. Die chinesische Regierung hatte aus ihrem Investment bei Blackstone eine Riesensache gemacht. Zu meiner Überraschung war ich eine kleine Berühmtheit. Wenn ich eine Rede hielt, drängten sich die Zuhörer sogar in den Gängen. Über alles, was ich sagte und tat, wurde in den Nachrichten berichtet. Aber ich hatte immer noch eine Menge zu lernen.

Dass ich im Vorstand der Tsinghua School of Economics and Management saß, verschaffte mir zum Glück Zugang zu hervorragenden Lehrern. Die Tsinghua-Universität war aus einem Akt amerikanischer Großzügigkeit entstanden. 1901 hatte sich China zu Reparationszahlungen an die Vereinigten Staaten bereit erklärt, für deren Hilfe beim Niederschlagen des anti-westlichen Boxeraufstands. Präsident T. Roosevelt bestand darauf, dass China den größten Teil des Geldes behielt und damit chinesischen Studenten ein Studium in den USA ermöglichte. Zur Vorbereitung auf das Hochschulstudium wurde das Tsinghua College errichtet, aus dem die heutige Universität erwuchs, in vieler Hinsicht die beste in China.

Zu Tsinghuas Absolventen zählen der derzeitige Staatspräsident Xi Jinping, sein Vorgänger Hu Jintao und viele Mitglieder des mächtigen Staatsrats. Seit 2015 wurde sie von der Zeitschrift

U.S. News & World Report als weltbeste Hochschule für Ingenieur- und Computerwissenschaften ausgezeichnet, noch vor dem MIT. Die School of Economics and Management wurde 1984 gegründet, nach dem Vorbild der besten amerikanischen Business Schools. Sie war eine der ersten chinesischen Institutionen, die intensive Beziehungen mit der amerikanischen Geschäftswelt unterhielt, und wurde für Führungskräfte von der Wall Street bis zum Silicon Valley zu einem regelmäßigen Aufenthaltsort. Die Boardmitglieder stammen aus China und der ganzen Welt.

Seit 1980 ist Chinas Bruttoinlandsprodukt von 11 Prozent des BIP in den USA bis auf 67 Prozent in 2019 angewachsen.[*] Obwohl das BIP pro Kopf noch dahinter zurückbleibt – 10.000 Dollar BIP pro Kopf in 2019 versus 65.000 Dollar in den Vereinigten Staaten[**] –, hat sich Chinas BIP pro Kopf seit 1980 um das 33-Fache gesteigert, im Vergleich zu einer lediglich 5-fachen Steigerung des US-BIP pro Kopf im selben Zeitraum. Chinas Exporte sind von 6 Prozent im Vergleich zu den US-Exporten auf über 100 Prozent gestiegen. Ausgehend von einer Wirtschaft, die kleiner war als die der Niederlande, hat sich das Volumen jedes Jahr in der Größenordnung der Wirtschaft der Niederlande vergrößert. Seit 2007, als China seine ersten Investments bei Blackstone tätigte, hat dieses Land die USA bei vielen der wichtigen Indikatoren für Wirtschaftswachstum und Innovation entweder eingeholt oder sogar übertroffen. China ist ein größerer Erzeuger, Exporteur, Sparer und Energieverbraucher. Es ist ein größerer Markt für alles, von Luxusartikeln bis zu Smartphones. Von 2007 bis 2015 fanden fast 40 Prozent des weltweiten Wirtschaftswachstums in China statt. Seine Wachstumsrate im Jahr 2019 ist, auch wenn sie sich verlangsamt, immer noch mehr als doppelt so hoch wie die der Vereinigten Staaten.

---

[*]   BIP, aktuelle Preise in US-Dollar; Internationaler Währungsfonds. World Economic Outlook Database; April 2019.

[**]   BIP pro Kopf, aktuelle Preise in US-Dollar; Internationaler Währungsfonds. World Economic Outlook Datbase; April 2019.

Lee Kuan Yew, Singapurs verstorbener Premierminister und einer der scharfsinnigsten Beobachter Chinas, wurde kurz vor seinem Tod im März 2015 gefragt, ob er denke, dass China irgendwann die USA als vorherrschende Marktmacht in Asien verdrängen würde. Er antwortete unmissverständlich: »Natürlich. Warum nicht? Wie könnten sie nicht danach streben, die Nummer Eins in Asien und mit der Zeit weltweit zu werden?« Und wenn das passiert, so fügte er hinzu, wäre das zu Chinas Bedingungen, nicht zu denen des Westens.

Chinas Aufstieg ist der entscheidende geopolitische Fakt unserer Zeit.

Graham Allison, ein Historiker von der Harvard University, hat davor gewarnt, dass dieser Prozess der Verschiebung des Mächtegleichgewichts von Westen nach Osten eine Falle birgt. Wenn die Vereinigten Staaten absteigen und China aufsteigt, so werden beide Mächte und die von ihnen abhängigen aus dem Gleichgewicht geraten, aus dem jahrzehntelang herrschenden Takt. Es wird eine Situation entstehen, in der das geringste Missverständnis, eine minimale Verstimmung oder Kränkung alle in die Falle eines Krieges stolpern lassen kann. Genau das passierte im 5. Jahrhundert v. Chr., als der Aufstieg Athens Sparta bedrohte. Deshalb bezeichnet Allison dieses Phänomen als die Thukydides-Falle, nach dem griechischen Historiker, der mit seinem Werk *Der Peloponnesische Krieg* die Geschichtsschreibung begründete. Es passierte im 20. Jahrhundert, als Deutschland die europäische Ordnung bedrohte und zwei Weltkriege heraufbeschwor. Es könnte wieder passieren, wenn China und die Vereinigten Staaten keinen kooperativen, vertrauensvollen Weg finden, die Verschiebung der politischen Macht zu managen, die auf die Verschiebung der wirtschaftlichen Macht folgen muss, die bereits stattfindet.

Als Tsinghua sein hundertjähriges Bestehen feierte, bat der Präsident, Chen Jining, darum, mich in Paris zu treffen, wo ich seit acht Monaten mit Christine lebte. Ich wusste, dass er Geld von mir einwerben wollte. Aber ich überlegte ohnehin bereits, wie ich meine Ressourcen und Netzwerke wirkungsvoll einsetzen konnte.

Mich verband mit dieser Universität weder eine persönliche Geschichte noch eine emotionale Verbundenheit. Sie befand sich Tausende Meilen weit entfernt in einem Land und einer Kultur, bei der ich immer noch dabei war, sie kennenzulernen. Als ich mich auf Präsident Chens Besuch in Paris vorbereitete, suchte ich deshalb weiträumig nach Inspiration. Welche Idee ich auch immer haben würde, ich wusste, dass es allein an mir lag und einem kleinen Team an meiner Seite, die richtige Eigendynamik zu entwickeln, die nötig war, um sie Realität werden zu lassen.

Als Cecil Rhodes dreiundzwanzig Jahre alt war, musste er sein mit Minen in Afrika geschaffenes Vermögen erst noch aufbauen. Aber er schrieb, dass das »höchste Gut im Leben« darin bestehe, »meinem Land von Nutzen zu sein«. Als er 1902 starb, enthielt sein Testament einen Plan für ein Stipendienprogramm, das junge Männer aus dem British Empire, den ehemaligen britischen Kolonien und Deutschland zu einem Studium an einer britischen Universität zusammenbringen sollte, um »ihren Ansichten Bedeutung zu verleihen, für ihre Unterrichtung in Lebensart und Manieren und um in ihren Köpfen [zu etablieren], wie vorteilhaft es sowohl für die Kolonien als auch das Vereinigte Königreich ist, die Einheit des Empires zu erhalten«. Seine Vision wurde schließlich zum Rhodes-Scholarship-Programm in Oxford. Rhodes war eine umstrittene Persönlichkeit, ein brutaler Arbeitgeber und einer derer, die der Apartheid in Südafrika den Weg bereiteten. Aber sein Stipendium ist nach wie vor eines der angesehensten der Welt, eine seltene Chance für einige der fähigsten jungen Männer und Frauen aus verschiedenen Ländern, in einer prägenden Phase ihres Lebens zusammen zu leben und zu studieren.

Was wäre, schlug ich Präsident Chen vor, wenn wir etwas Ähnliches in China schaffen würden? Ein Programm, um die besten und klügsten Köpfe aus der ganzen Welt zu ermutigen, in Tsinghua zu studieren. Sie könnten reisen und Praktika bei Ministerien und chinesischen Unternehmen absolvieren. Sie könnten bei chinesischen und westlichen Professoren studieren, die ihnen helfen würden, die verbindenden Elemente zwischen beiden Kulturen zu erkennen. Für Studierende eines jeden Jahrgangs wäre diese Erfahrung eine Bereicherung. Und dann, wenn sie einflussreiche Positionen in verschiedenen Ländern innehatten, würden sie einander und die Ziele des anderen besser verstehen. Sie würden freundschaftlich und vernünftig miteinander umgehen, statt mit dem Misstrauen, das manche Länder dazu bringt, in die Thukydides-Falle zu stolpern. Präsident Chen hörte mir zu. Er war einverstanden, fügte jedoch hinzu: »Das kann teuer werden.« Ich sicherte die ersten 100 Millionen Dollar zu und versprach, dass wir den Rest beschaffen konnten. Das war die Geburtsstunde der Schwarzman Scholars.

Es gab nur ein Problem. Ich war kein Lehrer und hatte seit 1972 nicht mehr in einem Seminarraum oder Hörsaal gesessen. Ich wusste nicht das Geringste über die Gründung eines Colleges, ganz davon zu schweigen, wie man so etwas in China macht.

Jay Light, der frühere Dekan der Harvard Business School, der ebenfalls zum Board von Blackstone gehörte, stellte uns Professor Bill Kirby vor, den ehemaligen Leiter des Fachbereichs China und Dekan der Fakultät für Künste und Wissenschaften in Harvard. Nitin Nohria, der Dekan der Harvard Business School, schlug vor, dass wir uns mit Professor Warren McFarlan unterhalten sollten, einem langjährigen Mitglied der HBS-Fakultät, der in Tsinghua unterrichtet hatte und jeden dort kannte. Gemeinsam luden Bill und Warren einen akademischen Beirat ein, uns bei unserem Abenteuer zu begleiten.

Sie halfen bei der Beantwortung vieler der Fragen, die wir uns selbst stellten: Was war die richtige Altersgruppe für unsere Studenten? Der richtige Mix an Fächern? Wie würden wir Berufsberatung für die Absolventen leisten können? Wie hoch waren die

Kosten pro Student: Unterbringung, Unterricht und Hin- und Rückflug nach Peking? Dann blieben immer noch die Probleme des Studentenlebens. Wenn Sie denken, bei der Unterstützung einer höheren Ausbildung ginge es nur darum, als Gegenleistung für den Schulabschluss einen Scheck auszustellen, dann liegen Sie gewaltig daneben.

Während wir das Programm entwickelten, dachte ich zurück an mein eigenes Studium, bei dem ich mich in den Kursen oft abgemüht hatte, ohne dass viel dabei herausgekommen war, und an meine ersten Monate an der Wall Street, ohne Einarbeitung und Mentor. Diese Erfahrung hatte mich gelehrt, dass das Prestige des ersten Jobs längst nicht so wichtig war wie die Gelegenheiten, die mir entgingen, um meine Fähigkeiten zu entwickeln. Bei Lehman hatte ich schließlich gefunden, was ich suchte, und das wurde später die Grundlage für meine Fähigkeit, stets auf höchstem Niveau zu performen.

Also begann ich mir ein Programm zu überlegen, das diesen Prozess beschleunigte – eines, das gezielt konzipiert wurde, um jungen Menschen eine großartige akademische Erfahrung zu bieten, ihnen zu helfen, lebenslange Beziehungen zu ihren Peers aufzubauen, Rat von Mentoren zu bekommen und sich bei der praktischen Arbeitserfahrung zu engagieren. Als Erstes mussten wir die Dauer des Programms festlegen. Sollte es ein Jahr sein oder zwei? Ich versetzte mich in die Situation unserer idealen Bewerber, von denen viele so sein würden wie die jungen Analysten, die wir bei Blackstone einstellten. Zwei Jahre fühlten sich im Leben eines ehrgeizigen Dreiundzwanzigjährigen viel zu lang an. Wenn wir die fähigsten jungen Leute der Welt wollten, mussten wir ihnen eine großartige Erfahrung bieten, ohne ihnen zu viel Zeit für das Verfolgen anderer Ziele wegzunehmen. Ein Jahr wäre perfekt.

Als Nächstes mussten wir entscheiden, ob unsere Studenten von Tsinghuas chinesischer Fakultät, einer internationalen Professorenschaft oder einer Mischung aus beidem unterrichtet werden sollten.

Ich besuchte verschieden Seminare an der Tsinghua, um eine Vorstellung vom Unterricht zu bekommen. Während die Sprache an mir vorbeirauschte, stellte ich fest, dass sogar in kleinen Kursen die chinesischen Professoren den größten Teil des Redens übernehmen. Bei großen Seminaren redeten ausschließlich sie. Die Kurse dauerten länger als an westlichen Universitäten, und die Studenten, die ich mir als Schwarzman-Stipendiaten vorstellte, würden sich hier schnell langweilen.

Aber eine ausschließlich internationale Professorenschaft wollte ich auch nicht. Unsere Studenten würden von den besten Universitäten in den Vereinigten Staaten, Europa und dem Rest der Welt kommen. Es ergab keinen Sinn, sie nach Peking zu schicken, damit sie die gleiche akademische Erfahrung machten wie zu Hause. Also entschieden wir uns für eine Mischung: eine halb ausländische, halb chinesische Fakultät, manchmal unterrichteten beide denselben Kurs. Zwei Kulturen in einem Seminarraum.

Der dritte große Baustein des akademischen Programms bestand darin, China gründlich kennenzulernen. Das beinhaltete drei Elemente: Mentoring durch anerkannte chinesische Führungskräfte aus der Wirtschaft, von Non-Profit-Organisationen oder der Regierung, was auch immer für die jeweiligen Stipendiaten relevant war; Reisen durch China, um das Land außerhalb von Peking zu verstehen; und praktische Arbeitserfahrung in chinesischen Organisationen, um zu sehen, wie sie funktionierten.

Die Chinesen von den Vorzügen unseres Plans zu überzeugen war anfangs ziemlich schwierig. So etwas wie gemeinsamen Unterricht, Praktika oder das, was wir »tiefes Eintauchen« nannten – unser Programm umfassender Reisen in verschiedene Landesteile Chinas –, gab es bei ihnen nicht. Aber unsere Unterstützer an der Spitze der Universität verstanden es. Während wir gegen bürokratischen Widerstand kämpften, bekamen wir Rückenwind durch Staatspräsident Xis eigene Bestrebungen. Er wollte, dass Chinas führende Universitäten im weltweiten Ranking aufstiegen, und setzte sich als Ziel, innerhalb der folgenden zwei Jahrzehnte zwei Unis unter den Top Ten der Welt zu haben. Er schlug vor, sie sollten die neueste Lehrmethodik der besten westlichen Universitäten übernehmen.

Amy Stursberg, Leiterin der Blackstone Foundation und schließlich Geschäftsführerin von Schwarzman Scholars, und ich wurden zu Missionaren für Tsinghua. Wir schalteten in den Start-up-Modus. Die erste Priorität für jedes Unternehmerteam besteht darin, der Vision entsprechend Schwung aufzubauen, dieses Gefühl von unausweichlichem Erfolg. Also trafen wir uns mit den Leitern jeder wichtigen Uni in den Vereinigten Staaten und Europa: im Vereinigten Königreich mit Oxford, Cambridge, The London School of Economics and Political Science sowie dem Imperial College; den acht Ivy-League-Universitäten* sowie Stanford und Chicago in den Vereinigten Staaten; und weiteren 250 Unis auf der ganzen Welt. Wir ermutigten sie, ihre besten Studenten in unser Programm zu schicken. Keinem Rektor, Präsidenten oder Stipendienverantwortlichen einer wichtigen Universität wurde das Plädoyer für Schwarzman Scholars erspart.

All das würde nicht preiswert werden, und wir stellten fest, dass meine ursprüngliche Spende von 100 Millionen Dollar nicht einmal annähernd reichen würde. Es war wie beim Bau eines Hauses. Irgendwie dauert alles doppelt so lang und kostet doppelt so viel wie erwartet. Um die steigenden Kosten decken zu können, musste ich mit dem Verkaufen anfangen. Als Pete und ich 1986 unseren ersten Buy-out-Fonds auflegten, standen unsere Chancen 1 zu 17 bei potenziellen Investoren. Seither ist alles etwas einfacher geworden, da Blackstone eine großartige Erfolgsbilanz vorweisen kann. Ich hatte mich daran gewöhnt, bei vorselektierten Investoren auf-

---

* Anm. d. Übers.: Acht Universitäten im Umfeld von New York, benannt nach der Ivy League im Rudern: Harvard, Yale, Columbia, Princeton, Brown, University of Pennsylvania, Cornell, Dartmouth

zutauchen und mit einer 90- bis 100-prozentigen Wahrscheinlichkeit zum Abschluss zu kommen.

Bei Schwarzman Scholars spielte es jedoch keine Rolle, ob China das aufregendste Land der Welt war und 40 Prozent des weltweiten Wachstums beisteuerte. Oder dass uns die mächtigsten Leute unterstützten. Ich war wieder in der Position, eine Idee zu verkaufen – eine, die unbewiesen, nie da gewesen und in den Augen vieler Menschen unrealistisch war.

Wo ich auch hinkam, zum Business Roundtable oder zu Hochzeiten, zum Weltwirtschaftsforum in Davos oder zu Partys in New York, warb ich für das Programm. Sobald ich das Gefühl hatte, dass die Person, mit der ich mich unterhielt, auch nur das geringste Interesse an China oder dem Thema Ausbildung hatte, präsentierte ich meine Idee. Jeder, der in der Lage war, einen Scheck auszustellen, kam infrage. Nahezu überall strapazierte ich die Gastfreundschaft über.

Im Laufe von fünf Jahren schrieben wir fast zweitausend Briefe, jeweils zugeschnitten auf die potenziellen Spender, und erklärten, warum das eine fantastische Verwendung ihres Geldes sei. Zeigten sie auch nur das geringste Interesse, folgten weitere Briefe und Gespräche. Wer ablehnte, blieb trotzdem im Verteiler. Als mir Mike Bloomberg einen Scheck überreichte, tat er das seinen Worten zufolge aus Angst, dass ich sonst nie aufhören würde, zu fragen.

Am 12. Dezember 2012 war ich eingeladen, auf der *New York Times* DealBook Conference eine Rede zu halten. Im Green Room sah ich einen der anderen Diskussionsteilnehmer, Ray Dalio, den Gründer von Bridgewater, dem weltweit größten Hedgefonds. Er saß in der gegenüberliegenden Ecke, und ich ging zu ihm, um mich vorzustellen. Uns blieb nicht viel Zeit, bis wir auf die Bühne mussten, also kam ich direkt zur Sache und schlug Ray vor, für 25 Millionen Dollar zum Gründungspartner von Schwarzman Scholars zu werden. Er sah mich gequält an und antwortete, dass er bereits seit 1984 in China aktiv sei. Dieses Land fasziniere ihn sehr, und er hatte sogar seinen Sohn für ein Jahr auf eine chinesische Highschool geschickt. Aber so sehr er China auch liebte, hielt er mein Projekt doch für nicht realisierbar. Er war davon überzeugt, dass ich keine Ahnung hatte, was ich damit auf mich nahm.

Aber ich ließ nicht locker, bis er nachgab. Er steuerte 10 Millionen Dollar bei, und wenn wir das Projekt tatsächlich ans Laufen bekämen, würde er noch einmal 15 Millionen nachschießen. »Lassen Sie uns in Kontakt bleiben, und halten Sie mich auf dem Laufenden«, sagte er, bevor wir die Bühne betraten. Er schien ziemlich sicher zu sein, dass er mir keinen weiteren Scheck ausstellen müsste.

Natürlich brauchten wir Ray nicht, damit er uns sagte, was für eine schwierige Herausforderung vor uns stand. Das merkten wir bereits selbst. Da waren wir nun in Manhattan und versuchten, von null an eine Institution und ein Programm auf der anderen Seite der Welt ins Leben zu rufen, in einem Land, über das wir immer noch wenig wussten. Der Zeitunterschied von zwölf Stunden zwischen New York und Peking bedeutete, dass wir nachts an dem Projekt arbeiten mussten, und bei Sonnenaufgang dann wieder zu unseren Tagesjobs zurückkehrten. Schon bald konnten wir gar nicht mehr zählen, wie viele Berater uns versprochen hatten, unsere Probleme zu lösen, und dann scheiterten. Ich wusste, wenn wir nicht von Anfang an großartig wären, würde unser Programm nie genug Ansehen erlangen, um Erfolg zu haben. Aber abgesehen von unserem kleinen Team glaubte niemand, dass wir es je schaffen würden, und selbst wir hatten unsere Momente des Zweifels, weil jede Aufgabe, ob groß oder klein, fünfmal so viel Zeit in Anspruch nahm, wie sie sollte.

Als unsere Geldbeschaffung stockte, begannen wir potenziellen Geldgebern die Möglichkeit anzubieten, erst Teile des Gebäudes zu sponsern und dann die Studenten, als wären sie Professoren mit ihren eigenen Stiftungen. 2,5 Millionen Dollar würden fünfzehn Jahre lang, jeweils ein Jahr lang, einen Studenten finanzieren. Nach

fünfzehn Jahren würden wir dieses Recht an einen anderen Geldgeber weiterverkaufen und dadurch weitere 2,5 Millionen Dollar
für die Stiftung bekommen. Wir stellten fest, dass die Leute begierig darauf waren, Studenten aus ihrem eigenen Land oder ihrer
Alma Mater zu fördern.

Viele Unternehmen engagierten sich bereits wohltätig in China.
Aber wir fanden Wege, wie sie uns einbeziehen konnten. Indra
Nooyi, damals CEO von Pepsi, sponserte zwei individuelle Stipendien, den Pepsi Fellow und den Henry Paulson Fellow. Niemand,
abgesehen von Henry Kissinger und Hank Greenberg, hatte mehr
für die Beziehungen zwischen Amerika und China getan als Hank
Paulson. Unternehmer sind oft erfolgreich auf Basis der Firmen,
die sie dabei haben. Je prominenter die Geldgeber und Unternehmen, wie Disney und JPMorgan, die sich bereit erklärten, uns zu
unterstützen, desto attraktiver wurden wir für andere.

In einigen Fällen führte mein Ersuchen um Unterstützung zu
neuen Freundschaften. In einer geschäftlichen Angelegenheit traf
ich mich in Japan mit Masayoshi Son, dem Gründer von SoftBank
und reichstem Menschen Japans. Während wir uns unterhielten,
kamen wir unweigerlich auch auf Schwarzman Scholars zu sprechen. Als Verkäufer hatte ich mir meine Vorgehensweise natürlich
vorher überlegt. Japan, so sagte ich zu ihm, stand historisch in einer
schwierigen Beziehung zu China. Über Jahrzehnte war Japan die
weitaus stärkere Wirtschaftskraft. Aber nun wurde China reicher,
und Japans Bevölkerung schrumpfte. Vielleicht sei es an der Zeit,
die Beziehung in Ordnung zu bringen.

Masas Besitz belief sich zu der Zeit auf etwa 15 Milliarden Dollar. Er war Ende fünfzig und ging davon aus, dass er noch etwa zehn
Jahre arbeiten würde, sodass sich sein Vermögen vermutlich verdoppeln würde. Mit einem Vermögen in der Größenordnung, so
erklärte ich ihm, brauche er einen Plan, um mehr davon abzugeben.
Ein Geschenk von 25 Millionen Dollar für Schwarzman Scholars
schien mir ein guter Anfang zu sein. Er machte den Gegenvor-

schlag, vier japanische Studenten mit jeweils 2,5 Millionen Dollar zu unterstützen. Beginnend mit diesen 10 Millionen hat er seine Spende seither erhöht auf 25 Millionen, und wir wurden gute Freunde.

Die Chinesen waren eine andere Herausforderung. Bevor das College nicht gebaut und die Studenten vor Ort waren, würden die chinesischen Spender uns gar nichts geben. Sie trauten Ideen nicht. Ich konnte ihnen ein Gebäude und herausragende Studenten versprechen, aber bevor sie nicht beides mit eigenen Augen sahen, würden sie uns keinen Scheck ausstellen. Also entschieden wir, zu warten, bis das Schwarzman College 2016 eröffnet wurde und sich Studenten in unseren ersten Studiengang einschrieben. Sobald das passiert war, wurde unser Projekt ganz anders wahrgenommen. Unsere erste Welle chinesischer Spender hatte ihr Geld mit Immobilien verdient. Als Nächstes kamen die großen Mischkonzerne, dann die Technologieunternehmen und schließlich Einzelunternehmer, die sich auf künstliche Intelligenz spezialisiert hatten und die alle mit unserer Mission in Verbindung gebracht werden wollten. Mittlerweile haben wir die größte Stiftung dieser Art in China, über 580 Millionen Dollar, bestehend aus ausländischem und chinesischem Geld.

———

Die Institution, das Programm und das Netzwerk, das wir aufgebaut haben, wurde aus meinem Wunsch und dem puren Willen geboren, Schwarzman Scholars Realität werden zu lassen, und aus meiner Weigerung, etwas anderes als Erfolg zu akzeptieren.

Durch dieses Projekt lernte ich, wie wichtig in China Beziehungen sind. Wenn du irgendetwas umsetzen willst, bedeuten Beziehungen alles. Was wir geschafft haben, gelang uns nur durch starke Beziehungen mit den Chinesen. Als wir anfingen, arbeiteten wir mit Chen Jining, dem dynamischen jungen Präsidenten der Tsinghua-Universität zusammen. Er war mutig und flexibel und wusste auch, dass seine Karriere darunter leiden würde, falls unser Projekt scheiterte und seine politischen Feinde das gegen ihn verwenden würden.

2015 wurde Chen zum Umweltminister ernannt und übernahm anschließend das Amt des Bürgermeisters von Peking. Qiu Yong folgte ihm als neuer Präsident der Universität. Bevor er vereidigt wurde, besuchte ich Tsinghua, um meine Freundin, Madame Chen Xu, zu treffen, die Parteisekretärin, die für die Universität zuständig war. Für gewöhnlich traf ich sie in ihrem Büro. Aber dieses Mal wurde ich in einen großen Besprechungsraum geführt und eingeladen, mich auf den Platz rechts neben Madame Chen zu setzen, dem Ehrenplatz für einen Besucher. Damit übermittelte sie dem neuen Präsidenten, der zu ihrer Linken saß, eine klare Botschaft: Schwarzman Scholars genoss Tsinghuas uneingeschränkte Unterstützung. Die würden wir auch brauchen, und zu unserem großen Glück bekamen wir sie auch von Qiu. Er wurde zu einem großartigen Unterstützer von Schwarzman Scholars und zu jemandem, mit dem ich wöchentlich kommuniziere.

Nachdem wir 2012 entschieden hatten, mit Schwarzman Scholars weiterzumachen, machte Chen Jining mit mir eine Bustour über den Tsinghua-Campus. Er zeigte mir die drei Grundstücke, auf denen wir ein Wohnheim für die Stipendiaten unseres neuen Programms bauen könnten. Rhodes-Stipendiaten wohnen in Oxford in den verschiedenen Colleges, haben jedoch ein Zentrum, das Rhodes House, wo sie lernen und sich treffen können. Ich war der Meinung, dass unsere Stipendiaten unter einem Dach wohnen und lernen sollten, um am stärksten von ihrer Zeit in Peking zu profitieren. Sie sollten einander auf den Fluren und in den Gemeinschaftsräumen über den Weg laufen, sich auf den Treppen begegnen und gemeinsam zu Mittag essen. Bei unserem Programm sollte es nicht nur um den Lehrstoff gehen, sondern auch um die Beziehungen, die sie während dieser Zeit schmiedeten. Ich wollte genauso viel Sorgfalt in die Gestaltung unseres Gebäudes investieren, wie ich es bei den Büroräumen von Blackstone getan hatte.

Wir begannen damit, dass wir zehn Architekten baten, Entwürfe für dieses Projekt einzureichen. Ihre Vorschläge waren deprimierend. Die meisten sahen aus wie diese Glaskästen, die man überall findet, von Dallas bis Dubai. Ein Architekturbüro schlug vor, wir sollten unser Hauptgebäude mit Nachbildungen von Raketenschiffen umgeben, um zu signalisieren, dass wir in eine neue Welt aufbrachen. Schließlich wandte ich mich an Bob Stern, den Dekan der Fakultät für Architektur von Yale, und sagte ihm, wenn wir Menschen aus der ganzen Welt nach China bringen wollten, dann müsste sich dieses Gebäude auch anfühlen wie China. Es sollte Besucher an Chinas Vergangenheit und Gegenwart und an seine lange Kultur erinnern.

Nachdem die Idee mit den Glaskästen aussortiert war, bat ich Bob, eine moderne Interpretation eines traditionellen chinesischen Hauses mit Innenhof zu entwerfen, und er präsentierte mir ein umwerfendes Konzept. Der Eingang würde von den belebten Straßen auf dem Campus in einen geschützten Innenhof führen, der chinesischen Version eines klassischen viereckigen College-Innenhofs. Bobs Gebäude würde die darin befindlichen Menschen umhüllen. Durch den Innenhof würde Licht in die Seminarräume und Hörsäle fallen, und überall um das Gebäude herum gab es Treffpunkte und soziale Bereiche, um zu der Art ungezwungener Interaktion zu ermuntern, die so wichtig für diese Erfahrung ist. Es war alt und neu, Ost und West, eine einzigartige Umgebung für unser Programm.

Während sich das Gebäude im Bau befand, erstellten wir ein Modell-Wohnheimzimmer für die Besucher, damit sie sehen konnten, wie das tägliche Leben für unsere Studenten sein würde. Bevor irgendein Besucher hinein durfte, testete ich jedoch persönlich das Bett, den Lesesessel und den Schreibtisch, um sicherzugehen, dass wir bei allem das Richtige ausgesucht hatten. Nachdem das Schwarzman College fertiggestellt war, zeichnete *Architectural Digest* es als eines der neun besten Universitätsgebäude der Welt aus, das einzige aus Asien auf der Liste.

Den Bau umzusetzen war jedoch ein weiterer Kampf. Die Universität hatte strikte Ansichten zum Feng-Shui von Bobs Entwurf. Anschließend mussten wir Hand in Hand mit den chinesischen Bauunternehmern arbeiten, die den Kontakt zur Handwerkskunst des alten China mit seinen traditionellen Gebäuden verloren hatten. Wir wollten Holzböden, die zweihundert Jahre hielten, aber man sagte uns, wir könnten nur Kunstholz bekommen, das nach zwölf Jahren ausgetauscht werden musste. Die Wände wollten wir mit Holztäfelungen verkleiden, aber es hieß, die einzige Möglichkeit sei Holzimitat aus Kunststoff. Statt Ziegelsteinen boten sie uns Ziegelverblendungen an.

Ich konnte mir nicht vorstellen, solche billigen »Patentlösungen« zu nehmen, und vermutete, dass all diese Entschuldigungen nur dazu dienten, uns dazu zu bringen, ein paar favorisierte Anbieter auszuwählen. Also machten wir uns auf, einen Tischler zu finden, der für uns Holzböden und Täfelungen anfertigen würde. Für die hölzerne Eingangstür zum Schwarzman College engagierten wir jene Firma, die auch die Türen zur Großen Halle des Volkes restauriert hatte. Und für die Backsteinmauern ließen wir die lokalen Maurer in traditionellem Maurerhandwerk unterrichten.

Anfangs überließen wir unseren chinesischen Bauunternehmern die Bauleitung. Aber als mit der Zeit die Hindernisse und Ausreden überhandnahmen, beschlich uns der Verdacht, dass es niemand mit der Fertigstellung eilig hatte. Als wir einen amerikanischen Beobachter vor Ort nach dem Rechten sehen ließen, wurde klar, dass unser Jahrgang an Schwarzman-Stipendiaten bei der Ankunft mit einem halb fertigen Gebäude würde vorliebnehmen müssen. Uns blieb noch ein Jahr, also begab ich mich auf die Baustelle und bat unser Team, eine Liste mit allem zu erstellen, das noch getan werden musste, um das Schwarzman College pünktlich und zu den von mir erwarteten Standards zu eröffnen. Es ging nicht nur um Holzimitate und Backsteinverblendungen. Das Gelände war nachts nicht einmal anständig beleuchtet, und Arbeiter hätten sich verletzen können. Ich bestand darauf, das innerhalb von achtundvierzig Stunden in Ordnung zu bringen.

Am darauffolgenden Morgen versammelte ich unseren Projektmanager und die Subunternehmer und sagte ihnen, wie enttäuscht ich von ihrer Arbeit sei. Ich merkte, dass mein Dolmetscher zögerte, meine Worte zu übersetzen. Aber an den bestürzten Gesichtern der Bauunternehmer konnte ich erkennen, dass sie meine Verärgerung verstanden. Dieses Projekt hatte Unterstützung von höchster Ebene in China. Ich sagte ihnen, ich würde bis zur Fertigstellung alle sechs Wochen herkommen, um die Fortschritte zu überprüfen. Sollte es weitere Verzögerungen oder Mängel geben, zöge das für die Verantwortlichen ungeahnte Konsequenzen nach sich. Ich würde sie dem ungefilterten Zorn ihrer Regierung aussetzen. Von nun an gaben alle Vollgas.

Beim Bau des Schwarzman College lernte ich, dass die Chinesen Macht respektieren, aber die Grenzen austesten. Sie wollen wissen, wer Macht innehat und wer sie auch ausübt. Als wir unsere Vision verwirklichten, konnten wir sehen, wie die Macht überging vom Staatspräsidenten, zum stellvertretenden Ministerpräsidenten, zum Parteisekretär und zum Präsidenten der Universität. Wenn du diese Macht auf deiner Seite hast, *bist* du China, und niemand kann sich dir in den Weg stellen oder etwas verweigern. Wenn unser Bauteam uns enttäuschte, musste ich diese Macht einsetzen, um es wieder auf Kurs zu bringen. Bis alles gesagt und getan war, musste ich bestimmt dreißigmal nach China reisen und mein Team sogar doppelt so oft, um sicherzugehen, dass alle Details richtig ausgeführt wurden.

———

Jeder Unternehmer braucht Glück, und das hatte ich bei einer Veranstaltung im Weißen Haus Ende 2012. Als mich Präsident Obama fragte: »Hey, Steve, wie geht es Ihnen? Woran arbeiten Sie gerade? Was gibt es Interessantes?«, erzählte ich ihm von dem Stipendienprogramm. Das schien seine Neugier zu wecken, und er sagte, wenn er etwas tun könne, um zu helfen, solle ich es ihn wissen lassen.

Als wir uns dann der offiziellen Eröffnung in China näherten, kontaktierte ich das Weiße Haus und fragte, ob der Präsident einen formellen Unterstützungsbrief formulieren könne. Wie versprochen half er uns. Worauf ich mich nicht verließ, war die chinesischen Seite. Am Vorabend der öffentlichen Bekanntgabe unseres Programms war unser Team bereits erschöpft vom Festzurren der abschließenden Details vor der Veranstaltung. Das Weiße Haus hatte das Unterstützungsschreiben von Präsident Obama an die US-Botschaft in Peking gesandt. Ich wusste, dass bei einer Veranstaltung in der Großen Halle des Volkes, die vom Präsidenten der Vereinigten Staaten unterstützt wurde, Präsident Xi seine eigene Stellungnahme würde abgeben wollen. Ich wollte seine Befürwortung, denn das würde in China auf allen Ebenen nachhallen. Es würde zur offiziellen Haltung dem gegenüber werden, was wir geschaffen hatten, und für uns in Zukunft von enormer Hilfe sein. Aber als wir uns an sein Büro wandten, bestand man dort darauf, das Original von Präsident Obamas Brief zu sehen. Jeder, so sagte man uns, könne so einen Brief schreiben und aussehen lassen, als käme er vom Weißen Haus. Eine E-Mail oder Fotokopie würden sie nicht akzeptieren.

Der US-Botschafter und seine beiden Stellvertreter waren nicht da. Der vor Ort befindliche Beamte, der unser Anliegen betreute, war nicht hochrangig genug, um das Protokoll zu ignorieren, das vorschrieb, dass ein Brief des Präsidenten gezeigt oder laut verlesen, aber nicht herausgegeben werden durfte. Die Amerikaner in der Botschaft würden diesen Brief nicht aus der Hand geben, und die Chinesen würden nicht in die Botschaft kommen, um ihn sich anzusehen. Wir steckten fest.

Hilfe kam von einem Mitglied unseres Stiftungsrats, Steve Orlins, einem ehemaligen Investmentbanker und damals Präsident des National Committee on United States–China Relations. Er ging in die Botschaft und schaffte es irgendwie, etwas zu bekommen, das er Präsident Xis Büro zeigen konnte. Über Nacht stieg der Stellenwert unserer Eröffnungsfeier. Ursprünglich sollte sie vom Bildungsminister ausgerichtet werden. Nun entschied die frisch ernannte stellvertretende Ministerpräsidentin, Madame Liu Yandong, der Veranstaltung vorzusitzen, und machte unsere Veranstaltung zu ihrem ersten öffentlichen Auftritt in ihrer neuen Funktion.

Wir betraten zusammen die Große Halle, die mit Hunderten von Menschen besetzt war. Auf der Bühne befand sich eine riesige Tafel mit den Worten »Schwarzman Scholars« in goldfarbenen Lettern über einem Bild unseres Gebäudes.

Der Bildungsminister las Präsident Xis Unterstützungsschreiben laut vor: »Wir ermutigen zunehmendes gegenseitiges Verständnis unter den Studenten der Weltnationen, pflanzen die Wurzeln einer globalen Vision und ermutigen die Muse der Innovation, geben ein weitreichendes Ziel vor, um Weisheit und Macht für Frieden beizutragen und für die Entwicklung der Menschheit. Ich wünsche dem Schwarzman-Scholars-Programm an der Tsinghua-Universität den größtmöglichen Erfolg.«

Präsident Obama schrieb: »Im Laufe der Geschichte haben Bildungsaustauschprogramme Studenten verändert und Nationen weitergebracht beim tieferen Verständnis und gegenseitigen Respekt. Durch das Fördern von Lern- und Ausbildungsbrücken mittels Stipendien und das Eintauchen in Chinas Kultur nimmt das Schwarzman-Scholars-Programm seinen Platz in diesem stolzen Erbe ein.«

Es war atemberaubend, die Würdenträger Chinas und der Vereinigten Staaten als Unterstützer eines Programms zu sehen, das meinen Namen trug. Wir hatten dieses Programm aus dem Nichts erschaffen, weil Präsident Chen mich aufsuchte und ich ihm etwas Außergewöhnliches anbieten wollte. Die Erfahrung dieses ganzen Tages – all die Arbeit, Kreativität und Hartnäckigkeit, die in die Realisierung eingeflossen waren – überwältigten mich.

Für die einhundertzehn Plätze unseres Eröffnungsjahrgangs erhielten wir über dreitausend Bewerbungen. Was die Aufnahmekriterien betraf, waren wir äußerst gewissenhaft vorgegangen. Amy und ich hatten einen ganzen Sonntagabend am Labor-Day-Wochenende damit verbracht, zu definieren, was wir unter »Führungspersönlichkeit« verstehen. Wir suchten nach Studenten, die Risiken eingegangen waren, kreativ waren und andere mitzogen. Sie mussten außergewöhnlich sein – 10er in Blackstones Terminologie.

97 Prozent derer, die wir annahmen, schrieben sich auch bei uns ein, ein sehr viel höherer Prozentsatz als bei Harvard, Yale oder Stanford. Nach all unseren Predigten an Universitäten war das kein Zufall. Ich war bei sämtlichen unserer weltweiten Vorstellungsveranstaltungen dabei gewesen, um sicherzugehen, dass wir eine stimmige Botschaft und eine starke Marke herüberbrachten. In Singapur wollte ich gerade mit Bob Garris, dem Leiter unserer Studienplatzvergabestelle, die Bühne betreten, als er mich darauf hinwies, dass ich keine unserer lila Krawatten trug, die meine Frau, Christine, entworfen hatte. Rob reichte mir eine, und noch während der Begrüßung wechselte ich die Krawatte, bevor ich auf die Bühne ging, um eine Rede zu halten.

Wir interviewten dreihundert Kandidaten in London, New York, Peking und Bangkok. In London und New York traf ich alle Bewerber, schüttelte ihnen die Hand, wenn sie zum Vorstellungsgespräch eintrafen, und wünschte ihnen Glück. Wenn ich erfuhr, dass ein angenommener Bewerber schwankte, ob er den Platz annehmen solle, rief ich ihn persönlich an, um ihn oder sie zu überzeugen. Ein Nein akzeptierte ich nur aus zwei Gründen: Wenn es dem Kandidaten nicht gut ging oder ihm ein Rhodes-Stipendium angeboten worden war. In allen anderen Fällen blieb ich am Telefon, bis der Kandidat zusagte, auch wenn es Stunden dauerte.

Neben der Teilnahme an Seminaren, Praktika und Reisen stürzten sich die Studenten unseres ersten Jahrgangs ins Leben von Tsinghua. Ich saß zu Hause in New York vor dem Fernseher, und mein Handy verkündete mir eine weitere außergewöhnliche Meisterleistung. Obwohl wir nur 110 von 44.000 an der Tsinghua eingeschriebenen Studenten waren, gewannen wir die Meisterschaft in Leichtathletik, Frauenfußball und Basketball der Männer. Einer unserer Studenten gewann 2017 Gold bei den Fechtmeisterschaften von Peking. In den elf Monaten nach der Ankunft unseres ersten Jahrgangs auf dem Campus hatten sie aus dem Nichts ein pulsierendes Studentenleben aufgebaut. Sie verfassten ihr eigenes Gelöbnis, schufen ein Studentenparlament, gaben eine Literaturzeitschrift heraus und organisierten einen Schwarzman-College-Ball. Es würde sicher nicht lange dauern, bis jemand den Besuch eines Ballettensembles organisierte, so wie ich es in Yale getan hatte.

Als Ray Dalio sah, dass wir erreicht hatten, was er für unmöglich gehalten hatte, schrieb er den angekündigten zweiten Scheck über 15 Millionen Dollar aus. Die Aula im Schwarzman College trägt nun seinen Namen.

Unsere chinesischen Geldgeber sagten mir, dass sie mit der Idee vertraut seien, dass Chinesen zum Studieren ins Ausland reisten, jedoch sehr stolz seien, dass Schwarzman Scholars das umkehrte und die besten ausländischen Studenten nach China brachte. Für sie war es ein Zeichen für die Erneuerung der Position, die China jahrtausendelang innegehabt hatte.

———

Mittlerweile bin ich ziemlich sicher, dass China für zukünftige Generationen nicht länger als Nebenfach abgehandelt wird; es gehört vielmehr zum Kerncurriculum, und Schwarzman Scholars ist die beste Version dieses Curriculums, die wir entwickeln konnten.

ANTWORTE, WENN DEIN LAND DICH RUFT

Am 15. Dezember 2012 war ich gerade in einem Meeting, als meine Assistentin mit der Nachricht hereinkam, dass der Präsident am Telefon sei. »Der Präsident von was?«, fragte ich sie. Sie schrieb auf den Zettel: »Vereinigte Staaten.« Wenn POTUS* ruft, dann antwortest du. Ich ging in ein Büro und griff zum Telefon.

Es war der Tag nach dem Amoklauf an der Sandy Hook Grundschule, Connecticut, und Präsident Obama war zutiefst erschüttert. Nachdem wir fünfzehn Minuten über den Amoklauf und seine Konsequenzen gesprochen hatten, nannte er mir den Grund seines Anrufs. Die Haushaltsdebatten waren wegen der üblichen Differenzen über Steuererhöhungen oder Ausgabenkürzungen festgefahren.

»Ich könnte wirklich Ihre Hilfe gebrauchen«, sagte der Präsident. Falls sich Demokraten und Republikaner bis zum 1. Januar nicht einigen konnten, würden automatisch eine Reihe von Kürzungen der Ausgaben sowie Steuererhöhungen eingeleitet, die bei vorhergehenden Verabschiedungen des Staatshaushalts bereits festgelegt worden waren, um das Land über die sogenannte Fiskalklippe zu hieven.

»Wollen Sie damit sagen, dass Sie mich als Ihren Investmentbanker ohne Bezahlung engagieren wollen?«, fragte ich. Er lachte, nannte mir seine Privatnummer und sagte, ich könne jederzeit anrufen, Tag und Nacht – aber vorzugsweise nicht nach 23:00 Uhr. Ich bewunderte ihn dafür, dass er sich an Leute außerhalb von

---

* Anm. d. Übers.: President of the United States

Washington wandte, die dabei behilflich sein könnten, den Stillstand aufzubrechen.

Während der folgenden anderthalb Wochen machte ich mich an die Arbeit. Die führenden Politiker auf republikanischer Seite kannte ich gut, und wir besprachen verschiedene Möglichkeiten. Während dieser Phase redete ich fast täglich mit dem Präsidenten. Einmal rief er an, um sich nach den Fortschritten zu erkundigen, als ich gerade zum Weihnachtsessen bei Freunden war. Ich musste mich während des Desserts vom Tisch entfernen und meine Gastgeberin mit Ausflüchten abspeisen, als sie wissen wollte, was los sei.

Wir entwickelten einen Vorschlag, den ich von republikanischer Seite für ein faires Angebot hielt: 1 Billion Dollar verteilt über zehn Jahre, oder anders formuliert: insgesamt 100 Milliarden, also 10 Milliarden pro Jahr, etwas weniger als die von den Demokraten gewünschten Steuererhöhungen. Doch der Präsident war damit nicht einverstanden. Ich versuchte ihm den Vorschlag nahezubringen. Aber den Demokraten erschien eine Erhöhung um 10 Milliarden pro Jahr lediglich wie die Korrektur eines Rundungsfehlers im jährlichen Staatshaushalt von 4 Billionen Dollar. Die Republikaner waren mit der Forderung in diese Verhandlungen gegangen, dass es gar keine Steuererhöhung geben sollte, und nun boten sie immerhin 1 Billion Dollar zusätzliche Einnahmen durch Steuererhöhungen, das Schließen von Schlupflöchern und die Abschaffung von Steuervergünstigungen an. Hier war durchaus Raum für eine Einigung, wenn auch nicht viel, und das Fenster würde sich vermutlich wieder schließen, wenn sich die Demokraten weiterhin dagegen sperrten.

Sie kennen sich vielleicht mit Dealmaking aus, sagte der Präsident zu mir, er sich jedoch mit Politik – ein akzeptables Argument von einem Mann, der gerade für seine zweite Amtsperiode erneut zum Präsidenten gewählt worden war. Er wollte seine zweite Amtszeit nicht damit beginnen, den kostbaren politischen Vertrauensvorschuss zu verspielen, indem er einen Kompromiss vorantrieb, von dem er wusste, dass seine eigene Partei ihn nicht unterstützen würde. Ich sagte ihm, ich könne mir jedoch gut vorstellen, dass er zusammen mit John Boehner, dem republikanischen Sprecher des Repräsentantenhauses, im Oval Office letzten Endes doch triumphierend die Arme hochriss und alle Abweichler davonhuschten wie Küchenschaben, so wie sie es immer tun, wenn Licht auf sie fällt. Das Land würde ihn und Boehner dafür lieben. Und der politische Vertrauensvorschuss? Damit ist es das Gleiche wie mit Haaren, sagte ich. Schneid sie ab, und sie wachsen wieder nach, vorausgesetzt, man tut das Richtige. Das nahm der Präsident wohlwollend zur Kenntnis. Er fand, dass ich getan hatte, was ich konnte, und dankte mir für meine Bemühungen. Die Verhandlungen zogen sich noch eine Weile stockend hin, bis man sich in den frühen Morgenstunden des 1. Januar schließlich auf den Kompromiss einigte, nach langem Gefeilsche, moderiert von Vizepräsident Joe Biden und Senator Mitch McConnell, dem Fraktionsvorsitzenden der Republikaner im Senat. Der Deal war alles andere als perfekt, bewahrte das Land jedoch davor, von der »Fiskalklippe« zu stürzen.

Politiker aller politischen Richtungen sind auch nur Menschen, die nach Antworten suchen. Und wenn man ihnen dabei helfen kann, sollte man das auch tun. In den frühen 1990ern war ich zum Abendessen ins Weiße Haus eingeladen. Ich befand mich gerade in der Zeit zwischen meinen beiden Ehen und nahm eine New Yorker Journalistin, die für Magazine schrieb, als Begleiterin mit. Im Laufe des Abends ging ich zu Präsident George H. W. Bush, dem ich Jahre zuvor begegnet war, als er seinen Sohn George W. in Yale besuchte. Abseits des Geschehens unterhielten wir uns zehn Minuten lang sehr angeregt. Als ich zu meiner Verabredung zurückkehrte, fragte sie, worüber in aller Welt wir denn gesprochen hatten. Ich sagte ihr lediglich: Ich hatte ein paar Ideen für ihn bezüglich der angeschlagenen US-Wirtschaft, Bushs größtem Problem zu jener Zeit. Staatsoberhäupter von Weltmächten unterscheiden sich auch nicht von anderen. Wenn du mit ihnen über das sprichst, was ihnen durch den Kopf geht, und du etwas anzubieten hast, werden sie dir zuhören, ob Demokraten, Republikaner, Fürsten oder Premierminister.

―――

Im November 2016 brachte mich mein Engagement in der Politik in den 25. Stock des Trump Tower, um mich mit dem Präsidenten zu treffen, dessen Wahl die wohl überraschendste in der jüngeren US-Geschichte war. Seit Jahren begegnete ich Donald Trump immer wieder bei gesellschaftlichen Anlässen in New York und Florida. Nun hatte er die Wahl gewonnen, was viele für unmöglich gehalten hatten, und suchte nach Leuten, um seine Regierung zu bilden. Sein Büro und die Räume darum herum wurden schwer bewacht von Secret-Service-Agenten. Er befand sich nun in einer Blase, und diese plötzliche Veränderung schien ziemlich surreal. Wir hatten nicht viel Zeit zum Reden, aber eine Woche später rief er erneut an. Dieses Mal fragte er mich, ob ich mir vorstellen könne, zu seinem Team zu gehören. Ich dankte ihm und sagte, dass ich mit meinem momentanen Leben glücklich sei und daran nichts ändern wolle. Er entgegnete, dass er mit dieser Antwort gerechnet habe, aber auch, dass er den unmittelbaren Input von amerikanischen Wirtschaftsführern brauche, wenn er die Wirtschaft wieder in Schwung bringen wollte. »Ich benötige eine Gruppe von Leuten, die mir die Wahrheit sagen können«, sagte er zu mir. »Denken Sie, dass Sie diese Gruppe zusammenstellen und leiten könnten?«

Er wollte eine kleine Gruppe, höchstens fünfundzwanzig Leute. Ob Republikaner oder Demokraten war ihm egal. Hierbei ging es um Fähigkeiten und Wissen und nicht um Politik. Die Gruppe musste nicht alles gutheißen, was der Präsident tat oder sagte, konnte sich auf diese Weise aber mit der Situation befassen und Gutes für unser Land tun. Die US-Wachstumsrate stagnierte seit der Großen Rezession bei 1,8 Prozent pro Jahr. Es gab einen Bedarf, Arbeitsplätze zu schaffen, die Produktivität anzukurbeln und die wirtschaftliche Gesundheit Amerikas wiederherzustellen. Die Gruppe konnte helfen, das Vertrauen nach einer Wahl zu verstärken, die extrem hohe Unsicherheit und Unruhe hervorgerufen hatte. Wenn es dem gewählten Präsidenten ernst damit war, dann war es mir das auch. Wenn du eine Herausforderung annimmst, die in Washington ihre Ursache hat, kannst du nie sicher sein, wie das Ergebnis ausfallen wird. Aber ob du nun Erfolg hast oder scheiterst, wenn das Ziel darin besteht, deinem Land zu helfen, ist es immer den Versuch wert.

Nach einer Woche hatte ich eine erste Liste für das Strategic and Policy Forum des Präsidenten erstellt. Auf dieser Liste standen Jack Welch, ehemaliger CEO von GE; Jamie Dimon von JPMorgan Chase; Larry Fink von BlackRock; Mary Barra von General Motors; Toby Cosgrove von der Cleveland Clinic; Bob Iger von Walt Disney; Doug McMillon von Walmart; Jim McNerney von Boeing; Ginni Rometty von IBM; Elon Musk von Tesla; Indra Nooyi von Pepsi; Bayo Ogunlesi von Global Infrastructure Partners; Paul Atkins von Patomak Global Partners; Dan Yergin von Cambridge Energy Research Associates; Rich Lesser von der Boston Consulting Group; Kevin Warsh von der Stanford University und der Hoover Institution; und Mark Weinberger von Ernst & Young. Es war eine Starbesetzung, die eine breite Spanne der US-Wirtschaft abdeckte.

Als ich dem Präsidenten die Liste vorlegte, hatte er nur zwei Anliegen. Erstens: Einen Experten für Außenpolitik zu streichen, den ich mit aufgenommen hatte, um eine globalere Perspektive zu gewährleisten. Er sagte, Rat bezüglich der Außenpolitik könne er überall bekommen. Zweitens: Ich sollte Bill Gates und Tim Cook mit aufnehmen. Ich sagte ihm, die beiden hätten abgelehnt; Bill, weil er alle Hände voll zu tun hatte mit der Gates Foundation, und Tim war völlig ausgelastet mit der Leitung von Apple. Der Präsident bat mich, die beiden dennoch einzuladen. Bill schrieb mir daraufhin eine nette Antwort, in der er erklärte, er stehe für entscheidende Meetings oder direkten Input zur Verfügung, aber er schließe sich keinen Gruppen an. Tim antwortete in etwa dasselbe.

Das erste von vielen Meetings fand im Februar statt. Der Präsident und seine wichtigsten Mitarbeiter nahmen teil. Es gab jede Menge Gerede über seine Regierung, und man musste aufpassen, dass man sachlich blieb. Also bat ich jedes Gruppenmitglied, die Problembereiche anzusprechen, von denen sie am meisten betroffen waren, und zu erklären, wie sie als CEO damit umgehen könnten. Ich hatte im Vorfeld mit allen geredet, um zu erörtern, was sie besprechen wollten, denn es kam mir darauf an, dass wir bei diesen Meetings keine Zeit damit verbrachten, über die Ursache oder Natur der Probleme zu streiten. Ich wollte die Probleme eingrenzen, um eine produktive Diskussion zu führen. Die Teilnehmer unseres Forums waren ernste, direkte Menschen, gut darin, sich Gehör zu verschaffen. Zwischen den Meetings hielten wir uns durch das Feedback der Regierung und des Kongresses auf dem Laufenden. Wie es schien, wusste der Präsident den ungefilterten Informationsfluss zu schätzen. Wir begannen, Fuß zu fassen.

Aber im August 2017 erlebte ich aus nächster Nähe, wie Politik und Wirtschaft trotz größter Bemühungen kollidieren können. Zwei Protestgruppen, Neo-Nazis und Antifa, trafen und bekämpften sich in Charlottesville, Virginia – mit tragischem Ausgang. Der Präsident gab beiden Seiten die Schuld daran. Seine Gegner und sogar viele seiner Unterstützer regten sich unglaublich auf, weil sie es als eine moralische Gleichsetzung empfanden. Der Präsident war nicht in der Lage, die Gemüter zu beruhigen, und als sich die Situation zuspitzte, gerieten die Mitglieder des Forums unter Druck. Selbst wenn wir mit den besten, überparteilichen und patriotischen Absichten handelten, so war es für die meisten nicht tolerierbar, mit diesem Präsidenten in Verbindung gebracht zu werden.

Als Investor war ich Krisen gewohnt. Angefangen vom Investmentbanking bei Lehman Brothers, über den Aufbau und die Leitung von Blackstone und der Steuerung dieser Firma durch viele

Phasen des Wachstums und der Veränderung, hatte ich nicht nur gelernt, Krisen zu managen, sondern auch, sie für uns und unsere Klienten selbst herbeizuführen, um eine Veränderung des Status quo zu provozieren und damit neue Möglichkeiten zu eröffnen. Aber die meisten Führungskräfte von Unternehmen sind das genaue Gegenteil. Sie sind darauf konditioniert, Ordnung zu schaffen und zu erhalten. Sie fühlen sich schnell unbehaglich, vor allem bei negativer Publicity oder Druck seitens der Kunden. Sie hassen es, im Zentrum öffentlicher Dramen zu stehen, vor allem bei einer hitzigen Auseinandersetzung wie dieser. Wenn wir das Forum jedoch auflösten, dann wollte ich, dass wir das als Gruppe taten und nicht als Individuen, die einer nach dem anderen ausstiegen. Es gab drei Möglichkeiten: das Forum beibehalten, es vorübergehend aussetzen oder ganz auflösen.

Die Mehrheit war für Auflösen. Ich formulierte eine Presseerklärung und ließ sie allen zukommen. Ein paar unserer Mitglieder fragten, ob sie darüber nachdenken und Vorschläge unterbreiten könnten. Ich lehnte ab. Sobald diese Information an eine größere Gruppe ging, würde irgendetwas durchsickern, davon war ich überzeugt. Wenn wir etwas bekannt geben wollten, würden wir es auf meine Weise tun. Ich bestand auch darauf, den Präsidenten zu informieren. Wenn wir die Gruppe auflösten, war es ein Gebot der Höflichkeit, ihn darüber in Kenntnis zu setzen.

Kurz nachdem ich die Mitarbeiter des Weißen Hauses informiert hatte, kam der Präsident uns jedoch zuvor. Bevor wir es öffentlich machen konnten, gab er bekannt, dass er das Forum auflösen wolle. Am meisten bedaure ich an dieser Episode, dass diese clevere, engagierte Gruppe, die das Beste aus Amerikas Wirtschaftswelt repräsentierte, so viel hätte tun können, um der Regierung und dem Land zu helfen. Aber Funken in einer entflammbaren politischen Atmosphäre können zu einem Flächenbrand und Kollateralschaden führen. Wir alle hatten in dieser Situation helfen und eine Stimme am Tisch haben wollen, wenn es darum ging, wie das Leben aller

Amerikaner verbessert werden konnte. Aber unser Engagement in dieser Funktion war nicht länger möglich.

———

Trotz meiner Enttäuschung fühlte ich mich weiterhin verpflichtet, unserem Land zu Diensten zu sein. Von dem Moment an, als Donald Trump zum Präsidenten gewählt wurde, erhielt ich Anrufe von Leuten, die nicht wussten, wie sie ihn einschätzen sollten. Sie hatten ihm während seiner Wahlkampagne zugehört und waren nervös wegen all dem, was er möglicherweise tun würde. Lange bevor er für das Präsidentenamt kandidierte, war er schon davon überzeugt gewesen, dass die Produktion in Amerika durch den Freihandel ausgehöhlt wurde. Amerikanische Arbeitsplätze waren dorthin abgewandert, wo auch immer die Löhne am niedrigsten waren, sei es nach Mexiko oder Asien. Handelsdefizite und wirtschaftlicher Rückgang im Rust Belt[*] waren Symptome dieses zugrunde liegenden Leidens. Ein Neuverhandeln unserer Freihandelsabkommen, so dachte er, könne Amerikas Jobs zurückbringen und »Make America Great Again«, wie er im Wahlkampf versprach. Ob man nun seiner Meinung ist oder nicht, zweifellos würden seine Ideen und taktischen Vorgehensweisen den wirtschaftlichen Status quo erschüttern. Aber wie würde er das anstellen?

Der Präsident entschied sich, auf eine Weise zu agieren, die sich grundlegend von der seiner Vorgänger unterschied. Er arbeitete mit einem engen inneren Kreis statt über die traditionellen diplomatischen und bürokratischen Kanäle. Selbst unsere engsten Verbündeten waren unsicher, wie sie mit ihm kommunizieren sollten. Die Staatsoberhäupter oder wichtigsten Minister von mehr als

———

[*] Anm. d. Übers.: Rostgürtel, früher Manufacturing Belt, ist die Region in den USA, die sich im Nordosten von Chicago bis nach New York erstreckt und von rückläufiger Fertigungsindustrie dominiert wird.

zwanzig Ländern wandten sich an mich, um herauszufinden, wie man die Trump-Regierung zu verstehen habe.

Mit der Befürwortung seitens des Präsidenten wurde ich in Handelsgespräche zwischen den Vereinigten Staaten und China einbezogen, sowie zwischen den Vereinigten Staaten, Kanada und Mexiko, und zwar aus einem simplen Grund: Ich kannte auf allen Seiten Leute, die mir vertrauten. Abgesehen vom Präsidenten kannte ich Steven Mnuchin, den Finanzminister, seit Jahren. Wir bewohnen Apartments im selben Gebäude in New York und sind enge Freunde. Den Wirtschaftsminister, Wilbur Ross, kannte ich genauso lange.

Durch Blackstone und später durch Schwarzman Scholars hatte ich starke Beziehungen in China geschmiedet. 2007 hatte ich den derzeitigen Staatspräsidenten Chinas, Xi Jinping, getroffen und kannte viele Mitglieder des Standing Committee (Ständiger Ausschuss) und des State Council (Staatsrat). 2015 traf ich den mexikanischen Präsidenten, Enrique Peña Nieto, und er hatte zwei Schwarzman-Stipendien für Studenten aus Mexiko gestiftet. Sein Finanzminister, Luis Videgaray Caso, rief mich oft an oder kam zu einem Gespräch vorbei, wann immer er in New York war. Und auf kanadischer Seite kannte ich die Außenministerin, Chrystia Freeland, seit sie als Journalistin für die *Financial Times* gearbeitet hatte. Sie hatte über Blackstone berichtet, und ich hatte sie stets als klug und wohlmeinend erlebt.

Ein paar Tage nach der Amtseinführung des Präsidenten flog ich auf Chrystias Einladung nach Calgary, um auf einer Klausurtagung zu sprechen, die Premierminister Justin Trudeau für sein Kabinett veranstaltete. Wie die Mexikaner waren auch die Kanadier beunruhigt angesichts der Rhetorik des Präsidenten und nervös, was die Pläne der Vereinigten Staaten bezüglich NAFTA betraf – dem North American Free Trade Agreement (Nordamerikanisches Freihandelsabkommen). Ich traf mich mit dem Premierminister und seinem Stab für eine Stunde in kleinem Kreis, anschließend befragte mich der Premierminister ein paar Stunden lang, und ich stand den Kabinettsmitgliedern für Fragen bezüglich der Position der USA zur Verfügung. Ich versicherte ihnen, dass es, basierend auf meinem Verständnis, zwar Veränderungen geben würde, der Präsident jedoch vorrangig an schnellerem Wachstum innerhalb der Vereinigten Staaten interessiert sei. Die US-kanadische Beziehung bliebe intakt. Meine Bekräftigung wurde die Schlagzeile in den kanadischen Nachrichten.

NAFTA ist das größte Handelsabkommen der Welt, hat jedoch für die drei involvierten Länder unterschiedliche Auswirkungen. Kanadas Wirtschaft entspricht 10 Prozent der US-Wirtschaft, ist jedoch mit den USA wirtschaftlich, politisch und kulturell eng verwoben. Mexiko hat eine aufstrebende Wirtschaft, in der sich das Wachstum stark auf Bereiche nahe der US-Grenze konzentriert. Kanada und die USA haben eine recht ausgeglichene Handelsbeziehung, in der der Wert von Importen und Exporten zwischen unseren Ländern ziemlich ausgewogen ist. Aber die Vereinigten Staaten haben ein großes Handelsdefizit mit Mexiko, weil wir wesentlich mehr Waren importieren als dorthin exportieren.

Weder die Mexikaner noch die Kanadier wollten, dass NAFTA auseinanderfiel. Beide Länder schätzen ihre besondere Beziehung mit den Vereinigten Staaten. Ohne diese würden ihre Volkswirtschaften in eine Rezession stürzen. Aber die Einzelheiten beider Handelsbeziehungen unterschieden sich stark voneinander.

Wie ich meinen Gesprächen mit der Regierung entnahm, bestand Washingtons Hauptproblem mit Kanada in den stark subventionierten Milchbauern, die die Vereinigten Staaten mit billigen Produkten überschwemmten, zum Schaden der Milchbauern im Mittleren Westen. Darüber hinaus gab es noch andere Unausgewogenheiten, wie zum Beispiel Kanadas sogenannte »kulturelle Ausnahme«, die US-Unternehmen daran hinderte, kanadische Medienunternehmen zu kaufen, obwohl die Kanadier solche Media Assets in den Vereinigten Staaten erwerben konnten.

Aber wie ich außerdem herausfand, drehten sich die richtig großen Probleme des Weißen Hauses um Mexiko, was während der Verhandlungen immer offensichtlicher wurde. Den USA war es ernst damit, das Handelsdefizit zwischen beiden Ländern anzugehen. Ein Schlüsselproblem war, dass viele amerikanische Unternehmen Fabriken in Mexiko nahe der US-Grenze gebaut hatten, um von qualifizierten, aber preiswerten Arbeitskräften zu profitieren. Das galt insbesondere für die Automobilproduktion, denn von US-Firmen in Mexiko produzierte Autos für den US-Markt gelten als Importe aus Mexiko.

Die Komplexität des internationalen Handels wirft endlose Absurditäten a là Dr. Seltsam* auf: Fahrzeugteile, die bis zur Endmontage zwischen Mexiko und den Vereinigten Staaten mehrmals hin- und hergeschickt werden; Duty-free-Käufer, die sich auf einer Seite der Grenze zwischen den USA und Kanada mit Alkohol eindecken, bevor sie nach Hause auf die andere Seite fahren; Fernsehsignale in Minneapolis, die abgefangen und in Ontario ausgestrahlt werden. Für all diese wirtschaftlichen Aktivitäten Regeln festzulegen würde zig Anwälte ein Leben lang beschäftigt halten. Fügt man einen äußerst entschlossenen und unorthodoxen US-Präsidenten hinzu, hat man das perfekte Rezept für ein Durcheinander. Mit einem komplexen Bündel an Problemen und Prioritäten für die Vereinigten Staaten versuchte ich also das zu tun, was wir in Blackstones Investmentkomitees tun: das Problem im Detail studieren, dann einen Schritt zurücktreten und nach den paar Variablen suchen, die die Schlüsselpunkte jedes Deals bilden können. Innerhalb welches Spielraums würde eine faire Lösung liegen?

Luis und Chrystia riefen häufig an oder schickten mir E-Mails, um ihre Ideen bei mir zu testen, bevor sie diese der Regierung vor-

---

* Anm. d. Übers.: *Dr. Seltsam oder: Wie ich lernte, die Bombe zu lieben*, satirischer Film von 1967

schlugen. Aber im Sommer 2018 waren unsere drei Länder in eine Sackgasse geraten. Der Präsident hatte Handelssalven auf China und Europa abgefeuert, und innerhalb des Weißen Hauses herrschte Besorgnis, dass sich die Regierung zu viel vornahm.

Auf Bitte des Präsidenten suchte ich ihn auf, um ihn zu dieser Situation zu beraten. Das Treffen fand in den Privaträumen des Weißen Hauses statt. Bei diesem Gespräch sagte ich dem Präsidenten, dass die USA meiner Ansicht nach momentan einen Handelskrieg an vielen Fronten gleichzeitig führten – mit Asien, Europa und einigen Ländern auf dem amerikanischen Kontinent. Die Flanken der USA waren ungeschützt, und so wichtig die Vereinigten Staaten auch sind, wir machten nur 23 Prozent der Weltwirtschaft aus. Gib den übrigen 77 Prozent Zeit, und sie werden einen Weg finden, sich zusammenzutun und uns das Leben schwer zu machen.

Während ich darlegte, wie man die Agenda des Präsidenten forcieren könnte, riet ich dazu, dass die Vereinigten Staaten damit anfangen sollten, die ersten Verträge abzuschließen, angefangen mit NAFTA, dem größten Abkommen von allen, direkt an unseren Grenzen. Was auch immer in den vergangenen Monaten möglicherweise gesagt oder getan worden war, unsere Nachbarn würden immer unsere Nachbarn bleiben. Sich auf ein Abkommen zu einigen würde dem Rest der Welt zeigen, dass die USA es ernst damit meinten, Handelsverträge neu auszuhandeln und sie nicht einfach nur platzen zu lassen. Angesichts der nahenden Zwischenwahlen wäre es zudem von Vorteil, ein Abkommen als Beweis zu haben, dass sich der Präsident an seine Wahlversprechen hielt. Das war vor allem wichtig für die sogenannten »Swing States« im Mittleren Westen.

Die Verhandlungen kamen wieder in Gang, als die Regierung entschied, die Kanadier und die Mexikaner in entscheidenden Punkten unterschiedlich zu behandeln. Ein einziges Bündel von Bedingungen konnte nicht auf so unterschiedliche wirtschaftliche Beziehungen angewandt werden. Das führte im August 2018 zu einem vorläufigen Abkommen mit Mexiko, die Automobilherstellung betreffend. Darin wurde die Anzahl der Teile, die in Nordamerika hergestellt werden müssen, erhöht und bessere Arbeitsbedingungen für die Arbeiter festgelegt. Das Abkommen wurde zudem auf sechzehn Jahre beschränkt, mit alle sechs Jahre stattfindenden Überprüfungen. Damit blieben noch die Kanadier, die versuchten, Druck auf das Weiße Haus auszuüben, indem sie überall in Washington Allianzen schmiedeten, vom Kongress bis zum Verteidigungs- und Außenministerium.

Als sich die Länder einem Abkommen näherten, half ich der Regierung, die Bedenken und Einwände der Beteiligten zu formulieren. Beim NAFTA konnte sich ein Land an ein Schiedsgericht wenden, wenn es den Eindruck hatte, dass ein anderes Land seinen Markt mit Produkten überschwemmte. Dieses Vorgehen war bekannt als Chapter 19. Die Kanadier wollten nicht darauf verzichten. Ich fragte ein Mitglied des kanadischen Verhandlungsteams, warum sie eine so starre Position einnahmen. Es ginge nicht nur um die Wirtschaft, erfuhr ich. Es ginge um Politik. Kanada ist einer der Hauptexporteure von Weichholz, dem Holz, das gemeinhin als Bauholz und für die Möbelherstellung verwendet wird. Die Vereinigten Staaten hatten Kanada beschuldigt, auf Kosten der US-Produzenten Weichholz zu Dumpingpreisen in die Vereinigten Staaten zu exportieren. Aber der Chapter-19-Ausschuss hatte wiederholt zugunsten Kanadas entschieden. Das allein war jedoch nicht das Problem. Ein Großteil von Kanadas Weichholz kam aus British-Columbia. Wenn die derzeitige kanadische Regierung Chapter 19 aushöhlte, würden sie British-Columbia bei den nächsten Wahlen verlieren, und wenn sie British-Columbia verloren, würde die Liberale Partei an Macht verlieren. Bei Chapter 19 nachzugeben wäre für Premierminister Trudeau politischer Selbstmord. Als die Kanadier die US-Regierung über diese Gegebenheit in Kenntnis setzten, änderte sich die Sicht der USA bezüglich dessen, was nötig sein würde, um eine Einigung zu erzielen.

In der letzten Septemberwoche, als die Spitzenpolitiker der Welt in New York zur Generalversammlung der Vereinten Nationen zusammenkamen, bat mich der kanadische Premierminister, ein Treffen mit US-Wirtschaftsführern zu organisieren. Die Handelsgespräche steckten erneut fest. Der Premierminister sagte, Kanada könne nicht noch mehr Zugeständnisse machen und wolle die Gespräche endlich zu einem übereinstimmenden Abschluss bringen. Aber der US-Präsident weigerte sich, während der Generalversammlung eine private Unterredung mit dem Premierminister abzuhalten. Das Weiße Haus war verstummt. Premierminister Trudeau dachte, ein Treffen mit US-CEOs würde vielleicht zum besseren Verständnis der US-Wirtschaftsprioritäten führen und ihm neue Ideen liefern, wie man mit den Verhandlungen fortfahren könne. Wir veranstalteten dieses Treffen in meinem Besprechungsraum bei Blackstone.

Anschließend sprach ich mit dem Premierminister unter vier Augen. Wegen meiner häufigen Gespräche mit hochrangigen Regierungsvertretern kannte ich die US-Prioritäten und Positionen zu allen Problemen. Ich schilderte ihm, was meiner Meinung nach nötig wäre, um erfolgreich ein Abkommen auszuhandeln, und sagte ihm, die Amerikaner wollten, dass die Kanadier ihre Bedingungen schriftlich formulierten. Der Premierminister erwiderte, er habe Sorge, dass die Amerikaner diese Informationen durchsickern lassen und gegen ihn verwenden würden. Ich sagte ihm, dass ich mit dem Abschließen von Verträgen meinen Lebensunterhalt verdiene und dass für ihn nun der Moment gekommen sei, derlei Vorbehalte ad acta zu legen. Wenn er nicht bereit wäre, auf die US-Bedingungen für das Abkommen einzugehen, würde Kanada mit ziemlicher Sicherheit in die Rezession stürzen. Und kein Politiker wird in einer Rezession wiedergewählt. Wenn er jedoch ein Abkommen aushandelte, hatte er zumindest die Chance, politisch zu überleben. Schreiben Sie die Punkte kurz auf, drängte ich. Keine Milchprodukte zu Dumpingpreisen mehr, erinnerte ich ihn. Machen Sie so viele Konzessionen wie möglich: Wenn es sein muss, dann verabschieden Sie sich von Chapter 19 und der kulturellen Ausnahme, den Gesetzen, die Kanadas Medien gegebenenfalls vor dem Kauf durch ausländische Unternehmen schützen. Setzen Sie die schwelenden Nebenfragen unten auf die Seite und machen Sie einfach klar, wozu Sie diesbezüglich bereit sind oder nicht. Schicken Sie das Dokument an die Regierung und warten Sie ab.

Ich sagte ihm, dass ich den Präsidenten an jenem Nachmittag um 17:30 Uhr sehen würde und dass alle Vereinbarungen bis Sonntag um Mitternacht unterzeichnet sein müssten.

Der Premierminister schaute mich vom Sofa aus an. Er sagte, das würde nicht leicht werden, aber er würde es tun. Als ich an jenem Nachmittag den Präsidenten traf, bestätigte er, dass ich in meinen Gesprächen mit den Kanadiern exakt jene Bedingungen genannt hatte, die die Vereinigten Staaten akzeptieren würden. Ich rief die Kanadier an, um sie zu informieren. Es bedurfte weiterer achtundvierzig Stunden des Wartens und Bittens von allen Seiten, bis die Amerikaner am Freitag um 10.00 Uhr endlich den schriftlichen Vorschlag der Kanadier erhielten. Über das Wochenende wurden zwischen den beiden Ländern die Details ausgearbeitet, und am Montag, den 1. Oktober 2018 verkündete der Präsident ein überarbeitetes NAFTA-Abkommen: das United States–Mexico–Canada Agreement oder auch USMCA.

———

Mit China verhielt es sich ähnlich kompliziert. Die zugrunde liegenden Zollvereinbarungen der USA mit China waren Jahrzehnte zuvor verfasst worden, als China seine aufkeimende freie Marktwirtschaft schützen musste und Amerika die unangefochtene Weltwirtschaftsmacht war. Aber die Welt hatte sich verändert, und der US-Präsident und seine Berater waren der Ansicht, China sei nun reich genug und benötige keine protektionistische Handelspolitik mehr. Es schien nicht länger richtig, dass US-Exporte nach China dreimal so hoch mit Zöllen und Steuern belastet wurden wie die chinesischen Importe in die USA. Außerdem hatte China deutlich gezeigt, dass es die weltweite Führungsrolle der USA im technologischen Bereich übernehmen wollte. Wenn das ein fairer Kampf werden sollte, so hielt es die Regierung für an der Zeit, dass die Vereinigten Staaten China wegen Diebstahl geistigen Eigentums zur Rede stellten, seit vielen Jahren eine Quelle der Auseinandersetzungen. Darüber hinaus herrschte auch in der Wirtschaftswelt übereinstimmend die Sorge, dass Chinas Umgang mit den amerikanischen Gesetzen bezüglich geistigen Eigentums inakzeptabel seien.

Im Januar 2017 traf ich Staatspräsident Xi Jinping in Davos, bei einem Mittagessen, das Klaus Schwab arrangiert hatte, der Gründer des World Economic Forum. Neben Schwab nahmen vierunddreißig Personen an dem Essen teil – siebzehn chinesische Regierungsvertreter und siebzehn bedeutende Wirtschaftsvertreter, die nicht aus China kamen. Bei dem Mittagessen bat mich Staatspräsident Xi, ihm etwas über den frisch gewählten Präsidenten Trump und seine Haltung zu China zu erzählen und darüber, wie er Hillary Clinton besiegt habe. Ich erklärte ihm, dass zu den Fakten, mit denen Präsident Trump umgehen müsse, die durch die Globalisierung bedingte wirtschaftliche Verlagerung gehöre, unter der viele Amerikaner der Arbeiter- und Mittelschicht litten. Eine Studie der Federal Reserve hatte ergeben, dass fast die Hälfte der Bevölkerung von einem Gehaltsscheck zum nächsten lebte und nicht einmal in der Lage war, 400 Dollar für Notfälle auf die Seite zu legen. Zum ersten Mal in der amerikanischen Geschichte fürchteten Millionen Amerikaner, ärmer zu enden als ihre Eltern. Unter ihnen waren viele Wähler des Präsidenten aus dem Mittleren Westen. Angesichts des Handelsdefizits war es einfach, China zum Sündenbock zu machen, und die anhaltende Kritik an China würde wahrscheinlich noch lauter werden.

Staatspräsident Xi sagte zu mir, wenn das der Fall wäre, sei er darauf vorbereitet, mit den USA einen großen wirtschaftlichen Neustart vorzunehmen. Da er wusste, dass ich mit dem Präsidenten über viele Probleme sprach, einschließlich der Handelsbeziehungen, bat er mich, dem Präsidenten dies auszurichten. Dann sagte er vor der versammelten Gruppe, er begrüßte zudem im Namen der Regierung meine Teilnahme bei diesen Gesprächen – ein Zeichen des Vertrauens, das ich bei den Chinesen genoss. Ich befand mich in einem Praxistest der Mission von Schwarzman Scholars, der mir die Möglichkeit bot, dazu beizutragen, dass die USA nicht in die Thukydides-Falle tappten, während sich die Dynamik der globalen Macht Richtung Osten verschob.

Ich rief Präsident Trump an und erzählte ihm von meinem Gespräch mit Staatspräsident Xi. Er bat mich, Xi nach Mar-a-Lago in Palm Beach, Florida, einzuladen. Jared Kushner, der Chefberater des Präsidenten, und Chinas Botschafter in Washington, Cui Tiankai, arrangierten alles. Dieses Treffen im April 2017 eröffnete eine Phase des intensiven Dialogs zwischen unseren beiden Ländern.

––––––

Im Juli 2017 führte ich zusammen mit Jack Ma von Alibaba, etwa dem chinesischen Pendant zu Amazon, den Vorsitz bei einem Treffen des Handelsministeriums in Washington, D.C., für chinesische und US-CEOs. Anschließend suchte ich Vizepremier Wang Yang auf, den Leiter der chinesischen Delegation, um mit ihm über die praktischen Auswirkungen der Gespräche zwischen unseren beiden Ländern zu reden. Auf Ersuchen von Wilbur Ross, dem Handelsminister, fragte ich Wang, ob China erwägen könne, die Kapazitäten der Stahlproduktion um 15 bis 20 Prozent zurückzufahren. Zu meiner Überraschung stimmte Vizepremier Wang zu. Wilbur war begeistert. Aber Präsident Trump reichte das nicht. China produziere ohnehin viel zu viel Stahl. Sie würden die überschüssigen Fabriken sowieso stilllegen. Diese Konzession sei nicht groß genug, um seine Zustimmung zu rechtfertigen.

In der Zwischenzeit verschärfte das Weiße Haus seine Rhetorik, drohte mit höheren Zöllen und Untersuchungen von Chinas Handelspraktiken. Chinas Sorge bezüglich eines Handelskrieges wuchs. Da mir der Präsident vertraute, bat er mich, weiterhin involviert zu bleiben und den Chinesen gegenüber offen und ehrlich bezüglich der amerikanischen Position zu sein.

Allein achtmal reiste ich 2018 im Auftrag der Regierung nach China und versuchte die obersten Regierungsvertreter dahingehend zu beruhigen, dass der Präsident nicht auf einen Handelskrieg abzielte. Die Vereinigten Staaten wollten Chinas Wachstum nicht beschränken, sondern lediglich die Handelsbeziehung auf den neusten Stand bringen, um sie fairer und die aktuelle wirtschaftliche Position beider Länder genauer widerspiegelnd zu gestalten. Nach jeder Reise setzte ich umgehend die relevanten Beteiligten in der US-Regierung über die Ergebnisse der Gespräche in Kenntnis, in der Hoffnung, dass meine Bemühungen den USA helfen würden, die angestrebte Vereinbarung zu erzielen.

Aber was die Amerikaner als eine Aufforderung an China erachteten, die Wirtschaft zu modernisieren und mit den Standards nach internationalem Recht in Einklang zu bringen, schien den Chinesen, als hätten die USA den Anspruch, dass China immer mehr so wurde wie Amerika selbst. Und China wollte nicht sein wie Amerika. Die Chinesen sind äußerst pragmatisch und veränderungswillig. Sie verstanden, wie sehr es Amerika verärgerte, wenn sie gegen die Handelsvereinbarungen verstießen. Aber sie wollten nicht, dass man von ihnen verlangte, alles in China aufzugeben, was funktionierte, alles, was ihr Land befähigt hatte, so lange Zeit so schnell zu wachsen. Sie wollten vielmehr hören, wo genau sie Zugeständnisse machen sollten und in welcher Reihenfolge. In Hinsicht auf ein mögliches Handelsabkommen versuchten sie auszuloten, wo man sich noch im Bereich der Fairness bewegte.

Im April 2018 war ich einer der wenigen nichtchinesischen CEOs beim Boao Forum, vergleichbar mit dem Weltwirtschaftsforum in Davos, für Asien in Hainan, wo Staatspräsident Xi bekannt gab, dass er bereit sei, große Veränderungen der chinesischen Wirtschaft vorzunehmen. Er wollte den Marktzugang für die Automobil- und Finanzbranche erweitern, mehr ausländische Investoren anlocken, den Schutz des geistigen Eigentums stärken und China schneller von einer exportorientierten Wirtschaft wegführen, hin zu einer Ökonomie mit einer höheren inländischen Nachfrage für Importe. Ich konnte nicht glauben, dass er tatsächlich genau das sagte, was Amerika von ihm gewollt hatte. Auf seinen Wunsch hin sprach ich anschließend mit Vizepremier Liu He, Präsident Xis führendem Wirtschaftsberater. Er wollte wissen, was China außerdem noch auf den Tisch legen solle. Er war aufgeschlossen gegenüber frischen und positiven Gesprächen mit Amerika.

Nach meiner Rückkehr teilte ich der Regierung mit, was die Chinesen meiner Einschätzung nach tun müssten, um die Anforderungen der USA für ein Handelsabkommen zu erfüllen und welche US-Vorschläge die Chinesen meines Erachtens akzeptieren würden. Das war nichts Offizielles, es waren lediglich die Ansichten eines Einzelnen, der so weit mit dem Thema vertraut war, dass er die Probleme beider Seiten verstand. Später in jenem Monat ergab sich jedoch ein weiteres Problem, als die Vereinigten Staaten die Exportlizenzen für ZTE widerriefen, Chinas zweitgrößtem Telekommunikationsausrüster und Smartphone-Anbieter. Das Handelsministerium hatte bereits Sanktionen gegen ZTE erlassen und einen Exportstopp für amerikanisches Zubehör verhängt, weil das Unternehmen Geschäfte mit dem Iran und Nordkorea machte, und der US-Geheimdienst hatte verlauten lassen, man habe Sorge, dass ZTE-Telefone mit einer Hardware ausgestattet sein könnten, die es ermöglichte, US-Bürger auszuspionieren. Ohne das Recht, amerikanische Chips für ihre Telefone verwenden zu dürfen, konnte ZTE jedoch nicht überleben. Innerhalb eines Monats stellte das Unternehmen den Betrieb ein. Es erforderte einen weiteren Monat und Bitten seitens der Chinesen, die verzweifelt versuchten, diesen großen Arbeitgeber, der viele chinesische Bürger beschäftigte, zu retten, bis die Vereinigten Staaten ZTEs Exportlizenzen wieder in Kraft setzten.

Im Juni kam Vizepremier Liu He zu Handelsgesprächen nach Washington, die am Ende scheiterten. Während der folgenden ein oder zwei Monate herrschte Funkstille seitens der erschöpften und verwirrten Chinesen. Bis zum Ende des Sommers war der Blick auf China in den Vereinigten Staaten zunehmend feindselig geworden. Die Chinesen konnten nicht verstehen, warum die Wirtschaftsführer, die sie für ihre Freunde hielten, sich nun gegen sie wandten. Ich wusste, dass ich Anfang September zu den Feierlichkeiten des dritten Jahrgangs der Schwarzman-Stipendiaten in Peking sein würde, und dachte, dass ich diese Reise außerdem für ein paar Treffen mit der Regierung nutzen konnte, um besser zu verstehen, was den Chinesen durch den Kopf ging.

Im August, vor meiner Reise, suchten mich in New York einige chinesische Regierungsvertreter auf und fragten, welche Vorstellungen die USA meiner Meinung nach in den verschiedenen Bereichen hätten, von Technologie über Handel bis hin zu Cyber-Sicherheit oder bestimmten militärischen Problemen. Ich erklärte ihnen die Position der USA und prognostizierte, dass die Differenzen zwischen den Vereinigten Staaten und China nur noch größer werden würden. Sie zeichneten unser Gespräch auf und flogen zurück nach China.

Am Morgen des 6. September traf ich mich mit Xis Vizepräsident, Wang Qishan, in Peking in einem großen offiziellen Besprechungsraum, in der Ziguang Ge, der »Halle des Purpurglanzes«, im Regierungssitz Zhongnanhai. Wang war leger gekleidet, und wir waren allein – abgesehen von den zehn Leuten im Hintergrund, die Notizen machten. Er erzählte mir, dass er die Berichte über mein Gespräch mit seinen Repräsentanten in New York gelesen habe.

»Sie haben sie zu Tode erschreckt«, sagte er. Vizepräsident Wang wollte vor allem verstehen, warum sich die Wahrnehmung der USA von China so drastisch verändert hatte. Während der folgenden zwei Stunden schilderte ich ihm meine Sicht der Dinge, und am Ende diskutierten wir über eine große Bandreite von Themen.

Später an jenem Nachmittag traf ich mich mit Vizepremier Liu He. Wir sprachen detailliert über die Herausforderungen, vor die unsere beiden Länder gestellt waren, und konzentrierten uns in unserem Gespräch darauf, einen Weg zu finden, um die offiziellen Handelsgespräche wieder anlaufen zu lassen. Der Vizepremier hatte verschiedene konkrete Probleme, die er Präsident Trump übermitteln wollte. Unser Gespräch brachte mich zu der Überzeugung, dass ein Neuanfang möglich war, und als ich dem Präsidenten dies mitteilte, bat er mich, ein Treffen mit Liu He in Washington zu organisieren.

Alles war vereinbart. Liu He sollte Ende September nach Washington kommen. Aber drei Tage vor den geplanten Gesprächen verhängte Präsident Trump neue Zölle in einer Höhe von insgesamt 220 Milliarden Dollar auf chinesische Waren. Die Chinesen machten einen Rückzieher. Das war ein weiterer schwerer Schlag. Die Chinesen hatten das Gesicht verloren und sagten mir, sie wüssten nicht, worauf oder wem sie noch vertrauen konnten.

Bei einem Dinner für das Board der Tsinghua School of Economics and Management Mitte Oktober lief ich Vizepräsident Wang erneut über den Weg. Wir hatten keinen Termin für ein persönliches Gespräch vereinbart, aber er war der Ehrengast beim Dinner des SEM-Boards mit chinesischen Staatsführern. Wir fanden Gelegenheit, uns etwa zwanzig Minuten lang zu unterhalten. Ich sagte ihm, dass meiner Meinung nach vielleicht die Chance für ein Treffen der Präsidenten Trump und Xi auf dem G-20-Gipfel in Buenos Aires Ende November bestehe, um die Handelsgespräche wieder aufzunehmen. Die beiden Staatsoberhäupter hatten ja ein gemeinsames Anliegen, und es war eine Chance für einen offenen Austausch ohne die Förmlichkeit eines bilateralen Gipfeltreffens. Ich erzählte Vizepräsident Wang, dass es innerhalb der US-Regierung unterschiedliche Sichtweisen über China gebe. Er solle nicht annehmen, dass die Amerikaner mit einer Liste von Forderungen im Gepäck zu einem Treffen mit Präsident Xi kommen würden. Ich schlug vor, Präsident Xi solle mit einer eigenen Liste kommen, fünf oder sechs wesentliche Vorschläge unterbreiten und das Gespräch steuern. Sollte unser Präsident die Vorschläge für überzeugend und signifikant genug halten, würde er sich darauf einlassen. So einfach war das.

Das sei zwar nicht gerade der chinesische Weg, sagte Vizepräsident Wang, aber ihm gefiel die Idee. Beide Seiten hätten eine Chance, ihre Ziele zu erreichen. Auf diesem Weg kam man vielleicht zu einer Einigung. Im Umgang mit den Chinesen hatte ich gelernt, dass sie Zeit brauchen, um eine Idee zu überdenken und sich damit anzufreunden. Die Chinesen hatten nun fünf Wochen, um auf meinen Vorschlag zu reagieren. Präsident Xi kam tatsächlich mit einer kurzen Liste von Vorschlägen nach Buenos Aires, die positiv aufgenommen wurden, und gestand dem US-Präsidenten einen großen Heimsieg zu, indem er versprach, hart gegen den Export von Fentanyl vorzugehen, eine der Substanzen, die für die Drogenkrise in den USA mitverantwortlich war. Das Treffen in Buenos Aires führte zur Deeskalation der angespannten Situation zwischen den Vereinigten Staaten und China und zu einem Neubeginn der direkten Gespräche.

Nach dem Treffen in Argentinien wurden die Verhandlungen rasch wieder aufgenommen, was eine Reihe von Besuchen, Telefonaten und Videokonferenzen zwischen Vizepremier Liu He, dem US-Handelsbeauftragten Robert Lighthizer und dem US-Finanzminister Steven Mnuchin nach sich zog. Auf beiden Seiten wuchsen die Erwartungen, dass diese Gespräche zu einem erfolgreichen Abschluss führen würden. Aber im Mai 2019 änderten die Chinesen ihre bisherige Sicht bezüglich einiger wichtiger Punkte, und die Verhandlungen wurden ausgesetzt. Sowohl die USA als auch China nahmen von nun an eine zunehmend nationalistische Haltung gegenüber dem jeweils anderen ein, und die Spannungen flammten wieder auf, ebenso wie die Gefahr eines ernsten und lang anhaltenden Handelskriegs.

Glücklicherweise trafen sich Präsident Trump und Präsident Xi auf dem G-20-Gipfel Ende Juni 2019 erneut, dieses Mal in Osaka, Japan. Dort gelang es ihnen, die Gespräche abermals aufzunehmen, was hoffentlich in der Zukunft zu einer Handelsvereinbarung führen wird.

Diese Handelsgespräche gehörten zu den kompliziertesten Verhandlungen, die ich je erlebt habe. Nur die Zeit wird zeigen, ob sie letztlich von Erfolg gekrönt sind.

DIE AUFWÄRTSBEWEGUNG DES ZYKLUS ANKURBELN

Als Pete und ich Blackstone gründeten, waren wir davon überzeugt, dass Manager alternativer Anlagen für die Investmentstrategien institutioneller Investoren unverzichtbar werden würden. Als Ergänzung zu unseren Investmentaktivitäten bauten wir ein Beratergeschäft auf, damit wir dem Auf und Ab des Marktzyklus standhalten konnten. Unsere Organisation und deren Firmenkultur waren auf langfristige Sicht konzipiert. Denn wir wollten Blackstone zu einer dauerhaften Finanzinstitution machen. Je besser unsere Performance, desto mehr Geld stellten unsere Investoren uns zur Verfügung, um es für sie zu managen. Und je mehr wir zu managen hatten, desto innovativer konnten wir werden. Wir konnten größere Geschäfte angehen, neue Geschäftsbereiche erschließen und die richtigen Talente für deren Management anziehen.

Diese Art von Expansion wirkte sich entscheidend auf unsere Organisation aus. Zum einen erkannten wir mit der Zeit immer mehr Deals, die niemand außer uns sah, weil nur wir in einer bestimmten Größenordnung agieren konnten. 2015 entschied GE, sein Finanzgeschäft GE Capital herunterzufahren, das viele Jahre eine Hauptprofitquelle gewesen war, infolge der Finanzkrise aber in Schwierigkeiten geriet. GE wollte unbedingt raus aus dem Finanzsektor und zurück zum Kerngeschäft. Aber zuerst musste man dem Markt signalisieren, dass man ernsthaft dazu bereit war, einen Geschäftszweig zu verkaufen, der über so lange Zeit derart wesentlich zum Erfolg beigetragen hatte. Man entschied, dass man dies am besten gewährleisten konnte, indem man zunächst das

Immobilien-Portfolio verkaufte. Dabei handelte es sich um einen umfangreichen Bestand von 26 Liegenschaften in den Vereinigten Staaten und 224 in anderen Ländern, vor allem in Frankreich, dem Vereinigten Königreich und Spanien. Im gleichen Zug sollte der größte Teil des Hypothekengeschäfts verkauft werden. GE wollte den Verkauf des Immobilienbestands schnell und sauber abwickeln und sich dann auf den wesentlichen Teil der gesamten Transaktion konzentrieren, nämlich Bieter für den Rest von GE Capital zu finden. Dafür brauchten sie nur einen einzigen Anruf zu machen.

In so kurzer Zeit ein derart komplexes Immobilienportfolio wie das von GE zu analysieren war ein hartes Stück Arbeit, aber am Ende bekam GE von uns genau das, was die Manager in der Führungsetage wollten: eine einzige Transaktion mit einem Volumen von 23 Milliarden Dollar, um die Bilanz zu bereinigen. Im Gegenzug bekamen wir ein großartiges Portfolio zu einem besseren Preis, als wir hätten erzielen können, wenn wir alle Immobilien stückchenweise im Wettbewerb mit anderen Bietern hätten kaufen müssen. Deals wie dieser gehören zu den unerwarteten Vorteilen, wenn man aus einer Krise so stark hervorgeht.

In den Equity-Märkten kann es deiner Performance schaden, wenn du groß bist. Wenn du für 1 Million Dollar ein Aktienpaket von S&P 500 kaufen willst, kannst du das tun, ohne dass der Preis dadurch steigt. Wenn du im Wert von 1 Milliarde kaufen willst, wird der Markt den Preis hochtreiben, bevor du deinen Kauf abschließen kannst. Wir stellten fest, dass in unserer Welt das Gegenteil passiert: Während unsere Fonds wuchsen und unsere Konkurrenten zu kämpfen hatten, konnten wir unseren Größenvorteil nutzen. Wir fanden Käufer und Verkäufer, die unbedingt mit uns arbeiten wollten, und nur mit uns. Wir verabschiedeten uns weitgehend von Wettbewerbsauktionen mit anderen Private-Equity-Unternehmen und positionierten uns so, dass wir gezielter auf den Nutzen für beide Seiten fokussieren konnten und weniger auf die Mietbieter.

2007 wurde Thomson Reuters gegründet, als Thomson, ein kanadischer Medienkonzern, die Nachrichtenagentur Reuters übernahm. Im Geschäftsbereich Financial and Risk wurden Nachrichten, Daten, Analysetools und Dienstleistungen verkauft, die Banken und anderen Unternehmen beim Handel mit Finanzprodukten halfen. Aber man hatte Mühe, mit dem Konkurrenten Bloomberg mitzuhalten. 2013 hatten wir zum ersten Mal die Möglichkeit in Betracht gezogen, diese Sparte von Thomson Reuters zu übernehmen. Der Gedanke schien damals zwar schon interessant, aber für uns war es noch nicht der richtige Zeitpunkt. 2016 tauchte Financial and Risk erneut auf Blackstones Radar auf. Martin Brand, ein Partner im Bereich Private Equity, hatte früher Devisenderivate gehandelt, also Optionsscheine, die auf eine Kursveränderung von Gütern oder Währungen abzielen. Dabei hatte er Produkte von Thomson Reuters genutzt, und die Möglichkeit eines Kaufs faszinierte ihn.

Er und sein Team sahen, dass dieser Bereich von Thomson Reuters auf den Märkten total verkannt und als »Bloomberg für Arme« abgetan wurde.* Tatsächlich war es jedoch eher ein Koloss, der sich vor aller Augen versteckte – Marktführer beim Handel mit Staatsanleihen und Devisen, der zudem Firmen, Banken sowie Investoren Finanzdaten zur Verfügung stellte. Aber es gab noch jede Menge Raum für Verbesserungen. Die Kosten waren zu hoch, die Struktur viel zu bürokratisch, und Vertrieb sowie Marketing brauchten dringend eine Generalüberholung. Zudem bestand die Möglichkeit, bestimmte Geschäftsteile herauszulösen, insbesondere Tradeweb, eine Online-Plattform für den Handel mit Devisen und Derivaten, die unserer Einschätzung nach als Einzelposten mehr wert sein könnte.

---

* Anm. d. Übers.: Bloomberg ist das größte und standardmäßige Portal für Infos zu Finanzdaten und Märkten.

Wir wussten, dass die Manager der Sparte Finance and Risk unsere Sicht teilten und in einem Privatunternehmen mehr leisten könnten. Aber Reuters war für Thomson 2007 ein wichtiger Erwerb gewesen. Obschon es nicht so gut gelaufen war wie erhofft, wollten der Vorstand und der Aufsichtsrat nicht unbedingt verkaufen. Der Preis musste stimmen und die Bedingungen überzeugend sein.

Es dauerte sechs Monate, bis beide Seiten den Due-Diligence-Prozess durchlaufen hatten und das Konzept eines 20-Milliarden-Dollar-Deals vorlag. Wir hielten das Geschäft exklusiv und vermieden eine öffentliche Auktion.

Unser Ansehen und unsere Größe verliehen uns hinreichend Glaubwürdigkeit beim Vorstand von Thomson Reuters. Wir boten ihnen einen Preis von 85 Prozent des aktuellen Werts der gesamten Sparte Finance and Risk, um im Gegenzug 55 Prozent der Aktienanteile zu übernehmen. Thomson Reuters bekäme Cash für nahezu die ganze Geschäftssparte und behielt dennoch fast die Hälfte der Anteile, um am künftigen Wachstum teilzuhaben. Wir und unsere Co-Investoren, das Canada Pension Plan Investment Board und GIC, ein Staatsfonds Singapurs, würden die neuen Hauptanteilseigner sein, unter der operativen Steuerung von Blackstone. Diese Vereinbarung würde eine strategische Partnerschaft darstellen und keinen ausdrücklichen Verkauf und somit nicht von der Zustimmung der Aktionäre abhängen.

Dem Vorstand von Thomson Reuters gefiel der Vorschlag. Aber sie gaben uns eine Hausaufgabe: den Deal mit Reuters News abzugleichen, dem Nachrichten sammelnden, journalistischen Herzen von Reuters. 1941, während des Zweiten Weltkriegs, hatte Reuters einen Katalog von »Vertrauensprinzipien« verfasst, um sicherzustellen, dass die Berichterstattung unabhängig und immun gegenüber Propaganda blieb. Das erste dieser fünf Prinzipien besagte, dass »Reuters niemals in die Hände irgendeiner Interessengruppe, Gruppierung oder Partei fallen sollte«. Als Reuters 1984 an die

Börse ging, wurde ein spezieller Aufsichtsrat zusammengestellt, bestehend aus Juristen, Diplomaten, Politikern, Journalisten und Geschäftsleuten, um die Vertrauensprinzipien zu schützen und durchzusetzen. Nach der Fusion mit Thomson hatte Reuters diesen Aufsichtsrat beibehalten. Aber während die Prinzipien für Reuters News immer noch galten, schienen sie für den eigenständigen Bereich Finance and Risk, den wir kaufen wollten, nicht mehr angemessen.

Wir schlugen eine Vereinbarung vor, der zufolge aus dem Bereich Finance and Risk für die folgenden dreißig Jahre mehr als 300 Millionen Dollar pro Jahr Reuters News zufließen sollten, um für die Dienstleistungen deren Datenterminals zu nutzen. News hätte dadurch auf Jahrzehnte eine stabile Finanzierung gesichert, eine Seltenheit im heutigen Mediengeschäft. Als Gegenleistung würde Financial and Risk unter dem neuen Namen Refinitiv operativ unabhängig sein.

Wir gaben den Deal Anfang 2018 bekannt. Im April 2019 brachten wir Tradeweb als eigenständiges Unternehmen an die Nasdaq. Sein Wert schoss bis zum Ende des ersten Handelstages hoch auf 8 Milliarden Dollar. Das war eine beträchtliche Wertschöpfung und zudem eine außergewöhnliche Bestätigung unseres Investments. Den übrigen Teil von Refinitiv besitzen wir immer noch, um damit zu arbeiten und es zu verbessern.

———

Das Jahr 2018 brachte eine weitere wichtige Entwicklung für die Firma: die Nachfolge von Tony James. Als Tony 2002 bei Blackstone anfing, sagte er mir, dass er sich zur Ruhe setzen würde, wenn er sich der Siebzig näherte. 2016 wurde er fünfundsechzig und war so intensiv wie eh und je in alle Aspekte von Blackstone einbezogen, entwickelte neue Initiativen und brachte den jungen Leuten in der Firma alles bei, was er konnte. Sein Beitrag war unschätzbar. Aber er hielt sich an seine Ankündigung und begann über seinen Ausstieg zu sprechen. Ich würde Aufsichtsratsvorsitzender und CEO bleiben. Tony würde als Stellvertretender Vorsitzender des Aufsichtsrats an Bord bleiben, also nach wie vor präsent sein. Aber wir brauchten einen neuen Vorstandschef und Chief Operating Officer (COO), der das operative Geschäft von Blackstone leitete.

Anlagemanagement-Unternehmen sind von Menschen und Persönlichkeiten derartig abhängig, dass eine Nachfolge oft zu ihrer Achillesferse wird. Eine Generation bleibt zu lange, die nächste ist das Warten leid, und die Firma verliert ihre Dynamik. Diese Dynamik wiederzugewinnen ist stets sehr viel schwieriger, als sie aufrechtzuerhalten. Wenn Führungskräfte also wollen, dass ihre Firma nicht ermüdet, müssen sie anfangen, an der Nachfolge zu arbeiten, solange ihr Antrieb, ihr Intellekt und ihre Wettbewerbsfähigkeit den Scheitelpunkt noch nicht erreicht haben.

2013 hatte Tony angefangen, Jon Gray in Managemententscheidungen einzubeziehen, die die ganze Firma betrafen. Jon ist in Chicago aufgewachsen, wo sein Vater ein kleines Produktionsunternehmen für Fahrzeugteile betrieb und seine Mutter eine Cateringfirma hatte. Er besuchte die öffentliche Schule und war ein begeisterter Basketballspieler – so begeistert, dass er in einer Saison an der Highschool einmal auf der Tribüne sitzen musste, während sein Team 1:23 verlor. Das war eine Lektion in Verantwortung, Demut und Sinn für Humor. Nachdem er an der University of Pennsylvania einen Bachelor in Englisch und an der dortigen Wharton Business School einen weiteren Bachelor in Finanzen erworben hatte, kam er 1992 zu uns. Während seines Abschlussjahres erhielt er das Jobangebot von Blackstone und lernte außerdem seine zukünftige Frau, Mindy, in einem Kurs über romantische Lyrik kennen. Mit beiden ist er seither verbunden.

Jons Charakter und Wertvorstellungen, die auch dadurch geprägt waren, dass er aus der Mittelschicht des Mittleren Westens kam, waren für uns schon früh in seiner Karriere offensichtlich. Einmal, als er noch Junior-Analyst war, geriet er in eine heftige Auseinandersetzung zwischen Senior-Partnern bezüglich der Honorare und Gebühren, die wir unseren Anwälten und Brokern bei einem bestimmten Deal zahlen mussten. Er fragte: »Warum versuchen wir, diese Burschen übers Ohr zu hauen? Wir arbeiten die ganze Zeit mit ihnen, und die Chancen stehen gut, dass wir das auch noch viele Jahre tun werden. Wieso behandeln wir sie also nicht gut?« Dass die Wall Street in der Vergangenheit so gearbeitet hatte, bedeutete ja nicht, dass es immer so weitergehen musste. Jon dachte langfristig, sowohl bei seinen Beziehungen als auch dem Ansehen der Firma.

Er mochte die Persönlichkeiten im Immobiliengeschäft und dass wir das, was wir kauften, auch sehen und anfassen konnten. In John Schreiber hatte er einen großartigen Mentor. Als Jon 2005 den Immobilienbereich übernahm, gab es dort 5 Milliarden Dollar an Kapital zu managen. Im Laufe der folgenden Jahre erhöhte er dieses noch durch eine Reihe von Deals, die die gesamte Branche veränderten: 2007 EOP, gefolgt von Hilton, dann Invitation Homes. 2015 erwarb sein Team bei einem Deal, der komplexe Verhandlungen mit Pfandbriefinhabern, Mietern und der Stadt New York erforderte, Stuyvesant Town in New York, eine Wohnanlage auf einem etwa 32 Hektar großen Areal. Sowohl für die Stadt als auch für den Bundesstaat war es ein sehr wichtiger Deal. Indem wir freiwillig Bedingungen aufnahmen, die langfristig bezahlbaren Wohnraum für die Hälfte der zehntausend Einheiten sicherten, unterstützten wir die Bemühungen der Stadt, bezahlbaren Wohnraum zu erhalten.

Sobald sich Jon sicher ist, dass sich eine These bestätigen wird, artikuliert er sie klar, setzt ein Ziel und sprintet darauf zu. Zum Beispiel war er sich sicher, dass Online-Shopping einen Nachfrageboom an Lagerhallen auslösen würde, und über die Jahre machte er Blackstone zum zweitgrößten Eigner von Lagerhallen weltweit. Bis 2018 hatte Jons Immobilienteam den Investoren 83 Milliarden Dollar an Erträgen ausgezahlt und managte 136 Milliarden

Dollar Investorenkapital plus Gebäude und Immobiliengeschäfte im Wert von über 250 Milliarden Dollar. Mittlerweile ist es der größte Geschäftsbereich von Blackstone. Jons außergewöhnliche Erfolgsbilanz als Investor, mit praktisch keinen Verlusten, ist die Grundlage für seinen Aufstieg bei Blackstone. Aber das war nur einer der Gründe, warum wir ihn auswählten, um die Firma zu leiten.

Jon gehört schon lange zum Blackstone-Managementkomitee, deshalb konnte ich ihn dabei beobachten, wie er viele komplexe Probleme in der Firma durchdachte. Jon ist stets emotional ausgeglichen, wissbegierig, wenn es um neue Fakten geht, und sicher in seinem Urteilsvermögen. Während der Rezession kam er mit einem Vorschlag zu mir, mehr Eigenkapital ins Hilton zu stecken. In Anbetracht der langen Dauer und der tiefgreifenden Ausmaße des Abschwungs hielt er es für vernünftig, zusätzliche 800 Millionen Dollar hineinzustecken. Er blieb beharrlich. Er dachte langfristig, sicherte den Deal und die Firma ab. Ich schaute mir die Zahlen an und fand, dass wir genug hineingesteckt hatten. Der Reisemarkt würde sich bald erholen, und wir hatten genug Cash, um unseren Verpflichtungen nachkommen zu können. Noch mehr Eigenkapital zu investieren würde unsere Rendite verringern, und ich hielt es nicht für notwendig. Obwohl wir nicht davon überzeugt waren, folgten wir seinem Vorschlag. Ich respektierte ihn dafür, dass er die verschiedenen Interessen abwog. Genau dieses Denken wünscht man sich von jemanden in einer Machtposition.

Als ich erlebte, wie er sich durch Krisen arbeitete, fiel mir auf, dass er umso ruhiger wirkte, je schwieriger das Problem war. Er widersetzte sich dem allgemeinen Konsens und investierte, wenn andere zu viel Angst hatten. Wenn ein schwieriges Gespräch anstand, war er zur Stelle. Unter Druck bot er sich stets an. Jeden Tag ging er die 1,6 Kilometer von seiner Wohnung zum Büro zu Fuß und hielt sein Team selbst bei den tiefsten Marktabstürzen gut gelaunt und motiviert. Seine Integrität und sein unaufdringlicher

Charme machten ihn allseits beliebt in einer sehr angespannten und wetteifernden Branche.

Nachdem wir entschieden hatten, dass er Tonys Nachfolger werden sollte, begannen wir, ihn in die sensibelsten Bereiche der Firma einzubeziehen, von strategischen Problemen im Zusammenhang mit verschiedenen Geschäftsbereichen bis zu Vergütung und anderen Personalangelegenheiten. Sobald er neben Tony saß, konnte er sehen, wie viel jeder in der Firma verdiente und warum. Unter Tonys Anleitung lernte er, was nötig war, um die Firma zu managen, unser Talent und intellektuelles Kapital für zukünftige Möglichkeiten einzusetzen.

Als wir im Februar 2018 den Führungswechsel bei Blackstone bekannt gaben, hatte Jon seit mittlerweile einem Jahr das Steuerruder mit Tony geteilt. Tony hatte es sich zur Aufgabe gemacht, alle noch ungelösten Managementprobleme bis zu seinem Ausscheiden zu beseitigen, sodass Jon an einem aufgeräumten Schreibtisch beginnen konnte. Wir hatten die Idee, dass Jon die Nachfolge als COO antreten würde, gestreut wie die selbstverständlichste Sache der Welt. Durch Erklärungen hier und da sowie Rücksichtnahme auf persönliches Empfinden sorgten wir dafür, dass niemand sich übergangen fühlte. Der Führungswechsel fühlte sich naturgegeben und unumgänglich an, eine Seltenheit in unserer Branche.

Wenn in einer Organisation ein neuer Chef ernannt wird, rücken viele unterhalb der Führungsetage auf in neue Posten. Und Jon war nicht der einzige Chef aus dieser Generation junger Analysten, die das Erbe ihrer Vorgänger angetreten hatten und zu Kulturträgern dieser Firma herangewachsen waren. Als wir ein paar Jahre zuvor einen neuen Leiter unseres Private-Equity-Geschäfts brauchten, fragten wir unsere Partner, wer das sein könnte. Die meisten schlugen erst mal sich selbst vor, aber der zweite Vorschlag auf nahezu jeder Liste lautete: Joe Baratta.

Joe hatte 1997 bei Blackstone angefangen, machte mich jedoch 2004 lebhaft auf sich aufmerksam. Als ich in London war, bat er mich um ein Treffen, und mir war klar, dass er zum Partner ernannt werden wollte. Ich suchte ihn in seinem Büro auf, das so klein war, dass ein Besucher kaum seinen Stuhl zurückschieben konnte, ohne gegen die Wand zu stoßen. Joe war vierunddreißig, in meinen Augen zu jung für die Beförderung, aber ich hörte ihn mir dennoch an. Er beschrieb die Deals, die er abgewickelt hatte, und verglich seine Leistung mit der seiner Peers. »Ich liebe die Firma«, sagte er zu mir und »Sie wissen, dass ich mitgeholfen habe, ein Geschäft aus dem Nichts aufzubauen.«

Ich war aus reiner Höflichkeit zu ihm gegangen, ohne die Absicht, ihn zu befördern, da dies mit Sicherheit zu Kontroversen bei seinen älteren Kollegen geführt hätte. Aber während er redete, objektiv und klar, jedoch mit erkennbarer Leidenschaft, änderte ich meine Meinung. Er verkaufte mir seine eigene Beförderung.

Ihm zuzuhören erinnerte mich an meine eigenen Kämpfe bei Lehman, wo meine Beförderung zum Partner ein Jahr zurückgestellt wurde, obwohl sie hätte forciert werden müssen. Ich wusste noch, wie es sich anfühlte, abgelehnt zu werden, und dass mir an diesem Punkt meiner Karriere der Titel Partner so wichtig erschien. Als ich Blackstone gründete, hatte ich das Versprechen abgegeben, dass wir anders sein würden. Wir würden Talent gedeihen lassen.

Joe überzeugte mich, und seine Deals stehen seither im Zentrum jedes unserer Private-Equity-Fonds. Joe wuchs in Kalifornien auf, wo sein Vater eine kleine Kette von Fitnessstudios aufbaute und managte, deshalb konnte sich Joe so gut in die Betreiber der von uns akquirierten Firmen hineinversetzen. Er befeuerte aber auch das Vertrauen unserer professionellen Investoren und erarbeitete sich den Respekt unserer hartgesottensten Konkurrenten. Er ist ein geborener Lehrer und Mentor, die Person, an die sich alle, vom Senior-Partner bis zum Analysten, wenden, wenn sie Hilfe brauchen.

2019, fünfzehn Jahre nach unserem Gespräch in seinem beengten Büro, stellte Joe den größten Private-Equity-Fonds der Welt zusammen, Blackstone Capital Partners VIII, mit 26 Milliarden Dollar an zugesagtem Kapital – dem Rekord in unserer Branche. Das war mehr als dreißig Mal so groß wie unser erster Private-Equity-Fonds, jener Fonds, für den Pete und ich uns 1987 die Hacken abgelaufen hatten. Und ich brauchte nicht ein einziges Mal vor Investoren zu präsentieren. Joe und sein fantastisches Team erledigten alles allein. Das war ein Moment, der mich mit Stolz erfüllte.

———

Nach Jons Beförderung ernannten wir zwei Personen zu Chefs des weltweiten Immobiliengeschäfts: Ken Caplan als Leiter des Investments und Kathleen McCarthy für das Management des Einwerbens der Gelder und des operativen Betriebs unseres größten Geschäftsbereichs. Ken war seit 1997 bei uns und arbeitete an der Seite von Jon bei vielen unserer größten Immobilien-Deals mit. Kathleen war 2010 von Goldman Sachs zu uns gewechselt und bewährte sich als Managerin, Kollegin und jemand, der die schwierigsten Herausforderungen annimmt.

Wann immer wir bei Blackstone Leute in höhere Positionen befördern, gratuliere ich ihnen persönlich und rede mit ihnen über ihre neue Verantwortung. Mein Gespräch mit Kathleen war typisch für die Gespräche, die ich mit vielen Personen im Unternehmen führte. Kathleen fragte mich als Erstes, wie wir den unternehmerischen Geist bei Blackstone aufrechterhielten. Der Trick, so sagte ich ihr, besteht darin, fantastische Leute zu finden und ihnen die Chance zu geben, in dem, was sie tun, die Besten zu sein. Wir erhalten unseren Wettbewerbsvorteil, indem wir alles, was wir tun, neu erfinden, um es besser zu machen. Wir sprachen auch über die Gefühle, die mit einer Nachfolge verbunden sind. Wenn Menschen befördert werden, sind eine Menge Gefühle zu berücksichtigen. Die Beförderten selbst verspüren vielleicht eine Art von Stolz über ihren Erfolg, aber auch Besorgnis, weil sie nun mehr Verantwortung tragen. Die anderen hatten vielleicht mit einer Beförderung gerechnet, sie aber nicht bekommen. Manche sind aufgeregt, weil sie nun einen neuen Chef haben, andere fühlen sich verloren und fürchten sich vor der Veränderung. Die Auswirkungen solcher Gefühle werden sich auf ungewöhnliche Weise und zu seltsamen Zeiten zeigen, deshalb ist es für den Erfolg jeder Führungskraft unerlässlich, sie zu verstehen und richtig damit umzugehen. Das ist eine der Managementlektionen, die man nur aus Erfahrung lernt.

Ich erinnere die in leitende Positionen Beförderten auch an die Botschaft, die ich unseren Analysten jedes Jahr an ihrem ersten Arbeitstag bei Blackstone mit auf den Weg gebe: Sie sind hier nicht allein, versuchen Sie also nicht, die Last der ganzen Welt zu tragen. Jede schwierige Entscheidung wurde von jemandem bei Blackstone bereits einmal getroffen. Was für Sie vielleicht neu ist, wird es für diese Institution nicht sein. Fragen Sie einfach nach Hilfe. Wir treffen Entscheidungen als Team, und das Ergebnis gehört uns auch als Team. Das gilt ebenso für die Leute, die unsere größten Geschäfte abwickeln, wie für die Nachwuchskräfte, die gerade erst eingestiegen sind.

Abschließend erinnerte ich Kathleen daran, dass sie befördert worden war, weil sie in ihrem Bereich hervorragende Arbeit leistete. Wir alle wussten, dass sie die Fähigkeit hatte, erfolgreich zu sein, sowohl als Mensch als auch beruflich zu wachsen. Und sie besaß mein volles Vertrauen. Es ist so wichtig, dass Menschen verstehen, wie sehr du sie schätzt, und dass du dafür sorgst, dass sie sich gut fühlen. Dieses Selbstvertrauen ist die Basis für herausragende Leistung.

Um ein guter Manager zu sein, muss man emotional aufgeschlossen sein und alles offen ansprechen, ob gut oder schlecht. Wenn wir bei Blackstone darüber nachdenken, welche Mitarbeiter als nächste Partner werden könnten, interviewe ich jeden, der in Betracht kommt, und wir reden über das, was der Betreffende erreicht hat, wie wir das einschätzen, und wir stellen einander Fragen. Sobald die Entscheidungen getroffen sind, rufe ich jeden an, der zum Partner ernannt wird, und auch die, die es nicht werden. Ich sage jedem, wie ich ihn einschätze – seine Fähigkeiten, sein Potenzial und was wir meiner Meinung nach bei Blackstone gemeinsam aufbauen können. Diese Offenheit erzeugt Zusammenhalt in der Firma. Ich kann mir nicht vorstellen, eine Organisation auf andere Weise aufzubauen.

2018 nahmen wir auch einen Wechsel bei der Leitung von zwei unserer anderen Geschäftsbereiche vor: GSO Capital Partners (dem Kreditinvestitionszweig der Blackstone Group) und Blackstone Alternative Asset Management (BAAM). Dwight Scott wurde zum Leiter von GSO ernannt und John McCormick zum Leiter von BAAM, zur Unterstützung beim Management des enormen Wachstums dieser beiden Geschäftsbereiche. Im gesamten Vorstand haben wir nun junge Führungskräfte in den leitenden Positionen wichtiger Geschäftsbereiche, mit beeindruckenden Erfolgsbilanzen und Jahrzehnten großartiger Arbeit, die noch vor ihnen liegt.

———

Während der ganzen Zeit haben wir in unserem Unternehmen auch immer darauf geachtet, professionell vorzugehen und sicherzustellen, dass unser außergewöhnliches Wachstum nicht mit Vorschriften kollidiert oder unserem Ruf schadet. Wir hatten das große Glück, John Finley von unserer langjährigen Anwaltskanzlei Simpson Thacher & Bartlett als unseren Chefsyndikus ins Boot holen zu können. Er wird intensiv in unsere täglichen Entscheidungen einbezogen und verfügt über eine der wichtigsten Eigenschaften eines Juristen überhaupt: großartiges Urteilsvermögen. Michael Chae kam früh in seiner Karriere zu Blackstone und war einer unserer Top-Private-Equity-Partner, verantwortlich für Asien, bevor er zu unserem Chief Financial Officer (CFO) wurde. Seine detaillierten Kenntnisse dieses Geschäfts ermöglichen ihm, zu gewährleisten, dass wir eine starke Finanzplanung und -kontrolle haben. Wir stellten auch David Calhoun ein, den ehemaligen CEO von Nielsen

Holdings und Vice Chairman von General Electric, um unsere Portfolio-Steuerungsgruppe zu leiten und die Wertschöpfung in unseren Firmen voranzutreiben. Jedes börsennotierte Unternehmen muss Sorge tragen, dass seine nach außen sichtbaren Aktivitäten genauso stark sind wie die internen. Für das Management der Beziehungen zu den Aktionären rekrutierte Tony im Bereich Shareholder Relations eine ehemalige Partnerin von DLJ, Joan Solotar. Joan übernahm auch die Leitung unserer Abteilung für Vermögensanlage von Privatkunden. Und schließlich steuert Christine Anderson unsere Bereiche Öffentlichkeitsarbeit, Branding, Marketing sowie die interne Kommunikation. Sie ist Pressesprecherin der Firma und sorgt dafür, dass die Presse und die Öffentlichkeit unsere Arbeit, unsere Motivationen und unsere Beiträge zur Gesellschaft verstehen.

Die Mitglieder unseres Managementkomitees sind im Schnitt seit achtzehn Jahren bei Blackstone, und die Amtszeit unserer Geschäftsführer beträgt in der Regel zehn Jahre. Eine solche Dauerhaftigkeit ist selten in der Finanzbranche. Diese lange amtierenden Führungskräfte haben nicht nur unser Geschäft aufgebaut, sondern auch unsere Firmenkultur, und sie werden in der Zukunft die verlässlichsten Bewahrer sein.

EINE MISSION, DIE BESTEN ZU SEIN

Ohne Yale hätte sich mein Leben niemals so entwickelt, wie es der Fall ist, dessen bin ich mir sicher. Schon lange pflege ich den Kontakt zu Yales Präsidenten, zu den ehemaligen ebenso wie zu den amtierenden, und suche nach Wegen, einer der prägendsten Institutionen meines Lebens etwas zurückzugeben. 2014 fand ich die richtige Gelegenheit. Das erste Mal sprach ich 1997 mit dem Yale-Präsidenten Rick Levin über den Bau einer neuen Mensa. Die Mensa war das riesige Gebäude im Zentrum des Campus, wo ich als Erstsemester jeden Tag gegessen hatte. Die feuchte, kühle Luft und das Geräusch Hunderter junger Männer beim Essen, das Geklapper von Geschirr und Besteck, das von den hohen Wänden hallte – all das habe ich noch deutlich in Erinnerung.

2014 gab mir Levins Nachfolger, Peter Salovey, zu verstehen, dass das Campusleben dringend ein neues räumliches Zentrum brauche. Das Studentenleben zersplitterte zunehmend, es gab immer mehr Fälle von Alkoholmissbrauch und damit einhergehenden Problemen in den Studentenverbindungen. Drei Studentenvertretungsorganisationen hatten an Peter geschrieben und baten um ein »campusübergreifendes Zentrum, das die Barrieren zwischen Studienanfängern, Doktoranden und Teilnehmern des Aufbaustudiums überbrückt« und eine »lebhafte, maßgebliche und inklusive soziale Interaktion in Yale fördert«.

Ich habe schon immer gedacht, dass die Mensa mehr sein könnte als ein Speisesaal. Sie steht mitten im Zentrum von Yale. Was wäre, wenn wir sie zu einem Ort machen könnten, der fast rund um die Uhr geöffnet wäre, mit Räumen, in denen sich die Studenten treffen und alles Mögliche tun könnten: lernen, unter Leuten sein, Aufführungen einstudieren und einfach ihre Freizeit verbringen? Oder besser noch: Wenn wir die Einrichtung modernisierten, konnten wir vielleicht einen Bereich für die darstellende Künste hinzufügen, einen Veranstaltungsort, um den Studenten eine Alternative zu Studentenverbindungen und anderen Aktivitäten außerhalb des Campus zu bieten? Als Studienanfänger hätte ich gern einen solchen Ort gehabt.

In der Renovierung der Mensa sah ich eine echte Gelegenheit, den Yale-Campus zu verwandeln und ein völlig neues hybrides Modell für die Studierenden zu schaffen, ein Zentrum für Kultur und darstellende Künste. Wenn es 2020 eröffnet, wird das Schwarzman Center an der Yale University den Standard des Studentenlebens und der kulturellen Aktivität in Yale völlig verändern. Mit fünf hochmodernen Veranstaltungsorten ermöglicht die Einrichtung den Yale-Studenten das Angebot einer Vielzahl kultureller Aktivitäten, die zuvor nie möglich waren. Es wird ihre Erfahrung auf eine Weise bereichern, die neue Dialoge, neue Wege des Denkens und kreative Möglichkeiten entfachen kann.

Meine Arbeit mit Yale trug zu meiner Überzeugung bei, dass selbst die ältesten Institutionen von einem frischen Blick profitieren können, der neue Ideen dazu einbringt, wie Ausbildung im Wandel der Zeit aussehen könnte oder sollte.

Ich hatte das große Glück, 2016 in Davos Rafael Reif zu begegnen, dem 17. Präsidenten des MIT, als ich gerade dabei war, Schwarzman Scholars zu gründen.

»Ich weiß nicht viel über das MIT«, sagte ich zu ihm. Seit meinem dortigen Besuch mit Pete, als uns das Team der Stiftung versetzte, waren drei Jahrzehnte vergangen, und ich hatte seither keinen Grund gehabt, diesen Besuch zu wiederholen.

»Das ist gut so. Wir fliegen gern unterhalb des Radars«, erwiderte er.

»Also ich bewege mich gern oberhalb des Radars.«

Trotz dieser kleinen Meinungsverschiedenheit wurden wir gute Freunde. Rafael wurde in Venezuela geboren, machte seinen Doktor in Elektrotechnik in Stanford und verbrachte den größten Teil seines Berufslebens am MIT. Er verfügt über einen breit gefächerten Intellekt und ist eine geborene Führungskraft. Bei unseren folgenden Gesprächen verblüffte er mich mit seiner Fähigkeit, zu erkennen, wohin wir uns technisch, wirtschaftlich, politisch und in menschlicher Hinsicht bewegten. Zudem erstaunte mich die Dringlichkeit seiner Botschaft bezüglich der Tragweite der Auswirkungen, die Fortschritte in künstlicher Intelligenz und anderen neuen Computertechnologien auf die menschliche Entwicklung und Amerikas Wettbewerbsfähigkeit haben würden.

Wir sprachen über den Aufstieg Chinas und die Rolle, die Amerikas große Forschungsuniversitäten stets beim Voranbringen von Innovation gespielt hatten und die entscheidend war für wirtschaftlichen Wohlstand und nationale Sicherheit. Seit der Gründung des MIT im Jahr 1861 hatten die dortigen Fachbereiche, Forscher und Alumni dreiundneunzig Nobelpreise gewonnen und fünfundzwanzig Turing Awards für die Beiträge, die sie im Bereich Computerwesen geleistet hatten. Im Bereich der wissenschaftlichen Innovation sind sie schon lange weltweit führend – überall, von Raketenabwehr und Raketenlenksystemen bis zum Entschlüsselung des menschlichen Genoms. Die paar Blocks um das MIT herum, eine Konzentration öffentlicher und privater Labore, Start-ups und Forschungszentren von Unternehmen, sind bekannt als die innovativste Quadratmeile der Welt.

Und doch erzählte mir Rafael, dass zwar 40 Prozent der MIT-Studenten Kurse in Computerwissenschaften belegten, aber nur 7 Prozent der Lehrkörper sich darauf spezialisiert hätten. In der universitären Landschaft Amerikas war die Situation überall ähnlich oder noch schlimmer. Jeder verstand den Bedarf an größeren Investitionen in Computerwissenschaften, aber kaum jemand tat etwas dafür. Der US-Talentpool in den Bereichen Naturwissenschaften,

Technologie, Ingenieurwissenschaften und Mathematik war herausragend, aber er verfügte nicht über adäquate Ressourcen, um das Potenzial voll ausschöpfen zu können.

Ich schlug Rafael vor, wenn wir Amerika konkurrenzfähiger machen wollten, sollten wir als Erstes das zugrunde liegende Problem lösen und das Angebot an die Nachfrage anpassen. Sein erster Vorschlag, den Bereich Computerwissenschaften am MIT zu vergrößern, war zwar praktisch, schien jedoch im Hinblick auf die Wirkung unzureichend. Ich bat ihn, in größeren Dimensionen zu denken. Etwa einen Monat später wandte er sich erneut an mich. Das MIT würde ein neues College gründen, sein erstes seit 1951, dem Studium der künstlichen Intelligenz und dem Computerwesen gewidmet und mit jedem anderen Fachbereich der Hochschule verknüpft. Die Universität würde die Anzahl an Computerwissenschaftlern verdoppeln, indem sie fünfzig neue Dozentenstellen schaffte, zur Hälfte im Bereich der Computerwissenschaften und zur Hälfte in Kooperation mit den anderen Fachbereichen am MIT. Das neue College würde jedem Professor, Forscher und Studenten ermöglichen, die Sprache der künstlichen Intelligenz zu erlernen, einzuüben und zu sprechen, unabhängig davon, ob sie Ingenieurwesen, Urbanistik, Politikwissenschaften oder Philosophie studierten. Sie würden, wie Rafael es ausdrückte, die »Bilingualen der Zukunft« werden, fließend sowohl in künstlicher Intelligenz als auch in ihrer eigenen akademischen Disziplin, wissenschaftlich oder nicht.

Innovation war nicht das einzige Ziel des Colleges. Wir wollten Studenten auch in der verantwortungsbewussten Entwicklung und Anwendung von künstlicher Intelligenz und Computertechnologien unterrichten. Das College würde neue Lehrpläne und Forschungsmöglichkeiten anbieten sowie Foren veranstalten, damit sich nationale Führungskräfte aus Wirtschaft, Regierung, dem akademischen Umfeld und dem Journalismus intensiv mit den erwarteten Ergebnissen der Fortschritte in der künstlichen Intelligenz und dem maschinellen Lernen auseinandersetzen und die Politik rund um die Ethik künstlicher Intelligenz gestalten konnten. Dadurch erzeugten wir eine Struktur, die gewährleistete, dass diese wegweisenden Zukunftstechnologien verantwortungsbewusst zur Unterstützung des Gesamtwohls implementiert werden. Zusammengenommen würden all diese Veränderungen das MIT zur ersten KI-fähigen Universität der Welt machen. Andere Institutionen wären gezwungen, dieser Entwicklung Aufmerksamkeit zu schenken und ihre eigenen Strategien zu Steigerung von Investitionen in diesen Bereich zu entwickeln. Je mehr Universitäten in die Erforschung dieser Technologien investierten, desto stärker würden die Vereinigten Staaten bei technologischer Innovation und Know-how ganz vorne vertreten sein, die Arbeitskräfte der Zukunft ausbilden und dafür sorgen, dass die Interessen und das Wohlergeben aller Amerikaner gesichert waren.

Rafael schlug ein Budget von 1,1 Milliarden Dollar vor, eine überwältigende Zahl, aber unseren Zielen angemessen. Ich gab den Startschuss mit einer beträchtlichen Spende – meiner bisher größten für philanthropische Zwecke und dreimal so hoch wie der Betrag, den ich bei der Gründung von Schwarzman Scholars zur Verfügung gestellt hatte – und bat das MIT gleichzuziehen. Am 15. Oktober 2018 gaben wir die Gründung des MIT Stephen A. Schwarzman College of Computing bekannt.

Es dauerte nicht lange, bis die Pläne des MIT in ganz Amerika und überall auf der Welt nachhallten. Die Reaktion, die ich persönlich erfuhr, war außergewöhnlich und bestärkte mich darin, dass unser Konzept auf dem richtigen Weg war und zum rechten Zeitpunkt kam. Von überall meldeten sich Leute, um ihre Unterstützung zum Ausdruck zu bringen. Viele sagten, dass ihnen das Thema KI und die Konkurrenzfähigkeit Amerikas auch bereits durch den Kopf gegangen seien, sie jedoch nicht gewusst hätten, was man unternehmen könne. Universitätspräsidenten wollten sich mit mir treffen, um ihre jeweiligen KI-Kapazitäten und Perspektiven in

Bezug auf ethische Aspekte zu besprechen. Ich erhielt sogar Anrufe von Politikern beider politischer Richtungen, um zu erörtern, wie die Finanzierung einer nationalen Agenda für KI aussehen könnte. Eric Schmidt, ehemaliger CEO und Vorstandsvorsitzender von Google, sagte voraus, dass meine Spende eine der wichtigsten unserer Zeit sein und Milliarden Dollar anziehen würde, die nun auch andere dem Bereich der Computerwissenschaften spenden würden. Natürlich hat es seit der Gründung des neuen MIT-Colleges etliche ähnliche Hochschulinitiativen gegeben. Diese kollektiven Bemühungen haben die Sichtbarkeit, Dynamik und den Dialog zum Thema KI noch mehr gesteigert, und ich hoffe aufrichtig, dass dies erst der Anfang ist.

Jung-Shik Kim, der Gründer und Chef von Daeduck Electronics, einem südkoreanischen Hersteller von IT-Geräten, entschied, der Seoul National University, seiner Alma Mater, 50 Millionen Dollar für das Vorantreiben der KI-Forschung zu spenden. Sein Sohn, Young Jae Kim, schrieb mir: »Möglicherweise überrascht es Sie, festzustellen, dass sogar auf der anderen Seite des Globus Menschen mit Ihrer Vision von neuen verändernden Technologien wie künstlicher Intelligenz und deren Auswirkungen auf Menschheit und Gesellschaft übereinstimmen.«

Während Rafael und ich unsere Gespräche über das neue College am MIT abschlossen, arbeitete ich auch an einer Spende für die Universität von Oxford, die größte Einzelspende für die Uni seit der Renaissance. Ich habe nie in Oxford studiert, war jedoch als Teenager dort. Bis heute erinnere ich mich daran, wie beeindruckt ich von der Geschichte der Universität war und vom Kontrast des leuchtend grünen Rasens vor dem goldfarbenen Sandstein dieser jahrhundertealten Colleges. Oxford stand seit fast einem Jahrtausend im Zentrum westlicher Zivilisation, und als mich also Louise Richardson, Vizekanzlerin der Universität, wegen eines neuen Projekts ansprach, mit dem alle Geisteswissenschaften, die momentan über den ganzen Campus verteilt waren, an einem gemeinsamen Ort zusammengebracht werden sollten, war ich sofort fasziniert. Ich sah eine Möglichkeit, etwas Ähnliches zu tun wie in Yale und am MIT: eine Umgebung zu schaffen, die zu fächerübergreifender Forschung, Lehre und Erkenntnisgewinnung ermunterte und das Lehrangebot der Geisteswissenschaften für die Zukunft neu ausrichtete.

Nach zahlreichen Gesprächen mit Louise erweiterten wir die Größe und das Ziel des neuen Schwarzman Centre for the Humanities. Das Zentrum sollte in einem neuen Gebäude im Herzen der seit zweihundert Jahren wichtigsten Stelle in Oxford untergebracht werden – dem historischen Radcliffe Observatory Quarter – mit topmodernen Einrichtungen für die Lehre, Ausstellungen und einem neuen Zentrum für darstellende Künste. Die Einrichtung, einschließlich neuer Angebote für Besucher und einem Radiosender, sollte auch dazu dienen, Oxford für regionale und weltweite Gemeinschaften zu öffnen und die Reichweite der Lehre und der kulturellen Programme auszudehnen.

Oxford steht im Bereich der Geisteswissenschaften schon lange an erster Stelle. Aber seit Naturwissenschaften und Technik aufs Gas treten, das Konzept von Maschinen vorstellen, die dafür konzipiert sind, menschliche Intelligenz nachzuahmen, gilt es viele neue moralische, philosophische und ethische Fragen zu berücksichtigen bezüglich dessen, was es bedeutet, Mensch zu sein, und welche Werte unsere Technologie reflektieren sollte. Deshalb entschieden wir, als Teil unserer Initiative ein Institut zu gründen, das sich dem Studium der Ethik im Bereich künstlicher Intelligenz widmet. Als beispiellose Quelle für westliche Kultur war Oxford perfekt geeignet, um bei der Forschung, Entwicklung und Anwendung geisteswissenschaftlicher Disziplinen die Führungsrolle zu übernehmen und dazu beizutragen, die Debatte um einige der wichtigsten zukünftigen Herausforderungen der Gesellschaft zu steuern.

Als wir die Spende im Juni 2019 bekannt gaben, war das politische Umfeld im Vereinigten Königreich zu der Zeit sehr unsicher:

keine Brexit-Einigung in Sicht und die Wahl des Parteichefs der konservativen Partei im Gange. Es war schwer vorherzusagen, wie die Bekanntgabe unserer Spende ankommen würde. Am Tag vor der Bekanntgabe verbrachte ich unzählige Stunden mit Interviews bei einem Reporter nach dem anderen, erklärte meine Motivation für diese Spende und unterstrich die Bedeutung Oxfords für die Bereitstellung der dort vorhandenen Expertise in den Geisteswissenschaften, um Regierungen, Medien, Unternehmen und Organisationen darin zu unterstützen, ein System für die verantwortungsbewusste Einführung von KI zu entwickeln. Das war anstrengend, aber die Journalisten waren alle sehr freundlich und konzentrierten sich sofort auf die Tatsache, dass das Vereinigte Königreich Philanthropie dieser Größenordnung nicht gewohnt war.

Gegen 23:00 Uhr am Abend vor der Bekanntgabe erhielt ich eine E-Mail von meinem Team. Die *Financial Times* hatte soeben über Twitter ihre Titelseite für den folgenden Tag veröffentlicht. Ich klickte auf den Link und sah mein eigenes Gesicht vor dem Hintergrund des Oxford-Campus. Dazu die Schlagzeile: *150M£ Spende ist Oxford-Rekord*. Die Bekanntgabe hatte es auf die Titelseite geschafft, und zwar auf die obere Hälfte.

Der nächste Tag war wie ein Wirbelsturm. Jeder große Pressekanal des Vereinigten Königreichs brachte eine Schlagzeile oder Titelgeschichte über die Spende. Ich gab verschiedenen großen Sendern Interviews – der BBC, Bloomberg, CNBC, CNN und Fox. Im Laufe des Tages erfuhr ich, dass meine Spende etwa der Hälfte der 310 Millionen Pfund entsprach, die 2017/18 insgesamt von Einzelpersonen aus Kunst und Kultur in England gespendet worden waren. Kein Wunder, dass sich die Nachrichten dermaßen überschlugen. Die Höhe der Spende hatte die Aufmerksamkeit des Landes erregt und Gespräche über die Rolle der Philanthropie im Vereinigten Königreich angeregt, da die Finanzierung von Ausbildung und Kultur seitens der Regierung rückläufig war. Wie beim MIT erhielt ich Nachrichten von Freunden und Bekannten aus der ganzen Welt, die

EINE MISSION, DIE BESTEN ZU SEIN

die Bedeutung dieser Spende hervorhoben. Viele Nachrichten verwiesen auf die langfristige Wirkung der Spende und des Vertrauensbeweises, an die Zukunft des Vereinigten Königreichs zu glauben. Andere lobten die öffentliche Bestätigung der Geisteswissenschaften zu einer Zeit, in der so viel in Technologie und Naturwissenschaften investiert wird.

Mich ermutigte die Vorstellung, was sein könnte, wenn große Köpfe in Oxford mit ihren Amtskollegen am MIT, an der Tsinghua, in Yale und an anderen Universitäten überall in der Welt zusammenarbeiten, um ihr Wissen miteinander zu teilen und multidisziplinäre Erkenntnisse hervorzubringen. In einer Welt, die sich derartig schnell verändert, ist es gut möglich, dass diese Art institutsübergreifender, globaler Zusammenarbeit der einzige Weg ist, um für uns alle eine sichere und blühende Zukunft zu gewährleisten.

Schon lange hege ich die Überzeugung, dass Bildung die Fahrkarte in ein besseres Leben ist. Eine gute Ausbildung hat die Macht, wen auch immer sie erreicht, zum Besseren zu beeinflussen. Wir alle haben die Pflicht, das Wissen, das an uns weitergegeben wird, nicht nur zu bewahren, sondern auch auf eine Weise weiterzuentwickeln, die seine Relevanz und Wirkung für zukünftige Generationen verbessert. Ich hoffe, dass meine Beiträge, sei es für höhere Bildung, das katholische Schulsystem, meine Highschool in Philadelphia oder für die Leichtathleten, künftigen Generationen in den nächsten Jahren helfen, hohe Ziele anzustreben und ihr eigenes Streben nach Exzellenz anzunehmen, wie auch immer sich dieses Streben gestalten wird.

EPILOG

Auf der Fahrt von meinem Hotel in Boston zum MIT-Campus schaute ich aus dem Fenster. Um 5:30 Uhr morgens war es noch stockdunkel, aber ich konnte vor dem Hintergrund des bewölkten Winterhimmels die fallenden Schneeflocken erkennen. Lächelnd dachte ich *Na ja, wenigstens regnet es nicht*. Rafael Reif und ich sollten gegen 6:00 Uhr der »Squawk Box« von CNBC ein Live-Interview geben. Es war mein erster Termin am letzten Tag einer dreitägigen MIT-Veranstaltungsreihe zur Eröffnung des neuen Stephen A. Schwarzman College of Computing. CNBC berichtete den gesamten Tag darüber und würde live in die ganze Welt senden. Seit der Bekanntgabe meiner Spende an das MIT im Oktober 2018 waren vier Monate vergangen, aber es sah so aus, als sei das Interesse der Welt an dem, was das MIT tat, stetig gestiegen.

Nach dem Interview begab ich mich ins Kresge Auditorium, wo die Festlichkeiten dieses Tages begannen. Meine Frau, meine Kinder und deren Ehepartner hatten alle die Reise auf sich genommen, um mit mir zusammen das neue College zu feiern. Mehr als dreißig namhafte Technologen und Persönlichkeiten des öffentlichen Lebens sollten in einer Reihe von kurzen Vorträgen und Foren die Bandbreite von Ideen erläutern, die zur Gründung des Colleges geführt hatten, und der Ziele, die zu erreichen es anstrebte.

Charlie Baker, der Gouverneur von Massachusetts, eröffnete den Tag, indem er die Bedeutung verantwortungsbewusster Innovation zum Wohl der Gesellschaft hervorhob, Sir Tim Berners-Lee, der Erfinder des World Wide Web, sprach über das utopische Versprechen des frühen Internets und die folgenden Enttäuschungen, und

Henry Kissinger, der ehemalige US-Außenminister, warnte vor den Gefahren der unkontrollierten Verwendung von künstlicher Intelligenz. Redner nach Redner sprach die verschiedenen tiefgreifenden und allgegenwärtigen Veränderungen an, die noch folgen würden. Wie die meisten Zuhörer war auch ich überrascht von der Scharfsinnigkeit und unbegrenzten Wissbegierde, die sich darin zeigten. Mich erstaunte auch das Ausmaß an Dankbarkeit, das nahezu jeder Wissenschaftler zum Ausdruck brachte – dafür, was das neue College für das MIT und die Welt bewirken würde. Es gab an diesem Tag nicht eine Minute, in der das Auditorium vor Energie und Hoffnung auf das Kommende nicht förmlich vibrierte. Es war unglaublich.

Zum Abschluss dieses bemerkenswerten Tages beim MIT betraten Rafael und ich die Bühne zusammen mit Becky Quick, die als Co-Moderatorin der Finanznachrichtensendungen »Squawk Box« und »On the Money« eine Diskussion über unsere gemeinsame Vision der Computerwelt der Zukunft moderierte. Wir hatten viel Spaß und entlockten dem Publikum etliche Lacher, als wir die Entstehungsgeschichte des neuen Colleges erzählten und was es sich als Ziel gesetzt hatte. Unser harmonisches Verhältnis auf der Bühne spiegelte auf gewisse Weise perfekt die Mission des Colleges wider – ein Nichttechnologe und ein Wissenschaftler arbeiten zusammen an einer kühnen Lösung, um die Welt voranzubringen.

Als wir unter Applaus die Bühne verließen, beugte sich Rafael zu mir und sagte: »Wow. Das habe ich in meinen fast dreißig Jahren am MIT noch nie erlebt.«

»Was?«

»Stehenden Applaus.«

Das war definitiv ein ganz anderer Abschluss als bei meinem ersten Besuch am MIT 1987.

———

Ich fühle mich keinen Tag älter als achtunddreißig, jenes Alter, in dem ich bei der Gründung von Blackstone war und ein Jahr vor meinem ersten Besuch am MIT. Ich schlafe wie eh und je fünf Stunden und bin mit derselben unerschöpflichen Energie gesegnet sowie dem ungebrochenen Antrieb, neue Erfahrungen voranzutreiben und neue Herausforderungen anzugehen wie in jüngeren Jahren. Ich wollte nicht kürzertreten oder mich zur Ruhe setzen. Meine Eltern zu verlieren hat meinen Wunsch, Neues zu schaffen und mehr zu erreichen, nur noch forciert. Aber ich bin sehr glücklich, zwei wunderbare Kinder und meine Stieftochter zu haben und sieben wunderschöne Enkelkinder, mit denen ich unendlich gern Zeit verbringe.

Es war eine lange Reise vom Oxford Circle in Philadelphia, eine, die niemand – einschließlich meiner selbst – hätte vorhersagen können. Meine Erfolge und Fehlschläge haben mich viel über Führungspositionen und Beziehungen gelehrt und darüber, ein sinn- und bedeutungsvolles Leben zu führen.

Heute gedeiht Blackstone in den Händen seiner dritten Führungsgeneration. Seine Firmenkultur ist stärker denn je. Die 10er, die wir einstellten, haben ihrerseits 10er eingestellt, und unsere Leistungsbereitschaft hat eines der berühmtesten und am meisten bewunderten Finanzunternehmen der Welt geschaffen. Es ist uns gelungen, 400.000 Dollar Startkapital im Jahr 1985 in über 500 Milliarden Dollar an Vermögenswerten unter unserem Management im Jahr 2019 zu verwandeln – eine Wachstumsrate von über 50 Prozent pro Jahr, seit wir anfingen. Die Größenordnung unseres heutigen Geschäfts ist unglaublich – wir besitzen etwa zweihundert Firmen, beschäftigen über 500.000 Menschen, mit Gesamtumsätzen von über 100 Milliarden Dollar, über 250 Milliarden Dollar in Immobilien sowie marktführenden Aktivitäten in fremdfinanzierten Krediten, Hedgefonds und anderen Geschäftsbereichen. Wir haben das fachliche und persönliche Vertrauen nahezu jedes institutionellen Investors gewonnen, der in unsere Anlagenklassen investiert, dank der mächtigen weltweiten Marke, zu der wir geworden sind, unserer Sorgfaltspflicht und der Gewährleistung überzeugender und beständiger Investmentleistungen seit über dreißig Jahren.

Aber über unsere Größe, unser Wachstum und sogar das externe Lob hinaus sehe ich eine Firma, die die Kernwerte widerspiegelt, die zu etablieren ich so hart gearbeitet habe. Eine starke Unternehmenskultur zu fördern und zu übermitteln ist möglicherweise eine der größten Herausforderungen, mit denen jeder Unternehmer und Gründer sich konfrontiert sieht, aber sie ist auch eine der befriedigendsten, wenn man es richtig macht. Ich bin unglaublich stolz auf diese Firma, die wir geschaffen haben, und jeden Tag, wenn ich unsere Kultur eines lebenslangen Lernens, der Exzellenz und unermüdlicher Innovation in Aktion sehe, weiß ich, dass das Beste noch kommt.

Meine politischen und philanthropischen Aktivitäten faszinieren und beschäftigen mich genauso sehr. Meine Bereitschaft, mich zu engagieren und neue Paradigmen zu erschaffen, hat mich ins Zentrum vieler dynamischer und aufregender Entwicklungen geführt, sowohl in den Vereinigten Staaten als auch international. In jüngerer Zeit hatte ich die außergewöhnliche Gelegenheit, meinem Land zu dienen, als wir neue Handelsabkommen mit Mexiko und Kanada aushandelten und mehr als zweieinhalb Jahre daran gearbeitet haben, ein wichtiges Handelsabkommen mit China zu erreichen. In beiden Situationen nutzte ich meine vertrauensvollen Beziehungen zu den involvierten Parteien, um das Verständnis der Position der USA in zahllosen Telefonaten und Treffen zu verbessern. Dies resultierte in der Unterzeichnung von Abkommen zwischen den USA, Mexiko und Kanada sowie einer Reihe intensiver und ungeahnter Ergebnisse in Bezug auf die Verhandlungen zwischen den USA und China.

Je größer meine einzelnen Welten werden, desto stärker scheinen sie sich zu überlappen. Ein Leben lang anderen zuzuhören, Beziehungen zu schmieden und stets zu fragen, wie ich behilflich sein kann, hat sich bis zu dem Punkt zusammengefügt, an dem die größten Herausforderungen und besten Ideen an mich herangetragen werden. In der Politik und Philanthropie ist es mein Privileg, zu verstehen und dabei zu helfen, viele bemerkenswerte Projekte ins Leben zu rufen und Institutionen zu erschaffen, die über viele Jahre zukünftige Generationen beeinflussen werden.

————

Mittlerweile reise ich jeden Sommer nach Peking, um bei der Abschlussfeier der Schwarzman-Scholars-Absolventen eine Rede zu halten. Wenn ich diese Rede vorbereite, versuche ich mir ins Gedächtnis zu rufen, was ich gern gewusst hätte, wenn ich einer der Stipendiaten unter den Zuhörern gewesen wäre.

»Wie auch immer Sie Ihren Berufsweg beginnen werden, es ist wichtig, zu erkennen, dass sich Ihr Leben nicht immer in einer geraden Linie entwickeln wird. Ihnen muss klar werden, dass die Welt kein vorhersehbarer Ort ist. Manchmal wird sogar so begnadeten Menschen wie Ihnen ein Schock versetzt. Es ist unvermeidlich, dass Sie in Ihrem Leben mit Schwierigkeiten und harten Zeiten konfrontiert werden. Wenn Sie Rückschläge erleiden, müssen Sie alles geben und weitermachen. Die Widerstandsfähigkeit – nicht der Widerstand –, die Sie angesichts von Widrigkeiten zeigen, wird Ihre Persönlichkeit formen.«

»Fehlschläge«, so fuhr ich fort, »können uns mehr lehren als jeder Erfolg.«

»Widmen Sie Ihre Zeit und Energie Dingen, die Ihnen Freude machen. Exzellenz folgt auf Begeisterung, und

etwas nur aus Prestigegründen zu tun führt selten zum
Erfolg. Wenn Sie die Leidenschaft besitzen, Ihren Träumen zu folgen; wenn Sie sich beharrlich bemühen; und
wenn Sie sich der Hilfsbereitschaft anderen gegenüber
verschreiben, werden Sie ein erfülltes und bedeutsames
Leben und stets die Chance zu etwas Großartigem haben.
Und der Nutzen Ihrer enormen Talente wird Ihnen, den
Menschen, die Sie lieben, und der Gesellschaft insgesamt
zugutekommen.«

Bei der Abschlussfeier der Schwarzman Scholars jedes Jahr eine
Rede zu halten ist zu einer meiner Lieblingsbeschäftigungen
geworden. Ich liebe es, den Blick über die Zuhörer schweifen zu
lassen, die erwartungsvollen Gesichter einer außergewöhnlichen
Gruppe zukünftiger Führungskräfte zu sehen, ihre wunderbaren
lilafarbenen Schwarzman-Scholars-Krawatten und -Schals, und
Augen, die vielversprechend strahlen. Der Raum ist kaum groß
genug für ihre grenzenlosen Pläne und Ziele und dieses breite
Lächeln der Eltern, die hoffnungsvoll und stolz auf sie blicken.
Dann verspüre ich jedes Mal ein tiefes Gefühl der Freude und
Zufriedenheit, das nur schwer zu beschreiben ist.

Wenn ich dann das Diplom überreiche, die Absolventen alle
nacheinander auf die Bühne kommen und ich ihnen die Hand
schüttle, kann ich mir nicht verkneifen, mir eine einfache Frage zu
stellen: *Was kommt als Nächstes?*

Wer weiß?

25 REGELN FÜR ARBEIT UND LEBEN

1. Etwas Großes zu tun ist genauso schwierig, wie etwas Kleines zu tun. Streben Sie also nach einer Fantasie, die die Mühe lohnt, mit Erträgen, die den Anstrengungen angemessen sind.
2. Die besten Führungskräfte werden gemacht und nicht geboren. Sie hören nie auf zu lernen. Studieren Sie jene Menschen und Organisationen in Ihrem Leben, die extrem erfolgreich sind. Diese bieten Ihnen einen Gratis-Kurs aus der realen Welt, wie Sie sich verbessern können.
3. Schreiben oder rufen Sie Menschen an, die Sie bewundern, und fragen Sie sie um Rat oder bitten Sie sie um ein Treffen. Man weiß ja nie, vielleicht ist tatsächlich jemand bereit, sich mit Ihnen zusammenzusetzen. Möglicherweise lernen Sie am Ende etwas sehr Wichtiges und stellen eine Verbindung her, die sich Ihr Leben lang als hilfreich erweist. Menschen zu einem frühen Zeitpunkt im Leben kennenzulernen erzeugt eine ganz besondere Bindung.
4. Nichts interessiert Menschen mehr als ihre eigenen Probleme. Denken Sie darüber nach, womit andere gerade zu kämpfen haben, und versuchen Sie, Ideen zu entwickeln, wie man ihnen helfen kann. Nahezu jeder, ganz gleich wie bedeutend oder prominent, ist empfänglich für neue Ideen, vorausgesetzt, sie sind gut durchdacht.

5. Jedes Unternehmen ist ein geschlossenes, ganzheitliches System mit einer Reihe eigenständiger, aber zusammenhängender Teile. Großartige Manager verstehen, wie jeder Teil sowohl allein als auch zusammen mit den anderen arbeitet.

6. Informationen sind das wichtigste Kapital im Geschäftsleben. Je mehr Sie wissen, desto mehr Perspektiven haben Sie und desto wahrscheinlicher werden Sie früher als Ihre Konkurrenz Muster und Anomalien erkennen. Seien Sie also stets offen für neuen Input, sei es durch Menschen, Erfahrungen oder Erkenntnisse.

7. Wenn Sie jung sind, sollten Sie nur einen Job annehmen, der Ihnen eine steile Lernkurve und intensives Training bietet. Die ersten Jobs sind grundlegend. Nehmen Sie eine Stelle nicht einfach deshalb an, weil sie anscheinend mit viel Prestige verbunden ist.

8. Wenn Sie sich vorstellen, denken Sie daran, dass der Eindruck eine Rolle spielt. Das Gesamtbild muss stimmen. Ihre Gegenüber werden nach allen Arten von Hinweisen suchen, die verraten, wer Sie sind. Seien Sie pünktlich. Seien Sie authentisch. Seien Sie vorbereitet.

9. Niemand allein, und sei er noch so clever, kann alle Probleme lösen. Aber eine Armee cleverer Leute, die offen miteinander kommunizieren, schafft das sehr wohl.

10. Menschen in einer schwierigen Situation sind oft ganz auf ihre Probleme fixiert. Dabei liegt die Antwort für gewöhnlich genau darin, die Probleme eines anderen zu lösen.

11. Glauben Sie an etwas, das größer ist als Sie selbst und Ihre persönlichen Bedürfnisse. Das kann Ihre Firma

sein, Ihr Land oder etwas, dem man sich verpflichtet fühlt. Jede Herausforderung, die Sie angehen, die inspiriert ist von Ihren Überzeugungen und zentralen Werten, lohnt sich, ungeachtet dessen, ob Sie Erfolg haben oder nicht.

12. Weichen Sie nie von Ihrem Gespür für Richtig und Falsch ab. Ihre Integrität muss unbestritten sein. Es ist einfach, das Richtige zu tun, wenn Sie keinen Scheck ausstellen oder die Konsequenzen tragen müssen. Wenn Sie auf etwas verzichten müssen, ist es schon schwieriger. Tun Sie stets das, was Sie auch angekündigt haben, und täuschen Sie niemals jemanden aus Eigennutz.

13. Seien Sie kühn. Erfolgreiche Unternehmer, Manager und andere Persönlichkeiten haben das Selbstvertrauen und den Mut, zu handeln, wenn der richtige Moment gekommen scheint. Sie akzeptieren Risiken, wenn andere vorsichtig sind, und handeln, wenn andere erstarren, aber sie handeln klug. Diese Eigenschaft ist das Kennzeichen einer Führungskraft.

14. Werden Sie niemals selbstgefällig. Nichts ist für immer. Sei es eine Person oder ein Geschäft, Ihre Konkurrenz wird Sie schlagen, wenn Sie nicht konstant nach Wegen suchen, sich neu zu erfinden und zu verbessern. Vor allem Organisationen sind zerbrechlicher, als Sie glauben.

15. Verkäufe werden selten beim ersten Verkaufsgespräch abgeschlossen. Nur weil Sie von etwas überzeugt sind, heißt das nicht, dass alle anderen es auch sein werden. Sie müssen in der Lage sein, Ihre Vision immer wieder mit Überzeugung zu verkaufen. Die meisten Menschen mögen Veränderungen nicht, deshalb müssen Sie sie überzeugen können, warum sie diese Verände-

rung annehmen sollten. Haben Sie keine Angst, zu fragen, was Sie wollen.

16. Wenn Sie eine große Gelegenheit zur Veränderung erkennen, seien Sie nicht nervös, weil niemand sonst sie verfolgt. Möglicherweise sehen Sie etwas, das die anderen nicht entdecken. Je schwieriger ein Problem ist, desto weniger Konkurrenz und desto größer der Ertrag für denjenigen, der das Problem lösen kann.

17. Erfolg ist eine Frage der seltenen Momente von Gelegenheiten. Seien Sie aufgeschlossen, aufmerksam und bereit, sie zu ergreifen. Versammeln Sie die richtigen Menschen und Ressourcen, und dann legen Sie mit ganzer Kraft los. Falls Sie nicht bereit sind, diese Art von Mühe aufzubringen, ist entweder die Gelegenheit nicht so überzeugend, wie Sie meinen, oder Sie sind nicht der oder die Richtige, um sie zu verfolgen.

18. Zeit schwächt alle Deals, manchmal sogar auf tödliche Weise. Je länger Sie warten, mit desto mehr Überraschungen müssen Sie oftmals rechnen. Vor allem bei zähen Verhandlungen sollten Sie alle am Tisch behalten, bis Sie eine Einigung erzielt haben.

19. Machen Sie nie Verluste!!! Bewerten Sie objektiv die Risiken jeder Gelegenheit.

20. Treffen Sie Entscheidungen, wenn Sie dazu bereit sind und nicht unter Druck. Andere werden Sie stets drängen, sich zu entscheiden, wegen ihrer eigenen Ziele, interner Politik oder irgendeines externen Bedürfnisses. Aber Sie können stets sagen: »Ich brauche ein bisschen mehr Zeit, um darüber nachzudenken. Ich melde mich.« Diese Strategie ist sehr effizient für das Entschärfen sogar der schwierigsten und unangenehmsten Situationen.

21. Sich zu sorgen ist eine aktive, befreiende Tätigkeit. Angemessen kanalisiert ermöglicht es Ihnen in jeder Situation, die Kehrseite zu artikulieren, und bringt Sie dazu, etwas zu unternehmen, um diese zu vermeiden.

22. Scheitern ist der beste Lehrer in einer Organisation. Reden Sie offen und objektiv über Misserfolge. Analysieren Sie, was schiefgelaufen ist. Sie werden neue Regeln für die Entscheidungsfindung und Organizational Behavior* erlernen. Richtig evaluiert haben Misserfolge das Potenzial, den Kurs in jeder Organisation zu verändern und sie in Zukunft erfolgreicher zu machen.

23. Stellen Sie wann immer möglich 10er ein. Denn sie werden die Initiative ergreifen, wenn es darum geht, Probleme zu erkennen, Lösungen zu erarbeiten und wiederum 10er zu engagieren. Um einen 10er herum können Sie immer etwas aufbauen.

24. Seien Sie für die Menschen in Ihrem Leben da, um ihnen zu helfen, auch wenn alle anderen sich abwenden. Jeder kann in Not geraten. Eine nette Geste, wenn jemand in Not ist, kann den Verlauf eines Lebens ändern und eine unerwartete Freundschaft oder Loyalität begründen.

25. Jeder hat Träume. Tun Sie, was Sie nur können, um anderen beim Erreichen ihrer Träume zu helfen.

---

* Anm. d. Übers.: Verhalten von Menschen und Gruppen innerhalb eines Organisationsumfeldes.

DANKSAGUNG

Dieses Buch entstand in einem Zeitraum von mehr als zehn Jahren, seit Hank Paulson mir vorschlug, es zu schreiben. Ich möchte Matt Malone dafür danken, dass er mich von 2009 bis 2016 regelmäßig auf meinen Reisen begleitete, Notizen machte und das Ganze basierend auf Antworten zu den Fragen über meinen Hintergrund, meine Karriere bei Lehman sowie die Gründung und Entwicklung von Blackstone niederschrieb.

2017 interviewte ich eine Reihe von Buchagenten und entschied mich für Jenn Joel von ICM Partners. Sie erwies sich als fantastische Wahl. Jenn gab mir Ratschläge für meine Gespräche mit Verlagen. Wir wählten Simon & Schuster, was sich ebenfalls als exzellente Wahl entpuppte. Ben Lohnen wurde mir als Lektor zugeteilt und leistete hervorragende Arbeit. Er hat ein großartiges Urteilsvermögen und beeindruckende redaktionelle Fähigkeiten. Christine Anderson, die Leiterin der Abteilung für Öffentlichkeitsarbeit bei Blackstone, war bei all diesen Gesprächen behilflich und trug dazu bei, das Konzept für dieses Buch zu verfeinern. Sie hat jeden Entwurf gelesen und den Marketing-Plan erstellt. Während sich das Projekt entwickelte, war sie über Jahre einbezogen.

Gemeinsam interviewten wir verschiedene Autoren, um dieses Buch zum Leben zu erwecken. Schließlich entschieden wir uns für Philip Delves Broughton, der ein brillantes Buch über die Harvard Business School geschrieben hat, meine Alma Mater. Philip begleitete mich um die ganze Welt und investierte beträchtliche Zeit mit mir zu Hause und im Büro. Es gelang ihm, die Niederschriften, persönlichen Interviews und das öffentlich zugängliche Material zu einem überaus lesbaren und ganzheitlichen ersten Entwurf zu verweben. Um dieses Buch zu erschaffen, arbeiteten wir über einen Zeitraum von zwei Jahren zusammen. Sein Beitrag war wesentlich, indem er mir ermöglichte, Zeile für Zeile mit meinen Anmerkungen zu ergänzen und den Entwurf in ein Buch zu verwandeln, das meinem eigenen Tonfall entspricht. Ich schulde ihm unendlich viel Dank.

Meine Stabschefin, Shilpa Nayyar, spielte eine absolut entscheidende Rolle. Sie arbeitete mit Philip und mir zusammen, verfasste ausgewählte Abschnitte und koordinierte sämtliche Kommentare der verschiedenen Leser der Entwürfe. Shilpa leistete unglaubliche Arbeit als Autorin wie auch als Projektmanagerin, die das Buch zur Fertigstellung brachte.

Ich möchte meinen Freunden und Kollegen danken, die das Manuskript gelesen haben und detaillierte Kommentare lieferten, die zu vielen Veränderungen im Text führten. Zu diesen Lesern gehören: Jon Gray, Tony James, John Finley, Paige Ross, Amy Stursberg, Wayne Berman, Nate Rosen, John Bernbach, Dr. Byram Karasu, mein ältester Freund,

Jeffrey Rosen, meine Kinder Zibby Owens und Teddy Schwarzman,

meine Frau, Christine, und unser Team, bestehend aus Jenn, Ben, Christine und Shilpa. Ihre Beiträge haben geholfen, das endgültige Manuskript auf zahlreiche entscheidende Arten zu verbessern.

Danken möchte ich Amy Stursberg auch für ihre unermüdliche Arbeit als Leiterin der Blackstone Foundation und Geschäftsführerin sowie der Stephen A. Schwarzman Education Foundation als auch der Stephen A. Schwarzman Foundation. Amy und ich arbeiten täglich zusammen. Ohne ihr Urteilsvermögen und ihr Projektmanagement hätte ich niemals die in diesem Buch beschriebenen Wohltätigkeitsinitiativen durchführen können. Sie ist ein außergewöhnlicher Mensch, der mitgeholfen hat, meine philanthropischen Ideen zum Leben erwachen zu lassen.

Ich möchte die einzigartigen Beiträge von Wayne Berman würdigen, dem Leiter der Abteilung für Regierungsbeziehungen bei Blackstone, mit dem ich täglich spreche, auch an den Wochenenden, in Anbetracht der unzähligen Probleme auf Bundes-, Staats- und Kommunalebene in unserem Land und rund um die Welt, bei denen sich Blackstone einbringt. Wayne ist zu einem großartigen Freund und zuverlässigen, wertvollen Ratgeber geworden.

Würdigen möchte ich auch die Leiter unserer Haupt-Geschäftsbereiche bei Blackstone, und zwar: Joe Baratta, Leiter Private Equity; Ken Caplan und Kathleen McCarthy, gemeinsame Leitung Immobilien – Blackstones größtem Geschäftsbereich; David Blitzer, Leiter Tactical Opportunities; Sean Klimczak, Leiter Blackstone Infrastructure Partners; John McCormick, Leiter Blackstone Alternative Asset Management (BAAM); Dwight Scott, Leiter GSO, unser Kredit-Geschäft; Vern Perry, Leiter strategische Partnerschaften, unser zweitgrößtes Investmentgeschäft; Nick Galakatos, Leiter Blackstone Life Sciences; Jon Korngold, Leiter Blackstone Growth Equity; Michael Chae, Chief Financial Officer; John Finley, Chefsyndikus; Joan Solotar, Leiterin Privates Vermögensmanagement; Paige Ross, Leiterin Human Resources; Weston Tucker, Leiter Shareholder Relations; und Bill Murphy, Leiter Informationstechnologie.

Erwähnen möchte ich auch Ken Whitney, der in den Achtzigern anfing, bei Blackstone zu arbeiten, und in der Anfangszeit dieses Unternehmens enorm viel beigetragen hat. Ken half dabei mit, John Schreiber zu uns zu holen, der unser Immobilien-Geschäft aufgebaut hat, sowie Howard Gellis, der das Kredit-Geschäft in Gang brachte. Ken half uns, Gelder für unsere gesamten Private-Equity- und Immobilien-Fonds einzuwerben, und fungierte als Verantwortlicher für die Beziehungen zu den Limited-Partners.

Besonderer Dank geht an meinen verstorbenen Gründungspartner, Pete Peterson, seine Frau, Joan Cooney, und Petes Kinder. Ohne Petes aktive Beteiligung in den Anfangsphasen der Firma würde es Blackstone nicht geben.

Danken möchte ich auch John Magliano und Paul White, die mein Family Office* leiten und helfen, mein Leben in Ordnung zu halten.

Dank geht auch an meinen früheren Partner, Antony Leung, und meinen derzeitigen Partner, Liping Zhang, beide erfolgreiche Chairmen von Blackstone Greater China. Ohne Antony hätten wir die chinesische Regierung nicht als Investor bei Blackstone gewinnen können, als wir 2007 an die Börse gingen. Diese Transaktion half, die Zukunft der Entwicklung unserer Firma ebenso zu verändern wie den Verlauf meines Lebens. Es ermöglichte die Gründung von Schwarzman Scholars sowie meine Beziehungen zu führenden Persönlichkeiten in China. Ohne Liping wäre mir ein riesiges Kapital in Hinsicht auf das Verständnis dessen, was im heutigen China vor sich geht, vorenthalten geblieben. Gemeinsam verbrachten wir viel Zeit mit Besuchen bei wichtigen Mitgliedern der chinesischen Regierung, unseren chinesischen Investoren und bedeutenden Wirtschaftsführern Chinas. Liping verschaffte mir unschätzbare Einsichten und ist zu einem sehr guten Freund geworden.

Danken möchte ich den vielen Menschen bei Schwarzman Scholars, die das Stipendienprogramm zu dem Erfolg gemacht haben, der es heute ist. Die Liste ist zu lang, um jeden Einzelnen zu nennen, aber speziell erwähnen möchte ich den ehemaligen Präsidenten der Tsinghua-Universität, Chen Jining, der heute das Amt des Bürgermeisters von Peking innehat. Ohne Chens Fokussierung darauf, mich dazu zu bringen, Tsinghua ein großes Geschenk zu machen, wäre das nie passiert. Er war entscheidend dafür, dass dieses Programm die Anerkennung der chinesischen Regierung wie auch der Tsinghua-Universität selbst erhielt. Er wurde zu einem

---

* Anm. d. Übers.: Der Begriff Family Office kommt aus dem englischen Sprachraum und bezeichnet eine Gesellschaft, deren Zweck die Verwaltung des privaten Großvermögens einer Eigentümerfamilie ist.

lebenslangen Freund und hat in seiner Funktion als Minister für Umweltschutz China große Dienste erwiesen.

Chen Jinings Nachfolger, Präsident Qiu Yong, war mein Partner bei der Entwicklung von Schwarzman Scholars. Dieses beispiellose Programm hätte ohne seine Unterstützung und Begeisterung nicht eingeführt werden können, wofür ich ihm ewig dankbar sein werde. Parteisekretärin Madame Chen Xu in Tsinghua war ebenfalls eine der maßgeblich Beteiligten in der leitenden Führungsebene, die eine Möglichkeit für Schwarzman Scholars schuf, um eine einzigartige Position an der Universität einzunehmen. Sie und Präsident Qiu haben dazu beigetragen, dass das Programm breite Unterstützung innerhalb der chinesischen Regierung fand. Ich freue mich immer, Madame Chen und Präsident Qiu bei meinen häufigen Besuchen in Peking zu treffen.

Wir können uns glücklich schätzen, als derzeitigen Dekan von Schwarzman Scholars Xue Lan zu haben, den früheren Dekan der School of Public Policy and Management an der Tsinghua-Universität. Dekan Xue hilft dabei, kontinuierliche Verbesserungen an dem Programm vorzunehmen, und hat wichtige Belange vorangetrieben, die es Schwarzman Scholars ermöglichen, im Hinblick auf Größe, Ansehen und Exzellenz kontinuierlich zu wachsen. Danken möchte ich auch dem Gründungsdekan David Li sowie dem Geschäftsführenden Dekan David Pan, die beide seit der Ankündigung des Programms 2013 bis zum Abschluss des ersten Jahrgangs 2017 daran mitgearbeitet haben. David Pan ist weiterhin für das Programm tätig. Würdigen möchte ich auch den enormen Beitrag von Yang Bin, Vizepräsident und Verwaltungsdirektor der Tsinghua-Universität, für seine Hilfe bei der Implementierung des Programms und seine Dienste im Stiftungsrat.

Danken möchte ich auch den Mitarbeitern von Schwarzman Scholars in New York, unter der Leitung von Amy Stursberg und unterstützt mit enormem zeitlichen und emotionalem Engagement von Rob Garris, unserem ehemaligen Leiter der Studienvergabestelle; Debbie Goldberg, Leiterin Entwicklung und Alumnibeziehungen in Zusammenarbeit mit Julia Jorgensen; Joan Kaufman, Leiterin Akademische Programme; Helen Santalone, Leiterin des Finanzbereichs, und Lindsay Bavaro, Chief Administrative Officer. In Peking möchte ich Melanie Koenderman danken, der Prodekanin für Studentenleben; Julia Zupko, der Direktorin für Karriereentwicklung; und June Qian, der Prodekanin für akademische Angelegenheiten. Bill Stein und Tim Wang aus dem Geschäftsbereich Immobilien bei Blackstone haben zusammen mit Missy Del-Vecchio und Jonas Goldberg von Robert A.M. Stern Architects, wo das Gebäude entworfen wurde, die Bauarbeiten überwacht. Missy und Jonas haben ein Jahr lang immer wieder zeitweise in Peking gelebt, um die Fertigstellung zu überwachen. Ohne all diese hingebungsvollen Menschen sowohl in Peking als auch in New York hätte das Schwarzman-Scholars-Programm nie verwirklicht werden können. Danken möchte ich auch den Harvard-Professoren Bill Kirby und Warren McFarlan, die zum ursprünglichen Vorstand von Schwarzman Scholars gehörten und mithalfen, unser Academic Advisory Board anzuwerben, das dafür zuständig war, das Curriculum zu entwerfen, Studenten und Lehrkörper anzuwerben und das Programm aus akademischer Sicht zu betreuen. Ihre Hilfe war von unschätzbarem Wert. Danken möchte ich auch Sir John Hood, dem ehemaligen Vorsitzenden des Rhodes Trust, sowie Elizabeth Kiss, der Leiterin des Rhodes Trust, die beide eine enge Verbindung zwischen dem Rhodes-Scholarship-Programm und den Schwarzman Scholars geknüpft haben. John stellte uns auch Interviewer zur Verfügung, die Rhodes-Stipendiaten auswählen, damit sie uns bei der Auswahl der ersten Jahrgänge der Schwarzman-Stipendiaten halfen.

Ich habe viele Freunde und Kollegen in der chinesischen Regierung, denen ich dafür danken möchte, dass sie so freundlich waren, sich während meiner Reisen nach Peking mit mir zu treffen. Dazu gehören Staatspräsident Xi Jinping; Ministerpräsident Li Keqiang;

Vizepräsident Wang Qishan; Vizepremier Liu He; der ehemalige Gouverneur der Volksbank China, Zhou Xiaochuan; der amtierende Gouverneur der Volksbank China, Yi Gang; der stellvertretende Gouverneur der Volksbank China, Pan Gongsheng; der ehemalige stellvertretende Geschäftsführer des IMF, Min Zhu; der ehemalige Vizefinanzminister Zhū Guāngyao; als Mitglied des ständigen Ausschusses des Politbüros Wang Yang; die ehemalige Vizeministerpräsidentin Liu Yandong, der die unmittelbare Verantwortung für die Schwarzman Scholars unterlag und die zu einer besonders guten Freundin geworden ist; sowie Vizeministerpräsidentin Sun Chunlan, die nun für das Programm verantwortlich ist. Und natürlich Lóu Jiwěi, der frühere Finanzminister, der auch als der erste Chairman und CEO der China Investment Corporation tätig war, sowie Jesse Wang. In Washington pflege ich engen Kontakt mit Botschafter Cui Tiankai, der herausragende Arbeit leistet, China in den Vereinigten Staaten zu repräsentieren.

Als Mitglied des Tsinghua University School of Economics and Management International Advisory Board habe ich viele faszinierende Menschen kennengelernt, einschließlich Jack Ma, Gründer von Alibaba; Pony Ma, Gründer von Tencent; Robin Li, Gründer von Baidu; Tim Cook, CEO von Apple; und Mark Zuckerberg, Gründer von Facebook.

Diese fünf Personen sind nur die Mitglieder aus Technologieunternehmen, in einem Board, das ursprünglich vom ehemaligen Premier Zhu Rongji sowie Hank Paulson, damals Chairman von Goldman Sachs, zusammengestellt wurde. Es umfasst einige der bedeutendsten und klügsten Köpfe der Welt. Die Gruppe trifft sich mit dem Dekan der Hochschule, derzeit Dekan Bai Chong'en sowie dem ehemaligen Dekan Qian Yingyi.

Natürlich ist es unmöglich, an dieser Stelle allen einhundertfünfundzwanzig Spendern für das Schwarzman-Scholars-Programm zu danken, deshalb erwähne ich nur die sechs größten Spender, von denen jeder 25 Millionen Dollar beigetragen hat:

BP (unser erster Spender), China Fortune Land Development, China Oceanwide Holdings Group, Dalio Foundation, HNA Group, Masayoshi Son Foundation und die Starr Foundation. Ray Dalio war unser zweiter Spender, und wir wurden gute Freunde. Masa Son hat nicht nur etwas zu Schwarzman Scholars beigetragen, sondern nutzte diese Vorlage auch, um eigene wichtige neue philanthropische Programme für Japan zu entwickeln. Er ist ebenfalls ein guter Freund, der mich in New York besucht, und wir begegnen uns immer wieder rund um die Welt. Schließlich noch Hank Greenberg von der Starr Foundation, ehemals Chairman von AIG. Zudem war er 1998 der erste externe Investor bei Blackstone.

Ich hatte das Glück, die letzten fünf Präsidenten der Vereinigten Staaten während ihrer Amtszeit kennenzulernen: Präsident Donald Trump, Präsident Barack Obama, Präsident George W. Bush, Präsident Bill Clinton und Präsident George H.W. Bush. Präsident Bush, den 41. Präsidenten der USA, lernte ich am Parents' Day am Davenport College kennen, wo sein Sohn, George W. Bush, ein Jahr über mir studierte. Während George W.'s Präsidentschaft waren er selbst und seine Frau Laura besonders gastfreundlich. Meine Frau und ich besuchten die beiden oft im Weißen Haus und später in seiner Präsidentenbibliothek und auf seiner Ranch. Präsident Barack Obama lernte ich 2008 während seiner Wahlkampagne kennen und hatte anschließend häufig mit ihm zu tun durch meine Position als Chairmen des John F. Kennedy Center for the Performing Arts, zu dem ich auf Empfehlung von Ted Kennedy von Präsident George W. Bush ernannt worden war. Während Präsident Obamas Amtszeit lernte ich auch Valerie Jarrett kennen, die stets überaus hilfsbereit auf meine Anrufe reagierte und mich dabei unterstützte, zahlreiche wichtige Probleme zu lösen. Präsident Donald Trump, den ich schon seit mehr als dreißig Jahren aus New York kenne, ernannte mich zum Chairman des Strategic and Policy Forum.

Ich hatte das Privileg, Finanzminister Steven Mnuchin über Jahrzehnte als guten Freund zu haben, und Botschafter Robert

Lighthizer aufgrund meiner Freundschaft mit Handelsminister Wilbur Ross zu treffen, den ich auch seit über 30 Jahren kenne. Ich möchte auch Jared Kushner and Ivanka Trump für ihre öffentliche Unterstützung danken sowie für die enge Arbeitsbeziehung, die wir bei einer Reihe von Themen entwickelt haben. Verkehrsministerin Elaine Chao und der Mehrheitsführer im Senat, Mitch McConnell, zählen ebenfalls seit Jahrzehnten zu meinen Freunden. Ebenfalls froh bin ich über meine Freundschaft mit dem Minderheitsführer im Senat, Chuck Schumer, der mich in meinem Büro bei Lehman Brothers besuchte, als ich gerade 31 Jahre alt war, und der vor Kurzem ins Repräsentantenhaus gewählt wurde. Ich kenne Nancy Pelosi, Sprecherin des Repräsentantenhauses, seit 15 Jahren. Zufällig erfuhr ich, dass Nancys Tochter bei einem der Beteiligungsunternehmen von Blackstone arbeitete. Ich habe Nancys Gesellschaft immer genossen und konnte stets offen mit ihr diskutieren. Auch die Bekanntschaft mit dem früheren Sprecher John Boehner war äußerst erfreulich, und mit dem früheren Sprecher Paul Ryan und dem früheren Mehrheits- und aktuellen Minderheitsführer im Repräsentantenhaus, Kevin McCarthy, habe ich des Öfteren zusammengearbeitet. Ich möchte auch dem früheren Mehrheitsführer im Repräsentantenhaus Eric Cantor für seine Unterstützung während der Verhandlungen bezüglich der Fiskalklippe danken, als ich Präsident Obama unterstützen durfte. Ich möchte außerdem Senator Roy Blunt danken, der mich während seiner Zeit als Mitglied des Repräsentantenhauses zu einem wunderbaren Mittagessen in sein Büro einlud, um über die amerikanische Geschichte zu diskutieren. Und schlussendlich möchte ich die Freundschaft mit Senator Ted Kennedy würdigen, der mich bei meiner Arbeit für das Kennedy Center immer unterstützt hat. Ted besuchte mich in New York und bat mich, diese wichtige Aufgabe zu übernehmen. Er und seine Frau Vicky luden mich auch in ihr Haus in Washington ein. Sie haben es mir leicht gemacht, erfolgreich für das Kennedy Center und in Washington zu sein.

Ich möchte auch dem früheren Außenminister John Kerry für seine Unterstützung der Schwarzman Scholars und seine jahrelange Freundschaft danken. Ich traf John im Jahr 1965, als ich mich im Fußballteam von Yale versuchte und John dem Team eine Klasse über mir angehörte. Unsere Wege haben sich seitdem immer wieder gekreuzt, und ich habe großen Respekt für seinen Dienst an unserem Land sowie seine persönliche Energie und Dynamik.

Auch möchte ich der früheren Außenministerin Hillary Clinton für ihre langjährige Unterstützung danken, insbesondere während meiner Zeit beim Kennedy Center. Gleiches gilt für Condoleezza Rice, die seit ihrer Zeit als Außenministerin in der Bush-Regierung eine langjährige Freundin ist. Sie hat einen überwältigenden Verstand, viel Charme und hat während ihrer Zeit als Verwaltungsdirektorin der Stanford University viel bewegt. Ihr Vorgänger als Außenminister, Colin Powell, den ich 1984 beim Pizzaessen in Ron Lauders Haus in Washington nach einer Amtseinführungsfeier von Präsident Reagan kennenlernte, ist ein wirklich außergewöhnlicher Mensch. Sein Dienst als Chairman of the Joint Chiefs of Staff im Pentagon, auch während des ersten Golfkriegs, hat die ganze Nation inspiriert. Colin, der aus New York stammt, ist nicht nur ein toller Tänzer und liebt Oldtimer, er ist auch eine wahrhaft inspirierende Führungspersönlichkeit.

Ich hatte das Glück, den ehemaligen Präsidenten Mexikos, Enrique Peña Nieto, und seinen Finanzminister, Luis Videgaray Caso, der später Außenminister wurde, kennenzulernen. Ebenso war es mir vergönnt, Bekanntschaft mit dem Premierminister von Kanada, Justin Trudeau, und seinen führenden Mitarbeitern, Katie Telford, Gerry Butts und Außenministerin Chrystia Freeland zu machen. Ich kannte Chrystia schon lange vorher aus ihrer Zeit als Journalistin bei der *Financial Times* and bei Reuters.

Ich möchte den externen Boardmitgliedern von Blackstone danken für ihren Rat, ihr Verständnis und ihren Glauben an die Zukunft des Unternehmens: Jim Breyer, Sir John Hood, Shelly Lazarus, Jay

Light, The Right Honorable Brian Mulroney und Bill Parrett. Ebenfalls danken möchte ich dem Vorstand der Stephen A. Schwarzman Education Foundation: Jane Edwards, J. Michael Evans, Nitin Nohria, Stephen A. Orlins, Joshua Ramo, Jeffrey A. Rosen, Kevin Rudd, Teddy Schwarzman, Heung-Yeung »Harry« Shum, Amy Stursberg und Ngaire Woods.

Ich möchte meine lebenslange Freundschaft mit dem verstorbenen Bobby Bryant von der Abington High School würdigen, der Landesmeister über die 220-Yard-Kurzstrecke war und Schlussläufer bei unserer Landesmeisterschaft der 4 x 440-Yard-Staffel, sowie seiner Ehefrau Sundie. Ebenso möchte ich meine Freundschaft mit einem weiteren Leichtathletikkollegen von der Abington würdigen, dem verstorbenen Billy Wilson und seine Frau Ruby.

Ich möchte meinen bemerkenswerten Lehrern danken, einschließlich Norman Schmidt, meinem Geschichtslehrer an der Abington High School, der für mich Lernen zu einem Vergnügen machte. Während meines Abschlussjahres waren zwei Schüler aus Mr. Schmidts Kurs über amerikanische Geschichte unter den vier besten in der Region von Philadelphia. Alistair Wood, der Dozent meines Englischkurses im ersten Semester, rettete mich vor einem erbärmlichen Misserfolg. Er betrachtete mich als ein besonderes Projekt, lehrte mich zu schreiben und dann zu denken. Ohne seine Initiative hätte sich mein Leben nicht so entwickelt. Zum Schluss brachte mir der mittlerweile verstorbene Professor C. Roland Christensen an der Harvard Business School Unternehmensstrategie bei. Er machte Lernen so spannend, dass die Zeit nur so verflog.

Ich möchte dem verstorbenen Kardinal Edward Egan und seinem Nachfolger Kardinal Timothy Dolan für ihre Freundschaft und für ihr bemerkenswertes Engagement in katholischen Schulen danken, die so erfolgreiche Schüler hervorbringen. Ebenso Susan George vom Inner City Scholarship Fund, die die katholischen Schulen unterstützt und Gelder beschafft, um möglichst vielen

Familien zu helfen, ihre Kinder auf diese großartigen Grund- und weiterführenden Schulen zu schicken.

Ich möchte dem französischen Präsidenten Emmanuel Macron für seine Freundschaft danken, ebenso wie dem ehemaligen Präsidenten Jacques Chirac, der mir den Orden der Ehrenlegion verlieh. Sein Nachfolger, Präsident Nicolas Sarkozy, verlieh mir den nächsthöheren Orden in der Ehrenlegion. Noch entscheidender ist aber, dass er ein sehr enger Freund wurde, der meine Frau und mich einige Male in den Élysée-Palast und in seine Residenz in Südfrankreich zum Essen einlud. Ich möchte auch Präsident François Hollande und Ministerin Ségolène Royal für meine neuerliche Beförderung in der Ehrenlegion danken. Ségolène richtete ein wunderbares Mittagessen auf dem großartigen Schloss Chambord an der Loire aus, das von König Franz I. erbaut wurde. Ich schulde auch Jean-David Levitte und François Delattre große Dankbarkeit, die beide als französische Botschafter in den Vereinigten Staaten Dienst getan haben und enge Freunde wurden.

Darüber hinaus möchte ich Gérard Errera danken, Chairman von Blackstone in Frankreich, der mich über alles Mögliche in Bezug auf Frankreich beriet.

Danken möchte ich auch dem früheren Präsidenten von Yale, Rick Levin, für seine Freundschaft und Zusammenarbeit in vielen Jahren während seiner Zeit in Yale. Er trug dazu bei, Yale auf den Weg zur Spitzenleistung zu bringen. Ich möchte auch Präsident Peter Salovey für sein Entgegenkommen bei der Konzeptionierung und der Umsetzung des Schwarzman Centers danken, welches das Studentenleben nach seiner Eröffnung im September 2020 verändern wird.

Ein besonderer Dank gilt Präsident Rafael Reif vom MIT, der mir besonders nahesteht und mit dem ich übereinstimme, was die Bedeutung der Entwicklung einer führenden Rolle der USA in den Bereichen künstliche Intelligenz und Computertechnologie betrifft. Ohne seine Wissbegierde und Beharrlichkeit wäre das

Schwarzman College of Computing am MIT nicht realisiert worden. Er hat mir die Augen geöffnet für eine neue Gemeinschaft, die auf Wissenschaft auf höchstem Niveau ausgerichtet ist und weltweit zu weiteren Freundschaften mit Experten auf diesem Gebiet geführt hat. Er hat den Fokus meines Lebens verändert, wofür ich ihm ewig dankbar sein werde. Der MIT-Verwaltungsdirektor Marty Schmidt verfügt über eine bemerkenswerte Urteilsfähigkeit. Er hat geholfen, das Schwarzman College Realität werden zu lassen und es in die MIT-Community zu integrieren.

An der Oxford University möchte ich Vizekanzlerin Louise Richardson für die Idee des Schwarzman Centre for the Humanities danken. Wenn sie nicht die Initiative ergriffen, mich in New York angerufen und die Idee vorgestellt hätte, wäre ich niemals daran beteiligt gewesen. Sie war eine ausgezeichnete Hüterin des Projektes und schaffte es, die Myriaden von Problemen zu lösen, die auftraten, als wir versuchten, etwas derart Komplexes umzusetzen. Ebenso gaben mir in Oxford Sir John Hood, ehemaliger Vizekanzler; Ngaire Woods, Dekan der Blavatnik School of Government; und Sir John Bell, Regius Chair of Medicine, Rat hinsichtlich des Schwarzman-Center-Projektes und verdienen meinen aufrichtigsten Dank.

Ich möchte Bob Greifeld und Tom Jackovic von der USA Track and Field Foundation danken. Bobs Hartnäckigkeit, mein Interesse für Leichtathletik als Erwachsener wieder zu erwecken, resultierte in meinem Engagement bei der Förderung vieler Topathleten unserer Nation. Das war einerseits zum großen Nutzen für die Athleten, führte aber auch dazu, mich wieder einer der großen Interessen in meinem Leben widmen zu können.

Ich möchte Michael Kaiser nennen, den früheren Präsidenten des Kennedy Centers, für seine ausgezeichnete Leitung des besten Kunstzentrums, mit all seiner Komplexität, und für seinen Input zu verschiedenen meiner Projekte, die wichtige Elemente der darstellenden Künste enthalten.

Ich möchte Kathy Wylde würdigen, die außergewöhnlich fähige Geschäftsführerin von Partnership for New York City, wo ich Co-Chairman war, zuerst zusammen mit James Gorman, dem Chairman von Morgan Stanley, und dann mit Mike Corbat, dem CEO der Citigroup.

Niemand von uns kann ein erfülltes und freudvolles Leben führen, wenn man nicht auch Freunde hat, die Unterhaltung und Vielfalt in unser Leben bringen, und ich bin glücklich, von so vielen Freunden auf der ganzen Welt umgeben zu sein. Es gibt ein paar Menschen, denen ich dafür danken möchte, dass sie mein Leben mit ihrer besonderen Lebensfreude und Freundschaft bereichert haben. Dazu gehören mein ältester Freund Jeff Rosen, den ich bei der National Association of Student Council Presidents kennenlernte, als ich sechzehn war, Prinz Pierre d'Arenberg, Dorrit Moussaieff, Doug Braff, John Bernbach, François Lafon, Rolf Sachs, André und France Desmarais sowie Susan und Tim Malloy.

Ich möchte meinen beiden Mentoren danken, die selbst unvergleichliche Karrieren machten: Felix Rohatyn, sicherlich der berühmteste Finanzier in den 1980ern und 1990ern, und dem früheren Außenminister Henry Kissinger. Henry ist eine der bemerkenswertesten Persönlichkeiten, die ich je kennenlernte. Mit über neunzig Jahren schreibt er kluge und aufschlussreiche Bücher. Seit den 1960ern steht er als Ratgeber auf der Bühne der Welt. Er reist ohne Unterlass, gibt mir und anderen bereitwillig Ratschläge zu Angelegenheiten von großer Tragweite und ist einer der wenigen, die ihre geistige Scharfsinnigkeit bis Mitte neunzig behalten haben. Es ist ein Privileg, mit Henry Zeit zu verbringen, und ich möchte ihm dafür danken, dass er auch im International Advisory Council der Schwarzman Scholars vertreten ist.

Mit zunehmendem Alter weiß ich die großartigen Leistungen der Ärzte zu schätzen, die mich in meiner Zeit als Erwachsener behandelt haben. Mein Dank gilt Dr. Harvey Klein, dem verstorbenen Dr. Mark Brower und Dr. Richard Cohen, die alle nacheinander meine Internisten waren. Sie haben sich alle hervorragend um mich gekümmert und sind Meister ihres Fachs. Ich danke Dr. David Blumenthal, meinem fähigen Kardiologen. Natürlich danke ich auch meinem Therapeuten Dr. Byram Karasu, der mir zu praktisch jedem Thema ausgezeichnete Ratschläge gibt. Darüber hinaus danke ich meinem Trainer Rande Bryzelak, der täglich mit mir arbeitet und mir hilft, fit zu bleiben, sowie Eveline Erni, meiner Physiotherapeutin, die mich regelmäßig dabei unterstützt, meinen Körper wieder in Schuss zu bringen. Zu guter Letzt danke ich noch Dr. Steven Corwin, dem CEO von New York-Presbyterian, dessen Board ich angehöre. Steve leistet bemerkenswerte Arbeit bei der Leitung eines der am besten bewerteten Krankenhäuser in den Vereinigten Staaten.

Ohne die bemerkenswerte Unterstützung meiner Mitarbeiter im Büro könnte ich mich niemals um so viele Dinge kümmern. Samantha DiCrocco und Amy Rabwin haben meinen Mitarbeiterstab, der im Laufe der Zeit auf vier Leute angewachsen ist, in den vergangenen zehn Jahren geleitet, um die endlose Menge an Diktaten, Terminvereinbarungen und internationalen Reisen zu handhaben. Mein Büro arbeitet rund um die Uhr, und Samantha und Amy sind nicht nur außergewöhnlich effizient, sondern auch fröhlich und begeisterungsfähig. Keine Herausforderung ist ihnen zu groß. Danken möchte ich auch meiner früheren Sekretärin Vanessa Gates-Elston, die diverse Entwürfe dieses Buches gelesen und mir hilfreiche Kommentare zu möglichen Überarbeitungen gegeben hat.

Danken möchte ich auch meinem Fahrer, Richard Toro, der seit über zwanzig Jahren für mich arbeitet. Wir fangen jeden Morgen früh an und machen spät Feierabend, nach geschäftlichen und gesellschaftlichen Veranstaltungen am Abend. Richard ist zuverlässig, effizient und mir eine Stütze. Ich weiß zu schätzen, wie viel Mühen und Opfer es ihm abverlangt, mich überall pünktlich hinzubringen, so schwierig es auch sein mag.

Ohne meine verstorbenen Eltern, die mir die Werte und Motivation mit auf den Weg gaben, und die richtige Genmischung wäre ich niemals in der Lage gewesen, das zu erreichen, was ich in meinem Leben bewirkt habe, und diese Art von Leben führen zu können. Erst als Erwachsener erkenne ich den tiefgreifenden Einfluss und die Lebensweisheit in allem, was meine Eltern mir mitgegeben haben. Ihnen an dieser Stelle angemessen dafür zu danken ist nicht mehr möglich, aber ich habe es zu ihren Lebzeiten zumindest versucht. Wie gern würde ich mit beiden noch einmal über mein Leben sprechen und ihnen sagen, wie sehr ich sie liebe. Durch den Zyklus des Lebens ist das unmöglich, aber ich denke sehr oft an die beiden.

Danken möchte ich auch meinen Zwillingsbrüdern, Mark und Warren, für ein Leben voller Lachen, Loyalität und gegenseitiger und liebevoller Anerkennung. Anscheinend ist es eher ungewöhnlich für Familien, dass die Beziehungen so reibungslos funktionieren. Meine Brüder und ich sind solche Ausnahmen. Ich bewundere die beiden und ihre wunderbaren Familien, schätze ihre Unterstützung, Energie und Loyalität. Ich kann mich glücklich schätzen, diese Geschwister zu haben.

Ein besonders liebevoller Gruß geht an meine beiden Kinder, Zibby Owens und Teddy Schwarzman, die Freuden und der Stolz meines Lebens. Nichts ist mit der Erfahrung vergleichbar, Kinder zu haben und zuzusehen, wie sie aufwachsen. Beide haben mich zu einem glücklichen Großvater gemacht. Zibby mit Owen, Phoebe, Sadie und Graham, und Teddy mit Lucy, William und Mary. Ich genieße meine Zeit mit ihnen allen unendlich. Es ist schwer vorstellbar, dass meine Kinder bereits in den Vierzigern und selbst schon Eltern sind, zusammen mit ihren wunderbaren Ehepartnern Kyle beziehungsweise Ellen. Ein lieber Gruß auch an meine Stieftochter Megan, der ich das erste Mal begegnete, als sie eine quirlige Fünfjährige war. Ich bewundere ihre Leidenschaft für Tiere und ihre Arbeit mit ihnen, die sie aus Berufung macht. Megan hat uns geholfen, unsere drei Jack-Russell-Terrier, Bailey, Piper und Domino, zu trainieren, die sehr viel Glück und Freude in unser Leben bringen.

Und zu guter Letzt danke ich meiner Frau, Christine, für unsere bemerkenswerte Beziehung voller Liebe seit über fünfundzwanzig Jahren. Ich begegnete Christine während der fünf Jahre meines Singledaseins in der Lebensmitte. Sie hat mein Leben verändert und mich fröhlicher und glücklicher gemacht, als ich es mir je hätte vorstellen können. Von der Art von Freude, die Christine in mein Leben brachte, hatte ich keine Vorstellung. Jeder Tag ist ein Abenteuer. Sie ist unendlich erfinderisch, enthusiastisch, einnehmend, aufregend, intelligent und wunderschön. Sie scheint nicht zu altern. Außerdem hat sie all die Mühen hingenommen, die daraus resultierten, dass ich dieses Buch schrieb – samt all seinen Entwürfen –, und meine endlosen Fragen zu Formulierungen und Inhalt geduldig beantwortet. Sie spielte die Gastgeberin für verschiedene Autoren aus aller Welt, die uns besuchten und in unsere Zweisamkeit platzten. Sie hat es geschafft, eine perfekte Stiefmutter für meine Kinder und Großmutter für die Enkel zu sein. Sie zur Frau zu haben macht mich zu einem unendlich glücklichen Mann.

INDEX